高等学校电子信息类系列教材

光波技术基础

延凤平　任国斌　王目光　王春灿　编著
裴　丽　宁提纲　谭中伟　李唐军

清华大学出版社
北京交通大学出版社
·北京·

内 容 简 介

本书根据现代光通信和光传感技术的需求，较深入和系统地论述了光纤和光电子器件的有关理论和技术。本书由 10 章组成，内容涵盖了光通信技术的发展，若干基础技术手段和器件，光纤的基本理论、传输特性及制造工艺，无源光器件，光纤光栅，激光器，电光调制器，光探测器，光纤放大器和光纤测量等知识。本书在内容上强调系统性、可读性、先进性和实用性，深入浅出进行启发式阐述，注重物理概念与实际应用相结合。

本书可作为高等院校通信工程及相关专业本科生、研究生的教材，也可作为从事光纤技术的科研工作者和工程技术人员的参考资料。

图书在版编目（CIP）数据

光波技术基础 / 延凤平等编著. —北京：北京交通大学出版社 ：清华大学出版社，2019.1
（高等学校电子信息类系列教材）
ISBN 978-7-5121-3758-5

Ⅰ. ① 光… Ⅱ. ① 延… Ⅲ. ① 光通信 Ⅳ. ① TN929.1

中国版本图书馆 CIP 数据核字（2018）第 247402 号

光波技术基础
GUANGBO JISHU JICHU

策划编辑：韩 乐 责任编辑：付丽婷
出版发行：清 华 大 学 出 版 社 邮编：100084 电话：010-62776969 http://www.tup.com.cn
北京交通大学出版社 邮编：100044 电话：010-51686414 http://www.bjtup.com.cn
印 刷 者：艺堂印刷（天津）有限公司
经 销：全国新华书店
开 本：185 mm×260 mm 印张：24 字数：599 千字
版 次：2019 年 1 月第 1 版 2019 年 1 月第 1 次印刷
书 号：ISBN 978-7-5121-3758-5/TN · 119
印 数：1～3 000 册 定价：56.00 元

本书如有质量问题，请向北京交通大学出版社质监组反映。对您的意见和批评，我们表示欢迎和感谢。
投诉电话：010-51686043，51686008；传真：010-62225406；E-mail：press@bjtu.edu.cn。

前　言

自 20 世纪 70 年代第一根低损耗光纤和可在室温下连续工作的半导体激光器问世以来，光纤通信以其损耗小，传输容量大，质量小等特点迅速取代同轴电缆在全世界通信领域得到应用和普及，形成了高速、大容量且具有自愈功能的光纤网络，并在此基础上进一步建立了支持固定点通信和移动通信的可容纳各种速率数据和话音业务的现代信息网。正因为如此，光纤通信被认为是 20 世纪人类最伟大的技术发明之一。

近 50 年的发展历程中，光纤通信不仅在支持自身的技术上取得了巨大进步，而且形成了遍布全球的支持各种信息业务传输的功能强大的光网络，发挥出了极其巨大的经济效益和社会效益。光纤通信技术的进步是在激光器技术、光纤技术和光放大技术等不断取得突破的条件下实现的。在分布反馈激光器、量子阱激光器、掺铒光纤放大器、掺铥光纤放大器、拉曼光纤放大器、密集波分复用、光时分复用、色散管理、色散补偿、高阶多维调制及前向纠错、偏振复用和相干检测等技术的支持下，实验室两根光纤可支持的数据速率已经达到 $100\sim$ 200 Tbit/s，商用的数据传输速率最高也可达到 Tbit/s 量级，无电中继传输距离可达到上万 km，从而为当今社会的信息传输提供了一个无限宽广的管道。但是光层交换技术没有取得突破，在很大程度上限制了光纤网数据传输速率优势的发挥，是目前阻碍光纤到户发展进程的主要原因之一。

现在，光交换研究的热潮已经兴起，并在某些方面（如基于可变波长激光器和可选波长光探测器的粗粒度光路交换、细粒度的光分组交换及介于两者之间作为过渡技术的光突发交换等）已经取得一定的进展。如果光交换技术获得突破和商用，将会带来光信息网络的又一次革命，克服电子瓶颈限制，实现光通信网络高速交换，促进光纤网络向深度和广度进一步发展，为光纤到户、虚拟现实、高清电视、物联网和人工智能等应用提供技术支撑和保证。

本书是编者在多年从事本科生和研究生光波技术基础、光纤通信系统、光纤传感技术、光纤测量等课程教学和科研实践基础上形成的，同时也参阅了大量有价值的参考文献。编写目的是力求教给学生一套较为完整的光通信技术方面的基础知识体系，使学生既具备成熟的光通信基本理论，又掌握当今光纤通信的新技术，并了解其发展趋势。

本书分为 10 章，第 1 章为绪论，从光通信器件的发展及光纤通信系统的演进两个方面回顾了光通信技术的历史，介绍了光通信系统的基础知识，准同步数字体系和同步数字体系的特点，以及数字光纤传输系统的构成及其性能，简述了光通信技术的特点和展望。第 2 章为光纤波导理论基础，从光波导的一般理论出发给出了模式的一般概念；通过对阶跃折射率光纤矢量模和标量模的分析，揭示了光纤中模式的特性、场分布规律及单模光纤的基本性质和模场特征参数。第 3 章为光纤传输特性，对光纤中损耗的形成原因及表示方法，光纤中色散分类、表示方法，色散补偿和色散管理措施，光纤中的非线性效应及抑制方法等进行了阐述。第 4 章为光纤制造技术与特种光纤，分析和讨论了光纤的制作工艺、光缆结构及其特性，并介绍了保偏光纤、稀土掺杂光纤、色散补偿光纤、光子晶体光纤、大模场面积光纤、多芯光纤与少模光纤等新型特种光纤。第 5 章为无源光器件，包括连接器、衰减器、隔离器、光环行器等基本器件，以及光纤耦合器、PLC 光耦合器、阵列波导光栅、光开关。第 6 章为光纤光栅的研究与应用，根据光纤光栅的工作原理，分别讨论了短周期光纤光栅和长周期光纤光栅的特性，并介绍了光纤光栅的制作方法及应用发展前景。第 7 章为激光器，对激光产生的条件及特性，半导体材料中的能带特性，PN 结形成，F-P 腔半导体激光器，动态单纵模激光器和发光二极管的特性进行了分析；对光纤激光器的构成、工作原理及特性进行了讨论。第 8 章为电光调制器和光探测器，探讨了单晶铌酸锂的线性电光特性及几种常用的铌酸锂调制器，介绍了光电二极管的典型结构，并进一步给出了三种高速光探测器和石墨烯光探测器。第 9 章为光放大器及其应用，分析了光放大的基本原理，介绍了半导体光放大器的构成及特性，分析了掺铒光纤放大器和拉曼光纤放大器的原理、构成及特性，并对光放大器技术进行总结和展望。第 10 章为光纤测量，主要介绍了损耗、色散、截止波长、模场直径和偏振模色散等光纤特性参数及光纤折射率分布的测量方法。

　　本书第 1 章由延凤平教授编写，第 2、3、4 章由任国斌教授编写，第 5 章由王春灿副教授编写，第 6 章由裴丽教授编写，第 7 章由王目光教授编写，第 8 章由宁提纲教授编写，第 9 章由谭中伟教授编写，第 10 章由李唐军教授编写。全书由延凤平教授统稿，并在内容上做了一定的增减和文字上做了一定的修饰加工。在编写过程中，得到了我国著名的光纤通信专家、中科院院士简水生教授多方面的精心指导和关怀，同时得到了北京交通大学光波技术研究所全体教师和学生的大力支持和帮助，在此一并表示感谢。

　　由于时间仓促，编者学识水平有限，书中一定还会存在不少缺点、错误和疏漏，恳请读者批评指正，以便于本书今后的修改和完善。

编　者

2018 年 10 月于北京交通大学光波技术研究所

目　　录

第1章 绪 论

通信是将信息从源头传送到目的地的过程，它由发送端、传输通路和接收端三个部分组成。为了提高信息传输的有效性和可靠性，需要将被传送的信息调制到一个载波上进行传输。根据传输链路所采用媒质的特点，发送端和接收端对所需要传送的信息进行对应的编解码和校验处理。从电通信系统的研究中发现，被传送信号的带宽与载波频率成比例，通常可达载波频率的百分之几。若想将大容量的信息从源头高速传送到目的地，就必须提高载波的频率。图 1-0-1 为电磁波频谱图。从图 1-0-1 中可知，光波频率位于高频端，因此人们自然而然地想到通过将通信载波频率从射频、微波及毫米波波段转移到光波波段，可成数量级地提高单载波传输信号的能力。以光波为载波载运信息所实现的通信就是光通信。

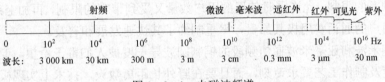

图 1-0-1 电磁波频谱

但是，采用什么媒质可有效传输光信号呢？这是科研人员必须解决的首要问题。人们自然而然想到了大气。但是，光信号在大气中传输时会发散，同时大气中尘埃粒子对光的散射也会使传输损耗剧增。因此，随着传输距离的增加，接收端光探测器接收到的光功率将会迅速降低，最终导致接收机工作异常。基于这个原因，以大气为传输媒质实现长距离的光信号传输是不可行的。能否制作一种波导，如同轴电缆一样将光信号约束在一定尺寸的范围内并可以有效地进行传输呢？在解决这个问题时，人们想到了石英玻璃。因为当时能够找到的由天然石英砂提纯后所制成的玻璃具有优异的透光能力，而且根据几何光学的基本原理，当光的入射角大于临界角时，光在两种折射率媒质的交界面上会发生全反射。对于利用两种折射率仅有微小差异的纯石英材料制成的圆柱形波导（其中内层媒质的折射率略高于外层媒质的折射率），注入到其内层媒质的光信号就可以在内外层媒质的交界面上不断地发生全反射并向前传输。这种媒质就是最早的光纤。以光波载运信息，用光纤作为传输媒质实现的通信就是光纤通信。

1.1 光通信技术的发展

从广义上说，凡是以光波载运信息所进行的通信都可称为光通信，光通信的历史可追溯到远古时代。有历史记载，在我国距今 2 000 多年前的周朝，就有周幽王烽火戏诸侯的故事。只不过那时人们仅仅是用燃灭篝火来传递有无敌情的信息（"1""0"信号）。秦始皇修建的万里长城及其他边关要塞也以烽火台的形式将这种通信技术传承下来。到 18 世纪末，航海中普遍采用灯语和旗语在可视距离内传递信息。1880 年，贝尔发明了光电话，由此极大地丰富了光通信中能所传递的信息。但是，由于没有可供使用的有效的光源和传输媒质，几千年来光通信几乎没有取得进展。

19 世纪 30 年代电报的出现开启了电信时代，利用新的代码技术（如莫尔斯码），传输速率提高到 3～10 bit/s，利用中继站后可进行长距离（约 1 000 km）的通信。电信号通过连续变化电流的模拟形式来传送，这种模拟电通信技术支配了通信系统长达 100 年左右。

20 世纪初，随着人们生活和交往范围的急速扩展，对信息的需求也日益增长。此时，电话网在全球迅速建立，并使用同轴电缆代替双绞线极大地提高了系统容量和通话质量。第一代同轴电缆传输系统于 1940 年投入使用。但在当时的技术条件下，由于同轴电缆传输损耗随着载频的提高而迅速增加，因此其带宽也受到了很大的限制。这种限制促使微波通信系统出现并迅速发展。在微波通信系统中，利用频率为 1～10 GHz 的电磁载波及合适的调制技术传递信号，其理论上的带宽可达 100 MHz 量级。最早的微波通信系统载频为 4 GHz，于 1948 年投入运营。此后，同轴和微波通信系统虽然都得到了较大的发展，但由于这种通信系统的带宽受载波频率的限制，允许同时使用的用户数量又受到带宽的限制，再加上系统成本极高，因此分摊到用户的通话费用极其昂贵，严重制约了其快速发展和普及。

工作于毫米波和亚毫米波通信频段的铜制圆波导一度被人们寄予希望，但由于这种波导对材料的纯度及制作工艺要求苛刻，而且要在野外长距离敷设，技术上实现极其困难。即使这种波导能够研制成功，系统也能够开通，但是由于造价昂贵，不可能被推广使用。基于上述原因，光通信再次受到人们的关注和期盼。

1.1.1　光通信器件的发展

1.1.1.1　低损耗光纤

20 世纪 60 年代初期，基于天然石英砂提纯石英制作的光纤最低传输损耗为 1 000 dB/km。也就是说，采用这种光纤每传输 1 km 的长度，光功率将降低为原来的 10^{-100}。显然，这种光纤不可能作为光传输媒质使用。正当人们为解决这一问题苦苦寻找出路时，1966 年 7 月，工作于英国标准电信研究所的英籍华人高锟博士与他的同事霍克曼博士在 Proc. IEE.113 上撰文指出，如果充分提纯制作光纤的材料，将光纤中的过渡金属离子和 OH⁻ 离子的含量降低到足够小，并采用弱导模式，光纤的传输损耗有望降低到 20 dB/km。这是一个划时代的预言，在光纤通信史上具有里程碑的意义。在这一理论的指导下，1970 年美国康宁玻璃公司在世界上首次研制成传输损耗为 20 dB/km 的光纤，即采用这种光纤每传输 1 km 的长度，光功率将下降到原来的 10^{-2}，达到了当时最佳同轴电缆的传输损耗水平。此后，在研究人员的不断努力下，光纤的传输损耗逐步下降，1973 年降低到 4 dB/km，1979 年在 1.55 μm 波段光纤的传输损耗降低到 0.2 dB/km，几乎达到石英光纤损耗的理论极限。现在，1.55 μm 波段普通通信用单模光纤的传输损耗均小于 0.18 dB/km，纯石英纤芯光纤的传输损耗小于 0.15 dB/km。这为光通信提供了可靠的低损耗传输媒质，为光纤通信的发展奠定了基础。

1.1.1.2　室温下可连续工作的半导体激光器

光源是光通信系统中的另一个关键器件。作为光通信系统中的光源，首先要求其不仅具有稳定的工作波长，而且还具有窄的谱线宽度，由此可支持高速调制和允许长距离传输；其次还必须具有体积小、寿命长、价格低、耗电低等特点。研究人员在设法降低光纤传输损耗的同时，相继开展了适合于光通信的光源——半导体激光器的探索工作。

1960 年梅曼发明了红宝石（固体）激光器，这给予了探索光通信光源的研究人员以极大的鼓舞。1962 年，可在低温（液氮）下脉冲工作的 GaAs 半导体激光器研制成功，其工作波长为 0.87 μm。到了 20 世纪 70 年代，可在常温下连续工作的 GaAsAl 异质结半导体激光器研制成功，其工作波长为 0.85 μm。此后，经过工艺上的不断改进，可室温下长时间连续工作的 GaAsAl 和 InGaAsP 异质结半导体激光器研制成功。到目前为止，半导体激光器的性能有了极大的提高，其寿命可达 10^8 h，输出光功率可达 10 mW 量级，波长谐调范围可达 100 GHz，线宽可达 0.1～10 MHz（外腔激光器可达几十 kHz）。与此同时，光探测器技术也已成熟，从而为光通信走向实用化奠定了光源和光探测器方面的基础。

1.1.1.3　高速光调制器

光调制器是光通信系统中的关键器件之一，它的调制速率直接决定了整个光通信系统的传输速率。随着光调制器制作工艺水平的提高，调制速率显著提高，同时促进了光通信系统的更新换代。

20 世纪 60 年代，随着单晶生长技术的进步，出现了具有极大电光转换效率和极低损耗的铌酸锂（$LiNbO_3$）晶体材料，基于 $LiNbO_3$ 的直波导、Y 波导和 M－Z 型波导的相位和强度调制器也随之出现，调制速率从几十 Mbit/s 提高到现在的几十 Gbit/s。

电吸收（EA）调制器是一种在电脉冲信号控制下将激光器输出的连续光信号转化为高速脉冲光信号的外调制器，分为基于 Franz-Keldysh 效应的体材料型和基于量子约束 Stark 效应的多量子阱结构两种形式。电吸收调制器具有体积小、噪声低、驱动电压低和易于与其他器件集成等优点，目前商用电吸收调制器可支持的调制速率已达 40～100 Gbit/s。

1.1.2　光纤通信系统的演进

随着光纤、激光器、光探测器与光调制器走向成熟并逐步实用化，20 世纪 70 年代诞生了光纤通信。第一代商用光纤通信系统于 1975 年敷设在美国亚特兰大，其工作波长为 0.85 μm，传输速率为 45 Mbit/s，最大中继距离约 10 km，最大通信容量约 500 Mbit/（s·km）。虽然是第一代的光纤通信系统，但与同时期的同轴通信系统相比，其中继距离长、容量大、投资及维护费用低，初步显示了光纤通信的优越性。

在对光纤损耗谱曲线的研究过程中人们发现，与 0.85 μm 的工作波段相比，在 1.30 μm 的工作波段石英光纤不仅同时具有传输损耗低和色散小的优点，而且具有较长的中继距离。由此推动了 1.30 μm 波段的 InGaAs 半导体激光器和光探测器的研究工作。至 1977 年，工作波长位于 1.30 μm 波段的 InGaAs 半导体激光器和光探测器被研制成功。到 20 世纪 80 年代初，工作波长位于 1.30 μm 波段，中继距离超过 20 km 的第二代光纤通信系统问世，但由于其使用多模光纤作为传输媒质，模间色散的影响使该系统的传输速率被限制在 100 Mbit/s 以下。

随着对光纤模式理论和色散特性研究的深入，人们逐渐认识到，单模光纤与多模光纤相比，由于没有模式色散，因此其色散值大幅度降低。而且在 1.31 μm 附近，石英单模光纤具有零色散，于是人们自然想到采用单模光纤可以克服多模光纤由于模式色散而导致的对系统传输速率的限制。1981 年，实验室环境下实现了传输速率为 2 Gbit/s，传输距离为 44 km 的单模光纤传输系统，并很快推向商业应用。1987 年，工作波长为 1.30 μm 的基于单模光纤的第二代光纤通信系统开始投入商业运营，其传输速率高达 1.7 Gbit/s，中继距离约 50 km。

由于石英单模光纤在 1.55 μm 波段具有更低的损耗值（低于 0.2 dB/km），因此 1.55 μm 波段的光纤通信系统自然引起了人们强烈的兴趣。但是由于 1.55 μm 波段的石英单模光纤具有较高的色散，而且当时多纵模同时振荡的常规半导体激光器的谱展宽问题尚未解决，这两个因素推迟了第三代光纤通信系统的出现。至 1990 年，随着 1.55 μm 波段单纵模激光器器件技术水平的提高和产品性能的完善，工作于 1.55 μm 波段，传输速率为 2.5 Gbit/s 的第三代光纤通信系统已能提供商业业务。

与此同时，日本的研究人员经过长期的研究发现，通过特殊设计光纤的折射率剖面曲线，可以将单模光纤的零色散点由 1.30 μm 移动到 1.55 μm，这就是色散位移光纤。利用这种光纤可以在 1.55 μm 附近同时获得零色散和低损耗。1985 年通过 DSF 的传输试验表明，其传输速率可达到 4 Gbit/s，中继距离超过 100 km。

随着掺铒光纤放大器（erbium-doped fiber amplifier，EDFA）和波分复用（wavelength division multiplexing，WDM）技术的逐步成熟并走向商用化，以 EDFA 作为中继器对光信号进行功率放大，由此既解决了光/电/光（O/E/O）中电子瓶颈对通信系统传输速率的限制问题，又降低了系统的成本。WDM 及密集波分复用（dense wavelength division multiplexing，DWDM）技术成百上千倍地提高了由两根光纤所组成的光纤通信系统的容量，实现了高速超长距离的光信号传输。这就是第四代的光纤通信系统。但是，随着单信道数据传输速率和信道数量的提高，光纤色散和非线性的问题显得越来越严重，各种色散补偿、色散管理技术相继出现。同时，对光时分复用（optical time-division multiplexing，OTDM）技术的研究也逐渐深入。在上述相关技术的支持下，加上已铺设的通信光缆中光纤对的数量又相当巨大，光纤通信系统潜在的容量已经达到海量级。2010 年，实验室采用两根光纤已经可以实现 10.92 Tbit/s 数字信号的双向传输。按每个数字话路为 64 kbit/s 来计算，则可开通 17 000 万数字话路。在实用化系统中，也已开通了 160×10 Gbit/s 的 WDM 系统，相当于 1 920 万数字话路。可以说，20 世纪 90 年代初期 EDFA 的问世和 20 世纪 90 年代中期 WDM（DWDM）技术的应用引起了光纤通信领域的重大变革。

但是，迄今为止在光纤通信领域所产生的技术进步仅仅解决了光信号高速、大容量、长距离传输的问题，作为光纤通信系统的重要组成部分——光交换的问题仍然在研究过程中，虽然在某些技术细节上取得了突破，但是整体上来说目前还没有找到确实可靠的解决方案。如果这一问题得到完美的解决，则以全光交换为技术支撑的第五代光纤通信系统就会问世。届时光器件的价格将大幅度下降，无限宽广、畅通无阻的信息高速公路将会建成，目前困扰人们的网络安全问题也将会得到很好的解决，人们渴望已久的光纤到户将会成为现实。

光通信从诞生到现在 40 余年的时间内经过了如此迅速的发展历程，取得了辉煌的成就，产生了巨大的经济效益和社会效益，奠定了其信息社会基石的地位。

1.2　光通信基础

如前所述，光纤通信系统具有很宽的频带资源，可传输高速大容量的信息，而 1 个普通的音频数字话路仅占用 64 bit/s 的速率，由两根光纤组成的双向光纤通信系统仅仅传输 1 个音频数字话路显然极不经济。即使是以 1 个光载频承载 1 个音频数字话路也很不经济，这就需要研究并采用合理的复接（分插）技术和复用（解复用）技术，使得在确保通信可靠性的前提下提高其有效性。

在电的通信系统中通常采用时分复用（time division multiplexing，TDM）和频分复用（frequency division multiplexing，FDM）两种复用技术。这两种技术在光通信系统中同样适用，只不过由于光通信系统中所采用的光源可能工作于单一频率，因此以波分复用（wavelength division multiplexing，WDM）技术代替了电通信系统中的频分复用技术。通常的做法是先将低速电信号以一定的格式复接成为高速的电信号，并调制到一个光载频上。如果有可能，还需要将调制到同一个光载频上的光信号以一定的格式进行 OTDM，以形成更高速的光信号。然后，将更高速的光信号以一定的格式进行波分复用，形成大容量高速率的光信号，并耦合进入光纤中传输。在接收端采用相反的方式进行解复用和分插，将低速的电信号恢复出来。

1.2.1　复接与分插

TDM 的概念可以扩展到形成不同的群路等级，国际电报电话咨询委员会（CCITT，现名为国际电信联盟——ITU）曾作过规定，将多路编码数字话路按两种制式组成各种群路，群路分为基群、二次群、三次群等。在北美和日本，24 个音频话路复合为一个基群，其传输速率为 1.544 Mbit/s。在中国与欧洲，30 个音频话路复合为一个基群，其传输速率为 2.048 Mbit/s。为了便于在接收端将复合后的信号分开，在复合比特流中加入了额外的控制位，因此复合传输速率略大于 64 kbit/s 与复合话路数的乘积。将 4 个基群通过一定的格式复合成为 6.312 Mbit/s 和 8.44 Mbit/s 的二次群，继续这种步骤可获得更高的群路等级，这一过程被称为复接。在接收端需要实施相反的步骤对复接后的信号进行分解，并将低速支路信号恢复出来，这一过程被称为分插。表 1-2-1 所示为两种制式下 5 个不同群路的传输速率。

表 1-2-1　两种制式下 5 个不同群路的传输速率

群路级别	标准话路数			传输速率/（Mbit/s）		
	北美	欧洲	日本	北美	欧洲	日本
基群	24	30	24	1.544	2.048	1.544
二次群	96	120	96	6.312	8.448	6.312
三次群	672	480	480	44.736	34.368	32.046
四次群	1 334	1 920	1 440	90	139.246	97.728
五次群	4 032	7 680	5 760	274.176	565	396.200

1.2.2 准同步数字体系与同步数字体系

由表 1-2-1 可见，同一等级的群路其数据传输速率不同，在复用方法上，除了低速率群路等级的信号，其他等级的信号采用异步复用，即通过插入一些额外比特使各路信号与复用设备同步并生成高速信号。这种复用系统称为准同步数字体系（plesiochronous digital hierarchy，PDH）。PDH 早在 1972 年由 CCITT 提出初始建议，1976 年和 1988 年两度被完善，最终形成完整的体系。这种体系的缺点是：① 缺乏统一的数字信号速率和结构标准，设备间互不兼容；② 缺乏标准的光接口规范，各个厂家各自开发光接口，导致设备间光接口无法互通，从而限制了联网应用的灵活性，并增加了其复杂性；③ 复用与解复用结构复杂，难以直接从高速信号中识别和提取出低速支路信号，上下话路必须通过逐级分播、复用的方式实现，如图 1-2-1 所示；④ 网络的运行、管理和维护复杂，设备的利用率低。

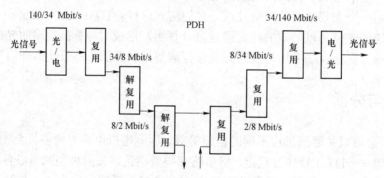

图 1-2-1　PDH 系统中上、下话路分插复用方式

为了克服上述 PDH 数字体系的缺点，美国 Bell 实验室于 1984 年开始了同步信号光传输体系的研究，1985 年美国国家标准研究研（ANSI）根据 Bell 实验室所提出的同步信号光传输体系构想委托 T1X1 委员会起草了同步信号光传输体系标准，并命名为同步光网络（synchronous optical network，SONET）。1986 年 CCITT 开始以 SONET 为基础制定同步数字体系（synchronous digital hierarchy，SDH），1988 年首次通过了 SDH 建议。

SDH 涉及传输速率网络结点接口、复用设备、网络管理、线路系统、光接口、信息模型、网络结构和抖动性能 8 方面的标准，已成为不仅适于光纤也适于微波和卫星传输的通信技术体制。SONET 体系的基本模块传输速率为 51.84 Mbit/s，相应的光信号称为 OC-1（或 STS-1），以 OC 代表光载频。SONET 体系的一个明显的特点是高等级群路信号的传输速率是基本 OC-1 传输速率（51.84 Mbit/s）的精确倍数，因而 OC-12 为 622 Mbit/s，OC-48 为 2 488 Mbit/s，OC-192 为 9 953 Mbit/s。在 SDH 系统中，最基本且最重要的模块信号是 STM-1，其传输速率为 155.520 Mbit/s，更高级的 STM-N 的信号是将基本模块信号 STM-1 按同步复用并经字节间插后的结果，其中 N 为正整数。目前 SDH 只能支持 $N=1$，4，16，64 等几个等级。SDH 中上下话路通过分插复用（add-drop Multiplex，ADM）的方式实现，如图 1-2-2 所示。

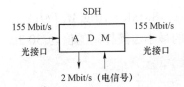

图 1-2-2 SDH 系统中上、下话路分插复用方式

1.2.3 数字光纤通信系统

数字光纤通信系统主要由光发射机、通信信道和光接收机三部分组成，其中包含互连与光信号处理部件，如光纤连接器、隔离器、调制器、滤波器、光开关等。

1.2.3.1 光发射机

光发射机的作用是将电信号转化为光信号，并注入光纤向前传输。它由光源、调制器和耦合器等组成。

光信号是用电信号调制光载波产生的，半导体光源的输出可通过改变注入电流直接进行调制，这样输入信号就可直接施加在光源的驱动器上，结构简单。在某些场合，由于光源直接调制产生的啁啾影响通信系统性能，因此可采用外调制器将电信号调制到光载波上。

输出功率是光发射机的一个重要参数，它决定了允许的光纤损耗和通信距离，通常以 1 mW 为参考电平，以 dBm 为单位，定义为：

$$P[\text{dBm}] = 10 \lg \frac{P[\text{mW}]}{1[\text{mW}]} \qquad (1-2-1)$$

因此，1 mW 对应 0 dBm，1 μW 对应于 -30 dBm。光发射机的另一个重要参数是光源的光谱特性，CCITT 提出如下 3 种评估光谱特性的参数。

（1）最大均方根宽度 σ。对于像多纵模激光器和发光二极管这样的光能量比较分散的光源，采用 σ 来表征其光谱宽度，用以衡量光脉冲能量在频域的集中程度，其定义为：

$$\sigma^2 = \frac{\int_{\lambda_1}^{\lambda_2} (\lambda - \lambda_0)^2 \cdot P(\lambda) \mathrm{d}\lambda}{\int_{\lambda_1}^{\lambda_2} P(\lambda) \mathrm{d}\lambda} \qquad (1-2-2)$$

式中，$P(\lambda)$ 为实测的光源光谱；λ_1 和 λ_2 是相对峰值功率跌落规定 dB 数的波长；λ_0 是中心波长。σ^2 的具体值与规定跌落的 dB 值有关，CCITT 建议以跌落 20 dB 计算。

（2）最大 20 dB 跌落宽度。对于单纵模激光器的光谱特性，能量主要集中在主模中，因而其光谱宽度是按主模中心波长的最大峰值功率跌落 20 dB 时的最大全宽来定义的，对于高斯形主模光谱，其 -20 dB 的全宽相当于 6.07σ，2.58 倍 3 dB 全宽，而 3 dB 全宽又称半峰全宽（full width at half-maximum，FWHM）。

（3）最小边模抑制比（side mode suppression ratio，SMSR）。单纵模激光器在动态调制时会出现多个纵模，只是边模的功率比主模小得多，为控制边模的模分配噪声，必须保证对边模有足够大的 SMSR。SMSR 定义为最坏反射条件时，全调制条件下，主纵模（M_1）的平均光功率与最显著的边模（M_2）的平均光功率之比的最低值，即：

$$SMSR = 10\lg(M_1/M_2) \tag{1-2-3}$$

CCITT 规定单纵模激光器的最小边模抑制的值为 30 dB，即主纵模功率至少要比边模大 1 000 倍以上。

1.2.3.2　传输光纤

光纤通信系统用光纤作为传输媒质，将光信号从光发射机传送到光接收机。光纤的传输特性参数包括损耗、色散及非线性。其中损耗的单位为 dB/km，它直接影响中继距离。色散的单位为 ps/（nm·km），它将引起光脉冲信号展宽和码间串扰，影响中继距离和通信容量。非线性的主要效果是增加信道之间相互干扰，同样影响到中继距离和通信容量。有关内容将在后续对应的章节详细展开。为实现高速长距离信息传输，要求光纤具有低损耗、一定量的色散和足够小的非线性。

1.2.3.3　光中继与波分复用

随着光通信的迅速发展，人们逐渐认识到由于"电子瓶颈"的制约，采用 O/E/O 的中继方式不仅会大大降低光通信线路中信号的传输速率，而且系统的构造复杂，成本高。能不能找到一种媒质使信号在光的层面上直接进行放大，即采用光放大器代替原来的电放大器构成通信系统呢？为此，人们进行了反复的尝试和艰苦的探索。早在光纤通信走向实用化的初期，人们就开始研究光纤放大器。首先需要解决的是可实用化的稀土掺杂光纤研制工艺问题。采取何种工艺，掺杂何种稀土离子，掺杂浓度和吸收效率应为多少，如何控制荧光效率，如何抑制浓度淬灭，如何降低损耗等都是关系到稀土掺杂光纤性能的关键问题。随着光纤制造工艺技术的不断进步，直到 1986 年才开始有可实用化的稀土掺杂光纤问世。稀土元素由化学元素周期表中原子序数 57～71 的 15 种化学元素（镧系元素）和与之关系密切的钇、钪共 17 种元素组成，当稀土元素掺杂于石英或其他基质光纤中时会以三价离子的形式存在。这些离子经过受激辐射过程会对信号光产生放大作用，因而可用于制造光纤放大器。这种放大器的工作特性（如工作波长和增益带宽）是由掺杂离子的特性决定的，根据各种离子能级结构的不同，掺杂离子的光纤放大器可以工作在红外区的不同波长区域。其中 EDFA 格外引人注目，它的工作波长在 1.55 μm 附近，即处于石英光纤传输损耗最小的波长区域，因而与 DWDM 技术并称为第四代光纤通信系统的基石。

EDFA 实现了对一根光纤中传输的多路光信号的同时放大，不仅降低了中继成本，提高了传输效率，而且还具有高速率、高增益和低噪声等优点，因而被成功应用于 WDM 光通信系统中，有效提升了光纤传输系统的信息容量。

提高单信道的速率和增加通道数是 WDM 系统中增加容量的有效途径。随着 WDM 通道数的不断增加，工作波长逐渐从 C 波段扩展到 L 波段甚至是 S 波段。因此，WDM 传输系统对光放大器的带宽要求也随之提高，而 EDFA 只能实现在 C 波段约 35 nm 带宽内信号的放大，如果将所使用的掺铒光纤长度增加到原来的 5 倍以上，就可以得到工作于 L 波段的 EDFA。但是，无论如何，采用单一的 EDFA 不能够同时放大两个波段的光信号，所以必须寻求一种宽带放大的解决方案。

光纤拉曼放大器一经出现，由于其自身所固有的全波段可放大、低噪声及可利用传输光纤做在线放大等优点，使其在高容量的 DWDM 系统中扮演着重要的角色。因为在 WDM 系统接收端所有信道内的光信号必须有着相同的光功率，所以放大器增益平坦度是 WDM 系统设计中的一个极其重要的参数。增益平坦度对光信噪比（optical signal to noise ratio，OSNR）有着重要影响。在设计拉曼放大器时要考虑在整个放大波段内的增益平坦性。宽带增益平坦的拉曼放大器成为当今乃至下一代高速大容量 DWDM 系统的关键支撑技术之一。

理论上单波长泵浦的光纤拉曼放大器只能提供约 15 nm 平坦增益的放大带宽，采用多波长泵浦的方式并通过合理设置泵浦激光器的波长和泵浦功率，可以在不使用任何增益均衡器的情况下获得一个很宽且平坦的增益谱。这就是超宽带增益平坦化的光纤拉曼放大器。

与此同时，基于窄线宽本振激光器、正交复用和电域补偿技术的相干光通信技术的出现，使单通道数据传输速率可提升至 100 Gbit/s，并形成了商业应用。预计结合光域补偿技术后，未来可实现单通道 400 Gbit/s 乃至 800 Gbit/s 的相干光通信系统。

1.2.3.4　光接收机

光接收机将从光纤输出端接收到的光信号转换回原始的电信号，它由解复用、光探测、放大均衡及判决再生等部分组成。数字光通信系统的性能用误码率（bit error ratio，BER）衡量。尽管误码率可简单直观地定义为每秒产生的误码数，但这种定义使 BER 依赖于数据传输速率。通常将 BER 定义为错误识别比特的平均概率，这样，10^{-6} 的 BER 相当于平均每百万位出现一个误码。大多数光波系统都要求 BER$\leqslant 10^{-12}$，有些系统甚至要求 BER 低至 10^{-14}。

灵敏度是光接收机的重要参数之一，它通常定义为在接收机满足一定误码率条件下所需要的最小平均接收光功率。接收机灵敏度取决于信噪比，亦即取决于干扰接收信号的各种噪声源。即使对理想的接收机，光电检测过程自身也会引入一些噪声，它称为量子噪声或散粒噪声，是由电子的粒子性造成的，工作在散粒噪声限制的光接收机称为量子噪声限制接收机。实际接收机都不可能工作在量子噪声限制下，有许多其他噪声源将信噪比降低到了远低于量子噪声限制的程度。这些噪声源包括来自接收机内部的热噪声和放大器噪声，来自光发送机的强度和相位噪声，还起源于光源的自发辐射过程，来自光信号在光纤传输过程中出现的由色散引起的码间干扰、模分配噪声及非线性效应引起的干扰等。接收机灵敏度取决于所有的噪声机制影响的累加，这样就降低了判决电路的信噪比，当然也与数据传输速率有关，因为有些噪声源的作用会随信号带宽的增加而成比例增加。

1.3　光通信技术优势和特点

（1）巨大的传输容量。光波载波频率比微波高得多，光纤通信使用的波段载波频率约为 2×10^{14} Hz，而微波大约为 1×10^{10} Hz 的量级，两者差 4 个数量级，因此可以说光波的频率资源比微波大得多。就现有普通单模光纤来说，存在 1.3 μm 和 1.55 μm 波段 2 个可用于光纤通信的低损耗窗口。若把 1.38 μm 附近的由于 OH^- 的吸收而形成的损耗峰完全消除，将这 2 个低损耗区连通起来则可形成工作于 1 260～1 660 nm 的波长范围且具有 400 nm 带宽的低损耗光纤，这种光纤被称为全波光纤。

（2）优越的传输性能。在 1.55 μm 波段最低传输损耗约 0.2 dB/km，即传输 100 km 的光信号才衰减 20 dB，完全可以用放大器来补偿损耗，即放大器间距为 100 km 是可能的，而同轴电缆中继放大器间距在 500 m 到几 km 范围内变化。此外光纤不存在信道噪声的干扰，这一点是其他通信系统所不具备的。以后我们会讲到，用发射机的功率和接收机的灵敏度作比较，电通信系统比光通信系统好，但光通信中继距离反而长，这都得益于光纤的优良传输特性。

（3）材料丰富，价格便宜。石英光纤材料的主要原材料是二氧化硅（SiO_2），它可以从自然界蕴藏十分丰富的石英砂中提炼出来。

（4）光纤重量轻、体积小，易于铺设。

（5）抗电磁辐射性能好。由于外界信号不能干扰光纤中传输的信号，光纤中传输的信号几乎不能辐射出光纤，因此光纤的电磁兼容性非常好。

1.4　光通信技术未来展望

光纤传输容量的快速增长和数字通信网络技术的不断进步使得电信运营商通过网络向最终用户提供廉价而优质的各种语音、视频和数据通信业务成为可能。但是，随着人们对接入速度需求和可靠性要求的不断提高，现有网络结构亟待进行大的变革。

目前网络结点的业务交换仍然是电层面上的大型路由器，因此在交换结点需要由光到电的转化。大型路由器不仅体积庞大，耗电量十分巨大，而且通过植入的后门，易于受人监控，存在传输信息泄密的可能性。虽然光纤链路支持很高的传输速率，但整个网络的性能则受到其中电子设备处理速度的制约，即所谓的"电子瓶颈"问题。构建全光网（all-optical network，AON），在光域实现所有的结点功能成为解决上述问题的一条重要途径。因此，光分插复用器（optical add drop multiplexing，OADM）、光交叉连接（optical cross-connect，OXC）、全光信息处理、光路由器等一系列与光结点技术有关的问题，以及与此相适应的新一代网络体系架构将是当前和今后一个时期光纤通信技术的热点研究领域。解决上述问题面临相当大的技术难度，一旦全光网络技术获得突破，不仅可克服"电子瓶颈"问题，有效降低成本，大幅度提高可靠性和网络业务的速度，而且可使网络结点的耗电量降低到原来的1%，为人类社会绿色可持续发展奠定基础。

总之，符合 DWDM 和 OTDM 发展需要的各种相关器件与技术、全光网和光结点的相关器件与技术，以及数字技术标准、FTTH 和 FTTD 所要求的低成本光纤用户终端器件与设备是目前和今后一个时期光纤通信技术的核心研究开发领域和主要发展方向。根据目前的技术发展水平，FTTH 和 FTTD 技术预期在不久的将来即可取得突破性进展，直接通过光纤向用户提供宽带接入。这一目标的实现不仅能使目前的电话网、有线电视网和数据网三网合一，而且网络的功能及其所能提供服务的种类和业务模式等都将被赋予全新的内涵，并影响到人们日常生活、工作、娱乐等各个方面，真正使通信与信息技术改造传统产业，成为推动社会进步和经济发展的强大动力。

如果说 DWDM 和 EDFA 技术为人类信息社会的发展奠定了基础，那么建立在高谱效率、超高速率、超长距离传输及全光交换技术基础上的未来光网络，必将促进人类信息高速交互的巨大发展。届时，人们期望已久的真正的光纤到户、光纤到大楼将成为可能。此外，安全的电子商务、远程医疗、远程教学、虚拟现实等网上远程交互将成为现实，由此推动人类信息社会的快速发展。

习 题

1. 光纤通信有哪些特点？为什么说光纤通信是现代信息社会的基石？
2. 什么是光接收机的灵敏度？它与光通信系统的哪些因素有关？
3. 什么是全波光纤？在长距离光纤通信系统中使用全波光纤有哪些优势？
4. 简述光通信系统未来的发展趋势。

第 2 章　光纤波导理论基础

2.1　光纤的基本结构与分类

2.1.1　光纤的基本结构与导波原理

最基本的光纤结构由纤芯和包层两部分组成，如图 2-1-1（a）所示，其中纤芯具有较高的折射率分布，包层一般具有均匀的折射率分布。如果光纤纤芯和包层的折射率都是均匀分布的，则称为阶跃折射率分布光纤，简称阶跃型光纤，而渐变折射率分布的光纤称为渐变型光纤，如图 2-1-1（b）和图 2-1-1（c）所示。

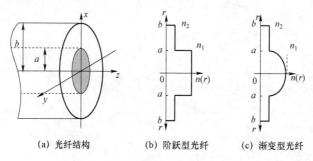

(a) 光纤结构　　　　(b) 阶跃型光纤　　　(c) 渐变型光纤

图 2-1-1　光纤基本结构示意图

目前通信所用低损耗光纤的主要成分是高纯石英（SiO_2），材料纯度为 10^{-6} 至 10^{-9} 量级。包层一般采用纯石英材料，纤芯通过掺入不同微量杂质（通常是掺锗）以提高其折射率，在制作过程中通过调整掺杂浓度改变芯区折射率。为了便于设备的标准化，通信光纤的包层直径统一为 125 μm，纤芯直径根据光纤结构类型和用途的不同而不同，一般在 4～50 μm 范围内。为了增加光纤的机械强度、柔韧性和耐老化特性，光纤外面通常用环氧树脂或硅橡胶进行涂覆。包含涂覆层的通信光纤直径统一为 250 μm。

射线光学理论能够解释光波在光纤中传播的物理现象。当光波波长与光纤尺寸相比很小时，可以用射线表示光能量的传输路线。射线光学又称为几何光学，它包含了光的直线传播定律、光的反射定律和光的折射定律三个基本定律。射线光学分析方法简单、直观，但不够完整、准确。接下来，以阶跃型光纤为例，利用几何光学分析光纤导光的原理，同时给出子午线和数值孔径的概念。阶跃型光纤为均匀波导，已知纤芯的折射率 n_1 略高于包层的折射率 n_2。

在圆介质波导中，射线包含两类，一类射线经过波导的轴（或中线），在纤芯与包层的分界面之间进行内部全反射（正规模），其射线路径成锯齿形且处在一个平面上。这类射线称为子午线，这类射线与薄膜波导中的射线类型相同，如图 2-1-2（a）和图 2-1-2（b）所示。在这里，射线虽射到曲面上，但仍然服从平面波射到无穷交界平面的规律，满足入射角 θ_1 等

于反射角 θ_r。

　　另一类射线不经过波导的轴，当它们遇到边界时，进行内部全反射，其入射角 θ_i 仍等于反射角 θ_r，但是其射线路径不在一个平面里，如图 2-1-2（c）所示。这类射线运动范围是在边界和焦散面之间，电磁波在此范围内呈驻波形式，超过这个范围，则以指数形式衰减，这类射线称为偏射线。子午线是平面曲线，偏射线是空间曲线。

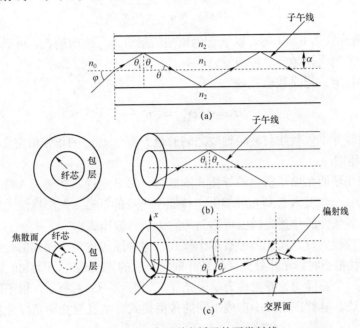

图 2-1-2　阶跃型光纤里的两类射线

　　由子午线分析可以给出光纤数值孔径（numerical aperture，NA）的概念。数值孔径在一定程度上代表光纤是否容易被激发导光及光束耦合方面等性质。如图 2-1-2（a）所示，当波导左侧（竖虚线以左）为另一种介质（一般是空气）时，其折射率为 n_0。在光纤端面处进行激发，入射的光线与轴向夹角为 φ。

　　由折射定律，得到

$$n_0 \sin\varphi = n_1 \sin(90° - \theta_i) = n_1 \cos\theta_i \tag{2-1-1}$$

当入射角 θ_i 大于临界角 θ_c 时，光将在波导内部做全反射，可以形成导波，即正规模。因此，为了得到导波，必须有

$$\theta_i > \theta_c$$

即

$$\sin\theta_i > \frac{n_2}{n_1} \tag{2-1-2}$$

从而，入射的光线与轴向夹角 φ 必须满足关系式

$$\sin\varphi = \frac{n_1}{n_0}\cos\theta_i = \frac{n_1}{n_0}\sqrt{1-\sin^2\theta_i} \leqslant \frac{n_1}{n_0}\sqrt{1-\left(\frac{n_2}{n_1}\right)^2}$$

或

$$\sin \varphi \leqslant \frac{\sqrt{n_1^2 - n_2^2}}{n_0} \tag{2-1-3}$$

当 $n_0 = 1$ 时，可以激发出导波的最大入射光线与轴向夹角 $\varphi_{\max}$，它满足

$$\sin \varphi_{\max} = \sqrt{n_1^2 - n_2^2} \tag{2-1-4a}$$

式（2-1-4a）表示，当 $n_0 = 1$ 时，以 $\varphi_{\max}$ 为顶角的圆锥体范围内的光，可以在光纤里激发生成导波，且这个值越大，越容易被激发。

以子午线为标准，定义数值孔径

$$\mathrm{NA} = \sin \varphi_{\max} = \sqrt{n_1^2 - n_2^2} \tag{2-1-4b}$$

还可以采用波导里入射线与波导轴线之间的最大夹角 $\theta_{\max}$ 的正弦值定义 NA，其结果与式（2-1-4b）相同。

下面从几何光学的角度分析光波导模式的概念。简单地说，在最大入射光线与轴向夹角 $\varphi_{\max}$ 范围内，以某一角度入射到光纤端面，并能在光纤的纤芯-包层界面上形成全内反射，同时满足横向谐振条件的传播光线就可称为光的一个传输模式。

当光纤的芯径较大时，在光纤中有多个模式。这种能传输多个模式的光纤被称为多模光纤；当光纤的芯径很小时，光纤只允许与光纤轴向一致的光线通过，即只允许通过一个基模，这种只允许传输一个基模的光纤被称为单模光纤。如图 2-1-3 所示，以不同入射角入射到光纤端面上的光线，能够在光纤中形成不同的传播模式。从几何光学角度分析，可以得到以下几个结论。

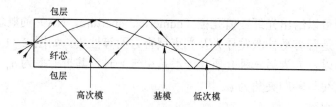

图 2-1-3　几何光学中表示光纤模式的概念

（1）不是任何形式的光波都能在光纤中传输，不是所有满足全反射条件的光波都能在光纤中传播，每种光纤都只允许某些满足横向谐振条件的特定形式的光波通过，而其他形式的光波在光纤中无法存在。每一种允许在光纤中传输的特定形式的光波被称为光纤的一个模式。

（2）在同一光纤中传输的不同模式，其传输方向、传输速度和传输路径不同，在光纤中的衰减也不同。观察与光纤垂直的横截面可以看到，不同模式的光波在横截面上的场强分布也不同，有的是一个亮斑，有的分裂为几瓣。

（3）当光线进入光纤中时，在光纤的纤芯-包层界面上，若入射角大于临界角，则在交界面内发生全反射，其传输损耗小，可以远距离传输，称为导模。若入射角小于临界角，则光就有一部分进入到包层，然后迅速衰减。

（4）不同模式的传输方向不是连续改变的。当通过一段相同的光纤时，以不同角度在光纤中传输的光所走的路径不同，沿光纤轴前进的光所走的路径最短，与轴线交角大的光所走

的路径较长。

采用几何光学分析光波导的模式简单、直观但不全面。光波是一种电磁波，电磁波在介质中传播时，不同传输模式形成不同的电磁场分布，同时传播介质及波导结构的不同会影响电磁场分布。利用几何光学不能直接得到模式的电磁场分布等特性，传输模式的基本特性将采用波动光学进行分析。这些内容将在 2.2 节中详细介绍。

接下来，本节利用几何光学来分析模式间的色散。当相同波长的光以不同的角度入射同一段波导时，其光线最晚和最早到达终点的时间差即为群时延。下面将分别采用模式的传输速度和模式在波导中的传输路径两种不同的方式对最大传输时延差进行分析。先采用第一种方式，即分析模式的传输速度。如图 2-1-2（a）和图 2-1-4 所示，对于不同的入射角 θ_i，光线沿波导轴（z 轴）的传输速度不同，沿轴的速度 v_z 为

$$v_z = v\sin\theta_i = v\cos\theta$$

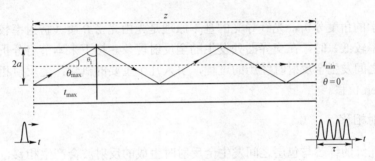

图 2-1-4　输出脉冲展宽

当 $\theta_i = 90°$ 或 $\theta = 0°$ 时，光线沿轴向传播，速度最快，用 $v_{z\max}$ 表示，到达终点的时间为 t_0，得到

$$t_0 = \frac{z}{v_{z\max}} = \frac{z}{v} = \frac{z}{\dfrac{c}{n_1}} = \frac{zn_1}{c}$$

当 $\theta_i = \theta_c$ 或 $\theta = \theta_{\max}$ 时，射线传输速度最慢，用 $v_{z\min}$ 表示，到达终点的时间为 $t_{\max}$，得到

$$t_{\max} = \frac{z}{v_{z\min}} = \frac{z}{\dfrac{c}{n_1}\cos\theta_{\max}} = \frac{z}{\dfrac{c}{n_1}\sin\theta_c} = \frac{zn_1^2}{cn_2}$$

故不同模式的最大传输时延差为

$$\tau = t_{\max} - t_0 = \frac{zn_1}{c}\left[\frac{n_1 - n_2}{n_2}\right] \approx t_0\Delta \qquad (2-1-5)$$

$$\Delta = \frac{n_1^2 - n_2^2}{2n_1^2} \approx \frac{n_1 - n_2}{n_1} \qquad (2-1-6)$$

其中，z 表示波导长度，c 表示光速，n_1 和 n_2 分别表示纤芯和包层折射率。Δ 表示光纤纤芯与包层的相对折射率差，当 n_1、n_2 相差甚微时，得到式（2-1-6）。由式（2-1-5）及式（2-1-6）得到，Δ 愈小，τ 愈小。当频率固定时，Δ 愈小，可以传输的模式愈少，所以时延差就愈小。

对于 $n_1 = 1.6$，$\Delta = 1\%$ 的光纤来说，其时延差为 50 ns/km，对应可以传输的带宽大约为 20 MHz/km。波导长度越长，模式传输时延差越大，可传带宽愈窄。由此可见，如果用阶跃折射率波导传输多个模式，则通信容量会相对较小。

如果波导中采用单模传输，则带宽将极宽。当波导直径比较小时，不同模式的入射角 θ_i 相差较大，输出的脉冲波形（模式）可以是离散的，如图 2-1-4 所示。

采用第二种方式，即分析模式在波导中的传输路径。光线在波导中的传输速度都为 v，当光线平行于 z 轴时，射线所走的路程最短，最先到达终点，当 $\theta_i = \theta_c$ 时，射线所走的路程最长，最晚到达终点，这样得到的最大传输时延差结果与式（2-1-5）相同。

上述分析中考虑的射线都是子午线，没有考虑偏射线，偏射线的分析比较复杂。

2.1.2 全反射相移、穿透深度和 Goos-Hänchen 位移

从几何光学的角度分析，光纤导光的基本原理是光由光密介质（折射率较高）入射到光疏介质（折射率较低）时，在交界面处发生的全反射现象。接下来本节将分析入射光在光纤的纤芯与包层之间发生全反射时经历的过程，引入几个重要的概念：全反射相移、穿透深度和 Goos-Hänchen 位移。

2.1.2.1 全反射相移

入射光在光纤的纤芯与包层之间发生全反射时生成的反射波会产生相移，这是研究光波导的一个重要问题。

假定光波存在两种正交偏振态，如图 2-1-5（a）和图 2-1-5（b）所示，分别为电场与纸面垂直（垂直极化波）和平行（平行极化波）的情况。下面分别予以讨论。

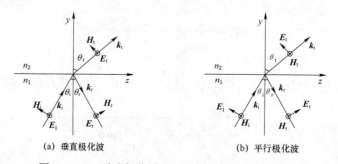

(a) 垂直极化波　　　　　　　　(b) 平行极化波

图 2-1-5　垂直极化波与平行极化波的反射与折射

当电场与纸面垂直时，在介质分界面 $y = 0$ 的平面上，根据电磁场在边界切向分量连续的条件可得

$$E_{i0} + E_{r0} = E_{t0} \tag{2-1-7}$$

$$-H_{i0}\cos\theta_i + H_{r0}\cos\theta_r = -H_{t0}\cos\theta_t \tag{2-1-8}$$

由平面电磁场之间的关系式，有

$$n_1(E_{i0} - E_{r0})\cos\theta_i = n_2 E_{t0}\cos\theta_t \tag{2-1-9}$$

由式（2-1-7）与式（2-1-9）可得，垂直极化波在介质分界面上的振幅反射系数 $r_\perp$ 与透射

系数 $t_\perp$ 为

$$r_\perp = \frac{E_{r0}}{E_{i0}} = \frac{\cos\theta_i - \sqrt{(n_2/n_1)^2 - \sin^2\theta_i}}{\cos\theta_i + \sqrt{(n_2/n_1)^2 - \sin^2\theta_i}} \tag{2-1-10}$$

$$t_\perp = \frac{E_{t0}}{E_{i0}} = \frac{2\cos\theta_i}{\cos\theta_i + \sqrt{(n_2/n_1)^2 - \sin^2\theta_i}} \tag{2-1-11}$$

当电场与纸面平行时，通过类似的推导，可得其振幅反射系数 $r_{/\!/}$ 与透射系数 $t_{/\!/}$ 为

$$r_{/\!/} = \frac{(n_2/n_1)^2\cos\theta_i - \sqrt{(n_2/n_1)^2 - \sin^2\theta_i}}{(n_2/n_1)^2\cos\theta_i + \sqrt{(n_2/n_1)^2 - \sin^2\theta_i}} \tag{2-1-12}$$

$$t_{/\!/} = \frac{2(n_2/n_1)\cos\theta_i}{(n_2/n_1)^2\cos\theta_i + \sqrt{(n_2/n_1)^2 - \sin^2\theta_i}} \tag{2-1-13}$$

式（2-1-10）～式（2-1-13）被称为 Fresnel 公式，它们给出了电磁波在介质分界面上发生反射和折射时，反射波、折射波与入射波电场之间的幅度和相位关系。

根据上述讨论，电场在介质分界面上的反射系数一般可表示为

$$r = |r|e^{j\varphi} \tag{2-1-14}$$

其中 $|r|$ 为反射系数的幅度，φ 为光波在反射时所生成的相位跳变。当入射波在介质分界面发生全反射时，垂直极化波与平行极化波的电场反射系数可由 Fresnel 公式得到，分别为

$$|r_\perp| = 1, \quad \varphi_\perp = 2\arctan\frac{\sqrt{\sin^2\theta_i - (n_2/n_1)^2}}{\cos\theta_i} \tag{2-1-15}$$

$$|r_{/\!/}| = 1, \quad \varphi_{/\!/} = 2\arctan\frac{\sqrt{\sin^2\theta_i - (n_2/n_1)^2}}{(n_2/n_1)^2\cos\theta_i} \tag{2-1-16}$$

这里，$\varphi_{/\!/}$ 和 $\varphi_\perp$ 为两种入射波的全反射相移。

当入射波垂直于介质分界面入射时，即 $\theta_i = 0°$，根据 Fresnel 公式有

$$r_\perp = -r_{/\!/} = \frac{n_1 - n_2}{n_1 + n_2} \tag{2-1-17}$$

根据图 2-1-5（b）中对入射波电场方向的假设，可以判断 $r_{/\!/}$ 前带有负号，意味着当入射波垂直入射时，反射波与入射波在界面上同相。当 $n_1 < n_2$ 时，式（2-1-17）为负值，表明入射波无论是垂直极化波还是平行极化波，得到的反射波都将发生 $180°$ 的相位突变，这种现象称为外反射过程中的半波损失。

由于介质分界面对各不同偏振态入射光的反射系数不同，自然光（完全非偏振光）经介质分界面反射后将成为部分偏振光。特别当入射角满足

$$\tan\theta_i = \frac{n_2}{n_1} \tag{2-1-18}$$

时，根据 Fresnel 公式有 $r_{/\!/} = 0$。此时平行极化波只发生折射，不发生反射，反射波成为只具有垂直极化特性的完全线偏振波。由式（2-1-18）所确定的入射角为 Brewster 角，记为 θ_p。

下面以三层介质构成的一维平面光波导为例说明全反射相移的应用。图 2-1-6 给出了一个由三层介质构成的一维平面光波导。在图 2-1-6 所示的坐标下，该一维平面光波导的折射率分布满足 $n_1 > n_2 \geqslant n_3$，n_1 区域称为波导层，n_2 和 n_3 区域称为限制层。波导对电磁波的限制作用来自光在上下两个介质分界面上的全反射。当在 n_1 区域传播的光线在 $y=0$ 和 $y=h$ 两个介质分界面上的入射角均满足全反射条件时，电磁波将被约束在区域内沿 z 方向向前传播。在光波导理论中，通常选择光线前进的方向为 z 轴，波导内电磁波沿 z 轴方向的传输特性由波矢量 $\boldsymbol{k}$ 在 z 轴方向上的分量决定，并标记为 k_z，称其为波导内电磁波的传输常数。

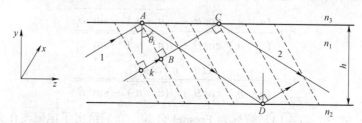

图 2-1-6　一维均匀平面光波导内光的传播

图 2-1-6 所示电磁波的传输常数可表示为

$$\beta = k_z = k\sin\theta_i = k_0 n_1 \sin\theta_i \qquad (2-1-19)$$

由于只有满足全反射条件 $\sin\theta_i > n_2/n_1 \geqslant n_3/n_1$ 的光线才能被完全地约束在波导内沿 z 方向传播，因此能够在波导内传输的电磁波传输常数应当满足

$$k_0 n_3 \leqslant k_0 n_2 < \beta < k_0 n_1 \qquad (2-1-20)$$

由于光具有波动性，所以并非所有满足式（2-1-20）的电磁波都可以在波导内稳定地存在并沿 z 方向传播。图 2-1-6 用虚线画出了波矢量 $\boldsymbol{k}$ 所表示的电磁波的一系列波阵面，处于同一波阵面上的点必须具有相同的相位，即电场矢量在这些点上的振动必须同步。为书写简单，图 2-1-6 中的入射角可用 θ 表示。

从图 2-1-6 中可以看出，光线 1 在经历反射前的 A 点与光线 2 上的 B 点处于同一波阵面，具有相同相位。光线 2 在未发生反射时的 C 点与光线 1 在经历反射后的 D 点处于同一波面。因此，光线 1 在 A 点发生反射后传播到 D 点并反射后所得到的传输相位与光线 2 从 B 点传播到 C 点所得到的相位之差为 2π 的整数倍，这样可以保证在 A 点与 B 点同相的同时，C 点和 D 点也有相同的相位。据此可得

$$k_0 n_1 (\overline{AD} - \overline{BC}) - \varphi_2 - \varphi_3 = 2m\pi \quad (m=0,1,2,\cdots) \qquad (2-1-21)$$

其中，φ_2 和 φ_3 分别为光线 1 在 D 点和 A 点的全反射相移。

对图 2-1-6 进行简单的几何运算可得 $\overline{AD} - \overline{BC} = 2h\cos\theta$。因此能够被波导约束并能稳定地沿 z 方向传输的电磁波除需要满足式（2-1-20）外还必须满足

$$2k_0 n_1 h\cos\theta_m - \varphi_{m2} - \varphi_{m3} = 2m\pi \quad (m=0,1,2,\cdots) \qquad (2-1-22)$$

其中，φ_{m2} 和 φ_{m3} 为全反射相移。式（2-1-22）表明，在满足全反射条件的情况下，只有某些以特定角度入射的电磁波才能在波导内稳定地存在并传播，每一个满足式（2-1-22）的电磁波均称为波导的一个模式，所对应的入射角为 θ_m，式（2-1-22）称为该模式的特征方程。考虑到反射相移与入射角有关，不同模式在两个介质分界面上的反射相移也不同。

根据图 2−1−6，由波矢量 $\boldsymbol{k}$ 所描述的光波可以分解为分别沿 y 方向（横向）和 z 方向（纵向）传播的两列波的叠加，其波数分别表示为

$$k_{my} = k_0 n_1 \cos\theta_m,\ \beta_m = k_{mz} = k_0 n_1 \sin\theta_m \qquad (2-1-23)$$

模式特征方程式（2−1−22）可以重新写为

$$2k_{my}h = \varphi_{m2} - \varphi_{m3} = 2m\pi\ (m = 0, 1, 2, \cdots) \qquad (2-1-24)$$

式（2−1−24）具有非常明确的物理意义：沿 y 方向传输的电磁波在两个介质界面间往返一周所经历的相位变化必须为 2π 的整数倍，即横向电磁波在两界面间的传输过程中必须自洽，满足相干加强条件，在横向上形成驻波才能在波导内稳定地存在并传播，因此模式的特征方程事实上是电磁波在波导横截面上的横向谐振条件或驻波条件。

2.1.2.2　穿透深度和 Goos-Hänchen 位移

当电磁波入射到两种介质的分界面上时将发生反射和折射，这是电磁波传播过程中的一个基本现象。电磁波在发生反射和折射时所遵循的物理规律由电磁场在界面两侧的边值关系确定。图 2−1−7 所示为一平面电磁波 $\boldsymbol{E}_i$ 入射到一无限大介质分界面上的情况。入射波、反射波和折射波可分别表示为

$$\boldsymbol{E}_i(r,t) = \boldsymbol{E}_{i0} \mathrm{e}^{-\mathrm{j}(k_i r - \omega t)} \qquad (2-1-25)$$

$$\boldsymbol{E}_r(r,t) = \boldsymbol{E}_{r0} \mathrm{e}^{-\mathrm{j}(k_r r - \omega t)} \qquad (2-1-26)$$

$$\boldsymbol{E}_t(r,t) = \boldsymbol{E}_{t0} \mathrm{e}^{-\mathrm{j}(k_t r - \omega t)} \qquad (2-1-27)$$

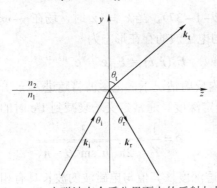

图 2−1−7　电磁波在介质分界面上的反射与折射

选择坐标系使入射波 $\boldsymbol{E}_i$ 的传播方向 $\boldsymbol{k}_i$ 与 x 轴（x 轴垂直于纸面向内，图中未画出）垂直且界面为 $y=0$ 的平面（xz 平面），则有

$$\boldsymbol{k}_i = k_{iy}\boldsymbol{e}_y + k_{iz}\boldsymbol{e}_z \qquad (2-1-28)$$

由分界面上电磁场切向分量连续的条件可得

$$\boldsymbol{n}\times(\boldsymbol{E}_{i0}\mathrm{e}^{-\mathrm{j}(k_i \cdot r - \omega t)} + \boldsymbol{E}_{r0}\mathrm{e}^{-\mathrm{j}(k_i \cdot r - \omega t)}) = \boldsymbol{n}\times\boldsymbol{E}_{t0}\mathrm{e}^{-\mathrm{j}(k_i \cdot r - \omega t)}\ (y=0) \qquad (2-1-29)$$

式（2−1−29）能够成立的前提条件为式中各项的指数因子在 $y=0$ 的平面上相等

$$\boldsymbol{k}_i \cdot r = \boldsymbol{k}_r \cdot r = \boldsymbol{k}_t \cdot r\ (y=0) \qquad (2-1-30)$$

即

$$zk_{iz} = xk_{rx} + zk_{rz} = xk_{tx} + zk_{tz} \tag{2-1-31}$$

对任意 x，z 成立。因此得到

$$k_{iz} = k_{rz} = k_{tz} \tag{2-1-32a}$$

$$k_{tx} = k_{rx} = 0 \tag{2-1-32b}$$

式（2-1-32b）表明，k_i，k_r 和 k_t 共面，均与 x 轴垂直。由式（2-1-32a）有

$$k_i \sin\theta_i = k_r \sin\theta_r = k_t \sin\theta_t \tag{2-1-33}$$

其中 θ_i，θ_r 和 θ_t 分别为电磁波的入射角、反射角和折射角。其中，$k_i = k_r = k_0 n_1$，$k_t = k_0 n_2$，得到入射角与反射角和折射角之间的关系为

$$\theta_i = \theta_r, \quad n_1 \sin\theta_i = n_2 \sin\theta_t \tag{2-1-34}$$

此即著名的 Snell 定律，由荷兰物理学家 Willebrord van Roijen Snell（1580—1626）于 1621 年首次发现。

根据式（2-1-27）和式（2-1-32），n_2 介质内的电磁波可以写为

$$E_t(r,t) = E_{t0} e^{-j(k_t \cdot r - \omega t)} = E_{t0} e^{-j(k_{ty}y + k_{tz}z - \omega t)} \tag{2-1-35}$$

在 $\theta_i > \theta_c$ 的全内反射情况下有

$$k_{tz} = k_{iz} = k_0 n_1 \sin\theta_i, \quad k_{ty} = k_0 n_2 \cos\theta_t = \pm j\gamma_2 \tag{2-1-36}$$

其中

$$\gamma_2 = k_0 \sqrt{n_1^2 \sin^2\theta_i - n_2^2} \tag{2-1-37}$$

将式（2-1-36）代入式（2-1-37），当 $k_{ty} = j\gamma_2$ 时，场在 $y \to \infty$ 时发散，无物理意义，故取 $k_{ty} = -j\gamma_2$，得到 n_2 介质内的电磁波的存在形态为

$$E_t(r,t) = E_{t0} e^{-\gamma_2 y} e^{-j(k_{tz}z - \omega t)} \tag{2-1-38}$$

式（2-1-38）表明，在全内反射情况下，电磁波将随进入 n_2 介质内的深度呈指数式衰减，即电磁波将进入 n_2 介质内一定深度。通常定义场衰减到 1/e 时的厚度为

$$\delta = \frac{1}{\gamma_2} = \frac{\lambda}{2\pi\sqrt{n_1^2 \sin^2\theta_i - n_2^2}} \tag{2-1-39}$$

δ 为电磁波在 n_2 介质内的穿透深度，其值与电磁波的波长具有相同的数量级。

用几何光学的术语来讲，入射光线将进入介质表面约 δ 的深度，即反射点并不位于介质表面上，而是在表面以内 δ 处，如图 2-1-8 所示。其结果是，在介质表面上，入射点与反射点之间存在一定的位移 D，称为 Goos-Hänchen 位移。用经验公式表示为

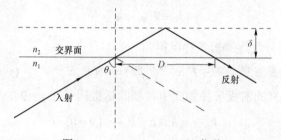

图 2-1-8　Goos-Hänchen 位移

$$D = Cn_2\lambda \,/\, \left(n_1^2\sin^2\theta_1 - n_2^2\right)^{1/2}$$

其中，C 为常数，D 为实际反射点与理想反射点之间的距离，λ 为波长。

本节最后描述光纤与金属波导的区别，并进行对比。

首先，两者使用电磁波的波段不同。光纤适用于可见光到近红外波段，而金属波导适用于微波、射频波段。同时光纤的体积和制造成本远小于金属波导。

其次，两者导波原理不同，作为介质波导，光纤通过全内反射导波，而金属波导通过电磁波在金属表面（当金属材料的电导率很高时，可以近似为理想导体）的反射导波。

再次，作为介质波导，光纤中的电磁场主要位于光纤的纤芯中，但是考虑到全反射时的穿透深度，还是有部分电磁场存在于光纤的包层；而对于金属波导，电磁场被波导的金属壁完全限制在波导内，不可能泄漏在金属波导外。（当然对于金属材料来讲，也有趋肤深度的概念，电磁波可以进入到金属材料内部一个很小的深度。）

最后是两者传输损耗的表现，光纤由石英材料构成，其损耗极低，可以支持远距离传输；而金属波导，由于欧姆损耗的存在，其传输损耗远高于光纤。这也是光纤作为长距离传输介质的重要优势之一。

2.1.3　光纤折射率分布的类型

按照折射率分布函数形式的不同，光纤有如下几种主要的结构类型。

（1）阶跃型光纤。在柱坐标系下，阶跃型光纤的折射率分布可以表示为

$$n(r) = \begin{cases} n_1 & r \leqslant a \\ n_2 & a < r < b \end{cases} \tag{2-1-40}$$

其中 a，b 分别为光纤纤芯和包层的半径。

（2）渐变型光纤。渐变型光纤折射率分布的种类较多，其一般表达式为

$$n^2(r) = \begin{cases} n_1^2\left[1 - 2\Delta \cdot f(r/a)\right] & r \leqslant a \\ n_2^2 & a < r < b \end{cases} \tag{2-1-41}$$

其中

$$\Delta = \frac{n_1^2 - n_2^2}{2n_1^2}$$

Δ 为光纤的相对折射率差。函数 $f(r/a)$ 有 $f(1) = 1$。当函数 $f(r/a)$ 的形式为

$$f\left(\frac{r}{a}\right) = \left(\frac{r}{a}\right)^g$$

时，所给出的光纤结构称为 g 型光纤。

渐变折射率型光纤涵盖了许多在实际中常见的光纤折射率分布类型。当 $g = 1$ 时，光纤具有三角形折射率分布；当 $g = 2$ 时，光纤具有抛物线形折射率分布；当 $g \to \infty$ 时，g 型光纤即演变为阶跃型折射率光纤。图 2-1-9 分别为这几种光纤的折射率分布示意图。

（3）中心凹陷型光纤。改进的化学气相沉积（modified chemical vapor deposition，MCVD）

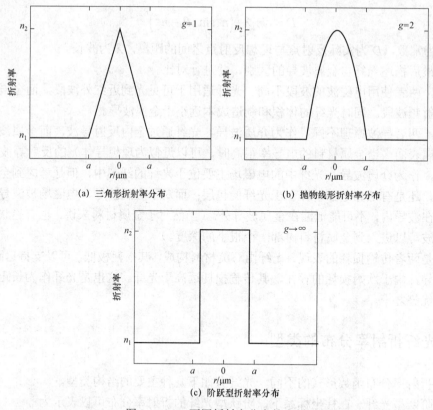

(a) 三角形折射率分布　　　　　　　　(b) 抛物线形折射率分布

(c) 阶跃型折射率分布

图 2-1-9　不同折射率分布的光纤

法是制作石英光纤的主要方法之一。由于其工艺特点，用 MCVD 法制作的光纤通常在纤芯位置具有一定的折射率下陷。对于这类光纤，函数 $f(r/a)$ 的形式可表示为

$$f\left(\frac{r}{a}\right)=1-(1-r)\left[1-\left(\frac{r}{a}\right)^{g}\right]$$

其中，中心凹陷的相对深度范围为 $0 \leqslant r \leqslant 1$。

（4）多包层光纤。为了改善光纤在某一方面的特性，有时光纤需要设计成较为复杂的多包层结构。这种光纤常见于特种单模光纤的设计与研究领域，如色散位移光纤（dispersion-shifted fiber，DSF）、色散平坦光纤（dispersion flattened fiber，DFF）、色散补偿光纤（dispersion compensating fiber，DCF）和大模场有效面积光纤（large effective area fiber，LEAF）等。图 2-1-10 给出了色散位移型与色散平坦型单模光纤的折射率分布示意图。

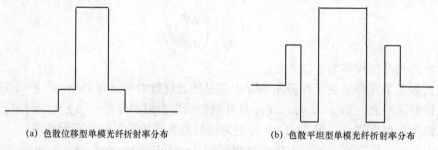

(a) 色散位移型单模光纤折射率分布　　　　　　(b) 色散平坦型单模光纤折射率分布

图 2-1-10　两种单模光纤的折射率分布示意图

（5）非圆对称光纤。这类光纤主要用于光纤传感和光纤器件等非通信光纤应用领域，如双折射光纤（又称偏振保持光纤，polarization maintaining fiber，PMF）、D 型光纤、光子晶体光纤，以及用于包层泵浦大功率光纤激光器的多边形光纤等，如图 2-1-11 所示。

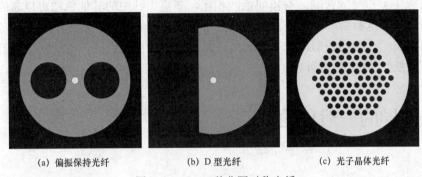

（a）偏振保持光纤　　　　　　（b）D 型光纤　　　　　　（c）光子晶体光纤

图 2-1-11　3 种非圆对称光纤

上述光纤中，阶跃型光纤在光纤理论中占有十分重要的地位。这是因为，阶跃型光纤是唯一能够用解析方法进行全面和精确分析的光纤结构。尽管采用数值方法已经可以对任意光纤结构进行准确的分析和研究，但解析方法在领悟概念本质和揭示物理机理方面具有不可替代的作用。因此完整地掌握阶跃型光纤的解析理论是在光纤技术领域进行进一步深入学习和研究的必要基础。

2.1.4　单模光纤与多模光纤

与一维平面光波导的情况相同，能够被光纤约束并传导的电磁场形态必须同时满足芯包界面上的全反射条件及传播过程中的相干加强条件（或横向谐振条件）。因此，只有满足上述条件的某些特定的电磁场形态才能在光纤内稳定地向前传输。每一种这样的电磁场形态称为光纤的一个模式或导模。按照光纤中所支持的传导模式数量，光纤可分为单模光纤和多模光纤两类。

单模光纤中只支持最低阶传导模式（基模）的传输，而多模光纤中则可同时存在多个传导模式。在通信应用及研究方法与研究内容方面，两类光纤各有其鲜明的特点。

在单模光纤中，通常在光纤低损耗窗口上工作的石英单模光纤的芯径在 4~10 μm 范围内，相对折射率差为 0.1%~1%。单模光纤中只支持基模的传输，因此不存在模间色散的问题，适于构建大容量长距离光纤传输系统。由于没有模间色散，同一模式下不同频率电磁波传输速度不同所导致的群速度色散，以及基模的两个正交偏振态间群速度的微小随机性差别所导致的偏振模色散等问题成为单模光纤设计与研究的主要问题。单模光纤内虽然只传输基模，但根据应用场合的不同，单模光纤的种类有很多，具有比多模光纤丰富的研究内容。波动理论的分析表明，对于阶跃型光纤，只有当光纤的归一化频率 $V < 2.40483$ 时，才能实现光纤的单模传输。对于特定的工作波长，需要减小光纤的芯径和相对折射率差来满足单模传输条件。

在多模光纤中，光信号的功率由很多个模式共同携带。标准的通信用石英多模光纤芯径为 50~62.5 μm，采用阶跃型或抛物线形折射率分布光纤结构，纤芯折射率比单模高。由于各模传输特性或所走路径不同，在光纤中沿 z 方向具有不同的传输速度。这种现象称为光纤的模间色散。模间色散是多模光纤中最主要的一类色散，所引起的光信号在传输过程中的弥散和畸变也较严重，这种影响随着传输距离的增加而增大，并对系统的通信速率造成很大的限制。因此由多模光纤构成的通信系统只适用于短距离（10 km 以内）和低比特率（100 Mbit/s 以下）信号的传输。与模间色散相比，多模光纤中的其他色散可以忽略不计。因此通过适当设计芯区折射率分布使模间色散最小化是多模光纤设计技术的主要任务。波动理论的研究结果表明，抛物线形折射率分布光纤具有最小的模间色散，与阶跃型光纤相比，其模间色散可降低 2～3 个数量级。

2.2　光波导的一般理论

2.2.1　光波导的一般理论与性质

2.2.1.1　麦克斯韦方程组

　　1864 年，麦克斯韦（J. C. Maxwell）回顾和总结了前人关于电磁现象的实验研究成果，提出了一套完整的宏观电磁场方程，预言了电磁波的存在，并提出"光就是电磁波"的重要论断，开创了光的经典电磁理论的新纪元。迄今为止，在光通信、光集成（集成光学）、光信息处理等领域，有关光传输的问题，仍然以麦克斯韦方程作为理论基础，推动着光波技术的发展。因此，本节首先导出光频下的麦克斯韦方程。

　　在介质中基本的麦克斯韦方程是瞬态的（时域的）和局部的，即某一时刻、某一位置上电场 E 和磁场 H 所应满足的普适方程（无论是否是光频）为

$$\begin{cases} \nabla \times E = -\dfrac{\partial B}{\partial t} \\[2mm] \nabla \times H = \dfrac{\partial D}{\partial t} + J \\[2mm] \nabla \cdot D = \rho \\[2mm] \nabla \cdot B = 0 \end{cases} \qquad (2-2-1)$$

　　在式（2-2-1）中的 4 个方程，前两个是基本的，后两个方程可利用旋度场的散度恒为零及电荷不灭定律

$$\nabla \cdot J = -\frac{\partial \rho}{\partial t} \qquad (2-2-2)$$

导出。

　　麦克斯韦方程中 D 与 E，B 与 H 的关系（又称物性方程）是由波导的材料性质所决定的。对于线性、各向同性的时不变的光波导，通常有

$$D = \varepsilon_0 E + P$$

$$B = \mu_0 H + M$$

式中 ε_0 为真空中的介电常数，μ_0 为真空中的导磁率，$\boldsymbol{P}$ 和 $\boldsymbol{M}$ 分别为电极化强度和磁化强度。

在光频下，介质都是无磁性介质，即 $\boldsymbol{M}=\boldsymbol{0}$，于是

$$\boldsymbol{B}=\mu_0\boldsymbol{H}$$

但 $\boldsymbol{P}$ 与 $\boldsymbol{E}$ 之间的关系却可能很复杂，而且 $\boldsymbol{P}$ 与 $\boldsymbol{E}$ 关系的一个微小变化，都将导致波导出现新的物理现象。这里，首先把注意力集中于线性、各向同性的时不变光波导上，这时

$$\boldsymbol{D}=\varepsilon_0\boldsymbol{E}+\boldsymbol{P}=\varepsilon_0\left[\boldsymbol{E}+\int_{-\infty}^{+\infty}x^{(1)}\left(t-t_1\right)\cdot\boldsymbol{E}\left(r,t_1\right)\mathrm{d}t_1\right] \qquad (2-2-3)$$

对上式进行傅里叶变换可得

$$\boldsymbol{D}(\omega)=\varepsilon(\omega)\boldsymbol{E}(\omega) \qquad (2-2-4)$$

因此，需注意，以往常用的表达式 $\boldsymbol{D}=\varepsilon\boldsymbol{E}$，实际上是一个频域表达式，而不是时域表达式，$\boldsymbol{D}$，$\boldsymbol{E}$，$\varepsilon$ 这 3 个量均是频率（光频）的函数，都有大小、相位等。

为了便于分析，先考虑单一光频的情形，此时光场可表示为

$$\begin{pmatrix}\boldsymbol{E}\\\boldsymbol{H}\end{pmatrix}(x,y,z,t)=\begin{pmatrix}\boldsymbol{E}\\\boldsymbol{H}\end{pmatrix}(x,y,z)\mathrm{e}^{\mathrm{j}\omega t}+\mathrm{c.c.} \qquad (2-2-5)$$

其中 c.c. 表示共轭。注意，表达式右边的 $\begin{pmatrix}\boldsymbol{E}\\\boldsymbol{H}\end{pmatrix}(x,y,z)$ 是一个复矢量，包括方向、幅度、相位 3 个要素。进而，考虑到光波导中，$\boldsymbol{J}=\boldsymbol{0}$ 且 $\rho=0$，可得一组方程

$$\begin{cases}\nabla\times\boldsymbol{E}=-\mathrm{j}\omega\mu_0\boldsymbol{H}\\\nabla\times\boldsymbol{H}=\mathrm{j}\omega\boldsymbol{D}\\\nabla\cdot\boldsymbol{D}=0\\\nabla\cdot\boldsymbol{B}=0\end{cases} \qquad (2-2-6)$$

将 $\boldsymbol{D}=\varepsilon\boldsymbol{E}$ 代入到式（2-2-6）中，可得 $\nabla\cdot(\varepsilon\boldsymbol{E})=\nabla\varepsilon\cdot\boldsymbol{E}+\varepsilon\nabla\cdot\boldsymbol{E}=0$，进而得到一个重要结果

$$\nabla\cdot\boldsymbol{E}=\frac{-\nabla\varepsilon}{\varepsilon}\cdot\boldsymbol{E} \qquad (2-2-7)$$

式（2-2-7）有明确的物理意义，即波导中介质分布的任何不均匀性，在 $\boldsymbol{E}$ 的作用下，将使 $\boldsymbol{E}$ 成为有源场，尽管此处并无空间电荷 ρ。它的物理解释为：介质分布的不均匀性，导致极化电荷分布的不均匀，出现微观剩余电荷，表现为有源场。

综合以上结果，可得到光频下当 $\boldsymbol{J}=\boldsymbol{0}$，$\rho=0$ 时，在线性、各向同性且时不变的光波导中频域的麦克斯韦方程

$$\begin{cases}\nabla\times\boldsymbol{E}=-\mathrm{j}\omega\mu_0\boldsymbol{H}\\\nabla\times\boldsymbol{H}=\mathrm{j}\omega\varepsilon\boldsymbol{E}\\\nabla\cdot\boldsymbol{E}=\dfrac{-\nabla\varepsilon}{\varepsilon}\cdot\boldsymbol{E}\\\nabla\cdot\boldsymbol{H}=0\end{cases} \qquad (2-2-8)$$

2.2.1.2　波动方程

对方程式（2-2-8）进行简单的数学演算，即可将 E，H 互相关联的方程转化为各自独立的方程，如对式（2-2-8）中第一个方程，利用

$$\nabla \times \nabla \times E = \nabla(\nabla \cdot E) - \nabla^2 E$$

立即可得亥姆霍兹方程

$$\nabla^2 E + k^2 n^2 E + \nabla\left(E \cdot \frac{\nabla \varepsilon}{\varepsilon}\right) = 0$$

$$\nabla^2 H + k^2 n^2 H + \frac{\nabla \varepsilon}{\varepsilon} \times (\nabla \times H) = 0 \qquad (2-2-9)$$

其中 $k = 2\pi/\lambda$ 为真空中的波数，λ 为波长，$n^2 = \varepsilon/\varepsilon_0$。由方程式（2-2-9）可以得到，方程等号的左边包括齐次部分 $\left(\nabla^2 + k^2 n^2\right)\begin{pmatrix} E \\ H \end{pmatrix}$ 和非齐次部分，而 $\nabla \varepsilon$ 是否为零是该方程是否为齐次的关键。如果所考虑的那一部分光波导中，介质为均匀分布（$\nabla \varepsilon = 0$），或近似均匀分布（$\nabla \varepsilon/\varepsilon \to 0$），那么该方程就转化为齐次的方程

$$\left(\nabla^2 + k^2 n^2\right)\begin{pmatrix} E \\ H \end{pmatrix} = 0 \qquad (2-2-10)$$

所以，依据折射率分布的均匀性对光波导进行分类，实质上是看它的光场满足什么样的齐次方程，从而引出许多不同的特点。

2.2.1.3　电磁场横向分量与纵向分量的关系

对光波导而言，纵向（传输方向）与横向的取向区分是光波导的基本特征。同时，规定哪个方向为纵向或横向，具有很大的任意性，然而一旦规定好了纵向与横向，则场的分布、方程的形式等均随之确定，不再有任意性。于是光波导中的光场可分解为纵向分量与横向分量之和，即有

$$\begin{cases} E = E_t + E_z \\ H = H_t + H_z \end{cases} \qquad (2-2-11)$$

其中下标 z 规定为纵向，下标 t 表示为垂直于 z 方向的横向。

矢量微分算子 ∇ 也可表示为纵向与横向两个方面，即 $\nabla = \nabla_t + z\frac{\partial}{\partial z}$，其中 z 表示 z 方向的单位矢量，代入式（2-2-8），使左右两边纵向与横向分量各自相等，可得

$$\begin{cases} \nabla_t \times E_t = -j\omega\mu_0 H_z \\ \nabla_t \times H_t = j\omega\varepsilon E_z \\ \nabla_t \times E_z + z \times \dfrac{\partial E_t}{\partial z} = -j\omega\mu_0 H_t \\ \nabla_t \times H_z + z \times \dfrac{\partial H_t}{\partial z} = j\omega\varepsilon E_t \end{cases} \qquad (2-2-12)$$

式（2-2-12）中的前两个方程，表明横向分量随横截面的分布永远是有旋的，并取决于对应的纵向分量；后两个方程表明纵向分量随横截面的分布，其旋度不仅取决于对应的横向分量，而且还取决于各自的横向分量。由于光波导中不能够存在理想的 TEM 波，所以两个横向分量作用的结果，仍不能使其旋度为零。故通常纵向分量随横截面的分布也是有旋场。

2.2.2　模式

2.2.2.1　模式的概念

这里将研究最主要的一类光波导——正规光波导，它表现出明显的导光性质（波动性），而由正规光波导引出的模式概念，则是光波导理论中最基本的概念。

若光波导的折射率分布沿纵向（z 向）不变，则这种光波导称为正规光波导，它的数学描述为

$$\varepsilon(x, y, z) = \varepsilon(x, y)$$

这时可以证明，在正规光波导中，光场可表示为如下形式

$$\binom{E}{H}(x, y, z, t) = \binom{E}{H}(x, y) e^{j(\omega t - \beta z)} \tag{2-2-13}$$

这样，光场沿空间的分布可表示为

$$\binom{E}{H}(x, y, z) = \binom{E}{H}(x, y) e^{-j\beta z} \tag{2-2-14}$$

其中 β 为相移常数，又称为传输常数，表示光场传输单位长度所产生的相移量。$E(x, y)$ 与 $H(x, y)$ 为模式场，它表示光场(E, H)沿横截面的分布，模式场是复矢量，具有方向（三个分量）、幅度和相位。

关于"模式场"这一术语，有些文献上称为"横场"。这个名称不够确切，因为 E, H 本身并不只存在于横截面之中，只不过它是由横向坐标所决定的，可理解为"横坐标变元的场"。称"模式场"之理由在于，只有模式才可表达成式（2-2-14）的形式，它是模式所固有的特征。

将式（2-2-14）代入亥姆霍兹方程式（2-2-9）可得

$$\begin{cases} \left[\nabla_t^2 + \left(k^2 n^2 - \beta^2 \right) \right] E + \nabla_t \left(E \cdot \dfrac{\nabla_t \varepsilon}{\varepsilon} \right) + j\beta z \left(E \cdot \dfrac{\nabla_t \varepsilon}{\varepsilon} \right) = 0 \\ \left[\nabla_t^2 + \left(k^2 n^2 - \beta^2 \right) \right] H + \dfrac{\nabla_t \varepsilon}{\varepsilon} \times \left(\nabla_t \times H \right) - j\beta z \left(H \cdot \dfrac{\nabla_t \varepsilon}{\varepsilon} \right) = 0 \end{cases} \tag{2-2-15}$$

式（2-2-15）是一个只有二变元（x, y）的偏微分方程。根据偏微分方程理论，对于给定的边界条件，它具有无穷个离散的特征解，并可进行排序。每个特征解为

$$\binom{E}{H} = \binom{E_i}{H_i}(x, y) e^{-j\beta_i z} \tag{2-2-16}$$

于是称这个方程的一个特征解为一个模式。模式是光波导中的一个基本概念，其物理意义可

以从以下 4 个方面去理解。

（1）模式是满足亥姆霍兹方程的一个特解，并满足在波导内部有界、在边界趋于无穷时为零等边界条件。这是它的数学含义。

（2）一个模式，实际上是正规光波导的光场沿横截面分布的一种场图。图 2-2-1 为某种光纤中的两个模式。较低阶模的场图比较简单，高阶模的场图往往非常复杂。要注意由式（2-2-15）求出的模式，只是光波导中光场的一个可能的分布形式，是否真正存在，要看激励条件，但它却是沿 z 方向的一个稳定的分布形式，就是说，一个模式沿纵向传输时，其场分布形式不变。

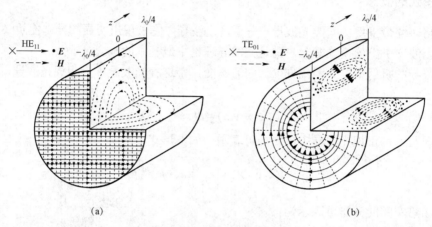

图 2-2-1 光波导中的两个模式

（3）模式是有序的。因为模式是微分方程的一系列特征解，所以是离散的、可以排序的。

排序的方法有两种：一种方法是以特征方程中分离变量的根的序号排列，由于模式场 $\begin{pmatrix} E \\ H \end{pmatrix}$ 有两个自变量，所以有两列序号；另一种方法是以 β 之大小排序，β 越大序号越小。无穷多个模式的线性组合构成了光波导中总的场分布，表示为

$$\begin{pmatrix} E \\ H \end{pmatrix} = \sum_i \begin{pmatrix} a_i \ E_i \\ b_i \ H_i \end{pmatrix}(x,y)\mathrm{e}^{-\mathrm{j}\beta_i z} \qquad (2-2-17)$$

其中 a_i，b_i 是分解系数，表示该模式的相对大小。这与信号分析中将一个任意信号可分解成基本系列信号（如一系列正弦信号）之和一样。因此，一系列模式可以看成一个光波导的场分布的空间谱。

（4）一个模式在波导中传输的最基本物理量是它的传输常数 β。应注意：β 不仅是光频的函数 $\beta = \beta(\omega)$，同时也是折射率分布 $\varepsilon(x,y)$ 的函数（泛函）。而且，β 可能为实数，也可能为复数。当 β 为实数时，表明光在传输过程中只有相移，而无衰减，光波导相当于一个相移器；当 β 为复数时，表明光在传输过程中既有相移又有衰减，β 的虚部表示沿光波导的衰减。

2.2.2.2 模式的一般性质

有了光波导模式的一般概念，下面介绍模式的一般性质，这些性质对于理解和应用光纤模式理论是非常重要的，是本书的核心基本概念。

性质 1　模式场的纵向分量与横向分量的关系

三维的模式场同样可以分解为纵向分量与横向分量之和，即有

$$\begin{cases} \boldsymbol{E} = \boldsymbol{E}_t + \boldsymbol{E}_z \\ \boldsymbol{H} = \boldsymbol{H}_t + \boldsymbol{H}_z \end{cases} \qquad (2-2-18)$$

于是可采用直角坐标系或柱坐标系求解，采用直角坐标系可得

$$\boldsymbol{E}_t(x,y,z) = \boldsymbol{E}_t(x,y)\mathrm{e}^{-\mathrm{j}\beta z}$$
$$\boldsymbol{E}_z(x,y,z) = \boldsymbol{E}_z(x,y)\mathrm{e}^{-\mathrm{j}\beta z}$$
$$\boldsymbol{H}_t(x,y,z) = \boldsymbol{H}_t(x,y)\mathrm{e}^{-\mathrm{j}\beta z} \qquad (2-2-19)$$
$$\boldsymbol{H}_z(x,y,z) = \boldsymbol{H}_z(x,y)\mathrm{e}^{-\mathrm{j}\beta z}$$

将式（2-2-19）代入任意光波导的光场纵向分量与横向分量的关系式［式（2-2-12）］，可得

$$\begin{cases} \nabla_t \times \boldsymbol{E}_t = -\mathrm{j}\omega\mu_0 \boldsymbol{H}_z \\ \nabla_t \times \boldsymbol{H}_t = \mathrm{j}\omega\varepsilon \boldsymbol{E}_z \\ \nabla_t \times \boldsymbol{E}_z - \mathrm{j}\beta z \times \boldsymbol{E}_t = -\mathrm{j}\omega\mu_0 \boldsymbol{H}_t \\ \nabla_t \times \boldsymbol{H}_z - \mathrm{j}\beta z \times \boldsymbol{H}_t = \mathrm{j}\omega\varepsilon \boldsymbol{E}_t \end{cases} \qquad (2-2-20)$$

利用 $\nabla_t \times \boldsymbol{E}_z = -z \times \nabla_t E_z$ 和 $\nabla_t \times \boldsymbol{H}_z = -z \times \nabla_t H_z$，式（2-2-20）的后两式可改写为

$$-\mathrm{j}\beta z \times \boldsymbol{E}_t + \mathrm{j}\omega\mu_0 \boldsymbol{H}_t = z \times \nabla_t E_z$$
$$-\mathrm{j}\beta z \times \boldsymbol{H}_t - \mathrm{j}\omega\varepsilon \boldsymbol{E}_t = z \times \nabla_t H_z$$

进一步，利用 $z \times (z \times \boldsymbol{E}_t) = -\boldsymbol{E}_t$ 可以导出

$$\begin{cases} \boldsymbol{E}_t = \dfrac{\mathrm{j}}{\omega^2 \mu_0 \varepsilon - \beta^2} \left\{ \omega\mu_0 z \times (\nabla_t H_z) + \beta(\nabla_t E_z) \right\} \\ \boldsymbol{H}_t = \dfrac{\mathrm{j}}{\omega^2 \mu_0 \varepsilon - \beta^2} \left\{ -\omega\varepsilon z \times (\nabla_t E_z) + \beta(\nabla_t H_z) \right\} \end{cases} \qquad (2-2-21)$$

由式（2-2-21）可以看出，模式场的横向分量可以由纵向分量随横截面的分布唯一地确定。

性质 2　纵横向分量的相位关系与坡印廷矢量

先讨论模式场各分量在时间上的相位关系。相位关系表现在复矢量 $(\boldsymbol{E}_t, \boldsymbol{H}_t, \boldsymbol{E}_z, \boldsymbol{H}_z)$ 的虚实性之中。注意复矢量 $(\boldsymbol{E}_z, \boldsymbol{H}_z)$ 的方向是确定的，而复矢量 $(\boldsymbol{E}_t, \boldsymbol{H}_t)$ 的方向一般来说是不确定的。

对于无损耗（介电常数 ε 为实数，在本书中的一般情况）正规光波导，观察式（2-2-20）和式（2-2-21）可以得到，电磁场的纵向分量 $(\boldsymbol{E}_z, \boldsymbol{H}_z)$ 与横向分量 $(\boldsymbol{E}_t, \boldsymbol{H}_t)$ 之间存在 $\pi/2$ 的相位差。这一点对于理解正规光波导的模式特性是十分重要的。

同样，可以由正规光波导导模的坡印廷矢量的表达式得出这一结论。由于坡印廷矢量

$$\boldsymbol{P} = \boldsymbol{E} \times \boldsymbol{H}^*$$

从而

$$\boldsymbol{P} = \boldsymbol{E}_t \times \boldsymbol{H}_t^* + \boldsymbol{E}_z \times \boldsymbol{H}_t^* + \boldsymbol{E}_t \times \boldsymbol{H}_z^* + \boldsymbol{0} \qquad (2-2-22)$$

式（2-2-22）等号右边第一项为实数，代表传播功率，传输方向为 z 方向；第二、三项的方向均指向横向，但均为纯虚数，说明有功率在横向振动而不传输。若 $\boldsymbol{E}_z$, $\boldsymbol{H}_z$ 为实数，则

E_t，H_t 必为纯虚数；若 E_z，H_z 为纯虚数，则 E_t，H_t 必为实数。这表明纵向分量与横向分量在时间上有 $\pi/2$ 的相位差。

纵向分量与横向分量的相位关系，反映出只有横向分量携带功率，纵向分量只起导引作用。由此也说明了正规光波导具有明显的导引光能传输的性质，这和射线光学理论得出的光在波导中按全反射原理前进的结论是一致的。

性质 3　模式的分类

一般来讲，根据模式场在空间的方向特征，或者说包含纵向分量的情况，通常把模式分为以下三类。

（1）TEM 模：模式只有横向分量，而无纵向分量，即 $E_z = 0$ 且 $H_z = 0$。

（2）TE 模或 TM 模：模式只有一个纵向分量。对于 TE 模有 $E_z = 0$ 但 $H_z \neq 0$；对于 TM 模有 $H_z = 0$ 但 $E_z \neq 0$。

（3）HE 模或 EH 模：模式的两个纵向分量均不为零，即 $H_z \neq 0$ 且 $E_z \neq 0$。

对于光波导中支持的模式存在以下几个特点。

1）光波导中不可能存在 TEM 模

可以证明，在光波导中不可能存在 TEM 模。这可以从式（2-2-21）得到，当 $E_z = H_z = 0$ 时，要使 E_t，H_t 不为零，必须令 $\omega^2 \mu_0 \varepsilon - \beta^2 = 0$。对于一个给定的模式，$\beta$ 是一个不依赖于空间坐标的常数，但在光波导中介电常数 ε 随空间坐标而变。可知 $\omega^2 \mu_0 \varepsilon - \beta^2 \equiv 0$ 是不可能的，故不存在 TEM 模（或者说 TEM 模只存在于无限大均匀介质中）。尽管如此，有时为了分析方便，在 $|E_z| \gg |E_t|$，$|H_z| \ll |H_t|$ 的情况下（在很多情况下是满足的），仍把某些模式当 TEM 模处理。

2）TE 模

由于纵向分量 $E_z = 0$，图 2-2-2 为 TE 模电场与磁场的横向分量关系示意图，由式（2-2-20）可得出

$$E_t = -\frac{\omega \mu_0}{\beta} z \times H_t \qquad (2-2-23)$$

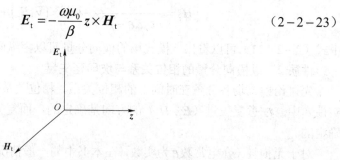

图 2-2-2　TE 模电场与磁场的横向分量关系示意图

式（2-2-23）表明：① 电场与磁场的横向分量相互垂直；② 在 E_t，H_t，z 三者符合右手螺旋法则的规定下，E_t 与 H_t 同相位，或在 H_t，E_t，z 三者符合右手螺旋法则的规定下，E_t 与 H_t 反相位，幅度大小成比例；③ 参数 $\omega \mu_0 / \beta$ 具有阻抗的量纲，定义其为 TE 模的波阻抗。

3）TM 模

由于磁场的纵向分量 $H_z = 0$，由式（2-2-20）可得到

$$E_t = \frac{\beta}{\omega \varepsilon} z \times H_t \qquad (2-2-24)$$

式（2-2-24）表明：① 电场与磁场的横向分量相互垂直；② 在 E_t，H_t，z 三者符合右手螺旋法则规定下，E_t 与 H_t 同相位，幅度大小成比例；③ 比例系数 $\beta / \omega\varepsilon$ 具有阻抗的量纲，称为波阻抗。但由于 $\varepsilon = \varepsilon(x, y)$，故波导中不同位置的 TM 模的波阻抗不一定相同，这是 TM 模与 TE 模的不同之处。

4）混合模式——HE 模与 EH 模

由式（2-2-21）可得

$$E_t \cdot H_t = \frac{1}{\omega^2 \mu_0 \varepsilon - \beta^2}(\nabla_t E_z) \cdot (\nabla_t H_z)$$

由于这两种模式的 E_z，H_z 均不为零且不为常数，故 $\nabla_t E_z$ 与 $\nabla_t H_z$ 也均不为零，所以 $E_t \cdot H_t \neq 0$。由此可知，E_t 与 H_t 互不垂直，亦无法定义波阻抗的概念。关于 HE 模与 EH 模的区分，往往是一个比较混乱的问题。有一种说法认为应以两种模式的 E_z，H_z 的相对大小来区分，对于序号相同的 EH 模和 HE 模比较它们 E_z，H_z 的相对大小，若 E_z 大（则 H_z 必小）则为 EH 模，而若 H_z 大（则 E_z 必小）则为 HE 模。但 HE 模与 EH 模本质区别是什么呢？应该说 EH 模的性质更接近于 E 模（TM 模），HE 模的性质更接近 H 模（TE 模）。比如 TM 模的电力线是从中心向外辐射的，而 EH 模的电力线也应类似。

性质 4　模式的正交性与完备性

对于一个光波导，设（E_i，H_i）和（E_k，H_k）代表光纤的任意两个不同的模式，模式的正交性是指

$$\iint_\infty (E_i \times H_k^*) \cdot \mathrm{d}A = \iint_\infty (E_k^* \times H_i) \cdot \mathrm{d}A = 0 \qquad (2-2-25)$$

式（2-2-25）表明光波导的任意两个不同的模式是正交的。关于模式正交性的证明，可参见附录 A。模式的正交性对于分析光波导内的场分布具有重要的意义，它意味着，光波导内实际的场可以利用正交性分解成一系列模式的叠加。

从数学上可以证明求解本征值问题所获得的本征函数集具有完备性。在光波导问题中，这种完备性可以表述为电磁场模式的完备性，即对于任意纵向均匀的无损光波导，光波导中的电磁场一定可以展开为波导所支持的各导模和辐射模的叠加，即

$$E = \sum_{n,p} c_n^p E_n^p \exp(-\mathrm{j}p\beta_n z) + \sum_p \int c_\beta^p E_\beta^p \exp(-\mathrm{j}p\beta z)\mathrm{d}\beta$$
$$H = \sum_{n,p} c_n^p H_n^p \exp(-\mathrm{j}p\beta_n z) + \sum_p \int c_\beta^p H_\beta^p \exp(-\mathrm{j}p\beta z)\mathrm{d}\beta \qquad (2-2-26)$$

其中 $n = 1, 2, 3, \cdots$ 分别表示不同的导模，p 为 +、- 分别表示场模式沿正向、反向传输，E_β 和 H_β 为辐射模；c_n 和 c_β 表示各模式的激发系数。通常，辐射模仅存在于光源进行耦合的波导起始端及波导弯曲等特殊的部分或场合，在考虑波导的传输性质时，在式（2-2-26）的展开式中可以去掉辐射模在其连续谱上的积分。

从更广的意义上来讲，光波导中任意的场均可以展开成一系列模式的线性叠加。这也是光波导中耦合模理论的基础。耦合模理论是用来描述光波导中不同模式之间相互转化、耦合规律等，例如分析波导耦合器、光纤光栅、双芯或多芯光纤等。本书不涉及耦合模理论，读者可以参考有关耦合模理论方面的相关书籍。

性质 5　正向模与反向模的关系

正向模指沿正向（+z）方向传输的模式，其对应的传输常数为 β，相位项为 $\mathrm{e}^{-\mathrm{j}\beta z}$。反向

模指沿负向（$-z$）方向传播的模式，其对应的传输常数为

$$\beta_- = -\beta \qquad (2-2-27)$$

可以证明（证明过程参见附录 B）对于无损耗光波导，如果正向传输模式用（E_+, H_+）表示，则存在一个与该模式传输方向相反的模式，用（E_-, H_-）表示，反向模与正向模之间满足关系式

$$\begin{cases} E_- = E_+^* \\ H_- = -H_+^* \end{cases} \qquad (2-2-28)$$

参考模式的性质 2，若采用模式场的横向分量 E_t，H_t 为实数，则 E_z，H_z 为纯虚数。由式（2-2-28），可以得到

$$\begin{cases} E_- = E_+^* = E_{t+} - E_{z+} \\ H_- = -H_+^* = -H_{t+} + H_{z+} \end{cases} \qquad (2-2-29)$$

这也是分析反向模时常用的表达式。

2.3 阶跃折射率光纤

2.3.1 概述

阶跃折射率（step index，SI）光纤是指由纤芯和包层组成，纤芯与包层之间的折射率分布成阶梯型的光纤，如图 2-3-1 所示。图 2-3-1 中，纤芯的折射率为 n_1，包层的折射率为 n_2，纤芯的半径为 a，受全反射条件的要求，需保证 $n_1 > n_2$。阶跃折射率光纤也称为阶跃型光纤。

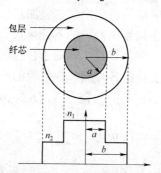

图 2-3-1 阶跃折射率光纤

虽然阶跃折射率光纤在实际中并不多见，但它在光纤理论中占重要地位。这是因为，阶跃折射率光纤能够利用波动光学理论得到其精确解析解。尽管采用数值方法（如有限差分、有限元等方法）可以对任意光纤结构进行准确的求解，但解析方法在领悟概念本质和揭示物理机理方面具有不可替代的作用。因此完整地掌握阶跃折射率光纤的解析理论对于理解光纤波导有重要的意义，同时也可将其拓展到圆对称多层结构光纤的分析中。

本节主要内容为通过波动光学理论得到阶跃型光纤模式的解析解，并讨论其一般特性。为了方便表述，以下先介绍几个光纤理论中的重要概念。这几个概念是光纤模式理论中最基本和常用的。

1. 纤芯与包层的相对折射率差 Δ

相对折射率差 Δ 的定义为

$$\Delta = \frac{n_1^2 - n_2^2}{2n_1^2} \approx \frac{n_1 - n_2}{n_1} \qquad (2-3-1)$$

相对折射率差是表征光纤结构的一个重要参量。有的参考书中分母项为 n_2^2。由于 n_1、n_2 相差很小，因此约等号成立。对于标准单模光纤，相对折射率差 Δ 约为 0.35%。

由 2.1 节中式（2-1-4b）数值孔径的定义，可以得到数值孔径与相对折射率差之间的关系为

$$NA = \sqrt{n_1^2 - n_2^2} = n_1\sqrt{2\Delta} \qquad (2-3-2)$$

2. 光纤的归一化频率 V

光纤的归一化频率 V 是表征光纤模式特性的另一个重要的综合性参数，对于阶跃折射率光纤，其定义为

$$V = k_0 a\sqrt{n_1^2 - n_2^2} = k_0 a n_1\sqrt{2\Delta} \qquad (2-3-3)$$

当光波导结构参数 (n_1, n_2, a) 确定时，V 正比于真空中的波数 k_0，故 V 是一个表征频率的量，称为归一化频率。

3. 光纤模式的横向归一化参数 U, W

横向归一化参数 U, W 的定义为

$$U = a\sqrt{k_0^2 n_1^2 - \beta^2} \qquad (2-3-4)$$

$$W = a\sqrt{\beta^2 - k_0^2 n_2^2} \qquad (2-3-5)$$

且

$$V^2 = U^2 + W^2 \qquad (2-3-6)$$

U, W 是在光波导结构 (n_1, n_2, a) 确定的情况下，芯层和包层的归一化横向参数（为实数），可以分别理解为在光纤纤芯与包层中的横向归一化波数，这里的归一化是指对纤芯半径的归一化。β 是模式的传输常数。

4. 光纤模式的有效折射率 n_{eff}

光纤模式的有效折射率定义为

$$n_{\text{eff}} = \frac{\beta}{k_0} \qquad (2-3-7)$$

其中，β 是模式的传输常数。

由 U, W 的定义可知，模式的传输常数 β 满足关系式

$$n_2 k_0 \leqslant \beta \leqslant n_1 k_0 \qquad (2-3-8)$$

因此有效折射率 n_{eff} 满足

$$n_2 \leqslant n_{\text{eff}} \leqslant n_1 \qquad (2-3-9)$$

对于阶跃型光纤而言，光纤中模式的有效折射率一定小于纤芯的折射率，大于包层的折射率。这一点可以从物理概念出发，分两种情况作如下理解。

（1）在光纤数值孔径一定的条件下，波长趋于极短，此时归一化频率 V 极大，光波在光纤纤芯中沿轴向传播时的情况类似于在无限大介质 n_1 中传播，其模式的有效折射率 n_{eff} 趋近于 n_1。

（2）在光纤数值孔径一定的条件下，波长如果变大，等价于纤芯半径变小，此时归一化频率 V 逐渐减小，光波在光纤纤芯中沿轴向传播时，光纤模式将无法分辨光纤的纤芯，这一情况类似于在无限大介质 n_2 中传播，其模式的有效折射率 n_{eff} 趋近于 n_2。

2.3.2 矢量模

阶跃折射率光纤的折射率沿横截面的分布是在由一系列同心圆构成的环状域内均匀分布，属于正规光波导，是分区均匀结构，具有均匀光波导的基本特征。阶跃折射率光纤存在传输模式，即场分布可以分离成模式场和波动项 $e^{-j\beta z}$，即

$$\begin{pmatrix} E \\ H \end{pmatrix} = \begin{pmatrix} E \\ H \end{pmatrix}(x, y)e^{-j\beta z} \qquad (2-3-10)$$

式（2-3-10）中的模式场又可以进一步分解为纵向分量和横向分量的和，即

$$\begin{cases} E = E_t + E_z \\ H = H_t + H_z \end{cases} \qquad (2-3-11)$$

横向分量（E_t, H_t）按什么坐标系分解尚需进一步确定。不同的坐标系将导致不同的方程，从而得到不同的模式表达式。考虑到光纤结构的圆对称性，将其按照柱坐标系（在平面域内则为极坐标系）分解，可得

$$\begin{cases} E_t = E_r + E_\varphi \\ H_t = H_r + H_\varphi \end{cases} \qquad (2-3-12)$$

利用这种分解方法得到的模式场，称为矢量模。矢量模反映真实的电磁场分布，是严格解。阶跃折射率光纤的电磁场在芯区和包层均满足齐次的 Helmholtz 方程

$$\begin{aligned} \nabla^2 E + k_0^2 n_i^2 E = 0 \\ \nabla^2 H + k_0^2 n_i^2 H = 0 \end{aligned} \quad (i = 1, 2) \qquad (2-3-13)$$

考虑到电场和磁场满足同样的方程，下面仅考虑电场的情况。由于阶跃型光纤是纵向均匀的光波导，在柱坐标系下，纵向均匀的光波导中的电磁场可以表示为

$$\begin{aligned} E = E(r, \varphi)e^{-j\beta z} \\ H = H(r, \varphi)e^{-j\beta z} \end{aligned} \qquad (2-3-14)$$

电场波动方程为

$$\nabla_t^2 E + \left(k_0^2 n_i^2 - \beta^2 \right) E = 0 \quad (i = 1, 2) \qquad (2-3-15)$$

在柱坐标系下将电场的分量表达式 $E = e_r E_r + e_\varphi E_\varphi + e_z E_z$ 代入方程式（2-3-15）中，可以得到关于电磁场的纵向分量 E_z 和 H_z 满足较为简单且独立的方程，易于求解。关于 E_r 和 E_φ 的方程具有非常复杂的形式，且互相耦合，难以直接进行分析和求解。

通常先求解电磁场的纵向分量 E_z 和 H_z 的方程，其余四个横向分量可以由场的纵横关系

得出（详细求解过程，参考附录 C）。关于电场的纵向分量 E_z 的方程为

$$\frac{\partial^2 E_z}{\partial r^2} + \frac{1}{r}\frac{\partial E_z}{\partial r} + \frac{1}{r^2}\frac{\partial^2 E_z}{\partial \varphi^2} + \left(k_0^2 n_i^2 - \beta^2\right)E_z = 0 \quad (i=1,2) \tag{2-3-16}$$

通过分离变量法求解上述方程，令

$$E_z = R(r)\Phi(\varphi)\mathrm{e}^{-\mathrm{j}\beta z} \tag{2-3-17}$$

其中 $R(r)$ 为 Bessel 函数 $\mathrm{J}_m(r)$，$\mathrm{N}_m(r)$，或虚宗量 Bessel 函数 $\mathrm{I}_m(r)$，$\mathrm{K}_m(r)$ 的不同组合。Bessel 函数与虚宗量 Bessel 函数的曲线请参见附录 C。

$\Phi(\varphi)$ 函数求解为

$$\Phi(\varphi) = \begin{cases} \cos m\varphi \\ \sin m\varphi \end{cases} \quad 或 \quad \Phi(\varphi) = \mathrm{e}^{-\mathrm{j}m\varphi} \tag{2-3-18}$$

其中 m 取整数。一些参考书中函数 $\Phi(\varphi)$ 取指数形式，这里取 $\cos m\varphi$ 或 $\sin m\varphi$ 形式，两种取法本质是一样的，并不影响结论。

综合方程式（2-3-17）的解，略去 $\mathrm{e}^{-\mathrm{j}\beta z}$ 项，可以取 $\cos m\varphi$ 或 $\sin m\varphi$ 项（这里取 $\cos m\varphi$），可以得到 E_z 分量，表示为

$$E_z = \begin{cases} A\mathrm{J}_m\left(\dfrac{U}{a}r\right)\cos m\varphi & 0 \leqslant r \leqslant a \\[3mm] A\dfrac{\mathrm{J}_m(U)}{\mathrm{K}_m(W)}\mathrm{K}_m\left(\dfrac{W}{a}r\right)\cos m\varphi & r > a \end{cases} \tag{2-3-19}$$

同理可得到 H_z 分量为

$$H_z = \begin{cases} C\mathrm{J}_m\left(\dfrac{U}{a}r\right)\sin m\varphi & 0 \leqslant r \leqslant a \\[3mm] C\dfrac{\mathrm{J}_m(U)}{\mathrm{K}_m(W)}\mathrm{K}_m\left(\dfrac{W}{a}r\right)\sin m\varphi & r > a \end{cases} \tag{2-3-20}$$

这里已经利用了 E_z 分量和 H_z 分量在 $r=a$ 处连续的边界条件。式（2-3-19）和式（2-3-20）中的 A，C 表示与传输常数有关的常数，且 A 与 C 满足一定的关系式，后面将会讨论。式（2-3-19）和式（2-3-20）中的 U，W 的定义参见式（2-3-4）和式（2-3-5），表示光纤芯层和包层的归一化横向参数。这里 H_z 的角度依赖项取 $\sin m\varphi$，这是因为 $\partial E_z / \partial r$ 与 $\partial H_z / \partial \varphi$（或者 $\partial H_z / \partial r$ 与 $\partial E_z / \partial \varphi$）必须满足对角度 φ 有相同的依赖关系，参见式（2-3-21）。

值得注意的是，在 $m=0$ 时，式（2-3-20）表示磁场的纵向分量 H_z 为 0，对应的是 TM 模；同理也可以分别取 E_z 和 H_z 的角度依赖项分别为 $\sin m\varphi$ 与 $\cos m\varphi$，此时电场的纵向分量 E_z 为 0，对应的是 TE 模。而当 $m \neq 0$ 时，角度依赖项分别为 $\sin m\varphi$ 或 $\cos m\varphi$，表示矢量模式的两个简并态。这里角度依赖项的选取并不影响结论。

在柱坐标系下，矢量模的纵向分量和横向分量的关系，可根据式（2-2-21），并利用

$$\nabla_t \varphi = \frac{\partial \varphi}{\partial r}r + \frac{1}{r}\frac{\partial \varphi}{\partial \varphi}\varphi$$

得出

$$E_r = -\frac{j}{k_0^2 n_i^2 - \beta^2}\left(\beta\frac{\partial E_z}{\partial r} + \frac{\omega\mu_0}{r}\frac{\partial H_z}{\partial\varphi}\right)$$

$$E_\varphi = -\frac{j}{k_0^2 n_i^2 - \beta^2}\left(\frac{\beta}{r}\frac{\partial E_z}{\partial\varphi} - \omega\mu_0\frac{\partial H_z}{\partial r}\right)$$

$$H_r = -\frac{j}{k_0^2 n_i^2 - \beta^2}\left(\beta\frac{\partial H_z}{\partial r} - \frac{\omega\varepsilon_0 n_i^2}{r}\frac{\partial E_z}{\partial\varphi}\right)$$

$$H_\varphi = -\frac{j}{k_0^2 n_i^2 - \beta^2}\left(\frac{\beta}{r}\frac{\partial H_z}{\partial\varphi} + \omega\varepsilon_0 n_i^2\frac{\partial E_z}{\partial r}\right)$$

$$（2-3-21）$$

至此，阶跃型光纤中所支持的电磁场形态（模式）的六个场分量在光纤横截面上的分布情况已由式（2-3-19）、式（2-3-20）和式（2-3-21）全部给出。在光纤横截面上任意一点 (r,φ) 处，电场和磁场均具有特定的大小和方向，是光纤端面上的二维矢量场。在这个意义上，由式（2-3-19）、式（2-3-20）和式（2-3-21）给出的光纤电磁场模式，称为矢量模。

由本章 2.2 节中的讨论可知，光纤中存在两类模式，即横模（TE 模和 TM 模）和混合模式（HE 模和 EH 模）。下面将进行分别讨论。

1. 横模

当 $m=0$ 时，模式为光纤的 TE 模和 TM 模。对于 TE 模（$E_z=0$，$H_z\neq0$），有

$$\begin{cases} E_\varphi = \dfrac{j\omega}{k_0^2 n_i^2 - \beta^2}\mu_0\dfrac{\partial H_z(r)}{\partial r} \\[2mm] H_r = -\dfrac{j}{k_0^2 n_i^2 - \beta^2}\beta\dfrac{\partial H_z(r)}{\partial r} \\[2mm] E_r = 0 \\[1mm] H_\varphi = 0 \end{cases}\qquad（2-3-22）$$

而 $E_r=0$，$H_\varphi=0$。可知 $\boldsymbol{E}_t=\boldsymbol{E}_\varphi$，$\boldsymbol{H}_t=\boldsymbol{H}_r$，二者相互垂直，且 $E_\varphi=\dfrac{\omega\mu_0}{\beta}H_r$，波阻抗为 $\dfrac{\omega\mu_0}{\beta}$。

对于 TM 模（$H_z=0$，$E_z\neq0$），有

$$\begin{cases} E_r = -\dfrac{j}{k_0^2 n_i^2 - \beta^2}\beta\dfrac{\partial E_z(r)}{\partial r} \\[2mm] H_\varphi = -\dfrac{j\omega\varepsilon}{k_0^2 n_i^2 - \beta^2}\dfrac{\partial E_z(r)}{\partial r} \\[2mm] E_\varphi = 0 \\[1mm] H_r = 0 \end{cases}\qquad（2-3-23）$$

而 $E_\varphi=H_r=0$。可知 $\boldsymbol{E}_t=\boldsymbol{E}_r$，$\boldsymbol{H}_t=\boldsymbol{H}_\varphi$，二者相互垂直，且 $E_r=\dfrac{\beta}{\omega\varepsilon}H_\varphi$，波阻抗为 $\dfrac{\beta}{\omega\varepsilon}$。两个模的 E_z（或者 H_z）均满足波动方程式（2-3-15）。

2. 混合模式

当 $m \neq 0$ 时，E_z，H_z 均不为零，其方程也不可以简化，而为

$$\begin{cases} E_z'' + \dfrac{1}{r}E_z' + \left(k_0^2 n_i^2 - \beta^2 - \dfrac{m^2}{r^2}\right)E_z = 0 \\ H_z'' + \dfrac{1}{r}H_z' + \left(k_0^2 n_i^2 - \beta^2 - \dfrac{m^2}{r^2}\right)H_z = 0 \end{cases} \qquad m = 0, \pm 1, \pm 2, \cdots \qquad （2-3-24）$$

无论是 TE 模、TM 模的波动方程，还是混合模式的波动方程，都包含在式（2-3-24）（包含 $m=0$）之中，因此问题都归结于求解式（2-3-24）。式（2-3-24）的解的形式已经给出，如式（2-3-19）和式（2-3-20）。

TE 模和 TM 模分别只有 3 个分量不为零：对于 TE 模，只有 H_z，E_φ，H_r 存在；对于 TM 模，只有 E_z，H_φ，E_r 存在。混合模式的电磁场 $\boldsymbol{E}$ 和 $\boldsymbol{H}$ 各有 3 个分量，共 6 个分量，形式也最为复杂。

2.3.3　标量法与线偏振模

用严格的波动理论分析方法所得到的模式具有复杂的横向场分布，是光纤横截面上的二维矢量场。这种复杂性将使光纤偏振特性与传输演化特性的分析因涉及大量的矢量运算而不易进行。由于实际中光纤纤芯和包层的相对折射率差 Δ 仅为 10^{-3} 量级，因此寻找一种在纤芯和包层折射率差非常接近情况下光纤中的电磁场模式的简易描述方式对于简化光纤有关问题的研究十分重要。

纤芯和包层折射率十分接近的光纤称为弱导光纤，实际当中的绝大多数光纤属于这种情况。可以预期，在 $n_1 \to n_2$ 的极限情况下，光纤中的电磁场存在形态将趋近于均匀无限大介质的情况。在均匀无限大介质中沿 z 方向传播的电磁波的两个基本正交偏振态分别是沿 x 方向和 y 方向的线偏振波，因此弱导光纤中应当存在十分接近线偏振波的基本电磁场模式，即线偏振模，简称 LP 模。

从 2.3.2 节的矢量法可以看出，模式场的分布极其复杂，尤其是 HE 模和 EH 模，有 6 个分量，为了简化运算，Gloge 等人提出了标量近似法。标量近似是建立在线偏振模基础上的，故先介绍线偏振模的概念。

如果将模式场按照直角坐标系分解，各个分量就具有固定的线偏振方向，这里将证明一些模式可以进一步被分为两组，一组为 $\{\mathbf{0}, E_y, E_z, H_x, H_y, H_z\}$，另一组为 $\{E_x, \mathbf{0}, E_y, E_z, H_x, H_y, H_z\}$。根据圆光波导的纵向分量和横向分量的关系式，在直角坐标系下，可以得到方程

$$\frac{\partial E_y}{\partial x} - \frac{\partial E_x}{\partial y} = -\mathrm{j}\omega\mu_0 H_z \qquad （2-3-25）$$

$$\frac{\partial H_y}{\partial x} - \frac{\partial H_x}{\partial y} = \mathrm{j}\omega\varepsilon E_z \qquad （2-3-26）$$

$$\frac{\partial H_z}{\partial y} + \mathrm{j}\beta H_y = \mathrm{j}\omega\varepsilon E_x \qquad （2-3-27）$$

$$j\beta H_x + \frac{\partial H_z}{\partial x} = -j\omega\varepsilon E_y \tag{2-3-28}$$

$$\frac{\partial E_z}{\partial y} + j\beta E_y = -j\omega\mu_0 H_x \tag{2-3-29}$$

$$j\beta E_x + \frac{\partial E_z}{\partial x} = -j\omega\mu_0 H_y \tag{2-3-30}$$

如果令 $E_x = 0$，即 $\boldsymbol{E} = \{0, E_y, E_z\}$，这时只剩 5 个变量（另加上 H_x，H_y，H_z）。若 E_y 已知，其余 4 个变量可以由 6 个方程式（2-3-25）～式（2-3-30）中任意 4 个解出。利用式（2-3-25）～式（2-3-28）可得到

$$H_z = -j\frac{1}{\omega\mu_0}\frac{\partial E_y}{\partial x} \tag{2-3-31}$$

$$H_y = -\frac{1}{\omega\mu_0\beta}\frac{\partial^2 E_y}{\partial x\partial y} \tag{2-3-32}$$

$$H_x = -\frac{1}{\omega\mu_0\beta}\frac{\partial^2 E_y}{\partial x^2} - \frac{\omega\varepsilon}{\beta}E_y \tag{2-3-33}$$

$$E_z = -\frac{j}{\beta}\frac{\partial E_y}{\partial y} \tag{2-3-34}$$

将这 4 个结果代入式（2-3-29）和式（2-3-30）两个方程中进行验证。以式（2-3-29）为例，等号左边为

$$\frac{\partial E_z}{\partial y} + j\beta E_y = -\frac{j}{\beta}\frac{\partial^2 E_y}{\partial y^2} + j\beta E_y \tag{2-3-35}$$

等号右边为

$$-j\omega\mu_0 H_x = \frac{j}{\beta}\frac{\partial^2 E_y}{\partial x^2} + j\frac{\omega^2\mu_0\varepsilon}{\beta}E_y \tag{2-3-36}$$

左右两边相等，应有

$$\frac{j}{\beta}\left[\frac{\partial^2 E_y}{\partial x^2} + \frac{\partial^2 E_y}{\partial y^2}\right] + j\left[\frac{\omega^2\mu_0\varepsilon}{\beta} - \beta\right]E_y = 0 \tag{2-3-37}$$

事实上，由 E_y 满足齐次波动方程，可以推导出

$$\left[\nabla_t^2 + \left(k_0^2 n_i^2 - \beta^2\right)\right]E_y = 0 \tag{2-3-38}$$

由此可知上述假设是完全合理的。同时可证，假定模式 $\{E_x, 0, E_z, H_x, H_y, H_z\}$ 亦是合理的。一个实际的模式可以为

$$\begin{pmatrix} \boldsymbol{E} \\ \boldsymbol{H} \end{pmatrix} = a\begin{pmatrix} E_x + E_{z1} \\ H_1 \end{pmatrix} + b\begin{pmatrix} E_y + E_{z2} \\ H_2 \end{pmatrix} \tag{2-3-39}$$

$$\underset{x\text{方向线偏振模}}{\qquad\qquad} \underset{y\text{方向线偏振模}}{\qquad\qquad}$$

从两组线偏振模取出一组进行研究，例如 $\{0, E_y, E_z, H_x, H_y, H_z\}$，考虑到在多层圆均匀光波导中，层与层间折射率的变化并不大，所以在模式场的表达式中，二阶以上的变化率均可忽略，可得

$$H_z = -\frac{1}{\mathrm{j}\omega\mu_0}\frac{\partial E_y}{\partial x}$$

$$H_y \approx 0$$

$$H_x \approx -\frac{\omega\varepsilon}{\beta}E_y$$

$$E_z = -\frac{\mathrm{j}}{\beta}\frac{\partial E_y}{\partial y}$$

$$（2-3-40）$$

由于 H_x，H_z，E_z 在边界上均是连续的，所以原本在边界上不连续的 H_y 现在也连续了，这相当于忽略了 ε 变化的影响。所以，以下三种说法是一致的。

（1）模式场的二阶变化率趋于零。

（2）E_y 在边界上连续，H_t 只有 H_x 分量且与 E_y 相互垂直。这相当于把电磁场看作标量，所以又称为标量近似。

（3）两层之间的 ε 变化很小。这种 ε 变化很小的光波导称为弱光波导，所以标量近似又可以称为弱导近似。在标量近似下，两组线偏振模的表达式分别为：$\{0, E_y, E_z, H_x, 0, H_z\}$ 和 $\{E_x, 0, E_z, 0, H_y, H_z\}$。

这种线偏振模具有以下特点：横向分量相互垂直，幅度成比例，比例系数为波阻抗，因此类似于矢量法中的 TE 模和 TM 模，但这时 E_z，H_z 均不为零。

在标量近似下的线偏振模仍具有圆对称性，即

$$E_y(r,\varphi) = E_y(r)\cos m\varphi \quad (m = 0, \pm 1, \pm 2, \cdots)$$

但是这时的 m 和矢量法中的 m 的含义不同，这时的 $m=0$ 不再表示 TE 模、TM 模。

综上所述，光纤中的模式场（E, H）在不同的坐标系下有不同的分解方式，分别对应于矢量模和线偏振模的不同分类，即

$$
\begin{pmatrix} \boldsymbol{E} \\ \boldsymbol{H} \end{pmatrix} = \begin{pmatrix} \boldsymbol{E}_t + \boldsymbol{E}_z \\ \boldsymbol{H}_t + \boldsymbol{H}_z \end{pmatrix} =
\begin{cases}
\begin{cases}
\begin{pmatrix} \boldsymbol{E}_y + \boldsymbol{E}_z \\ \boldsymbol{H}_x + \boldsymbol{H}_z \end{pmatrix} \\
\begin{pmatrix} \boldsymbol{E}_x + \boldsymbol{E}_z \\ \boldsymbol{H}_y + \boldsymbol{H}_z \end{pmatrix}
\end{cases} \to \text{标量线偏振模} \\
\\
\begin{pmatrix} \boldsymbol{E}_r + \boldsymbol{E}_\varphi + \boldsymbol{E}_z \\ \boldsymbol{H}_r + \boldsymbol{H}_\varphi + \boldsymbol{H}_z \end{pmatrix} =
\begin{cases}
\begin{pmatrix} \boldsymbol{E}_\varphi \\ \boldsymbol{H}_r + \boldsymbol{H}_z \end{pmatrix} \to \text{TE模} \\
\begin{pmatrix} \boldsymbol{E}_r + \boldsymbol{E}_z \\ \boldsymbol{H}_\varphi \end{pmatrix} \to \text{TM模} \\
\begin{pmatrix} \boldsymbol{E}_r + \boldsymbol{E}_\varphi + \boldsymbol{E}_z \\ \boldsymbol{H}_r + \boldsymbol{H}_\varphi + \boldsymbol{H}_z \end{pmatrix} \to \text{TE模，EH模}
\end{cases}
\end{cases}
\text{矢量模}
$$

$$（2-3-41）$$

矢量法求解方程

$$\left[\nabla_t^2 + \left(k_0^2 n^2 - \beta^2 \right) \right] \begin{pmatrix} E_z \\ H_z \end{pmatrix} = 0$$

其他分量可以根据纵横关系式求出。

标量法只需要一个方程

$$\left[\nabla_t^2 + \left(k_0^2 n_i^2 - \beta^2 \right) \right] E_y = 0$$

其他分量可以根据纵横关系式求出。无论矢量法还是标量法，最后都归结于求解波动方程

$$\frac{\mathrm{d}^2 \psi}{\mathrm{d}r^2} + \frac{1}{r} \frac{\mathrm{d}\psi}{\mathrm{d}r} + \left(k_0^2 n^2 - \beta^2 - \frac{m^2}{r^2} \right) \psi = 0 \qquad (2-3-42)$$

2.3.4　阶跃折射率光纤的模式求解

阶跃折射率光纤，只有纤芯和包层，结构最简单，是光纤的最基本结构，如图 2-3-1 所示，下面分别采用矢量法和标量法对其导模特性进行分析。

2.3.4.1　矢量法

由 2.3.2 节可知电磁场纵向分量 E_z，H_z 的解为

$$E_z = \begin{cases} A \mathrm{J}_m \left(\dfrac{U}{a} r \right) \cos m\varphi & 0 \leqslant a \leqslant r \\[3mm] A \dfrac{\mathrm{J}_m(U)}{\mathrm{K}_m(W)} \mathrm{K}_m \left(\dfrac{W}{a} r \right) \cos m\varphi & r > a \end{cases}$$

$$H_z = \begin{cases} C \mathrm{J}_m \left(\dfrac{U}{a} r \right) \sin m\varphi & 0 \leqslant r \leqslant a \\[3mm] C \dfrac{\mathrm{J}_m(U)}{\mathrm{K}_m(W)} \mathrm{K}_m \left(\dfrac{W}{a} r \right) \sin m\varphi & r > a \end{cases}$$

其中

$$U^2 = \left(k_0^2 n_1^2 - \beta^2 \right) a^2 \qquad (2-3-43)$$

$$W^2 = \left(\beta^2 - k_0^2 n_2^2 \right) a^2 \qquad (2-3-44)$$

且

$$V^2 = U^2 + W^2 \qquad (2-3-45)$$

E_z 和 H_z 是针对光波导特点，从式（2-3-42）的通解出发，考虑到光纤的结构和用途而选的特解。因为设计光纤的目的是希望光纤的能量局限在纤芯中，并沿光纤轴（z 轴的方向）向前传输。所以按此特点，对场解的选择原则是：纤芯中是振荡解 J_m，包层中是衰减解 K_m，再利用电磁场模式的纵横关系式可以求解出其余的分量。

由柱坐标系下的纵向分量和横向分量关系可得，在芯层（$0 \leqslant r \leqslant a$）中，模式场为

$$E_r = -\frac{\mathrm{j}a^2}{U^2} \left[A\beta \frac{U}{a} \mathrm{J}_m' \left(\frac{U}{a} r \right) + C\omega\mu_0 \frac{m}{r} \mathrm{J}_m \left(\frac{U}{a} r \right) \right] \cos m\varphi$$

$$E_\varphi = -\frac{\mathrm{j}a^2}{U^2} \left[-A\beta \frac{m}{r} \mathrm{J}_m \left(\frac{U}{a} r \right) - C\omega\mu_0 \frac{U}{a} \mathrm{J}_m' \left(\frac{U}{a} r \right) \right] \sin m\varphi$$

$$H_r = -\frac{\mathrm{j}a^2}{U^2}\left[A\omega\varepsilon_0 n_1^2 \frac{m}{r}\mathrm{J}_m\left(\frac{U}{a}r\right) + C\beta\frac{U}{a}\mathrm{J}_m'\left(\frac{U}{a}r\right)\right]\sin m\varphi$$

$$H_\varphi = -\frac{\mathrm{j}a^2}{U^2}\left[A\omega\varepsilon_0 n_1^2 \frac{U}{a}\mathrm{J}_m'\left(\frac{U}{a}r\right) + C\beta\frac{m}{r}\mathrm{J}_m\left(\frac{U}{a}r\right)\right]\cos m\varphi$$

$$(2-3-46)$$

在包层（$r>a$）中，模式场为

$$E_r = \frac{\mathrm{j}a^2}{W^2}\left[A\beta\frac{W}{a}\mathrm{K}_m'\left(\frac{W}{a}r\right) + C\omega\mu_0 \frac{m}{r}\mathrm{K}_m\left(\frac{W}{a}r\right)\right]\frac{\mathrm{J}_m(U)}{\mathrm{K}_m(W)}\cos m\varphi$$

$$E_\varphi = \frac{\mathrm{j}a^2}{W^2}\left[-A\beta\frac{m}{r}\mathrm{K}_m\left(\frac{W}{a}r\right) - C\omega\mu_0 \frac{W}{a}\mathrm{K}_m'\left(\frac{W}{a}r\right)\right]\frac{\mathrm{J}_m(U)}{\mathrm{K}_m(W)}\sin m\varphi$$

$$H_r = \frac{\mathrm{j}a^2}{W^2}\left[A\omega\varepsilon_0 n_2^2 \frac{m}{r}\mathrm{K}_m\left(\frac{W}{a}r\right) + C\beta\frac{W}{a}\mathrm{K}_m'\left(\frac{W}{a}r\right)\right]\frac{\mathrm{J}_m(U)}{\mathrm{K}_m(W)}\sin m\varphi$$

$$H_\varphi = \frac{\mathrm{j}a^2}{W^2}\left[A\omega\varepsilon_0 n_2^2 \frac{W}{a}\mathrm{K}_m'\left(\frac{W}{a}r\right) + C\beta\frac{m}{r}\mathrm{K}_m\left(\frac{W}{a}r\right)\right]\frac{\mathrm{J}_m(U)}{\mathrm{K}_m(W)}\cos m\varphi$$

$$(2-3-47)$$

式（2-3-46）和式（2-3-47）就是阶跃型光纤模式场的矢量解析式。由此解析式可以给出模式场的场图。所谓场图就是用电力线和磁力线绘出的光纤横截面上电磁场的分布图，如图 2-3-2 所示。

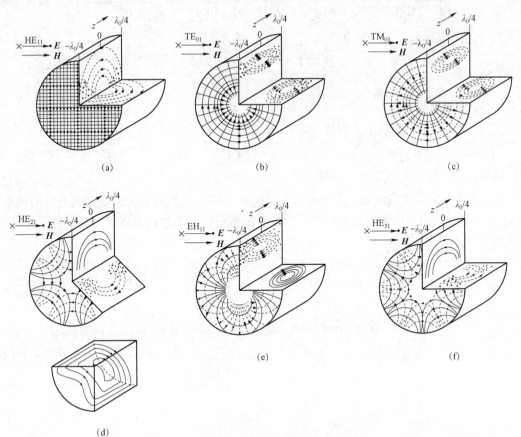

图 2-3-2　几种低阶矢量模在阶跃型光纤纤芯内的电磁场分布图

1. 特征方程及矢量模的分类

特征方程是关于模式传输常数 β 的方程，通过求解特征方程可以得到一系列的 β 值，每一个 β 对应一个特定的模式（特定的电磁场分布），因此得到特征方程并对其进行求解是求解光纤模式最关键的问题。

根据在介质分界面上电磁场切向分量连续的边界条件，E_φ 与 H_φ 在 $r=a$ 的芯包界面上连续。E_φ 与 H_φ 边界连续的条件由式（2-3-46）和式（2-3-47）给出

$$\begin{bmatrix} E_\varphi \\ H_\varphi \end{bmatrix}_{\substack{在芯层 \\ r=a}} = \begin{bmatrix} E_\varphi \\ H_\varphi \end{bmatrix}_{\substack{在包层 \\ r=a}} \tag{2-3-48}$$

得到

$$A\beta\left(\frac{1}{U^2}+\frac{1}{W^2}\right)m = -C\omega\mu_0\left[\frac{J'_m(U)}{UJ_m(U)}+\frac{K'_m(W)}{WK_m(W)}\right] \tag{2-3-49}$$

$$A\omega\varepsilon_0\left[n_1^2\frac{J'_m(U)}{UJ_m(U)}+n_2^2\frac{K'_m(W)}{WK_m(W)}\right] = -C\beta\left(\frac{1}{U^2}+\frac{1}{W^2}\right)m \tag{2-3-50}$$

由式（2-3-49）和式（2-3-50）得到特征方程

$$\left[\frac{1}{U}\frac{J'_m(U)}{J_m(U)}+\frac{1}{W}\frac{K'_m(W)}{K_m(W)}\right]\left[\frac{n_1^2J'_m(U)}{UJ_m(U)}+\frac{n_2^2K'_m(W)}{WK_m(W)}\right]=\frac{\beta^2m^2}{k_0^2}\left[\frac{1}{U^2}+\frac{1}{W^2}\right]^2 \tag{2-3-51}$$

又因为

$$\frac{\beta^2}{k_0^2}\left(\frac{1}{U^2}+\frac{1}{W^2}\right)=\frac{n_1^2}{U^2}+\frac{n_2^2}{W^2} \tag{2-3-52}$$

式（2-3-52）可以写成

$$\left[\frac{J'_m(U)}{UJ_m(U)}+\frac{K'_m(W)}{WK_m(W)}\right]\left[\frac{J'_m(U)}{UJ_m(U)}+\left(\frac{n_2^2}{n_1^2}\right)\frac{K'_m(W)}{WK_m(W)}\right]=m^2\left(\frac{1}{U^2}+\frac{1}{W^2}\right)\left[\frac{1}{U^2}+\left(\frac{n_1^2}{n_2^2}\right)\frac{1}{W^2}\right] \tag{2-3-53}$$

式（2-3-53）为阶跃型光纤模式求解的特征方程，此方程的待求变量为光纤的传输常数 β，而传输常数 β 包含在变量 U，W 之中。特征方程是一个超越方程，对其求解较为复杂，但其解是严格解。

在实际光纤中，相对折射率差是非常小的，仅为 10^{-3} 量级，所以在弱导近似条件下，$n_1\approx n_2$，则式（2-3-53）可以化简为

$$\left[\frac{J'_m(U)}{UJ_m(U)}+\frac{K'_m(W)}{WK_m(W)}\right]=\pm m\left(\frac{1}{U^2}+\frac{1}{W^2}\right) \tag{2-3-54}$$

阶跃型光纤模式场的矢量解析式式（2-3-46）和式（2-3-47）中的 C 可由式（2-3-49）得出

$$C=-A\frac{\beta}{\omega\mu_0}s \tag{2-3-55}$$

其中

$$s = \frac{m\left(\dfrac{1}{U^2} + \dfrac{1}{W^2}\right)}{\left[\dfrac{J'_m(U)}{UJ_m(U)} + \dfrac{K'_m(W)}{WK_m(W)}\right]} \tag{2-3-56}$$

由式（2-3-54）得到，当 $m=0$ 时，$s=0$；当 $m\neq0$ 时，由于 $n_1\approx n_2$，$s\approx\pm1$，s 的取值有两种可能，规定 $s\approx-1$ 对应 HE 模，$s\approx+1$ 对应 EH 模。

本节只给出芯层（$0\leqslant r\leqslant a$）中模式场的表达式，完整的表达式见附录 D。

在芯层（$0\leqslant r\leqslant a$）中，模式场为

$$\begin{cases}
E_r = -\mathrm{j}A\beta\dfrac{a}{U}\left[\dfrac{1-s}{2}J_{m-1}\left(\dfrac{U}{a}r\right) - \dfrac{1+s}{2}J_{m+1}\left(\dfrac{U}{a}r\right)\right]\cos m\varphi \\[2mm]
E_\varphi = \mathrm{j}A\beta\dfrac{a}{U}\left[\dfrac{1-s}{2}J_{m-1}\left(\dfrac{U}{a}r\right) + \dfrac{1+s}{2}J_{m+1}\left(\dfrac{U}{a}r\right)\right]\sin m\varphi \\[2mm]
E_z = AJ_m\left(\dfrac{U}{a}r\right)\cos m\varphi \\[2mm]
H_r = -\mathrm{j}A\omega\varepsilon_0 n_1^2\dfrac{a}{U}\left[\dfrac{1-s_1}{2}J_{m-1}\left(\dfrac{U}{a}r\right) + \dfrac{1+s_1}{2}J_{m+1}\left(\dfrac{U}{a}r\right)\right]\sin m\varphi \\[2mm]
H_\varphi = -\mathrm{j}A\omega\varepsilon_0 n_1^2\dfrac{a}{U}\left[\dfrac{1-s_1}{2}J_{m-1}\left(\dfrac{U}{a}r\right) - \dfrac{1+s_1}{2}J_{m+1}\left(\dfrac{U}{a}r\right)\right]\cos m\varphi \\[2mm]
H_z = -A\dfrac{\beta}{\omega\mu_0}sJ_m\left(\dfrac{U}{a}r\right)\sin m\varphi
\end{cases} \tag{2-3-57}$$

其中，$s_1 = \beta^2 s/(k_0^2 n_1^2)$，由于 $k_0 n_2 \leqslant \beta \leqslant k_0 n_1$，因此 s_1 略小于 s。这里要注意式（2-3-57）中模式场表达式 m 的取值问题，该表达式适用于 $m\neq0$ 的情况，即混合模式（EH 模或 HE 模）。

下面将分两种情况，即 TM 模和 TE 模（TM 模和 TE 模只给出芯层的模式场表达式，完整表达式参见附录 D）讨论当 $m=0$ 时模式场的表达式。由 2.3.2 节中的讨论可知，当 E_z 和 H_z 的角度依赖项分别选取了 $\cos m\varphi$ 项与 $\sin m\varphi$ 项，在 $m=0$ 时代表 TM 模。因此，在式（2-3-57）中取 $m=0$，即对应 TM 模。将 $m=0$ 和 $s=0$ 代入，此时 TM 模的模式场为

$$\begin{cases}
E_r = \mathrm{j}A\beta\dfrac{a}{U}J_1\left(\dfrac{U}{a}r\right) \\[2mm]
E_z = AJ_0\left(\dfrac{U}{a}r\right) \qquad\qquad (0\leqslant r\leqslant a) \\[2mm]
H_\varphi = \mathrm{j}A\omega\varepsilon_0 n_1^2\dfrac{a}{U}J_1\left(\dfrac{U}{a}r\right)
\end{cases} \tag{2-3-58}$$

而 TE 模式 E_z 的角度项选取 $\cos m\varphi$，H_z 的角度项选取 $\sin m\varphi$。由式（2-3-57）无法得到 TE 模的电磁场表达式，此时将式（2-3-57）中的 $\cos m\varphi$ 项与 $\sin m\varphi$ 项互换，并令 $m=0$，得到 TE 模的电磁场表达式为

$$\begin{cases} E_\varphi = -\mathrm{j}C\omega\mu_0 \dfrac{a}{U}\mathrm{J}_1\left(\dfrac{U}{a}r\right) \\[2mm] H_r = \mathrm{j}C\beta\dfrac{a}{U}\mathrm{J}_1\left(\dfrac{U}{a}r\right) \qquad (0 \leqslant r \leqslant a) \\[2mm] H_z = C\mathrm{J}_0\left(\dfrac{U}{a}r\right) \end{cases} \qquad (2-3-59)$$

图 2-3-2 为不同矢量模式在光纤纤芯内的电场和磁场分布图,图 2-3-3 为不同矢量模式在光纤横截面的电场分布图,由图 2-3-2 和图 2-3-3 可知,光纤的模式场分布非常复杂。以 HE_{21} 模和 EH_{11} 模为例,对其模式场进行分析。对于 HE_{21} 模,将参数 $s \approx -1$ 代入式(2-3-57)中, 得到电场的横向分量 E_r 和 E_φ, 表示为

$$\begin{cases} E_r \approx -\mathrm{j}A\beta\dfrac{a}{U}\mathrm{J}_1\left(\dfrac{U}{a}r\right)\cos 2\varphi \\[2mm] E_\varphi \approx \mathrm{j}A\beta\dfrac{a}{U}\mathrm{J}_1\left(\dfrac{U}{a}r\right)\sin 2\varphi \end{cases} \qquad (2-3-60)$$

对于每一个特定的模式,其传输常数 β 是个定值,由式(2-3-60)可知 E_r 和 E_φ 是坐标 r 和 φ 的函数。

在径向方向,E_r 和 E_φ 的幅度大小相同,均是 Bessel 函数 $\mathrm{J}_1\left(\dfrac{U}{a}r\right)$ 的函数。由 Bessel 函数的曲线可知,$r=0$ 处电场为 0,所以在径向方向存在一个极大值,这意味着模场强度是面包圈形状;在圆周方向上,E_r 和 E_φ 遵循 $\cos 2\varphi$ 和 $\sin 2\varphi$ 的对称性,即对于 E_r,径向电场在圆周上表现为两进两出(相对于芯包界面),而对于 E_φ,周向电场在圆周上表现为 4 个零点。

同样,对于 EH_{11} 模,将参数 $s \approx 1$ 代入式(2-3-57)中,得到电场的横向分量 E_r 和 E_φ,表示为

$$\begin{cases} E_r \approx \mathrm{j}A\beta\dfrac{a}{U}\mathrm{J}_2\left(\dfrac{U}{a}r\right)\cos\varphi \\[2mm] E_\varphi \approx \mathrm{j}A\beta\dfrac{a}{U}\mathrm{J}_2\left(\dfrac{U}{a}r\right)\sin\varphi \end{cases} \qquad (2-3-61)$$

在径向方向上,E_r 和 E_φ 的幅度大小相同,均是 Bessel 函数 $\mathrm{J}_2\left(\dfrac{U}{a}r\right)$ 的函数。由 Bessel 函数的曲线可知,$r=0$ 处电场为 0,所以在径向方向存在一个极大值,这意味着模场强度也是面包圈形状;在圆周方向上,E_r 和 E_φ 遵循 $\cos\varphi$ 和 $\sin\varphi$ 的对称性,即对于 E_r,径向电场在圆周上表现为一进一出(相对于芯包界面),而对于 E_φ,周向电场在圆周上表现为 2 个零点。对于其他模式的电磁场分量也有类似的结论,这里不再赘述。

下面分别对 $m=0$ 和 $m \neq 0$ 两种情况下的特征方程进行分析。

1)TE 模和 TM 模的特征方程

当 $m=0$ 时,特征方程式(2-3-53)可化为两个方程

$$\frac{1}{U}\frac{\mathrm{J}_0'}{\mathrm{J}_0} + \frac{1}{W}\frac{\mathrm{K}_0'}{\mathrm{K}_0} = 0 \quad \text{(TE模)} \qquad (2-3-62)$$

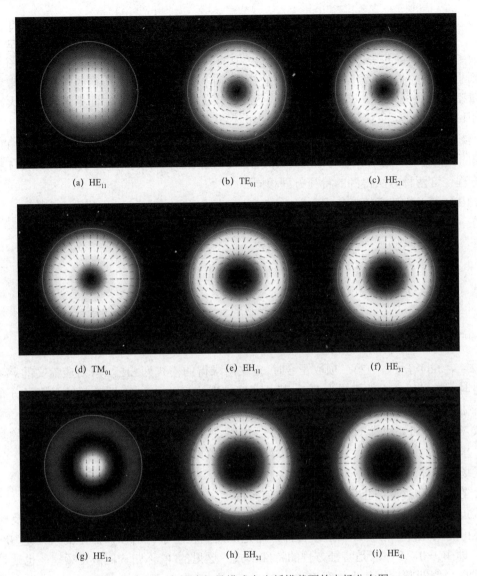

(a) HE_{11} (b) TE_{01} (c) HE_{21}

(d) TM_{01} (e) EH_{11} (f) HE_{31}

(g) HE_{12} (h) EH_{21} (i) HE_{41}

图 2-3-3　9 个低阶矢量模式在光纤横截面的电场分布图

$$\frac{n_1^2}{U}\frac{J_0'}{J_0}+\frac{n_2^2}{W}\frac{K_0'}{K_0}=0 \quad (\text{TM 模}) \tag{2-3-63}$$

利用 Bessel 函数的递推公式

$$J_0'(U)=-J_1(U) \text{ 和 } K_0'(W)=-K_1(W)$$

可得

$$\frac{1}{U}\frac{J_1(U)}{J_0(U)}+\frac{1}{W}\frac{K_1(W)}{K_0(W)}=0 \quad (\text{TE 模}) \tag{2-3-64}$$

$$\frac{n_1^2}{U}\frac{J_1(U)}{J_0(U)}+\frac{n_2^2}{W}\frac{K_1(W)}{K_0(W)}=0 \quad (\text{TM 模}) \tag{2-3-65}$$

式（2-3-62）和式（2-3-64）均是光纤内 TE 模的特征方程。对于给定的光纤结构（n_1，n_2，a）和工作波长 λ（或频率 ω），归一化频率 V，式（2-3-62）和式（2-3-64）满足导模条件 $k_0 n_2 \leqslant \beta \leqslant k_0 n_1$ 的每一个根，都对应于光纤中的一个 TE 模，将所有满足特征方程式的 β 按从大到小的顺序排列，第 n 个根所对应的模式标记为 TE_{0n} 模。将所得的模式传输常数代入到矢量模的纵横关系中，即可得到每一个 TE_{0n} 模的电磁场在光纤端面上各点处的大小、方向和相位。同样的，TM 模特征方程所给出的模式依次标记为 TM_{0n} 模。

上述方程是在 $m = 0$ 时，由特征方程式（2-3-51）或式（2-3-53）推导出的 TE 模和 TM 模的特征方程，也可以从 TE 模的 H_z（或 TM 模的 E_z）出发推导出 TE 模（或 TM 模）的特征方程。这两种方法得到的特征方程相同。

2）EH 模和 HE 模的特征方程

在 $m \neq 0$ 的情况下，令

$$\mathcal{I} = \frac{J'_m(U)}{U J_m(U)}, \quad \mathcal{R} = \frac{K'_m(W)}{W K_m(W)}$$

代入式（2-3-51），并求解得

$$\mathcal{I} = -\frac{1}{2}\left[1 + \frac{n_2^2}{n_1^2}\right]\mathcal{R} \pm \frac{1}{2}\sqrt{\left[1 + \frac{n_2^2}{n_1^2}\right]\mathcal{R}^2 - 4\left[\frac{n_2^2}{n_1^2}\mathcal{R}^2 - m^2\left(\frac{1}{U^2} + \frac{n_2^2}{n_1^2}\frac{1}{W^2}\right)\left(\frac{1}{U^2} + \frac{1}{W^2}\right)\right]} \quad (2-3-66)$$

当式（2-3-66）等号右边第二项取正号时，定义所求得的模式为 EH_{mn} 模（对应前文的 $s \approx +1$），取负号时，定义所求得的模式为 HE_{mn} 模（对应前文的 $s \approx -1$），下标 m 反映了模场分布随角度坐标 φ 的变化情况，n 为相应的特征方程根的序号。

式（2-3-51）和式（2-3-53）是光纤中模式场求解的一般结果，要求出光纤的具体模式场（求出 β）仍很困难。为此下面针对两种重要的特殊情况——截止和远离截止，分别讨论模式场的具体求解方法。

2. 在截止和远离截止条件下 U 的取值范围

截止是指光纤中传输的光波处于纤芯和包层分界面全反射的临界点。不满足全反射的光波就不可能在光纤中沿光纤轴继续传播，而是泄漏到包层中。所以，截止的条件是 $W \to 0$，$U \to V$，即 $W \to 0$，$U \to V_c$ 是特征方程的特殊形式，这里的 V_c 称归一化截止频率。也就是说，截止时的 U 值即归一化截止频率 V_c。

远离截止是指光波在纤芯中沿近光纤轴的方向传播，始终满足全反射的条件，所以远离截止的条件是：$V \to \infty$，$W \to \infty$，$U \to$ 有限值。

下面分别针对各阶模式，利用截止和远离截止条件，讨论 U 的取值范围。之所以讨论 U 的取值范围，一方面是因为 U 值的下限对应着归一化截止频率 V_c；另一方面可以从模式场的表达式中看出，在光纤纤芯内，U 的取值范围决定了模式场的分布。

（1）当 $m = 0$ 时，TE 模的特征方程为式（2-3-64），利用截止条件 $W \to 0$ 和虚纵量 Hankel 函数 $K_m(W)$ 的小宗量近似的性质可以得到

$$\frac{U J_0(U)}{J_1(U)} \to 0$$

这是 TE 模的截止条件。由于 $U = 0$ 时，$\dfrac{U J_0(U)}{J_1(U)} \to 1$，所以 $U = 0$ 不是它的根，故截止条件

应为

$$J_0(U) = 0 \tag{2-3-67}$$

对式（2-3-64）利用远离截止的条件 $W \to \infty$ 和虚纵量 Hankel 函数 $K_m(W)$ 的大宗量近似的性质可以得到

$$\frac{J_1(U)}{U J_0(U)} = 0$$

所以

$$J_1(U_\infty) = 0 \tag{2-3-68}$$

所以，TE_{0n} 模的 U 值在 $J_0(U) = 0$ 和 $J_1(U) = 0$ 之间变化。图 2-3-4 给出了各个矢量模式的 $U = f(V)$ 曲线，可以很方便地找出 U 值的取值范围（参见图 2-3-5）。图 2-3-5 给出了第一类 Bessel 曲线及阶跃型光纤中各个矢量模式 U 值对应的范围。由图 2-3-4 和图 2-3-5 可知，$J_0(U)$ 的零点为 2.404 8，5.520 1，8.653 7，…，$J_1(U)$ 的零点为 3.831 7，7.015 6，10.173 5，…。按照模式序号的规定，可以得出 TE_{01}，TE_{02}，TE_{03} 模的 U 值范围分别为：2.404 8～3.831 7，5.520 1～7.015 6，8.653 7～10.173 5。

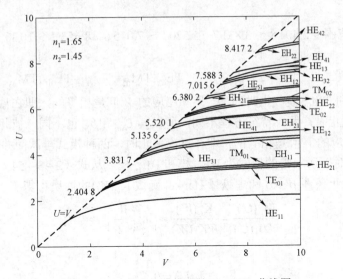

图 2-3-4 各个矢量模式的 $U = f(V)$ 曲线图

同理可以得到 TM 模的截止条件为

$$J_0(U) = 0$$

远离截止条件为

$$J_1(U_\infty) = 0$$

由此可以得到，TE 模和 TM 模有相同的截止频率和远离截止频率，TE 模和 TM 模在截止频率和远离截止频率附近的 β 值相近。当两个模式具有相近的 β 值时，称两个模式简并，因此 TE 模和 TM 模在截止频率和远离截止频率附近是完全简并的。简并是指当两个模式共同传输时，它们共同形成的场图可以维持很长距离不变。注意它们共同形成的场图虽然具有和模式场一样的传输稳定性，但二者的比例可能不同，一般来说，与模式的概念还有一些细微区别。

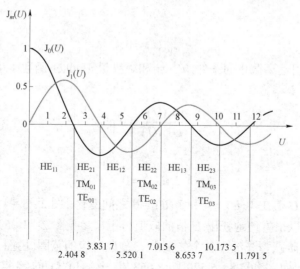

图 2-3-5　不同矢量模式 U 值的取值范围

根据 TE 模和 TM 模的截止条件和远离截止条件得到 U 值的范围，相应的 U 值范围和模式依次是

U 值的范围　2.404 8～3.831 7　　5.520 1～7.015 6　　8.653 7～10.173 5　…

$\downarrow$　　　　　　$\downarrow$　　　　　　$\downarrow$　　　　　　$\downarrow$　　　　$\downarrow$

对应的模式　　TE_{01}，TM_{01}　　　TE_{02}，TM_{02}　　　TE_{03}，TM_{03}　　…

所以 TE_{0n} 模和 TM_{0n} 模截止时的 U_{0n} 值和相应的 V 值是相等的，即在截止时，两种模式简并。但当高于截止时，两者特征方程不同，所以其 U_{0n} 和 β_{0n} 也不同，彼此将分开。远离截止时的 U_{0n} 值和相应的 V 值是相等的，即在远离截止时，两种模式再次简并。

（2）当 $m=1$ 时，所求得的模式为 HE_{11} 模和 HE_{1n} 模。从式（2-3-54）出发，在弱导近似条件下，利用截止条件 $W \to 0$ 和虚纵量 Hankel 函数 $K_m(W)$ 的性质可得

$$\frac{J_0(U)}{UJ_1(U)} = \frac{K_0(W)}{WK_1(W)} \approx \ln_{W \to 0}\left(\frac{W}{2}\right) = \infty$$

所以

$$J_1(U) = 0 \qquad\qquad (2-3-69)$$

注意，这里包括零根。因为 $U_{11}=0$，所以 $V=0$，$\lambda \to \infty$，即截止波长为无穷，这说明它没有低频截止。由于 TE_{01} 模和 TM_{01} 模的截止值是 $U_{01}=2.404\,8$，$V=U$，所以它们是第二个不容易截止的模式，只要 $V<2.404\,8$，就能在光纤中得到单模 HE_{11} 的传输，所以对应于零根的 HE_{11} 模式称为主模。

远离截止时，式（2-3-54）可化简为

$$\frac{J_0(U)}{UJ_1(U)} = \frac{K_0(W)}{WK_1(W)}$$

再利用 $W \to \infty$ 时，有

$$\frac{K_0(W)}{WK_1(W)} = 0$$

由于 U 取有限值，所以由特征方程可以得到

$$J_0(U) = 0 \qquad (2-3-70)$$

由图 2-3-4 和图 2-3-5 可知，$J_1(U) = 0$ 和 $J_0(U) = 0$ 的根分别为 0，3.831 7，7.015 6，… 和 2.404 8，5.520 1，8.653 7，…。根据 HE 模的截止条件和远离截止条件可得出 U 值的范围，相应的 U 值取值范围和模式依次是

U 值的范围　　$0 \sim 2.404\,8$　　$3.831\,7 \sim 5.520\,1$　　$7.015\,6 \sim 8.653\,7$　　…

　　　　　　　　↓　　　　　　↓　　　　　　↓　　　　　　↓　　　　↓

对应的模式　　HE_{11}　　　　HE_{12}　　　　　HE_{13}　　　…

（3）当 $m>1$，式（2-3-66）等号右边第二项取负号时，定义所求得的模式为 HE_{mn} 模，为简单起见，采用弱导近似，即 $n_1 \approx n_2$，式（2-3-66）可以化简为

$$\mathfrak{I} = -\mathscr{R} - m\left[\frac{1}{U^2} + \frac{1}{W^2}\right]$$

分别利用变质 Bessel 函数和 Bessel 函数的关系式得

$$\frac{J_{m-1}(U)}{UJ_m(U)} = \frac{K_{m-1}(W)}{WK_m(W)} \qquad (2-3-71)$$

再利用截止条件 $W \to 0$ 和虚纵量 Hankel 函数 $K_m(W)$ 的性质可得

$$\frac{J_{m-1}(U)}{J_m(U)} = \frac{U}{2(m-1)}, \quad m>0 \qquad (2-3-72)$$

若从式（2-3-66）开始推导，则可得

$$\frac{J_{m-1}(U)}{J_m(U)} = \frac{U}{m-1}\frac{n_2^2}{n_1^2 + n_2^2}, \quad m>0 \qquad (2-3-73)$$

利用式（2-3-72）或式（2-3-73）可以计算 HE_{mn} 截止时的 U 值，即 U_{mn} 值，但它只适用于 $m>1$ 的情况，即只适用于 HE_{2n} 模，HE_{3n} 模，…

远离截止时，有

$$\frac{K_{m-1}(W)}{WK_m(W)} = 0$$

由于 U 取有限值，所以由特征方程可以得到

$$J_{m-1}(U) = 0 \qquad (2-3-74)$$

在弱导近似条件下，根据截止条件和远离截止条件，可以知道 U 的取值范围由式（2-3-72）和式（2-3-74）的根分布情况决定，即相应的 U 值取值范围和模式依次是

U 值的范围　　$2.404\,8 \sim 3.831\,7$　　$3.831\,7 \sim 5.135\,6$　　$5.135\,6 \sim 6.380\,2$　　$6.380\,2 \sim 7.588\,3$

　　　　　↓　　　　　　↓　　　　　　↓　　　　　　↓

对应的模式　　HE_{21}　　　　HE_{31}　　　　HE_{41}　　　　HE_{51}

若从严格意义上来求解，式（2-3-73）和式（2-3-74）的根分布情况决定了 U 的取值范围。根据式（2-3-73）和式（2-3-74）的根，再参考图 2-3-4 和图 2-3-5 得出 U

值范围和相应的模式，在这里令 $n_1=1.65$，$n_2=1.45$，即各个模式和对应的 U 值范围为

U 值的范围　　2.581 7～3.831 7　3.971 5～5.135 6　5.289 6～6.380 2　6.543 4～7.588 3

↓ ↓ ↓ ↓ ↓

对应的模式　　　　HE_{21}　　　　　　HE_{31}　　　　　　HE_{41}　　　　　　HE_{51}

（4）当 $m>0$ 时，为简单起见，仍对式（2-3-66）取弱导近似，且令等号右边第二项为正号，所求得的模式为 EH_{mn} 模。根据 Bessel 函数的性质可得

$$-\frac{J_{m+1}(U)}{UJ_m(U)}=\frac{K_{m+1}(W)}{WK_m(W)}$$

当 $W\to 0$ 时，可得截止频率满足的方程为

$$J_m(U)=0 \tag{2-3-75}$$

再令 $W\to\infty$，可得远离截止时的频率满足下面方程

$$J_{m+1}(U)=0 \tag{2-3-76}$$

由截止条件和远离截止条件，可知 U 的取值范围由式（2-3-75）和式（2-3-76）的根分布情况决定，再参考图 2-3-4 和图 2-3-5 得出 U 值范围和相应的 EH_{mn} 模，即

U 值的范围　　3.831 7～5.135 6　5.135 6～6.380 2　6.380 2～7.588 3　7.588 3～8.771 5

↓ ↓ ↓ ↓ ↓

对应的模式　　　　EH_{11}　　　　　　EH_{21}　　　　　　EH_{31}　　　　　　EH_{41}

由以上讨论可知，从特征方程出发，利用截止条件和远离截止条件可得到各个模式的截止频率和远离截止频率，从而得出各个模式的 U 值范围。表 2-3-1 列出了阶跃型光纤中各传导模式归一化截止频率和远离截止频率的表达式，以及当 $n_1=1.65$，$n_2=1.45$ 时 HE_{mn}（$m>1$）模式归一化截止频率和远离截止频率的具体数值，其中 HE_{11} 模的归一化截止频率是所有模式中最低的，其 U_0 为零，即 HE_{11} 模是光纤的基模。

表 2-3-1　阶跃型光纤中各传导模式的归一化截止频率和远离截止频率（$n_1=1.65$，$n_2=1.45$）

模式	TE_{0n}、TM_{0n}		HE_{1n}		EH_{mn}（$m>0$）		HE_{mn}（$m>1$）	
m 值	$m=0$		$m=1$		$m=1$		$m=2$	
U 表达式	U 下限表达式	U 上限表达式	U 下限表达式	U 上限表达式	U 下限表达式	U 上限表达式	U 下限表达式	U 上限表达式
	$J_0(U)=0$	$J_1(U)=0$	$J_1(U)=0$	$J_0(U)=0$	$J_m(U)=0$	$J_{m+1}(U)=0$	$\dfrac{J_{m-1}(U)}{J_m(U)}=\dfrac{Un_2^2}{(m-1)(n_1^2+n_2^2)}$	$J_{m-1}(U)=0$
U 值	U_0	U_∞	U_0	U_∞	U_0	U_∞	U_0	U_∞
$n=1$	2.404 8	3.831 7	0	2.404 8	3.831 7	5.135 6	2.581 7	3.831 7
$n=2$	5.520 1	7.015 6	3.831 7	5.520 1	7.015 6	8.417 2	5.572 7	7.015 6
$n=3$	8.653 7	10.173 5	7.015 6	8.653 7	10.173 5	11.619 8	8.687 6	10.173 5

3. 矢量模的特性曲线

模式理论所要解决的问题主要有两个方面，即各模式的电磁场在波导内的分布形式及其在波导内传播时的传输特性。模式特征方程的重要性，一方面在于利用其可以对给定的光纤结构和工作波长求解出光纤内各模式的传输常数，进而得到各模式在光纤横截面上各点的电场和磁场强度矢量的分布及光强分布情况；另一方面，该特征方程给出了各模式传输常数 β 随 ω 或 V 的变化关系式。传输常数 β 随 ω 或 V 的变化关系式称为模式的特性曲线，可直接由模式的特征方程得到。模式的特性曲线所揭示的是模式在光纤内沿 z 方向的传输特性，如模式在传输过程中的相位演化、相速度、群速度和色散特性等。

模式的特性曲线通常以 b-V 或 $n_{\text{eff}}(\beta)$-V 曲线的形式给出，其中 b 为模式的归一化常数，其定义为

$$b = \frac{W^2}{V^2} = 1 - \frac{U^2}{V^2} = \frac{\beta^2 - k_0^2 n_2^2}{k_0^2 n_1^2 - k_0^2 n_2^2}$$

根据 $k_0 n_2 \leqslant \beta \leqslant k_0 n_1$ 的导模条件，归一化传输常数满足 $0 \leqslant b \leqslant 1$，在近截止时模式的 b 趋近于零，远离截止时，其值为 1。图 2-3-6 给出了阶跃型光纤中一些矢量模特性曲线的数值计算结果（b-V 曲线）。图 2-3-6 中每一条曲线表示一个模式的归一化传输常数 b 随 V 的变化情况。图 2-3-7 为各个矢量模式的有效折射率的特性曲线（n_{eff}-V）。各模式的归一化截止频率由其所对应的曲线与横坐标的交点给出。对于给定的光纤结构和工作频率（或波长），V 是定值，光纤中所支持的导模类型、模式数量都是确定的。由图 2-3-7 可以得到，随着 V 的增大，光纤中所支持的导模数量随之增加。在 $V < 2.4048$ 的区域，只存在 HE_{11} 模的特性曲线，表明此时光纤中只支持 HE_{11} 模的传输。

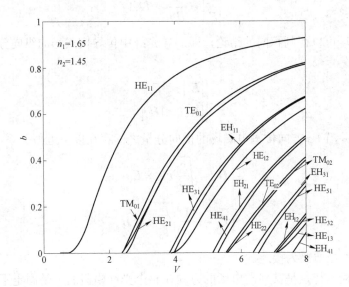

图 2-3-6　不同矢量模式归一化传输常数 b 和 V 的曲线关系图

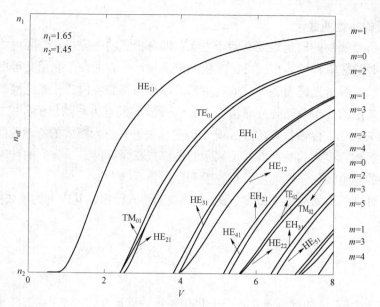

图 2-3-7　不同矢量模式有效折射率 n_{eff} 和 V 的曲线关系图

2.3.4.2　标量法

对于纤芯和包层折射率十分接近的弱导阶跃型光纤，采用标量法处理将会使问题大大简化。

先来估算一下弱导光纤中传导模式的纵向分量与横向分量的大小。由式（2-3-57）可得到，模式电场的纵向分量与横向分量的比值为

$$\frac{|E_z|}{|E_t|} \approx \frac{U}{\beta a} \approx \sqrt{2\Delta} \qquad (2-3-77)$$

对于模式磁场可以得到相同的结论，即弱导光纤中传导模式场的纵向分量远小于其横向分量

$$\begin{cases} |\boldsymbol{E}_z| \ll |\boldsymbol{E}_t| \\ |\boldsymbol{H}_z| \ll |\boldsymbol{H}_t| \end{cases} \qquad (2-3-78)$$

被弱导光纤约束并沿 $+z$ 方向传输电磁场的横向分量之间存在以下近似关系

$$\begin{cases} \boldsymbol{H}_t \approx \sqrt{\dfrac{\varepsilon_0}{\mu_0}} n \boldsymbol{e}_z \times \boldsymbol{E}_t \\ \boldsymbol{E}_t \approx -\dfrac{1}{n}\sqrt{\dfrac{\mu_0}{\varepsilon_0}} \boldsymbol{e}_z \times \boldsymbol{H}_t \end{cases} \qquad (2-3-79)$$

这与均匀平面波的性质极为接近。

线偏振模的根本特点是其横向电场的方向在整个光纤横截面上是固定不变的。若光纤中存在线偏振模，则可以通过选择坐标系使 $\boldsymbol{E}_t = \boldsymbol{e}_y \psi$。因此，阶跃型弱导光纤线偏振模的横向电场满足下述标量的 Helmholtz 方程

$$\nabla^2 \psi + \left(k_0^2 n_i^2 - \beta^2\right)\psi = 0 \qquad (2-3-80)$$

横向电场的解可以写成

$$E_y = \psi(r,\varphi) = \begin{cases} A\mathrm{J}_m\left(\dfrac{U}{a}r\right)\cos m\varphi & r \leqslant a \\[3mm] A\dfrac{\mathrm{J}_m(U)}{\mathrm{K}_m(W)}\mathrm{K}_m\left(\dfrac{U}{a}r\right)\cos m\varphi & r > a \end{cases} \qquad (2-3-81)$$

横向磁场为

$$H_x \approx -\frac{\omega\varepsilon}{\beta}\begin{cases} A\mathrm{J}_m\left(\dfrac{U}{a}r\right)\cos m\varphi & r \leqslant a \\[3mm] A\dfrac{\mathrm{J}_m(U)}{\mathrm{K}_m(W)}\mathrm{K}_m\left(\dfrac{U}{a}r\right)\cos m\varphi & r > a \end{cases} \qquad (2-3-82)$$

由式（2-3-81）和式（2-3-82）可得到，线偏振模的横向电场分量和横向磁场分量不仅具有简单的数学形式，而且相互正交。此外，与矢量模相比，由于横向电场和横向磁场在整个光纤横截面上均具有固定的方向，对横向场的描述只需给出其相对大小在光纤横截面上的分布情况即可，可以当作二维标量场处理。

由式（2-3-40）得到，电磁场的纵向分量分别为

$$E_z = \frac{\mathrm{j}}{\omega\varepsilon_0 n^2}\frac{\partial H_x}{\partial y} = \frac{\mathrm{j}}{\omega\varepsilon_0 n^2}\left(\frac{\partial H_x}{\partial r}\frac{\partial r}{\partial y} + \frac{\partial H_x}{\partial \varphi}\frac{\partial \varphi}{\partial y}\right) \qquad (2-3-83)$$

$$H_z = \frac{\mathrm{j}}{\omega\mu_0}\frac{\partial E_y}{\partial x} = \frac{\mathrm{j}}{\omega\mu_0}\left(\frac{\partial E_y}{\partial r}\frac{\partial r}{\partial y} + \frac{\partial E_y}{\partial \varphi}\frac{\partial \varphi}{\partial y}\right) \qquad (2-3-84)$$

将 E_y 和 H_x 代入表达式得

$$E_z = \begin{cases} \dfrac{\mathrm{j}A}{2k_0 na}\dfrac{U}{\mathrm{J}_m(U)}\left[\mathrm{J}_{m+1}\left(\dfrac{U}{a}r\right)\sin(m+1)\varphi + \mathrm{J}_{m-1}\left(\dfrac{U}{a}r\right)\sin(m-1)\varphi\right] & r < a \\[4mm] \dfrac{\mathrm{j}A}{2k_0 na}\dfrac{W}{\mathrm{K}_m(W)}\left[\mathrm{K}_{m+1}\left(\dfrac{W}{a}r\right)\sin(m+1)\varphi + \mathrm{K}_{m-1}\left(\dfrac{W}{a}r\right)\sin(m-1)\varphi\right] & r > a \end{cases}$$

$$(2-3-85)$$

$$H_z = \begin{cases} \dfrac{-\mathrm{j}A}{2k_0 a}\sqrt{\dfrac{\varepsilon_0}{\mu_0}}\dfrac{U}{\mathrm{J}_m(U)}\left[\mathrm{J}_{m+1}\left(\dfrac{U}{a}r\right)\cos(m+1)\varphi - \mathrm{J}_{m-1}\left(\dfrac{U}{a}r\right)\cos(m-1)\varphi\right] & r < a \\[4mm] \dfrac{-\mathrm{j}A}{2k_0 a}\sqrt{\dfrac{\varepsilon_0}{\mu_0}}\dfrac{W}{\mathrm{K}_m(W)}\left[\mathrm{K}_{m+1}\left(\dfrac{W}{a}r\right)\cos(m+1)\varphi - \mathrm{K}_{m-1}\left(\dfrac{W}{a}r\right)\cos(m-1)\varphi\right] & r > a \end{cases}$$

$$(2-3-86)$$

尽管线偏振模电场和磁场的横向分量成比例（比值与位置无关），但是纵向分量一般不成比例。但当 $m=0$ 时，纵向分量的比值只与 φ 有关，而与 r 无关，可以近似看作成比例的。由于模式场方向是固定的，就没有必要绘出模场的场图，但功率分布却是不均匀的。图 2-3-8 给出了几个低阶 LP 模的功率分布图。

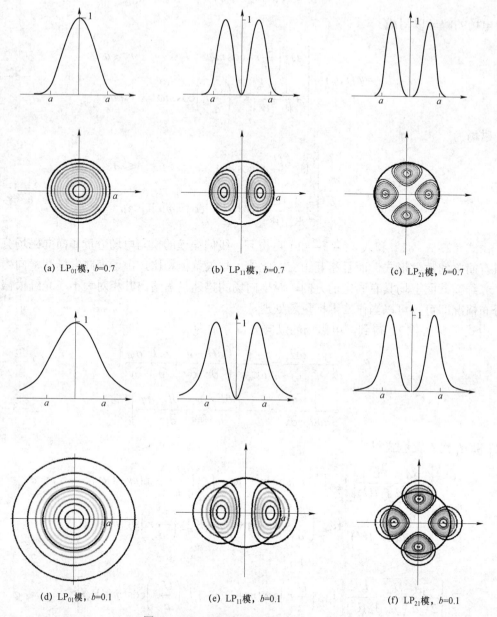

(a) LP$_{01}$模，b=0.7　　　　　　(b) LP$_{11}$模，b=0.7　　　　　　(c) LP$_{21}$模，b=0.7

(d) LP$_{01}$模，b=0.1　　　　　　(e) LP$_{11}$模，b=0.1　　　　　　(f) LP$_{21}$模，b=0.1

图 2-3-8　不同低阶 LP 模功率分布图

1. 特征方程

根据 E_z，H_z 在 $r=a$ 界面上连续的条件可以得到各 LP 模的特征方程为

$$\frac{U\mathrm{J}_{m+1}(U)}{\mathrm{J}_m(U)} = \frac{W\mathrm{K}_{m+1}(W)}{\mathrm{K}_m(W)} \tag{2-3-87}$$

$$\frac{U\mathrm{J}_{m-1}(U)}{\mathrm{J}_m(U)} = -\frac{W\mathrm{K}_{m-1}(W)}{\mathrm{K}_m(W)} \tag{2-3-88}$$

这就是常见的 LP 模的特征方程，显然，它比矢量法的特征方程要简洁得多。

2. 在截止和远离截止条件下 U 的取值范围

（1）当 $m=0$ 时，利用截止条件 $W \to 0$，$U \to V$ 和式（2-3-88）可得

$$J_1(U) = 0$$

利用远离截止的条件 $W \to \infty$，$V \to \infty$（$U \to$ 有限值），可在远离截止时确定 U 值的方程为

$$J_0(U) = 0$$

所以 LP_{0n} 的 U 值取值范围在 $J_1(U) = 0$ 的根（包含 0 根）和 $J_0(U) = 0$ 的根之间。$J_0(U) = 0$ 的根为 2.404 8，5.520 1，8.653 7，…，$J_1(U) = 0$ 的根为 0，3.831 7，7.015 6，…。图 2-3-9 给出了几个不同标量模的 $U = f(V)$ 曲线，通过此图可以很方便地找出 U 值的取值范围（参见图 2-3-10）。图 2-3-10 给出了第一类 Bessel 曲线及阶跃型光纤中几个不同标量模 U 值对应范围。所以当 $m=0$ 时，对应的各阶模式及 U 值的取值范围为

U 的取值范围　0～2.404 8　3.831 7～5.520 1　7.015 6～8.653 7　…

　　　　　　　↓　　　↓　　　　　↓　　　　　↓　　　↓

对应的模式　　　LP_{01}　　　LP_{02}　　　　LP_{03}　　　…

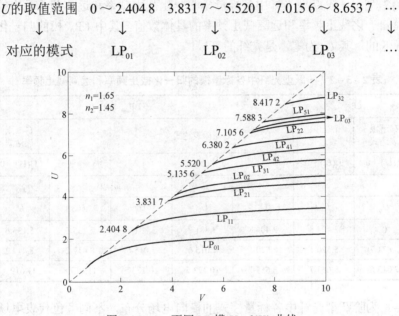

图 2-3-9 　不同 LP 模 $U=f(V)$ 曲线

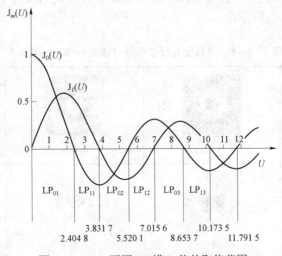

图 2-3-10 　不同 LP 模 U 值的取值范围

（2）当 $m \neq 0$ 时，根据截止条件 $W \to 0$，$U \to V$ 和式（2-3-88）可得（不包含 $U=0$）

$$\mathrm{J}_{m-1}(U) = 0 \tag{2-3-89}$$

再利用远离截止的条件 $W \to \infty$，$V \to \infty$（$U \to$ 有限值），可在远离截止时确定 U 值的方程为

$$\mathrm{J}_m(U) = 0 \tag{2-3-90}$$

因此，LP 模的 U 值在 $\mathrm{J}_{m-1}(U) = 0$ 和 $\mathrm{J}_m(U) = 0$ 的两个根之间变化。根据图 2-3-9 和图 2-3-10 得到各个模式 U 的取值范围为

U 值的范围　　2.404 8～3.831 7　　3.831 7～5.135 6　　5.135 6～6.380 2　　6.380 2～7.588 3

↓　　　　　　　↓　　　　　　　↓　　　　　　　↓　　　　　　　↓

对应的模式　　　　　LP$_{11}$　　　　　　LP$_{21}$　　　　　　LP$_{31}$　　　　　　LP$_{41}$

表 2-3-2 列出了阶跃型光纤中各标量模归一化截止频率和远离截止频率的表达式，以及部分低阶模归一化截止频率和远离截止频率的具体数值，其中 LP$_{01}$ 模的归一化截止频率是所有模式中最低的，其 U_0 为零，是光纤的基模。

表 2-3-2　阶跃型光纤中各标量模的归一化截止频率和远离截止频率

模式	LP$_{0n}$		LP$_{mn}$（$m>0$）					
表达式	U 下限表达式	U 上限表达式	U 下限表达式				U 上限表达式	
	$\mathrm{J}_1(U)=0$	$\mathrm{J}_0(U)=0$	$\mathrm{J}_{m-1}(U)=0$				$\mathrm{J}_m(U)=0$	
m 值	$m=0$		$m=1$		$m=2$		$m=3$	
U 值	U_0	U_∞	U_0	U_∞	U_0	U_∞	U_0	U_∞
$n=1$	0	2.404 8	2.404 8	3.831 7	3.831 7	5.135 6	5.135 6	6.380 2
$n=2$	3.831 7	5.520 1	5.520 1	7.015 6	7.015 6	8.417 2	8.417 2	9.761 0
$n=3$	7.015 6	8.653 7	8.653 7	10.173 5	10.173 5	11.619 8	11.619 8	13.015 2

表 2-3-3 为阶跃型光纤中各标量模式的横向电场分布，不同颜色代表电场的正负值。参考标量模式横向电场的表达式，以及图 2-3-10 中第一类 Bessel 曲线对应的各个模式 U 值对应的范围来理解其电场分布。

表 2-3-3　阶跃型光纤中各标量模式的横向电场分布

LP$_{01}$　　　　LP$_{02}$　　　　LP$_{03}$　　　　LP$_{04}$

LP$_{11}$　　　　LP$_{12}$　　　　LP$_{13}$

LP_{21}	LP_{22}	LP_{23}	
LP_{31}	LP_{32}		
LP_{41}	LP_{42}		
LP_{51}	LP_{52}		
LP_{61}			
LP_{71}			
LP_{81}			

3. LP 模的特性曲线

用数值法对线偏振模的特征方程进行求解，可以得到各个 LP 模的归一化传输常数随归一化截止频率变化的特性曲线。图 2-3-11 为几个低阶 LP 模的有效折射率的特性曲线（n_{eff}-V

曲线）图，对于每一个模式，当给定频率时，就可以从特性曲线图上得出对应的 n_{eff} 值。

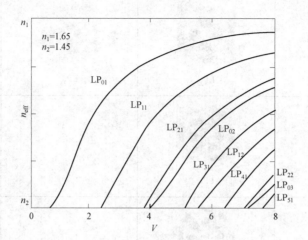

图 2-3-11　低阶 LP 模有效折射率 n_{eff}-V 曲线

　　与矢量法相同，模式的归一化传输常数 b 定义为

$$b = 1 - \frac{U^2}{V^2} = \frac{W^2}{V^2}$$

归一化传输常数 b 在近截止时趋于 0，远离截止时趋于 1。图 2-3-12 给出了几个标量模的特性曲线（b-V 曲线）图。

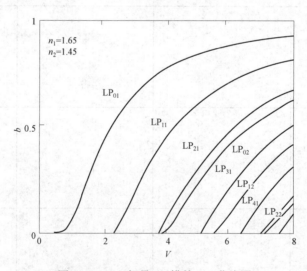

图 2-3-12　标量 LP 模的 b-V 曲线图

　　光纤内沿 z 方向传导的功率密度分布为

$$S_z = (\boldsymbol{E} \times \boldsymbol{H})_z \boldsymbol{e}_z = \boldsymbol{E}_{\text{t}} \times \boldsymbol{H}_{\text{t}} \tag{2-3-91}$$

再根据式（2-3-81）和式（2-3-82）可以得到，弱导光纤各线偏振模在光纤横截面上沿 z 方向的功率流密度分布为

$$S_z = \frac{1}{2}n\sqrt{\frac{\varepsilon_0}{\mu_0}} = \frac{1}{2}A^2 n\sqrt{\frac{\varepsilon_0}{\mu_0}}\cos^2 m\varphi \begin{cases} \mathrm{J}_m^2\left(\dfrac{U}{a}r\right) & r \leqslant a \\[3mm] \dfrac{\mathrm{J}_m^2(U)}{\mathrm{K}_m^2(W)}\mathrm{K}_m^2\left(\dfrac{W}{a}r\right) & r > a \end{cases} \qquad (2-3-92)$$

其中在光纤的纤芯和包层中所传输的功率分别为

$$P_{\mathrm{core}} = \int_0^{2\pi}\mathrm{d}\varphi\int_0^a S_z r\mathrm{d}r = \frac{\delta\pi n a^2 A^2}{4}\sqrt{\frac{\varepsilon_0}{\mu_0}}\left[\mathrm{J}_m^2(U) - \mathrm{J}_{m+1}(U)\mathrm{J}_{m-1}(U)\right] \qquad (2-3-93)$$

$$P_{\mathrm{cladding}} = \int_0^{2\pi}\mathrm{d}\varphi\int_a^{\infty} S_z r\mathrm{d}r = \frac{\delta\pi n a^2 A^2}{4}\sqrt{\frac{\varepsilon_0}{\mu_0}}\frac{\mathrm{J}_m^2(U)}{\mathrm{K}_m^2(W)}\left[\mathrm{K}_{m+1}(W)\mathrm{K}_{m-1}(W) - \mathrm{K}_m^2(W)\right], \; \delta = \begin{cases} 2 & m = 0 \\ 1 & m \neq 0 \end{cases}$$
$$(2-3-94)$$

根据 LP 模的特征方程可以得到

$$\frac{\mathrm{J}_{m+1}(U)\mathrm{J}_{m-1}(U)}{\mathrm{J}_m^2(U)} = -\frac{W^2}{U^2}\frac{\mathrm{K}_{m+1}(W)\mathrm{K}_{m-1}(W)}{\mathrm{K}_m^2(W)} \qquad (2-3-95)$$

光纤对模式的约束能力可以用模式的功率限制因子 Γ 描述。Γ 定义为光纤纤芯中传输的模式功率与模式所携带的功率之比。对于线偏振模有

$$\Gamma = \frac{P_{\mathrm{core}}}{P_{\mathrm{core}} + P_{\mathrm{cladding}}} = \frac{W^2}{V^2}\left[1 - \frac{\mathrm{J}_m^2(U)}{\mathrm{J}_{m+1}(U)\mathrm{J}_{m-1}(U)}\right] = \frac{W^2}{V^2}\left[1 + \frac{U^2}{W^2}\frac{\mathrm{K}_m^2(U)}{\mathrm{K}_{m+1}(U)\mathrm{K}_{m-1}(U)}\right]$$
$$(2-3-96)$$

图 2-3-13 给出了几个低阶模的功率限制因子随光纤归一化频率变化的关系曲线。由图 2-3-13 可以得到，在近截止的情况下，模式功率限制因子的变化十分迅速。

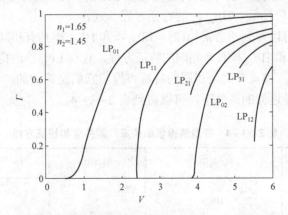

图 2-3-13　几个低阶模的功率限制因子随光纤归一化频率变化的关系曲线

2.3.4.3　矢量模和线偏振模之间的关系

因为标量近似就是弱导近似，所以比较标量近似的特征方程和当 $n_1 \approx n_2$ 时矢量模的特征方程，就可以得到二者之间的关系。线偏振模即 LP 模的特征方程为式（2-3-87）和式（2-3-88）。

在弱导近似的条件下，即当 $n_1 \approx n_2$ 时，各矢量模的特征方程为

$$\frac{1}{U}\frac{J_1(U)}{J_0(U)} + \frac{1}{W}\frac{K_1(W)}{K_0(W)} = 0, \quad \text{TE、TM 模}$$

$$\frac{1}{U}\frac{J_{m-1}(U)}{J_m(U)} = \frac{1}{W}\frac{K_{m-1}(W)}{K_m(W)}, \quad \text{HE 模}$$

$$\frac{1}{U}\frac{J_{m+1}(U)}{J_m(U)} = -\frac{1}{W}\frac{K_{m+1}(W)}{K_m(W)}, \quad \text{EH 模}$$

下面就 LP 模的 m 取值情况作讨论。

（1）当 $m=0$ 时，LP 模的特征方程为

$$\frac{UJ_1(U)}{J_0(U)} = \frac{WK_1(W)}{K_0(W)}$$

它与矢量模 HE_{1n} 的特征方程相同。

（2）当 $m=1$ 时，LP 模的特征方程可以化为

$$\frac{UJ_2(U)}{J_1(U)} = \frac{WK_2(W)}{K_1(W)}$$

$$\frac{UJ_0(U)}{J_1(U)} = -\frac{WK_0(W)}{K_1(W)}$$

其中，第一个特征方程和 HE_{2n} 的特征方程相同，第二个特征方程和 TE_{0n}、TM_{0n} 的特征方程相同。

（3）当 $m>1$ 时，分别对 LP 模的特征方程和 EH 模、HE 模的特征方程作比较，不难得到 LP_{mn} 的特征方程与 $\text{EH}_{m-1,n}$、$\text{HE}_{m+1,n}$ 的特征方程一致。

经过上面的比较可以得到，当 $m=0$ 时，LP_{0n} 模和 HE_{1n} 模具有相同的特征方程。当 $m=1$ 时，TE_{0n} 模、TM_{0n} 模和 HE_{2n} 模具有相同的特征方程，且与 LP_{1n} 模的特征方程相同。当 $m>1$ 时，$\text{EH}_{m-1,n}$ 模、$\text{HE}_{m+1,n}$ 模具有完全相同的特征方程，它们是简并的，并与 LP_{mn} 模的特征方程相同。因此，在弱导近似的条件下，可以得到表 2-3-4。

表 2-3-4　各线偏振模的构成、简并度和特征方程

LP 模	矢量模	简并度	特征方程
LP_{0n}（$m=0$）	HE_{1n}	2	$\dfrac{J_0(U)}{UJ_1(U)} = \dfrac{K_0(W)}{WK_1(W)}$
LP_{1n}（$m=1$）	TE_{0n}、TM_{0n}、HE_{2n}	4	$\dfrac{J_1(U)}{UJ_0(U)} = -\dfrac{K_1(W)}{WK_0(W)}$
LP_{mn}（$m \geqslant 2$）	$\text{EH}_{m-1,n}$、$\text{HE}_{m+1,n}$	4	$\dfrac{J_m(U)}{UJ_{m-1}(U)} = -\dfrac{K_m(W)}{WK_{m-1}(W)}$

由此可见，LP 模是由一组传输常数十分接近的矢量模简并而成的。表 2-3-5 给出了较

低阶的 LP 模和所对应的矢量模的名称、简并度、截止和远离截止时的 U 值（U_0 和 U_∞）。

表 2-3-5　较低阶的 LP 模和所对应的矢量模的名称、简并度、U 值

LP 模	矢量模的名称 × 个数	简并度	U_0	U_∞
LP_{01}	$HE_{11} \times 2$	2	0	2.404 8
LP_{11}	$HE_{21} \times 2$，TE_{01}，TM_{01}	4	2.404 8	3.831 7
LP_{21}	$EH_{11} \times 2$，$HE_{31} \times 2$	4	3.831 7	5.135 6
LP_{02}	$HE_{12} \times 2$	2	3.831 7	5.520 1
LP_{31}	$EH_{21} \times 2$，$HE_{41} \times 2$	4	5.135 6	6.380 2
LP_{12}	$HE_{22} \times 2$，TE_{02}，TM_{02}	4	5.520 1	7.015 6
LP_{41}	$EH_{31} \times 2$，$HE_{51} \times 2$	4	6.380 2	7.588 3
LP_{22}	$EH_{12} \times 2$，$HE_{32} \times 2$	4	7.015 6	8.417 2
LP_{03}	$HE_{13} \times 2$	2	7.015 6	8.653 7
LP_{51}	$EH_{41} \times 2$，$HE_{61} \times 2$	4	7.588 3	8.771 4

　　表 2-3-6 给出了标量模和矢量模的简并关系图，从图中可以得到，LP_{11} 模可以由 TM_{01} 模、TE_{01} 模和 HE_{21} 模这三个矢量模简并得到，LP_{21} 模则是由 EH_{11} 模和 HE_{31} 模简并得到。图 2-3-14 给出了均匀光纤中标量模和矢量模的 n_{eff} 和 V 值的关系曲线。它说明：V 值确定后（V 值由光纤结构确定），对每个具体的模式（场解），可由图中曲线查出 n_{eff} 值。此外，同一 V 值（同一根光纤），不同模式对应不同 β 值，即不同模式传输特性有差别。图 2-3-15 为低阶模的 U 值变化范围和 Bessel 函数的关系。

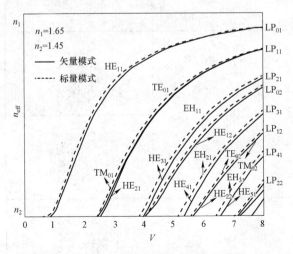

图 2-3-14　标量模和矢量模的 n_{eff}-V 曲线对比

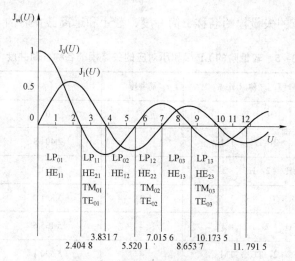

图 2－3－15　低阶模 U 值的变化范围和 Bessel 函数的关系

表 2－3－6　标量模和矢量模的简并关系图

标量模	矢量模	矢量模的电场分布	标量模的电场分布
LP$_{01}$	HE$_{11}$		
	TE$_{01}$		
LP$_{11}$	HE$_{21}$		
	TM$_{01}$		

标量模	矢量模	矢量模的电场分布	标量模的电场分布
LP$_{21}$	HE$_{31}$		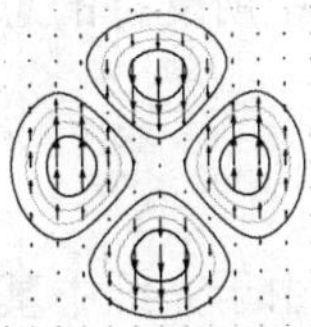
	EH$_{11}$	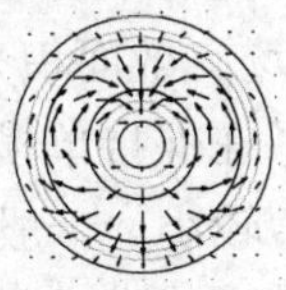	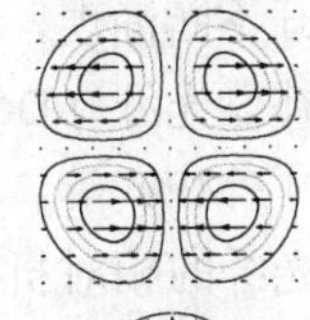

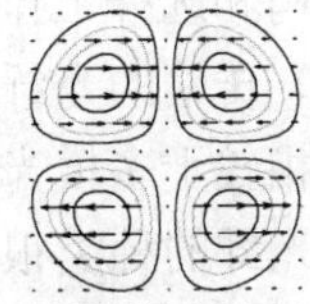

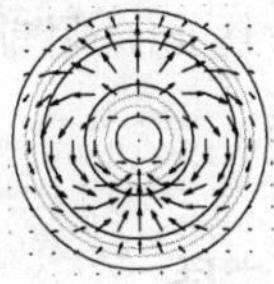

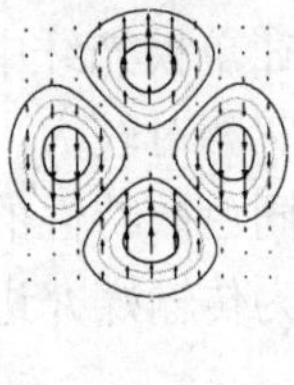

2.4　单模光纤

2.4.1　概述

根据光纤模式理论，阶跃型光纤中所支持的传导模的个数由光纤归一化工作频率 $V = ak_0\sqrt{n_1^2 - n_2^2} = ak_0n_1\sqrt{2\Delta}$ 决定，它与光纤芯径、工作波长和光纤的相对折射率差有关。随着 V 值的增加，光纤中所支持的模式数量将不断增加。详细的理论分析表明，当 $V > 10$ 时，包含所有偏振态和简并态在内，阶跃型光纤中所支持的传导模式数量约为

$$M = \frac{V^2}{2} \tag{2-4-1}$$

而对于渐变型（g 型）光纤，根据等效阶跃折射率近似式

63

$$V_e = V\sqrt{\frac{g}{2+g}}$$

$$a_e = a\frac{g+2}{g+3} \tag{2-4-2}$$

光纤中所支持的总的模式数量为

$$M = \frac{gV^2}{2(g+2)} \tag{2-4-3}$$

由于光纤中基模（LP_{01} 模或 HE_{11} 模）的归一化截止频率为零，因此可以通过适当设计光纤结构和选择工作波长，使光纤中只传输基模。一般，将只支持基模（包含两种正交的偏振模式）传输的光纤称为单模光纤，而将能同时支持多个模式传输的光纤称为多模光纤。

相较于多模光纤，单模光纤的芯径更小，一般为 $5\sim10~\mu m$，并且为了实现不同的功能，单模光纤的种类很多。随着光纤通信的迅速发展，具有各种折射率剖面和传输性能的新型单模光纤不断涌现，如标准单模光纤（SMF）、色散位移光纤（DSF）、色散平坦光纤（DFF）、色散补偿光纤（DCF）、大模场有效面积光纤（LEAF）、非零色散光纤（NZDF）和偏振保持光纤（PMF）等。另外，为了在保持单模工作同时获得较大的芯径，以利于与光源的耦合，单模光纤的相对折射率差通常较小，一般在 10^{-3} 量级。

在单模光纤中，只有一种模式在光纤中传输，完全避免了模式色散，因此单模光纤的传输带宽相对较大，不仅如此，还可以通过适当设计光纤的折射率分布和包层结构获得具有各种不同色散特性的单模光纤。因此，目前的长距离、大容量的光纤通信系统广泛采用单模光纤作为传输媒介进行信号传送。

2.4.2 单模光纤的基本性质

一般而言，对于单模光纤其相对折射率差都在 10^{-3} 量级，可以采用弱导近似，用标量模来描述光纤的特性。单模光纤的种类很多，这里以最简单的阶跃型单模光纤为例进行讨论。参考 2.3 节内容，对于线偏振模，其横向电场的方向在整个光纤横截面上是固定不变的。可以通过选择坐标系使 $\boldsymbol{E}_t = \boldsymbol{y}\psi$，当然也可以选择 $\boldsymbol{E}_t = \boldsymbol{x}\psi$。

对于弱导阶跃型光纤的基模 LP_{01} 模有 $m=0$，其模式横向电场可以写成

$$\boldsymbol{E}_t = \boldsymbol{y}\psi(r,\varphi) = \begin{cases} \boldsymbol{y}A\mathrm{J}_0\left(\dfrac{U}{a}r\right) & 0\leqslant a\leqslant r \\[3mm] \boldsymbol{y}A\dfrac{\mathrm{J}_0(U)}{\mathrm{K}_0(W)}\mathrm{K}_0\left(\dfrac{W}{a}r\right) & r>a \end{cases} \tag{2-4-4}$$

横向模式电场与角度 φ 无关，而且是圆对称的。在径向方向，纤芯内为 J_0 函数，包层内为 K_0 函数。横向模式磁场可以由线偏振模的横向电场与磁场的关系得到，它们之间只相差一个波阻抗。

图 2-4-1 为阶跃型单模光纤的基模（LP_{01} 模）的模式场，其中给出了模式电场与磁场及其等高线，并已经对模式电场做了归一化，因此磁场的最大值约为 $-3.8\times10^{-3}~A/m$。

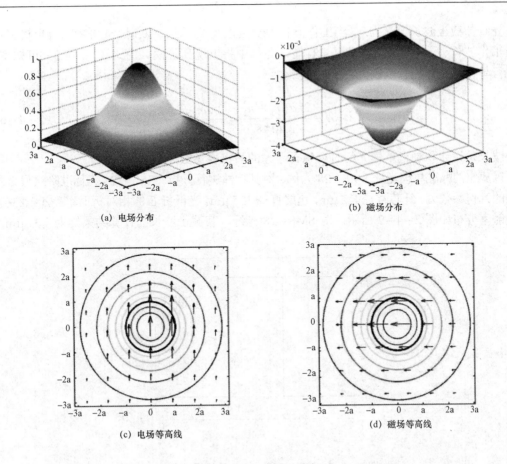

(a) 电场分布

(b) 磁场分布

(c) 电场等高线

(d) 磁场等高线

图 2-4-1 阶跃型单模光纤基模横向电场与磁场分布

由 2.3 节可知，对于 LP_{mn} 模，当 $m=0$ 时其截止频率由 $J_1(V_c)=0$ 决定，当 $m>0$ 时由 $J_{m1}(V_c)=0$ 决定。表 2-4-1 列出了阶跃型光纤中部分低阶模式归一化截止频率，其中 LP_{01} 模的归一化截止频率是所有模式中最低的，V_c 为零，是光纤中的基模，其次是 LP_{11} 模，其归一化截止频率为 2.404 8。对于给定的工作波长，通过合理设计光纤参数使光纤的归一化工作频率满足

$$V=\frac{2\pi}{\lambda}a\sqrt{n_1^2-n_2^2}<2.404\,8 \qquad (2-4-5)$$

此时光纤将仅支持 LP_{01} 模传输，而其他模式截止，因此式（2-4-5）称为光纤的单模工作条件。

表 2-4-1 阶跃型光纤中部分低阶模式的归一化截止频率

LP_{mn}	$n=1$	$n=2$	$n=3$	$n=4$
$m=0$	0	3.831 7	7.015 6	10.173 5
$m=1$	2.404 8	5.520 1	8.653 7	11.791 5
$m=2$	3.831 7	7.015 6	10.173 5	13.323 7
$m=3$	5.135 6	8.417 2	11.619 8	14.796 0

　　光纤的截止波长定义为λ_c，当工作波长大于截止波长，即$\lambda > \lambda_c$时，光纤中只有单模工作；而当工作波长小于截止波长，即$\lambda < \lambda_c$时，光纤中将出现高阶模。由式（2-4-5）可知，光纤进行单模工作的波长范围为

$$\lambda > \lambda_c = \frac{2\pi a\sqrt{n_1^2 - n_2^2}}{2.404\,8} = \frac{2\pi a n_1 \sqrt{2\Delta}}{2.404\,8} \qquad (2-4-6)$$

截止波长是设计和制造单模光纤时要综合考虑的最重要参数之一。

　　以康宁的标准单模光纤 SMF-28 为例，对其特性进行分析。SMF-28 为标准阶跃型光纤，光纤的几何参数为：纤芯直径 8.2 μm，包层直径 125 μm。光纤纤芯的相对折射率差$\Delta = 0.36\%$，其折射率分布如图 2-4-2 所示。对 SMF-28 光纤，其截止波长的计算结果约为 1.31 μm。

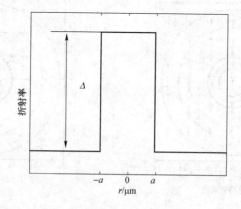

图 2-4-2　康宁 SMF-28 光纤的折射率分布

　　图 2-4-3 选取了 3 个工作波长（1 310 nm、1 550 nm 和 1 650 nm），通过数值计算得到 SMF-28 光纤基模横向电场分布。随着工作波长增大，基模模式电场逐渐向外扩展。随着光纤归一化频率的降低，光纤纤芯对模式的束缚作用逐渐减弱。

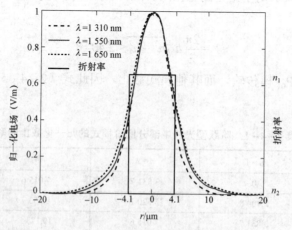

图 2-4-3　康宁 SMF-28 光纤基模横向电场分布

2.4.3　功率限制因子、模场直径与有效面积

2.4.3.1　功率限制因子

光纤对模式的约束能力可以用模式的功率限制因子 Γ 进行描述，Γ 定义为光纤纤芯中传输的模式功率与所携带的总功率之比。对于线偏振模有

$$\Gamma = \frac{P_{\text{core}}}{P_{\text{core}} + P_{\text{cladding}}} = \frac{W^2}{V^2}\left[1 - \frac{\text{J}_m^2(U)}{\text{J}_{m+1}(U)\text{J}_{m-1}(U)}\right] = \frac{W^2}{V^2}\left[1 + \frac{U^2}{W^2}\frac{\text{K}_m^2(W)}{\text{K}_{m+1}(W)\text{K}_{m-1}(W)}\right]$$

$$(2-4-7)$$

图 $2-4-4$ 给出了几个低阶模的功率限制因子随归一化频率变化的关系曲线。由图 $2-4-4$ 可以得到，在近截止情况下，模式功率限制因子的变化十分迅速。

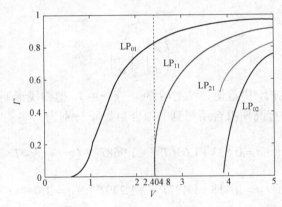

图 $2-4-4$　几个低阶模的功率限制因子随归一化频率变化的关系曲线

由图 $2-4-4$ 中 LP_{01} 模的功率限制因子曲线可以得到，在 $V < 2.404\,8$ 的单模传输范围内，随着 V 的减小，LP_{01} 模的功率限制因子迅速减小，光纤对光场的约束作用迅速减弱，光场将逐渐向包层区域扩展。因此，实际的通信用单模光纤均设计为在工作波长上其 V 值稍小于 $2.404\,8$，以避免因 V 值过小而导致的传输系统不稳定和弯曲损耗增大的问题。

2.4.3.2　模场直径

根据 LP_{01} 模的场分布公式，阶跃型光纤中基模的横向场分布在芯区为零阶 Bessel 函数，在包层中为零阶变型 Bessel 函数，与高斯函数极为相似。

而事实上，不论光纤折射率分布如何，其基模的场分布均具有类似于高斯函数的特征。因此在实际应用中，常常用高斯函数对实际光纤的基模场分布进行拟合，用拟合得到的高斯函数来近似表示单模光纤中的场分布。这样不但可以简化计算，而且可以直接得到以光场 $1/e$ 点定义的单模光纤模场直径。在考虑有关单模光纤的耦合、接续和弯曲损耗，以及色散等工程计算时，模场直径具有比光纤芯径更重要的意义。

假定实际光纤中的基模场分布为 $\psi(r)$，且为实函数。对 $\psi(r)$ 进行高斯拟合是指选取适当的高斯场分布参数 w，使下述高斯场分布函数

$$\psi_g = \psi_0 \exp\left[-\frac{r^2}{2w^2}\right] \qquad (2-4-8)$$

与实际场分布 $\psi(r)$ 最为接近。在数学上，即选取 w 使下述重叠积分达到最大值

$$\eta = \frac{1}{\sqrt{w}} \int_0^\infty \psi_g(r)\psi(r)r\mathrm{d}r \qquad (2-4-9)$$

对于 g 型光纤折射率分布式

$$n^2(r) = \begin{cases} n_1^2\left[1-2\Delta \cdot f\left(\dfrac{r}{a}\right)\right] & r \leqslant a \\ n_2^2 & a < r < b \end{cases} \qquad (2-4-10)$$

函数 $f\left(\dfrac{r}{a}\right)$ 定义为

$$f\left(\frac{r}{a}\right) = \left(\frac{r}{a}\right)^g \qquad (2-4-11)$$

在常用的 V 值范围内，用数值方法对阶跃型（$g \to \infty$）、抛物线形（$g=2$）和三角形（$g=1$）折射率分布单模光纤进行高斯拟合所得到的拟合参数 w 分别为

$$\sqrt{2}w/a = 0.633 + 1.636T^{-\frac{3}{2}} + 1.968T^{-6} \quad (g \to \infty, 1 < T < 3) \qquad (2-4-12)$$

$$\sqrt{2}w/a = 0.418 + 1.497T^{-\frac{3}{2}} + 1.239T^{-6} \quad (g = 2, 0 < T < 3) \qquad (2-4-13)$$

$$\sqrt{2}w/a = 0.339 + 1.497T^{-\frac{3}{2}} + 1.093T^{-6} \quad (g = 1, 0 < T < 3) \qquad (2-4-14)$$

其中 T 为光纤的有效归一化工作频率

$$T^2 = 2k_0^2 \int_0^\infty \left[n^2(r) - n_2^2\right] r\mathrm{d}r \qquad (2-4-15)$$

对于阶跃型光纤有 $T = V$。

为了衡量光纤横截面上光斑的大小，定义

$$d_g = 2\sqrt{2}w \qquad (2-4-16)$$

为单模光纤的模场直径（mode field diameter，MFD），其数值为高斯场分布的 $1/e$ 点全宽度，w 常常被称为模斑尺寸（mode-spot size）。不论哪种折射率分布，随着工作频率 ω 的提高，场分布都将逐渐向芯区集中（w 减小）。

图 $2-4-5$ 为一阶跃型光纤基模场分布及其高斯拟合结果，工作波长为 $1.55\ \mu m$，V 为 1.95。在很多情况下，实际光纤中的场分布可能与高斯型分布有较大的差异，这时采用高斯拟合的方法所得到的模场直径将引起较大的误差。因此，对单模光纤的模场直径给出统一标准化的定义是十分必要的。

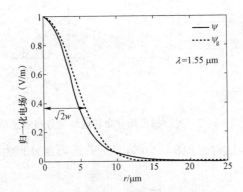

图 2-4-5　阶跃型光纤的基模场分布及其高斯拟合结果

以下给出光纤模场直径的两种定义，即模场直径的近场定义和模场直径的远场定义。

1. 模场直径的近场定义 d_n（Petermann Ⅰ定义）

Petermann 提出，可以用单模光纤中的实际场分布（近场分布）$\psi(r)$ 的二阶矩来定义其模场直径，表示为

$$d_n = 2\sqrt{2}\left(\frac{\int_0^\infty \psi^2 r^3 dr}{\int_0^\infty \psi^2 r dr}\right)^{1/2} \qquad (2-4-17)$$

图 2-4-6 为计算所得康宁 SMF-28 光纤的近场模场直径与功率限制因子随入射波长的变化关系。随着波长从 1.2 μm 增大到 1.7 μm，近场模场直径 d_n 从 8.5 μm 增大到 11.5 μm，功率限制因子 Γ 从 0.85 降低到 0.7 左右。在 1.55 μm 处，光纤的近场模场直径 $d_n \approx 10.4$ μm，功率限制因子 $\Gamma \approx 0.75$。

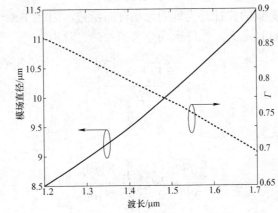

图 2-4-6　康宁 SMF-28 光纤的近场模场直径与功率限制因子随入射波长的变化关系

在实际应用中，能够进行实际测量的通常为光纤的远场角分布。为了能够对单模光纤的模场直径方便地进行实际测量，有必要将光纤的模场直径用其远场分布函数进行表述。图 2-4-7 为光纤的近场分布与远场角分布示意图。

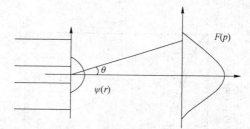

图 2-4-7 光纤的近场分布和远场角分布示意图

根据 Fresnel 衍射理论,当衍射角 θ 较小时,光纤的远场角分布为其近场分布函数的 Hankel 变换

$$F(p) = \sqrt{2}\pi \int_0^\infty \psi(r) J_0(pr) r \mathrm{d}r \qquad (2-4-18)$$

其中 $p = k\sin\theta$。上述 Hankel 变换具有以下性质

$$\int_0^\infty F^2 p\mathrm{d}p = 2\pi \int_0^\infty \psi^2 r\mathrm{d}r \qquad (2-4-19)$$

$$\int_0^\infty \left(\frac{\mathrm{d}F}{\mathrm{d}p}\right)^2 p\mathrm{d}p = 2\pi \int_0^\infty \psi^2 r^3 \mathrm{d}r \qquad (2-4-20)$$

$$\int_0^\infty F^2 p^3 \mathrm{d}p = 2\pi \int_0^\infty r\left(\frac{\mathrm{d}\psi}{\mathrm{d}r}\right)^2 \mathrm{d}r \qquad (2-4-21)$$

据此,式(2-4-17)可用远场表示为

$$d_\mathrm{n} = 2\sqrt{2}\left[\frac{\int_0^\infty (\mathrm{d}F/\mathrm{d}p)^2 p\mathrm{d}p}{\int_0^\infty F^2 p\mathrm{d}p}\right]^{1/2} \qquad (2-4-22)$$

2. 模场直径的远场定义 d_f(Petermann Ⅱ 定义)

由于在实际当中所测量的往往是光纤的远场分布函数,因此 Petermann 又给出了基于光纤远场分布函数的模场直径定义。光纤远场分布函数的二阶矩为

$$w_\mathrm{ff} = \left(\frac{\int_0^\infty F^2 p^3 \mathrm{d}p}{\int_0^\infty F^2 p\mathrm{d}p}\right)^{1/2} \qquad (2-4-23)$$

光纤模场直径的远场定义为

$$d_\mathrm{f} = \frac{2\sqrt{2}}{w_\mathrm{ff}} = 2\sqrt{2}\left(\frac{\int_0^\infty F^2 p\mathrm{d}p}{\int_0^\infty F^2 p^3 \mathrm{d}p}\right)^{1/2} \qquad (2-4-24)$$

根据式(2-4-19)、式(2-4-21)和式(2-4-24),d_f 也可以用近场分布函数表述为

$$d_\mathrm{f} = 2\sqrt{2}\left(\frac{\int_0^\infty \psi^2 r\mathrm{d}r}{\int_0^\infty r(\mathrm{d}\psi/\mathrm{d}r)^2 \mathrm{d}r}\right)^{1/2} \qquad (2-4-25)$$

一般情况下，由式（2-4-16）、式（2-4-17）和式（2-4-24）所给出的光纤模场直径并不相同。但如果光纤中的场分布为式（2-4-8）的高斯型分布函数，则有 $d_n=d_f=d_g=2\sqrt{2}w$。

2.4.3.3 有效面积 A_{eff} 与有效模场直径 d_{eff}

光纤有效面积 A_{eff} 由模式场的近场定义，其一般表达式为

$$A_{eff} = \frac{\left[\iint_S |E(x,y)|^2 \mathrm{d}x\mathrm{d}y \right]^2}{\iint_S |E(x,y)|^4 \mathrm{d}x\mathrm{d}y} \qquad (2-4-26)$$

积分区域为整个光纤截面 S。式（2-4-26）是计算光波导模式有效面积的一般公式，适用于任意折射率分布。对于光纤而言，由于其具有圆对称性，式（2-4-26）可变化为

$$A_{eff} = \frac{2\pi\left(\int_0^\infty \psi^2 r\mathrm{d}r \right)^2}{\int_0^\infty \psi^4 r\mathrm{d}r} = \frac{2\pi\left[\int_0^\infty I(r)r\mathrm{d}r \right]^2}{\int_0^\infty [I(r)]^2 r\mathrm{d}r} \qquad (2-4-27)$$

其中 $I(r)$ 是光纤横截面上基模场光强度的径向分布。

图 2-4-8 表示了取不同相对折射率差 Δ 时，光纤有效面积 A_{eff} 随入射波长的变化关系。随着波长的增大，对于特定结构的光纤，有效面积也增大。在相同波长处，相对折射率差越大，光纤的有效面积越小，光纤纤芯对模式的束缚越强。对于康宁 SMF-28 光纤，在 1.55 μm 处，光纤的有效面积约为 77 μm²。

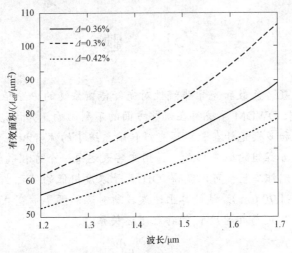

图 2-4-8 取不同相对折射率差 Δ 时光纤有效面积 A_{eff} 随入射波长的变化关系

由有效面积可以定义光纤的有效模场直径 d_{eff}，表示为

$$d_{eff} = 2\sqrt{2} \frac{\int_0^\infty \psi^2 r\mathrm{d}r}{\left(\int_0^\infty \psi^4 r\mathrm{d}r \right)^{1/2}} \qquad (2-4-28)$$

有效面积 A_{eff} 和有效模场直径 d_{eff} 之间有如下的关系

$$d_{\text{eff}} = \frac{2}{\sqrt{\pi}} \sqrt{A_{\text{eff}}} \qquad (2-4-29)$$

图 2-4-9 对比了康宁 SMF-28 光纤的模场直径 d_{n}，d_{f} 与 d_{eff} 随入射波长的变化关系，可以看出，模式场偏离高斯型分布导致三种模场直径之间存在一定的差异，同时，远场模场直径 d_{f} 略小于近场模场直径 d_{n}。

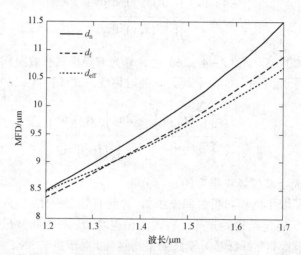

图 2-4-9 康宁 SMF-28 光纤的模场直径 d_{n}，d_{f} 与 d_{eff} 随入射波长的变化关系

习　题

1. 简述光纤的损耗、色散和光学非线性对光纤传输系统的中继距离（或放大器间隔）、信号传输速率和多波长 DWDM 系统存在哪些方面的不利影响，并讨论相应的解决措施。

2. 简述单模光纤和多模光纤在长距离光纤传输系统中的优势和劣势。

3. 写出 Maxwell 方程组的微分形式，并用文字表述每一个方程的物理含义。

4. 通过改进光纤制作工艺，可以获得 OH⁻离子浓度极低的"无水光纤"，其可用于通信的低损耗波段（$1.28 \sim 1.70\,\mu\text{m}$），试计算上述波段所对应的频率带宽 Δf。

5. 证明波的群速度 v_{g} 与相速度 v_{p} 间存在下述关系

$$v_{\text{g}} = v_{\text{p}} + k\frac{\mathrm{d}v_{\text{p}}}{\mathrm{d}k}$$

6. 简述通信用石英光纤的基本组成部分，以及各部分的材料成分和几何尺寸参数。

7. 一阶跃型石英光纤，纤芯和包层在光纤的工作波长 $1.31\,\mu\text{m}$ 附近的折射率分别为 $n_1 = 1.449$，$n_2 = 1.446$，纤芯直径为 $12\,\mu\text{m}$。

（1）试计算该光纤的相对折射率差、数值孔径和归一化工作频率。

（2）该光纤在其工作波长 $1.31\,\mu\text{m}$ 处是否为单模光纤？为了维持单模工作状态，光纤的工作波长应限制在什么范围?

（3）如果忽略折射率随波长的变化，为了使该光纤在大于 1.2 μm 的范围内均能够维持单模工作，那么该光纤的纤芯直径该如何设计?

8. 一阶跃型光纤纤芯直径为 50 μm，纤芯折射率为 1.458，包层折射率为 1.452，假定其不随波长变化。试计算:

（1）光纤的数值孔径;

（2）将光纤浸入水中（$n_0 = 1.31$）时，入射到光纤输入端面的最大接收角的正弦;

（3）当光源波长为 1.3 μm 时，光纤的归一化工作频率与光纤的模式数量。

9. 一阶跃型光纤的参数为 $n_1 = 1.446$，$n_2 = 1.444$，$a = 9.5$ μm，光纤的工作波长为 1 μm。

（1）计算光纤的归一化工作频率。

（2）根据阶跃型光纤的特性曲线（图 2-3-7），说明光纤中存在哪些电磁场模式。

（3）如果考虑到 HE_{mn} 模和 EH_{mn} 模的二重简并性，光纤中所支持的总的模式数量是多少?

10. 由于弱导光纤支持线偏振模，因此其电磁场横向直角坐标分量在光纤横截面上的场分布满足下述标量波动方程

$$\nabla_t^2 \psi_n + (k^2 - \beta_n^2)\psi_n = 0$$

其中，$n = 1, 2, 3, \cdots$，不同的 ψ 值分别表示不同的 LP 模式。假定取 ψ_n 为实数，并已归一化为

$$\int_s \psi_n^2 \mathrm{d}S = 1$$

证明:

（1）对于任意两个模式 ψ_m 和 ψ_n，在 $\beta_m \neq \beta_n$ 的情况下，存在下述正交性关系

$$\int_s \psi_n \psi_m \mathrm{d}S = \delta_{mn} = \begin{cases} 0 & (m \neq n) \\ 1 & (m = n) \end{cases}$$

其中积分区域 S 遍及光纤横截面上所有场分布不可忽略的区域。

（2）模式的传输常数 β_n 可以由相应的模式场分布 $\psi_n(r, \varphi)$ 和光纤的折射率分布函数 $n(r, \varphi)$ 通过下述积分计算得到

$$\beta_n^2 = \int_s [k_0^2 n^2 \psi_n^2 - (\nabla_t \psi_n)^2] \mathrm{d}S = \int_0^{2\pi} \mathrm{d}\psi \int_0^\infty [k_0^2 n^2 \psi_n^2 - (\nabla_t \psi_n)^2] r \mathrm{d}r$$

（3）对于场分布的微小变化 $\psi_n \rightarrow \psi_n + \delta\psi_n$，$\beta_n^2$ 是稳定的，即 $\delta\beta_n^2 = 0$。

11. 一阶跃型弱导光纤在工作波长 1 550 nm 处的纤芯折射率 $n_1 = 1.45$，相对折射率差 $\Delta = 0.005$，纤芯半径 $a = 9$ μm。

（1）试计算光纤的归一化工作频率与数值孔径。

（2）在图 2-3-12 中哪些 LP 模式可以在光纤中传导? 其简并度各是多少?

（3）如果要求光纤内只能传输 LP_{01} 和 LP_{11} 两种模式，则光纤的纤芯半径应小于多少微米?

（4）如果假定纤芯和包层的折射率均不随波长变化，当 $a = 4$ μm 时，求该光纤的单模工

作波长范围。

12. 虽然光纤中的基模可以在任意波长上进行传输，但对于一般的单模光纤，在工作波长上光纤的归一化频率要略小于 2.404 8，其原因是什么？

13. 一阶跃型单模光纤在 $1.5<V<3.0$ 范围内基模的特性曲线可近似为 $W=V-1$。试分别计算在 $V=1.8$ 和 $V=2.4$ 时的下列光纤参数：

（1）归一化传输常数 b；

（2）光功率限制因子 Γ（已知 Γ 与 b 之间存在关系 $\Gamma=b+(V/2)\mathrm{d}b/\mathrm{d}V$）。

14. 一单模光纤的芯区半径 $a=4.1\ \mu m$，在工作波长 $\lambda=1.55\ \mu m$ 处的数值孔径为 0.1，光纤的基模场分布可用高斯函数近似为 $\psi(r)=\exp[-r^2/(2w^2)]$，在 $1.55\ \mu m$ 附近的模场半径 w 可近似为 $\sqrt{2}w/a=0.6+1.8V^{-\frac{3}{2}}$。试计算：

（1）光纤的模场直径；

（2）光纤的功率限制因子 Γ。

第3章　光纤传输特性

3.1　光纤损耗

3.1.1　光纤损耗概述

光纤损耗是光纤最基本和最终的技术参数之一，其来源是多方面的。由于光纤损耗的存在，光信号的功率将在传输过程中按指数规律衰减

$$P_L = P_0 \exp(-\alpha L) \tag{3-1-1}$$

其中，P_0 为光纤输入功率，P_L 为输出功率，L 为传输距离；α 为光纤的损耗系数，其单位为 km^{-1}。

在实际工程应用中，更为方便和常用的光纤损耗表述方式是单位长度上光功率衰减的分贝数（dB/km）

$$\alpha(\mathrm{dB/km}) = \frac{10}{L} \lg\left(\frac{P_0}{P_L}\right) \tag{3-1-2}$$

由式（3-1-1）和式（3-1-2）可以得到光纤损耗系数与其分贝表示之间的关系为

$$\alpha(\mathrm{dB/km}) = 10(\lg e)\alpha(\mathrm{km}^{-1}) = 4.343\alpha(\mathrm{km}^{-1}) \tag{3-1-3}$$

如果将光功率也用分贝表示，则光纤通信系统中的功率预算问题将变得十分简单和方便。光纤通信系统中光通信的功率水平通常为 mW 量级，因此最常用的光功率分贝表示为以 1 mW 为参考值的分贝数，用 dBm 表示，即

$$P_L(\mathrm{dBm}) = 10\lg[P(\mathrm{mW})] \tag{3-1-4}$$

对式（3-1-1）两端取对数并乘以 10，得到光纤中功率损耗的分贝计算方式

$$P_L(\mathrm{dBm}) = P_0(\mathrm{dBm}) - \alpha(\mathrm{dB/km}) \cdot L(\mathrm{km}) \tag{3-1-5}$$

所涉及的光功率在 μW 量级的场合，也常用到以 1 μW 为参考值的光功率分贝值，用 dBμ 表示

$$P(\mathrm{dB\mu}) = 10\lg[P(\mu\mathrm{W})] \tag{3-1-6}$$

根据式（3-1-4），光功率与其分贝值之间的几个典型对应关系列于表 3-1-1。

表 3-1-1　光功率与其分贝值之间的几个典型对应关系

1 W	10 mW	2 mW	1 mW	0.5 mW	0.1 mW	1 μW	100 nW
30 dBm	10 dBm	3 dBm	0 dBm	−3 dBm	−10 dBm	−30 dBm	−40 dBm
60 dBμ	40 dBμ	33 dBμ	30 dBμ	27 dBμ	20 dBμ	0 dBμ	−10 dBμ

光纤损耗主要包括材料对光的吸收损耗、材料本身和光纤制造过程中引入的各种非理想因素所导致的散射损耗，以及光纤弯曲时发生能量散失和泄漏所引起的弯曲损耗等几个方面。

首先，石英光纤的基质材料 SiO_2 在光频区域的本征吸收是光纤材料本身的固有属性，无法人为消除。这些本征吸收峰的波长位置决定了可用于通信的大致波长范围。对于石英光纤，这一范围为 800～1 700 nm。

其次，为形成特定折射率剖面而掺入的 GeO_2、P_2O_5、B_2O_3 和 F 等掺杂剂分子原材料，以及在制造过程中所引入的过渡金属离子和 OH^- 离子等各种杂质在通信波段附近的本征吸收峰将在石英材料的低损耗窗口引起杂质吸收损耗。其中，除掺杂剂本征吸收外的其他杂质损耗可通过提高材料纯度和改善制造工艺等方法加以降低甚至消除。

光纤损耗的另外一个重要来源是材料中不可避免的密度随机起伏所引起的瑞利散射损耗。由于材料不可能达到理想的无限均匀，瑞利散射广泛存在于所有光学介质当中，是不可避免的。

此外，光纤在制造过程中所引入的各种缺陷也将导致光的散射，从而引起光的缺陷散射损耗。随着工艺水平的提高，与其他损耗相比光纤的缺陷散射损耗已经被降低至可以忽略的水平。当光纤在实际应用中发生弯曲时可能导致光在芯包界面上的全反射被破坏，从而引发光的泄漏，形成弯曲损耗。图 3-1-1 示意性地给出了几种主要损耗来源在光纤低损耗窗口上的谱分布情况。

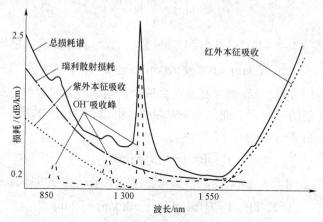

图 3-1-1　光纤损耗的几种主要来源及其光谱分布示意图

3.1.2　光纤损耗的种类及特点

根据光纤生产与使用的不同阶段，可将光纤损耗按如图 3-1-2 所示进行分类。

1. 材料损耗

材料损耗是指相对于波长，尺寸无限大的宏观均匀透光材料的损耗。如果是各向同性的线性材料，$D=\varepsilon E$，其中 $\varepsilon=\varepsilon_r+j\varepsilon_i$，它的虚部 ε_i 就对应于材料损耗。可以将某种材料制成很多的式样进行测定。

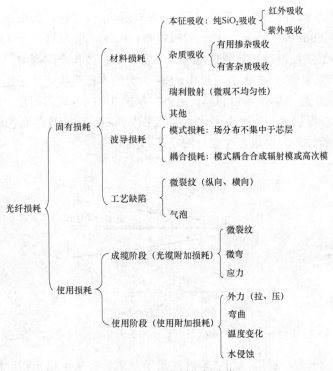

图 3-1-2　光纤损耗分类

材料损耗包括纯石英的本征吸收、有用掺杂的本征吸收、有害杂质的吸收、瑞利散射，以及强光作用时受激拉曼散射和布里渊散射等。纯石英的本征吸收与掺杂的本征吸收又称为光纤的本征吸收。在上述各种损耗因素中，除了瑞利散射外，其余都发生了光能形态的改变。

1）石英材料的本征吸收损耗

材料的本征吸收来自材料内部电子和分子的运动态在其量子化能级（在固体中扩展为能带）间的受激吸收跃迁。吸收峰的位置取决于发生跃迁的两能级间隔 ΔE_j。当入射光子能量 hf 与上述能级间隔相等时，材料将对该频率的光产生共振吸收，所吸收的能量被最终转化为热能。因此，材料的本征吸收峰位置可根据能级间隔 ΔE_j 确定为

$$\lambda_j = \frac{hc}{\Delta E_j} \qquad (3-1-7)$$

由于电子运动的量子化能级间隔远大于分子运动的能级间隔，所以通常电子跃迁所对应的吸收峰位于短波长端，而分子跃迁所对应的吸收峰位于长波长峰。

在石英材料中，电子跃迁的吸收峰位于紫外区域，可以等效为一个位于 100 nm 处的紫外吸收峰。分子跃迁在光频波段的吸收峰位于红外区域，主要有 4 个，峰值分别位于 9.1 μm、12.5 μm、21.3 μm 和 36.4 μm。位于红外区域的这 4 个吸收峰对通信窗口的影响可以等效为一个位于 9.0 μm 的红外吸收峰。这些吸收峰在远离其峰值波长处的带尾均按指数规律衰减，在 800～1 700 nm 的范围内紫外吸收和红外吸收的带尾均已衰减至小于 0.1 dB/km 的水平，形成了石英材料的一个透明低损耗窗口。

2）杂质吸收损耗

在为形成折射率剖面而引入的掺杂剂中，GeO_2 的共振吸收峰位于远离石英低损耗窗口的

远红外区域，对通信窗口的损耗几乎没有影响，但在掺杂浓度很高的情况下该影响将变得不可忽略。B_2O_3 在 3.2 μm 和 3.7 μm 处有一对吸收峰，P_2O_5 的吸收峰位于 3.8 μm；由于这些吸收峰十分靠近石英低损耗窗口，其带尾将对通信窗口的长波长产生影响；在掺杂浓度较高的情况下，其影响将较为严重。在掺 F 石英中，Si－F 键的本征吸收峰位于距离通信窗口较远的 13.8 μm 处，对通信波段的影响可以忽略。另外，从图 3－1－3 可以看出，在石英中只需掺杂极少量的 F，即可获得较大的折射率变化，因此采用纯石英作为纤芯而包层掺 F 的氟化物光纤是改善光纤损耗特性的一个很有吸收力的技术方案。

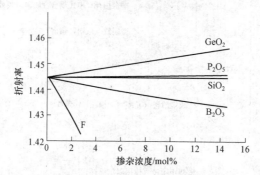

图 3－1－3　1.55 μm 处各种掺杂石英玻璃的折射率随掺杂剂浓度的变化曲线

原材料中含有 Cu^+、Fe^{2+}、Mn^{3+} 等过渡离子杂质具有从可见光到近红外区域的很宽的吸收谱。经过改进原材料提纯工艺和光纤的生产工艺，过渡金属离子对通信窗口损耗的影响目前基本消除。

对光纤低损耗窗口影响最为严重的杂质是 OH^-，它来自空气中和制造中的水分子。OH^- 的吸收峰位于 2.73 μm，并在光纤的低损耗窗口内出现 1.37 μm、1.23 μm、0.95 μm 和 0.7 μm 等几个影响较为严重的高次谐振峰。其中强度最高、影响最为严重的是 1.37 μm 处的 OH^- 二次谐振峰，如图 3－1－1 所示，该峰将石英光纤的低损耗波段分割成两个窗口，即 1.31 μm 和 1.55 μm 窗口。即使将光纤中 OH^- 的浓度降低到 0.1 ppm 量级，该峰的高度仍可达 1 dB/km 的水平。通过在生产工艺过程中严格控制水含量，目前已可将光纤中的 OH^- 浓度降低为 ppb 量级，使石英低损耗窗口内的 OH^- 吸收峰基本消失，形成一个宽度为数百 nm 的连续低损耗区域。

3）瑞利散射损耗

除石英材料的本征吸收损耗外，光纤中另一个不可避免的损耗因素来自材料内的瑞利散射。瑞利散射起源于材料内部密度的微小随机起伏，这种密度的起伏导致介质内部折射率在空间上存在微小的随机起伏，进而产生对介质内部传输光场的散射作用，从而引起光场能量的散失。分析瑞利散射现象，需要对材料内的密度起伏进行恰当的统计描述。理论分析和实验研究结果均表明，无论是气体、液体还是固体介质，介质内由瑞利散射所引起的功率散失（偏离原传播方向的功率流）与光波长的四次方成反比。在熔融石英光纤低损耗窗口附近，由瑞利散射所引起的光损耗为

$$\alpha_R = \frac{0.7(\mu m^4 \cdot dB/km)}{\lambda^4} \tag{3－1－8}$$

根据式（3－1－8），在 OH^- 等杂质浓度被充分降低的情况下，瑞利散射损耗是石英光纤低

损耗窗口内最主要的损耗来源。由于瑞利散射是不可避免的，因此瑞利散射损耗是光纤所能达到的最低理论极限。对于石英光纤，这一理论极限出现在 1.55 μm 处，其值约为 0.12 dB/km。

2. 波导损耗

折射率分布的不均匀性（无论纵向与横向），会引起光的折射与反射，产生波导损耗。波导损耗本质上属于辐射损耗。

1）模式损耗

对于给定的模式，其场分布于芯层和包层，但芯层和包层的材料不同，故损耗不同，通常

$$\alpha = \alpha_0 \frac{P_0}{\Sigma P} + \alpha_a \frac{P_a}{\Sigma P} \tag{3-1-9}$$

式（3-1-9）中 P_0、P_a 和 ΣP 分别为芯层功率、包层功率和总功率，α_0 为芯层的吸收损耗，α_a 为包层的吸收损耗。所以一个模式的总损耗为芯层材料损耗和包层材料损耗按场分布（功率分布）的加权和。

对于圆对称光纤，其场具有圆对称性，功率分布是在环状域变化的，虽然在芯层的场比较强，包层的场比较弱，但包层的环状域比较大，故包层功率占的份额也是不可忽略的。而且，一般来说，芯层的 α_0 小，包层的 α_a 大。故应设法使光功率集中于芯层，也就是要尽可能远离截止频率。值得一提的是，折射率中心下降将引起场分布向包层扩散，从而导致模式损耗增加，因此应该尽力避免这一情况，有的文献上将此称为"功率漏泄"，并解释为"隧道效应"，其实任何模式均存在这一现象，只不过程度不同而已。

显然，高阶模、辐射模的模式损耗要比基模大得多，这是因为它们的场分布更趋向包层。

2）模耦合损耗

当光波导出现纵向非均匀性时，将会出现模式耦合现象。理论上，对于一个无损耗的光波导，其模式耦合是可逆的，既可以从低阶模向高阶模或辐射模耦合，也可以从高阶模向低阶模耦合。但光波导不可能是无损的，而低阶模与高阶模的模损耗也是不一样的。模式总体上是从低阶模向高阶模转换，进而再转换成辐射模，因此整个光波导的损耗是增加的。这个附加损耗称为模耦合损耗。模耦合损耗具体表现有弯曲损耗、微弯损耗、芯包界面不规则和应力等因素引起的耦合损耗。

3. 工艺缺陷

工艺缺陷也是一种波导结构的不规则性，应该算作波导损耗。但它不同于模损耗与模耦合损耗，工艺缺陷主要有微裂纹和气泡。

石英玻璃的理论抗拉强度是很高的，约为 20 GPa，但它的实际断裂强度要比理论强度低两个数量级，这说明其存在大量的微裂纹。微裂纹的产生主要是因为光纤在拉丝过程中，不可避免有十分微小的损伤，而且温度的变化、水汽的侵蚀都会增加裂痕。每个微裂纹都可以想象成一个圆的局部损伤，如图 3-1-4 所示。光在裂纹处有反射和折射，引起损耗。早期有些光纤在拉丝时测量其损耗还很小，放置一段时间之后损耗加大，估计与微裂纹的自然增长有关。由于微裂纹对温度、湿度及外界应力都十分敏感，所以要加强对光缆线路的充气维护。

气泡是光纤在玻璃化过程中排气不完全而残留的，直径一般很小。在光纤的制造过程中，

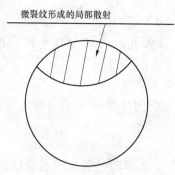

图 3-1-4　微裂纹局部损伤

首先使 $SiCl_4$ 与 O_2 发生化学反应生成 SiO_2 的粉末（直径为 $0.05 \sim 0.2 \ \mu m$）。然后这些粉末聚集在一起，经历从开放→多孔态→球孔态→无孔态等一系列的熔融过程，形成光纤预制棒。在这个熔融过程中，应将球孔内的气体排出，若排不净就会残留气泡，产生损伤，增加损耗。

3.1.3　弯曲损耗

从几何光学的角度看，光纤对光的约束是依靠光在芯包界面上的全反射现象。当光纤发生弯曲时，某些光线（模式）可能在弯曲处不再满足全反射条件，造成光线的泄漏，如图 3-1-5（a）所示。高阶模在芯包界面上的入射角接近全反射临界角，高阶模所经受的弯曲损耗要大于低阶模，基模受到的影响最小。因此，多模光纤通常具有比单模光纤更敏感的弯曲损耗特性。

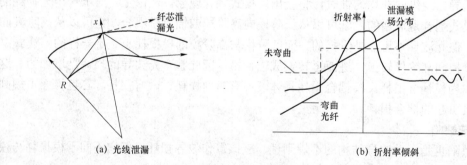

(a) 光线泄漏　　　　　　　　　　　　　　(b) 折射率倾斜

图 3-1-5　光纤弯曲损耗示意图

从波动理论的角度看，当光纤弯曲时，光纤内侧产生压应变而外侧产生张应变，这种应变通过弹光效应使得光纤外侧折射率增大而内侧折射率减小，即折射率剖面发生了由内向外的倾斜，如图 3-1-5（b）所示。此时光纤中将不再存在严格意义上的导模，而只存在泄漏模（leaky mode）。光纤弯曲所导致的折射率倾斜满足

$$n(x,y)^2 - n_0(x,y)^2 \propto \frac{x}{R} \tag{3-1-10}$$

一般可以将其写为

$$n(x, y) = n_0(x, y)\sqrt{1 + \frac{2x}{R}} \tag{3-1-11}$$

其中 R 为光纤弯曲的曲率半径，n_0 和 n 分别为弯曲前后的光纤折射率剖面。当 R 较大时，泄漏到包层的场可以忽略不计，R 愈小，应变所导致的折射率倾斜愈大，泄漏愈严重。

在实际应用中，弯曲损耗分为宏弯损耗和微弯损耗两类。

1. 宏弯损耗

宏弯损耗又可细分为过渡弯曲损耗和固定弯曲损耗。过渡弯曲损耗是指光纤从直光纤转变成某个曲率半径的光纤，这时发生了曲率半径的突变，导致 LP_{01} 模的功率转变成高阶模或辐射模功率，这时弯曲损耗的平均值为

$$\bar{\alpha} = -10\lg\left(1 - k^4 n_1^4 \frac{s_0^6}{8R^2}\right) \approx -10\lg\left(1 - 890\frac{s_0^6}{\lambda^4 R^2}\right) \tag{3-1-12}$$

式中 s_0 为光纤的模斑半径，n_1 为芯层折射率，R 为曲率半径。真实的光纤损耗是随光纤的长度变化的，并在这个平均值附近波动，但长光纤的弯曲损耗趋于这个极限。在极端情况下（小折射率差的光纤，并在超过截止频率时），过渡弯曲损耗很强，可达几 dB，但在大多数情况下，过渡弯曲损耗均在 0.5 dB 以下。

当光纤绕成一个有固定曲率半径的光纤圈时，会产生固定弯曲损耗，它与固定的曲率半径 R 有关。每单位长度的 LP_{01} 模式的损耗为

$$\alpha_R = A_c R^{-1/2} \exp(-xR) \tag{3-1-13}$$

$$A_c = \frac{1}{2}\left(\frac{\pi}{aV^3}\right)^{1/2}\left[\frac{U}{VK_1(V)}\right]^2 \tag{3-1-14}$$

$$x = \frac{4\Delta n V^3}{3aV^2 n_2} \tag{3-1-15}$$

式（3-1-14）～式（3-1-15）中，V 和 U 是归一化频率和芯层的模式参量，α 是光纤的芯半径，$K_1(V)$ 是虚变量的贝塞尔函数，n_2 和 Δn 是包层折射率和相对折射率差。将一阶近似公式

$$W \approx 1.142\,8V - 0.996\,0 \quad W \in [1.5, 2.4] \quad \Delta n < 10^{-3} \tag{3-1-16}$$

代入式（3-1-14），可得

$$A_c \approx 30\sqrt{\lambda \Delta n}\left(\frac{\lambda_c}{\lambda}\right)^{2/3} \, (\text{dB}/\,\text{m}^{1/2}) \tag{3-1-17}$$

当 $1 \leqslant \lambda/\lambda_c \leqslant 2$ 时，A_c 准确度优于 10%，因为 A_c 在指数项外侧，所以宏弯损耗较小。

2. 微弯损耗

光纤的微弯可看作光纤在其理想位置附近的微小振荡偏移，是随机发生的，而且光纤微弯的半径都很小，振荡周期也很小。这种局部的急剧微弯曲，会导致严重的模式耦合，引起微弯损耗。比如，早期在低温条件下，光纤的塑料套层与光纤的温度系数不一致，形变有差异，从而使光纤的微弯变得很剧烈，微弯损耗明显增加。当时微弯损耗是光纤的一项重要损耗。

为了计算微弯损耗，需要（或至少按统计观点）对实际光纤的微弯畸变进行描述，这通常是十分困难的。由于微弯是因护套和成缆所引起的，所以一个实际的方法是，假定一个数值孔径为 NA 和芯半径为 α_{m} 的多模阶跃光纤，它与被测的单模光纤有相同的外径，并处于相同的机械环境。如果该多模阶跃光纤的微弯损耗为 α_{m} 的话，那么对应的单模光纤的微弯损耗 α_{s} 为

$$\alpha_{s} = 0.05\alpha_{m}\frac{k^4 s_0^6 (NA)^4}{\alpha_{m}^2} \tag{3-1-18}$$

式（3-1-18）中，k 为真空中的波数，s_0 为单模光纤的模斑半径（这里的模斑半径和高斯近似法定义的模斑半径略有不同），s_0 为

$$s_0^2 = 2\frac{\int_0^\infty r^3 e_t^2(r)\mathrm{d}r}{\int_0^\infty r e_t^2(r)\mathrm{d}r} \tag{3-1-19}$$

式（3-1-19）中，e_t 为模式场的表达式。由式（3-1-18）可以看出，微弯损耗并不与折射率分布直接有关，但考虑到数值孔径 NA 与相对折射率差 Δ、波长 λ 及截止波长 λ_c 都有关，所以式（3-1-18）又可改写为

$$\alpha_{s} = 2.53\times10^4\alpha_{m}\left(\frac{s_0}{\alpha_{m}}\right)^6\left(\frac{\lambda_c}{\lambda}\right)^4\frac{\lambda_c^2}{(\Delta n)^3} \tag{3-1-20}$$

上述光纤弯曲损耗的计算分析是基于阶跃折射率光纤而言的经验公式，并不适用于折射率分布更为复杂的光纤。对于一般圆对称分布折射率光纤，用微扰法处理可以获得较为精确的结果。

事实上，光纤弯曲损耗在实际应用中也有许多正面的积极意义。弯曲损耗可以被用于有效地减少多模光纤中的模式数量，去除光纤中不稳定的各种杂散模式。利用光纤的弯曲损耗可以制成简单的、有效的可变光纤衰减器。此外，弯曲损耗还被广泛地用于对光纤中信号的非破坏性监控和检测。

3.1.4 光纤损耗性能的改善技术

目前，石英光纤的制造工艺技术已经发展到了很高的水平。在 OH⁻吸收峰被消除后，短波长端的瑞利散射和长波长端的 SiO_2 红外吸收峰最终限制了石英光纤的通信窗口带宽和低损耗极限。为了获得具有超带宽和超低损耗的通信光纤，需要从光纤基质材料本身的性质进行考虑。

由于瑞利散射在任何材料中都是不可避免的，它使得向短波长端扩展带宽的努力面临一个难以逾越的屏障。于是人们便将注意力集中在了长波长端的红外吸收峰上。显然，设法将红外吸收峰向长波长端搬移可以同时起到降低瑞利散射理论极限损耗和扩展光纤可用带宽两方面的作用。因此工作波长范围为 2～10 μm 的中红外光纤（mid-infrared fiber，MIRF）近年来受到了光纤研究领域的高度重视。

由式（3-1-7）有，红外吸收峰的位置取决于基质材料中分子能级的间隔。量子理论表

明，振动能级间隔与振子质量成反比。因此，一个改善石英光纤损耗谱特性的直接方法是用氧的同位素 O^{18} 代替 SiO_2 分子中的氧原子，将 SiO_2 的红外吸收峰移至远红外区域，获得所谓的"同位素光纤"。这种方法的不足之处是同位素原料价格十分昂贵，光纤的制造成本过高。

MIRF 研究的另一个方向是，采用 GeO_2 玻璃、氟化物玻璃、硫属化合物玻璃和 KCl 多晶等红外谐振峰位于远红外和中红外区域的材料作为制造光纤的基质材料。其中，氟化物玻璃光纤和 KCl 多晶光纤的理论损耗极限分别可达 10^{-3} dB/km 和 10^{-4} dB/km，具有很高的研究价值。

光纤的弯曲损耗，与光纤芯层半径的二次方成正比，与芯包相对折射率差 Δ 的二次方成反比。因此，通常情况下具有更大 Δ 的光纤结构能够获得更好的抗弯曲性能，可以通过一些技术途径来提高光纤的抗弯曲性能。

通过减小光纤的芯层半径，减小模场直径，模场直径的减小可使光场能够更紧地束缚在纤芯中，在弯曲时能够获得更小的弯曲损耗，但是这种方法会引起模场不匹配从而限制了其在实际工程中的应用。在芯层掺锗提高芯层和包层的折射率差，同时可以减小模场直径，达到将光场严格限制在纤芯中的目的，进而实现减小光纤弯曲损耗的目的。最近出现的 G.657 光纤，一般是在现有的 G.652 光纤阶跃型折射率分布的基础上，在光纤的包层中引入凹陷型折射率分布剖面结构，以提高纤芯的光约束能力，降低模式高功率的泄漏，大大降低了光纤的弯曲损耗，同时对光纤模场直径的影响也较小。

3.2　光纤色散

3.2.1　色散概述

光纤的色散特性是光纤最主要的传输特性之一。一般而言，光纤色散是指构成光信号的各种成分在光纤中具有不同传输速度的现象。光纤色散的存在将直接导致光信号在光纤传输过程中的畸变。在数字光纤通信系统中，光纤色散将使光脉冲在传输过程中随着传输距离的增加而逐渐展宽。因此，光纤色散对光纤传输系统有着非常不利的影响，限制了系统传输速率和传输距离的增加。

在光纤中传输的光脉冲，由光纤的折射率分布、光纤材料的色散特性、光纤中的模式分布，以及光源的光谱宽度等因素决定的"延迟畸变"的影响，使该脉冲波形在通过光纤后发生展宽，这一效应称作光纤的色散。在光纤中一般把色散分成模式色散、材料色散、波导色散和偏振模色散四种。

模式色散，仅仅发生于多模光纤中，是由各模式之间群速度不同而产生的色散。图 3-2-1 是说明多模光纤传播特性的 k-β 曲线，在 $\beta = n_1 k_0$ 与 $\beta = n_2 k_0$ 之间并列着许多模式的 k-β 曲线。各模式的曲线与一定频率线（图中虚线）交点处的斜率 $d\beta/d\omega$ 是因模式不同而产生的色散，$d\beta/d\omega$ 是群速度的倒数。

材料色散，由光纤材料的折射率随入射光频率变化而产生的色散。

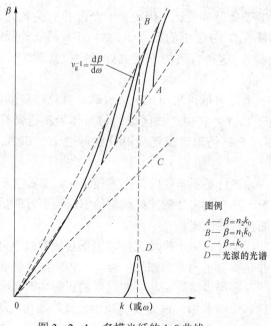

图 3-2-1 多模光纤的 k-β 曲线

波导色散，是由传播模的群速度对于不同频率（或波长）的光不同引起的。图 3-2-1 中 k-β 曲线不是直线，同时光源的谱线又有一定宽度，因此产生了波导色散。

偏振模色散，一般的单模光纤中都同时存在两个正交模式（HE_{11x} 模和 HE_{11y} 模）。若光纤结构为完全的轴对称，则这两个正交偏振模在光纤中的传播速度相同，即有相同的群延迟，故无色散。实际的光纤必然会有一些轴的不对称性，因而两正交模有不同的群延迟，这种现象称之为偏振色散或偏振模色散。

群时延是指信号沿单位长光纤传播后产生的延迟时间 τ。设群速度为 v_g，则在角频率 ω_0 附近的群时延可表示为

$$\tau = \frac{1}{v_g} = \frac{d\beta}{d\omega} = \frac{d\beta}{d\omega}\bigg|_{\omega=\omega_0} + (\omega - \omega_0)\frac{d^2\beta}{d\omega^2}\bigg|_{\omega=\omega_0} \qquad (3-2-1)$$

如光源发出的是严格的单色波，则式（3-2-1）等号最右端只有第一项。第一项的值因模式不同而异，故引起多模色散，第二项则产生波导色散和材料色散。

在上述四种色散中，材料色散和波导色散都和光源的谱宽成正比，为此常把这两者总称为波长色散。从实用角度来讲，光纤色散又可以分为三类：模式色散、波长色散和偏振模色散。在多模光纤中，光纤色散主要来自不同模式的传输速度不同所引起的模式色散。与模式色散相比，由其他因素引起的色散可以忽略不计。由于单模光纤中只传输基模，避免了模式色散的影响，因此单模光纤具有比多模光纤更优良的色散特性，适用于大容量、长距离光信号传输。单模光纤中的色散主要由光信号中不同频率成分的传输速度不同而引起，包括材料色散和波导色散两个方面的贡献。因此，色散对单模光纤传输系统的影响，随光信号光谱宽度的增加而增大。这是在大容量、长距离单模光纤通信系统中必须使用窄线宽的单纵模半导体激光器的主要原因之一。对于偏振模色散，在波长色散可以忽略的区域由两个正交偏振模传输速度不同所引起的偏振模色散将成为单模光纤色散的主要部分。

下面分别讨论模式色散、材料色散、波导色散和偏振模色散。

1. 模式色散

在多模光纤中，光信号脉冲的能量由光纤所支持的所有传导模式共同荷载。由于各模式的传输速度不同，光脉冲将在光纤的输出端因模式色散而展宽。对光纤的模式色散通常用单位光纤长度上模式的最大时延差 $\Delta\tau$ 进行描述，即传输速度最慢和最快的模式通过单位长度光纤所需时间之差。

由于多模光纤芯径一般远大于光纤的工作波长，因此对模式色散可以用几何光学的方法进行分析。不同的导波模式对应于满足全反射条件并以不同入射角传输的光线。在光纤中传输的光线可以分为子午线和斜射线两类。子午线的轨迹通过光纤的中心轴线，在光纤端面上的投影与纤芯直径重合。斜射线的情况比较复杂，它不通过光纤轴线，在阶跃光纤端面上的投影为芯包界面上的内接多边形，而在渐变光纤端面上的投影则为一个圆（该圆以光纤轴线为圆心，半径小于纤芯半径）。下面只考虑子午线的情况。

图 3-2-2 给出了阶跃光纤中传输速度最快和最慢的两条子午射线。其中模式 1 沿光纤轴线传输（对应于光纤中的基模），具有最小的单位长度传输时延（$\tau_1 = n_1/c$）；模式 2 在芯包界面上发生全反射，其反射角为全反射临界角 θ_c（对应于光纤中所支持的最高阶模式），具有最大单位长度传输时延，$\tau_2 = n_1/(c\sin\theta_c) = n_1^2/(n_2 c)$。因此，阶跃多模光纤的模式色散约为

$$\Delta\tau = \tau_2 - \tau_1 \approx \frac{n_1\Delta}{c} \tag{3-2-2}$$

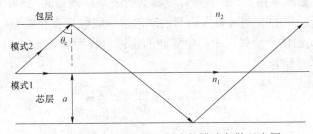

图 3-2-2　阶跃多模光纤中的模式色散示意图

式（3-2-2）是用几何光学所得到的阶跃折射率光纤模式色散的近似结果，当光纤的归一化工作频率较高时能够给出模式色散较为准确的结果。模式色散的严格推导应该利用波动光学理论。假定光纤中所支持的最高次模为 LP_{mn} 模，模式的传输常数为 $\beta_{mn}(\omega)$，则其单位长度上的传输群时延为 $\tau_{mn} = d\beta_{mn}(\omega)/d\omega$。因此，光纤的模式色散应为

$$\Delta\tau(\omega) = \tau_{mn} - \tau_{01} = \frac{d(\beta_{mn} - \beta_{01})}{d\omega} \tag{3-2-3}$$

对各种折射率分布多模光纤的分析表明，抛物型折射率分布多模光纤的模式色散接近其理论最小值。因此通常的通信用多模光纤均采用抛物型折射率分布。

2. 材料色散

构成介质材料的分子、原子可以看成是一个个谐振子，它们有一系列固有的谐振频率 ω_j 或谐振波长 λ_j。在外加高频电磁场作用下，这些谐振子做受迫振动。利用经典电磁理论求解这些谐振子的振动过程，可以求出介质在外加电磁场作用下的电极化规律。人们发现介质的电极化率、相对介电常数或者折射率都是频率的函数，而且都是复数。由于折射率随外加电

磁场的频率变化，所以介质呈色散特性，这就是材料色散。由于折射率是复数，所以高频电磁波在介质中传播时不仅有色散，而且还伴随着损耗，损耗的大小也是频率的函数。将介质的折射率写成

$$n = n + \mathrm{j}n' \qquad (3-2-4)$$

其中，n 和 n' 都是频率的函数。对于光纤所使用的玻璃材料，通常其折射率的虚部很小，主要考虑其实部 n。

由于在某些波长上材料对电磁波存在谐振吸收现象，因此材料对外场的响应与电磁波的波长相关，即材料的折射率应当是电磁波频率或波长的函数。这一函数关系可以通过材料中电子运动的简谐振子模型得到

$$n^2 = 1 + \sum_{j=1}^{N} \frac{\lambda^2 B_j}{\lambda^2 - \lambda_j^2} = 1 + \sum_{j=1}^{N} \frac{\omega_j^2 B_j}{\omega_j^2 - \omega^2} \qquad (3-2-5)$$

其中，B_j 和 λ_j（或 ω_j）为与材料组成有关的常数，称为材料的 Sellmeier 常数。式（3-2-5）称为 Sellmeier 定律或 Sellmeier 公式。通常在所感兴趣的一定波长范围内，只需要考虑 $N=2$ 或 $N=3$ 的 Sellmeier 公式即可获得足够的精度。纯石英玻璃材料的 Sellmeier 公式中的三组材料常数为：$B_1 = 0.696\,166\,3$，$\lambda_1 = 0.068\,403$；$B_2 = 0.407\,942\,6$，$\lambda_2 = 0.116\,241\,4$；$B_3 = 0.897\,479\,4$，$\lambda_3 = 9.896\,161$。此时，工作波长 λ 单位为微米（$\mu\mathrm{m}$）。

当在石英玻璃中掺入 Ge，B，F 或 P 等微量杂质时，材料的 Sellmeier 常数也将发生相应的微小变化。在石英玻璃中掺 Ge 或 P 可以提高其折射率，掺 B 或 F 可使其折射率降低，并且在微量掺杂时，折射率的改变量与掺杂剂的摩尔浓度成线性变化关系。

在折射率为 $n(\omega)$ 的体介质材料中，电磁波的传输常数为 $\beta = 2\pi n/\lambda = \omega n/c$。由此可得电磁波在介质中传输的群时延为

$$\tau = \frac{\mathrm{d}\beta}{\mathrm{d}\omega} = \frac{1}{c}\left(n + \omega \frac{\mathrm{d}n}{\mathrm{d}\omega}\right) = \frac{n_\mathrm{g}}{c} = \frac{1}{v_\mathrm{g}} \qquad (3-2-6)$$

其中

$$n_\mathrm{g} = n + \omega \frac{\mathrm{d}n}{\mathrm{d}\omega}, \quad v_\mathrm{g} = \frac{c}{n_\mathrm{g}} \qquad (3-2-7)$$

n_g 和 v_g 分别是频率为 ω 的电磁波在介质中的群折射率和群速度。材料色散是指不同频率的电磁波在介质中具有不同的群速度或群时延的材料属性，通常用单位频率或波长间隔上群时延的变化率来表示。根据式（3-2-6），以群时延随频率的变化率表示的材料色散为

$$\beta_2 = \frac{\mathrm{d}\tau}{\mathrm{d}\omega} = \frac{\mathrm{d}^2\beta}{\mathrm{d}\omega^2} = \frac{1}{c}\left(2\frac{\mathrm{d}n}{\mathrm{d}\omega} + \omega\frac{\mathrm{d}^2 n}{\mathrm{d}\omega^2}\right) \approx \frac{\omega}{c}\frac{\mathrm{d}^2 n}{\mathrm{d}\omega^2} \qquad (3-2-8)$$

β_2 的单位为 $\mathrm{ps}^2/\mathrm{km}$。习惯上和实际上，更为常用的色散表述形式由群时延随波长的变化率给出

$$D = \frac{\mathrm{d}\tau}{\mathrm{d}\lambda} = -\frac{2\pi c}{\lambda^2}\beta_2 \approx -\frac{\lambda}{c}\frac{\mathrm{d}^2 n}{\mathrm{d}\lambda^2} \qquad (3-2-9)$$

色散 D 的单位为 $\mathrm{ps}/(\mathrm{nm} \cdot \mathrm{km})$。

由式（3-2-8）和式（3-2-9）可以看出，材料色散主要取决于材料参数 $\mathrm{d}^2 n/\mathrm{d}\lambda^2$，其

值在某一特定波长位置上有可能为零，这一波长称为材料的零色散波长。十分幸运的是，石英玻璃光纤材料的零色散波长恰好位于 1.3 μm 附近的低损耗窗口内，这是获得同时具有低损耗和低色散石英玻璃光纤的根本基础。图 3－2－3 为应用 Sellmeier 公式计算得到的石英玻璃材料的色散 D 曲线，其零色散点位于 1.273 μm 处。

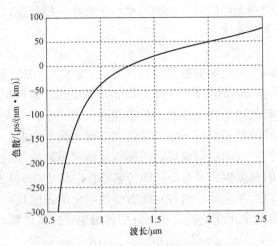

图 3－2－3　石英玻璃材料的色散曲线

3. 波导色散

电磁波在光波导中的传播性质与在体材料中不同。在阶跃折射率光纤中，传导模式的一部分电磁场在纤芯中传输，而另一部分则在包层中传输。各模式在光纤纤芯中传输功率的比例用光纤的功率限制因子 Γ 表示，它描述了光纤对该模式约束作用的强弱。因此，光纤中传输的电磁波模式所感受到的折射率既不是 n_1 也不是 n_2，而是介于两者之间的一个值。通常将其用模式的有效折射率 n_{eff} 表示，即满足 $n_2 < n_{\text{eff}} < n_1$。模式的传输常数可以用相应的模式有效折射率表示为

$$\beta = n_{\text{eff}} k_0 = \frac{2\pi n_{\text{eff}}}{\lambda_0} \tag{3-2-10}$$

模式有效折射率的大小与该模式的功率限制因子 Γ 密切相关。对于光纤中的模式，其功率限制因子 Γ 将从截止波长开始，随着波长的减小由 0 开始逐渐趋近于 1。这表明在近截止时（$V \approx 0$），光纤对模式基本无约束作用，其电磁场几乎均匀地分布在整个光纤横截面上（与光波长相比为无限大）。由于芯区面积与包层面积相比可以忽略不计，因而此时基模的功率限制因子趋近于零，电磁场所感受到的折射率是包层的折射率，即 $n_{\text{eff}} = n_2$。在远离截止时（$V \to \infty$）光纤的功率限制因子趋近于 1，这表明光纤对场的约束非常充分，电磁场几乎被全部限制在芯区内传播。因此，其所感受到的折射率基本上是芯区的折射率，即 $n_{\text{eff}} = n_1$。上述分析与 2.3 节光纤中模式的特性曲线所反映的情况完全一致。

考虑光纤单模传输时的情况，根据上述分析，由于波导效应（波导各区域的折射率不同）的存在，即使光纤的材料色散为零（n_1 和 n_2 均不随频率变化），光信号中的不同频率成分在光纤中的传输速度也不相同，即光纤中仍然存在色散。在阶跃折射率单模光纤中，由于高频成分比低频成分具有更高的有效折射率，因而高频成分具有较低的传输速度和较大的传输时延。这种由

波导效应所引起的色散称为波导色散，它与材料色散一起构成了单模光纤色散的主要部分。

上述讨论表明，波导色散的数值与光纤的具体折射率分布结构有很大关系。一般情况下，材料色散远大于波导色散，是单模光纤色散的主要部分。但在材料的零色散波长附近，二者的影响是可以比拟的。由于石英材料的零色散波长恰好位于光纤的低损耗窗口上，因此可以通过适当设计光纤结构使得光纤的波导色散与材料色散在低损耗窗口内所希望的波长上相互抵消，从而制作出各种色散优化光纤。

4. 偏振模色散

单模光纤的基模由两个正交偏振的模式简并而成，分别为 HE_{11x} 模和 HE_{11y} 模，电场强度分别指向 x 轴和 y 轴方向，传播常数分别为 β_x 和 β_y。如果光纤是理想圆对称的，则这两个偏振模是完全简并的，具有相同的特性曲线和传输性质，它们不会对光纤中的信号传输造成任何不良影响。但如果光纤的纤芯具有一定的椭圆度，或者由于弯曲、侧压等因素使光纤受到一定的侧向应力，这种简并性即遭到破坏，沿椭圆长轴和短轴或者沿与所受应力方向平行和垂直（主偏振轴）方向的偏振模将具有不同的传输特性曲线 $\beta_x(\omega)$ 和 $\beta_y(\omega)$，即因几何或应力的原因使光纤中产生了双折射现象。这种双折射使得两个偏振模具有不同的传输速度，形成偏振模色散（PMD）。这两个正交的模式在光纤中传播单位距离的群时延分别为

$$\tau_x = \frac{d\beta_x}{d\omega}, \quad \tau_y = \frac{d\beta_y}{d\omega} \tag{3-2-11}$$

由此产生的传播时延差或脉冲展宽为

$$\Delta\tau_p = \frac{d}{d\omega}(\beta_x - \beta_y) = \frac{d\Delta\beta}{d\omega} \tag{3-2-12}$$

利用双折射的定义 $B = n_x - n_y = \dfrac{\beta_x - \beta_y}{k_0} = \dfrac{\Delta\beta}{k_0}$，则有

$$\Delta\tau_p = \frac{d}{d\omega}(k_0 B) = \frac{B}{c} + \frac{\omega}{c}\frac{dB}{d\omega} \tag{3-2-13}$$

对于石英光纤，第二项远小于第一项，所以偏振模色散所导致的脉冲展宽为

$$\Delta\tau_p \approx \frac{B}{c} = \frac{\Delta\beta}{\omega} = \frac{1}{L_B f} \tag{3-2-14}$$

式（3-2-14）中 B 是单模光纤的双折射参量，L_B 是拍长，f 是光源频率。普通单模光纤双折射参量 B 在 10^{-6} 数量级，例如，当 $B = 10^{-6}$ 时，在工作波长为 $1.5~\mu m$ 时，拍长 $L_B = 1.5~m$，由偏振模色散导致的脉冲展宽为 $\Delta\tau_p = 3.3~ps/km$。这与采用单纵模激光器（谱宽 1 nm 左右）在单模光纤零色散波长附近因波长色散 [3 ps/（nm·km）] 所导致的脉冲展宽相当。但由于两个正交模之间的耦合作用在长距离传输时，总色散或脉冲展宽并不与距离成正比，所以与波长色散比较，偏振模色散是次要的。采用旋转工艺制作的低双折射光纤，双折射参量 B 可低达 10^{-9} 数量级，这种光纤可以完全不考虑偏振模色散的影响。

以上讨论仅适用于光纤中两个偏振模之间基本不发生耦合或具有固定主偏振轴的情况，如偏振保持光纤或短光纤。对于较长的通信用单模光纤，在其制作过程中将不可避免地引入一定的随机纵向非均匀性，同时沿长度方向上光纤局部所受到的应力、弯曲情况和温度等环境因素也是随机变化的，所有这些因素都将引起光纤中偏振主轴的随机变化和两个偏振模之

间的随机功率耦合。这种随机性使得同一段光纤在不同时间、不同波长或不同入射条件下进行测量或者是同一段光纤的不同部分均可能显示出不同的偏振模色散。因此，对一般单模光纤中偏振模色散的分析具有本质上的复杂性，需要运用统计理论进行处理。对偏振模色散比较准确的描述应当在统计的意义上进行。

需要指出，对于一般的单模光纤而言，尽管与其他色散相比偏振模色散几乎达到可以忽略的程度，但由于它来自光纤制造过程和随机的环境变化等不可避免的不规则因素，因此不可能被完全消除。在其他色散得到克服的未来超高速光纤通信系统中，偏振模色散有可能成为限制系统速率的最终因素，并且具有特别的重要性和研究价值。随机性的特点导致光纤的双折射参量 $\Delta\beta$ 或拍长 L_B 并不是一个常量，而是一个随光纤位置而变化的随机量。根据光纤双折射特性大量实验研究的结果，可以将双折射参量写成

$$\Delta\beta(\omega, l) = \Delta\beta_0(\omega) + \gamma(l) \tag{3-2-15}$$

式（3-2-15）中 $\Delta\beta_0(\omega)$ 是只与频率有关的光纤双折射参量的平均值，而 $\gamma(l)$ 则是只与位置有关的一个微扰量，它是一个均值为零，方差为 σ^2 的高斯白噪声。在此假设下，长为 L 的光纤链路总的偏振模色散值的数学期望或统计平均值为

$$\langle \tau(l) \rangle = \sqrt{2} \left(\frac{\Delta\tau_p}{\sigma^2} \right) (\sigma^2 L + e^{-\sigma^2 L} - 1)^{1/2} \tag{3-2-16}$$

由式（3-2-16）可见，若偏振模色散涨落幅度与光纤长度的乘积 $\sigma^2 L \gg 1$ 时，可以得到

$$\langle \tau(l) \rangle = \sqrt{2L} \frac{\Delta\tau_p}{\sigma} \tag{3-2-17}$$

即总的偏振模色散与光纤长度的平方根成正比，这是与实际的测量结果相符合的。反之，若偏振模色散的涨落幅度很小，从而使 $\sigma^2 L \ll 1$，则其结果为

$$\langle \tau(l) \rangle = \Delta\tau_p L \tag{3-2-18}$$

3.2.2　光脉冲的色散展宽

光纤的主要用途是传输光信号或对光信号进行变换、处理。正是光纤优良的传输特性，才使光纤通信得以蓬勃发展。此外用于传感的光纤，有的起传输信号的作用，有的还要将非光信号调制到光信号上。所谓光信号（光脉冲）是由光载波和调制在光载波上含有信息的包络共同构成的。输入信号和输出信号都是含有信息的光脉冲的包络波形，通常用光功率对时间的变化 $P(t)$ 或 $|E(t)|^2$ 表示，此时光纤构成的传输系统是一个非线性系统。光源的谱宽、光纤的结构及调制到光载波上的基带信号都会对光纤传输特性产生重要影响。为了简化分析，假定光源为只有单一频率的单色光，模式场具有空间稳态分布，考虑如图 3-2-4 所示的光纤传输系统。

图 3-2-4 中非负实函数 $f(t)$ 为待传基带信号，$f^2(t)$ 为输入功率信号，它载有信息，经调制后成为光脉冲的包络信号。$x(t)$，$y(t)$ 为调制后的光信号，$\varphi(t)$ 是输出解调信号。光纤的传输特性是指输入信号 $f(t)$ 与输出解调信号 $\varphi(t)$ 之间的关系。传输特性包括损耗和色散。在这里，将主要考虑色散特性。

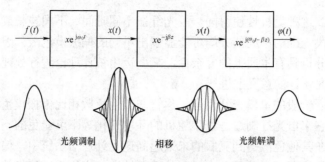

图 3-2-4　光纤传输系统示意图

图 3-2-4 光纤传输系统中的 $f(t)$ 为待传基带信号，其频谱表示为 $F(\Omega)$，经过光频 $\mathrm{e}^{\mathrm{j}\omega_0 t}$ 调制后，得到每个频率分量为

$$F(\Omega)\mathrm{e}^{\mathrm{j}\Omega t}\mathrm{e}^{\mathrm{j}\omega_0 t} = F(\Omega)\mathrm{e}^{\mathrm{j}(\Omega+\omega_0)t} \tag{3-2-19}$$

令 $\omega = \Omega + \omega_0$，得到调制后的光信号频域表达式

$$X(\omega)\mathrm{e}^{\mathrm{j}\omega t} = F(\omega-\omega_0)\mathrm{e}^{\mathrm{j}\omega t} \tag{3-2-20}$$

在输入端 $z = 0$ 处，光信号由光纤的一个模式场承载，表示为

$$X(\omega)\mathrm{e}^{\mathrm{j}\omega t} = \iint_\infty F(\omega-\omega_0)\mathrm{e}^{\mathrm{j}\omega t}E(x,y)\cdot\mathrm{d}S \tag{3-2-21}$$

注意此时每一个频率分量 ω 都对应一个模式场。可以作归一化

$$\iint_\infty E(x,y)\cdot\mathrm{d}S = 1 \tag{3-2-22}$$

这一模式经过一段光纤传输之后变为

$$Y(\omega)\mathrm{e}^{\mathrm{j}\omega t} = \iint_\infty \{F(\omega-\omega_0)\mathrm{e}^{\mathrm{j}\omega t}E(x,y)\}\mathrm{e}^{-\mathrm{j}\beta z}\cdot\mathrm{d}S$$

此时的光信号频域表达式经傅里叶变换得到时域表达式

$$\begin{aligned} y(t) &= \frac{1}{2\pi}\int_{-\infty}^{+\infty}\iint_\infty \{F(\omega-\omega_0)\mathrm{e}^{\mathrm{j}\omega t}E(x,y)\}\mathrm{e}^{-\mathrm{j}\beta z}\cdot\mathrm{d}S\mathrm{d}\omega \\ &= \frac{1}{2\pi}\int_{-\infty}^{+\infty}F(\omega-\omega_0)\mathrm{e}^{\mathrm{j}(\omega t-\beta z)}\mathrm{d}\omega \end{aligned} \tag{3-2-23}$$

考虑到光载频 $\mathrm{e}^{\mathrm{j}\omega_0 t}$ 经过光纤也产生相移，到光纤终端变为 $\mathrm{e}^{\mathrm{j}(\omega_0 t-\beta_0 z)}$，所以得到的时域解调信号为

$$\begin{aligned} \varphi(t) &= \frac{y(t)}{\mathrm{e}^{\mathrm{j}(\omega_0 t-\beta_0 z)}} = \frac{1}{2\pi}\int_{-\infty}^{+\infty}F(\omega-\omega_0)\exp\{\mathrm{j}[(\omega-\omega_0)t-(\beta-\beta_0)z]\}\mathrm{d}\omega \\ &= \frac{1}{2\pi}\int_{-\infty}^{+\infty}F(\Omega)\exp\{\mathrm{j}[\Omega t-(\beta-\beta_0)z]\}\mathrm{d}\Omega \end{aligned} \tag{3-2-24}$$

从上面的推导可以得到三条重要结论。

（1）输出解调信号与输入信号成线性关系，满足叠加原理。严格来讲输出光功率 P_out（或包络）与输入光功率 P_in（或包络）不成线性关系。

（2）输出信号（包络）不直接与模式场的分布相关。模式场要通过对传输常数 β 的影响间接发挥作用。

（3）式（3-2-24）中时域解调信号 $\varphi(t)$ 可能会包含虚部，如 $\varphi(t) = |\varphi(t)|\mathrm{e}^{\mathrm{j}\theta}$，其复角项 θ

不应视作包络信号的相位，而是光载频的附加相移。

在一些情况下，输入信号 $f(t)$ 与其包络 $|f(t)|$ 不同，此时 $f(t)$ 为复数，有它的幅度和相位，其幅度代表基带信号，而其相位则是光载频的相位。如果这个相位随时间变化，则称其为啁啾信号。

光纤中传输的光是由一个个独立的模式构成的，这些模式在同一时刻随距离的变化将产生相移，所以光纤可视为一个相移系统，经此相移系统的包络波形将会发生变化。传输常数 β 是描述光纤传输系统的最重要的参数，要特别注意：

① β 是针对某个特定模式而言的；

② β 是频率 ω（或波长 λ）的函数；

③ β 与光纤结构，即光纤折射率分布密切相关，$\beta = F\{\varepsilon(x,y),\lambda\}$，即 β 是光纤横截面折射率分布的泛函，这里 $\varepsilon(x,y)$ 也是 λ 的函数；

④ β 是模式场的函数，可以由模式场的积分式表达。

对 β 作如下变换，由于基带信号相对于光频而言其带宽要小很多（如 10^{10} Hz 的电信号与 10^{14} Hz 的光频相差 4 个量级），β 可以在光载频 ω_0 附近展开成 ω 的级数，得到

$$\beta(\omega) = \beta(\omega_0) + \frac{\mathrm{d}\beta}{\mathrm{d}\omega}\bigg|_{\omega=\omega_0}(\omega - \omega_0) + \frac{1}{2}\frac{\mathrm{d}^2\beta}{\mathrm{d}\omega^2}\bigg|_{\omega=\omega_0}(\omega - \omega_0)^2 + \frac{1}{6}\frac{\mathrm{d}^3\beta}{\mathrm{d}\omega^3}\bigg|_{\omega=\omega_0}(\omega - \omega_0)^3 + \cdots$$

$$= \beta_0 + \beta_1(\omega - \omega_0) + \frac{1}{2}\beta_2(\omega - \omega_0)^2 + \frac{1}{6}\beta_3(\omega - \omega_0)^3 + \cdots$$

$$(3-2-25)$$

其中，

$$\beta_n = \frac{\mathrm{d}^n\beta}{\mathrm{d}\omega^n}\bigg|_{\omega=\omega_0} \qquad (3-2-26)$$

$\beta_0, \beta_1, \beta_2$ 等具有特定的含义，将在下面的内容中介绍。

下面分别介绍光纤传输系统中群时延、脉冲展宽、色散、基本传输方程等基本概念。

1. 群时延的概念

在式（3-2-25）中，取 β 的一阶近似，有

$$\beta \approx \beta_0 + \beta_1(\omega - \omega_0) = \beta_0 + \beta_1\Omega \qquad (3-2-27)$$

代入式（3-2-24）可得到

$$\varphi(t) = \frac{1}{2\pi}\int_{-\infty}^{+\infty}F(\Omega)\exp\{\mathrm{j}\Omega(t - \beta_1 z)\}\mathrm{d}\Omega \qquad (3-2-28)$$

所以

$$\varphi(t) = f(t - \beta_1 z) \qquad (3-2-29)$$

式（3-2-29）表明在一阶近似条件下，输出光的包络信号是输入光的包络信号在时间上的延迟，并且这种延迟与波形无关，任意输入信号将在输出端无失真地输出。单位长度上的延迟为 β_1，所以称 β_1 为单位长度上的群时延，记为

$$\tau = \beta_1 = \frac{\mathrm{d}\beta}{\mathrm{d}\omega} \qquad (3-2-30)$$

当 $f(t)$ 为高斯脉冲时，

$$f(t) = \exp\left(-\frac{t^2}{2T_0^2}\right) \tag{3-2-31}$$

输出包络为

$$\varphi(t) = \exp\left\{-\frac{(t-\beta_1 z)^2}{2T_0^2}\right\} \tag{3-2-32}$$

由图 3-2-5 可得，波包的传播速度为

$$v_g = \frac{1}{\tau} = \frac{1}{\beta_1} \tag{3-2-33}$$

与无限大均匀介质中折射率 n 的定义类似，即光速 c 与相速度 v_φ 之比 $n = c/v_\varphi$。可以定义群频率 n_g

$$n_g = \frac{c}{v_g} = c\beta_1 = c\frac{\mathrm{d}\beta}{\mathrm{d}\omega} \tag{3-2-34}$$

在无限大均匀介质中，传输常数 $\beta = k_0 n = 2\pi n/\lambda$，其中 k_0 为真空波数。式（3-2-34）变化为

$$n_g = c\frac{\mathrm{d}\beta}{\mathrm{d}\omega} = \frac{\mathrm{d}\beta}{\mathrm{d}\frac{\omega}{c}} = \frac{\mathrm{d}\beta}{\mathrm{d}k_0} = \frac{\mathrm{d}(k_0 n)}{\mathrm{d}k_0} = n + k_0\frac{\mathrm{d}n}{\mathrm{d}k_0} \tag{3-2-35}$$

如果 N 表示为波长 λ 的导数形式，由式（3-2-34）有

$$N = c\frac{\mathrm{d}\beta}{\mathrm{d}\omega} = c\frac{\mathrm{d}\left(\frac{2\pi}{\lambda}n\right)}{\mathrm{d}\left(\frac{2\pi c}{\lambda}\right)} = n - \lambda\frac{\mathrm{d}n}{\mathrm{d}\lambda} \tag{3-2-36}$$

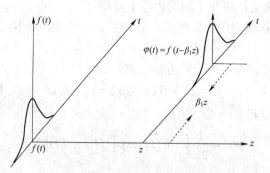

图 3-2-5　高斯脉冲在光纤传输系统中的演化

2. 脉冲展宽

式（3-2-25）中，当 β_2 或 β 的其他高阶导数项不为零时，此时意味着光信号的群时延 τ 或群速度 v_g 为频率 ω 的函数，光信号的不同频率分量将具有不同的群时延或群速度。定义这种群速度随光信号频率分量变化的现象为群速度色散（group velocity dispersion，GVD），简称色散。色散项中，通常 β_2 对 GVD 的贡献最大，在 $\beta_2 \approx 0$ 或 $(\omega - \omega_0)/\omega_0$ 不足够小时，需要考虑高阶色散项（如 β_3 等）。

以下考虑 β_2 对色散的作用。在式（3-2-25）中，取 β 的二阶近似，有

$$\beta \approx \beta_0 + \beta_1(\omega - \omega_0) + \frac{1}{2}\beta_2(\omega - \omega_0)^2 = \beta_0 + \beta_1\Omega + \frac{1}{2}\beta_2\Omega^2 \qquad (3-2-37)$$

代入式（3-2-24）可得到

$$\varphi(t) = \frac{1}{2\pi}\int_{-\infty}^{+\infty} F(\Omega)\exp\left\{j\left[\Omega t - (\beta_1\Omega + \frac{1}{2}\beta_2\Omega^2)z\right]\right\}d\Omega \qquad (3-2-38)$$

由式（3-2-38）可知，色散的效果是使输出脉冲包络发生变化，包括脉冲形状、宽度或幅度的变化，以及光载频相位的变化。通常输出脉冲包络的变化不仅取决于 β_2，而且还取决于输入脉冲的类型。因此不能笼统地说一根光纤的脉冲展宽是多少，而只能说某种类型的脉冲在色散的作用下展宽了多少，这一点与群时延有本质的区别。

下面以高斯脉冲为例，介绍色散对高斯脉冲的展宽，以及色散的定量描述。

高斯脉冲是光纤传输系统中常用的传输码型，即使是非归零的 NRZ 码，由于色散的作用，也会逐渐演化成类似的码型，因此主要研究色散对高斯脉冲的作用。设输入信号为高斯脉冲

$$f(t) = \exp\left\{-\frac{t^2}{2T_0^2}\right\} \qquad (3-2-39)$$

其中脉冲宽度参数 T_0 为脉冲峰值的 1/e 功率点的脉冲半宽度，其频谱为

$$F(\omega) = \sqrt{\pi}T_0\exp\left\{-\frac{\omega^2 T_0^2}{2}\right\} \qquad (3-2-40)$$

将其代入式（3-2-38）得到

$$\varphi(t) = \frac{1}{\sqrt[4]{1+\left(\dfrac{z}{L_D}\right)^2}}\exp\left\{-\frac{T^2}{2T_0^2\left[1+\left(\dfrac{z}{L_D}\right)^2\right]}\right\}\exp\left\{j\left[\frac{T^2\beta_2 z}{2T_0^4 + 2(\beta_2 z)^2} - \frac{\theta}{2} - \frac{\pi}{2}\right]\right\} \qquad (3-2-41)$$

式（3-2-41）中引入了两个重要变量：本地时间 T_0 和色散长度 L_D，其定义分别为

$$T = t - \beta_1 z \qquad (3-2-42)$$

$$L_D = \frac{T_0^2}{|\beta_2|} \qquad (3-2-43)$$

令 $\tan\theta = z/L_D$，式（3-2-41）又可写成

$$\varphi(t) = \frac{1}{\sqrt[4]{1+\left(\dfrac{z}{L_D}\right)^2}}\exp\left\{-\frac{T^2}{2T_0^2\left[1+\left(\dfrac{z}{L_D}\right)^2\right]}\right\}\exp\left\{j\left[\frac{T^2}{2T_0^2}\text{sgn}(\beta_2)\frac{\dfrac{z}{L_D}}{1+\left(\dfrac{z}{L_D}\right)^2} - \frac{\theta}{2} - \frac{\pi}{2}\right]\right\}$$

$$(3-2-44)$$

由此可得

$$|\varphi(t)| = \frac{1}{\sqrt[4]{1+\left(\dfrac{z}{L_{\mathrm{D}}}\right)^2}} \exp\left\{-\frac{T^2}{2T_0^2\left[1+\left(\dfrac{z}{L_{\mathrm{D}}}\right)^2\right]}\right\} \tag{3-2-45}$$

由式（3-2-45）可以画出高斯脉冲的演化图（图3-2-6）。

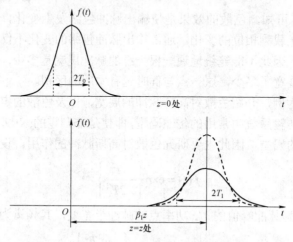

图 3-2-6 高斯脉冲的展宽

对应式（3-2-45）和图（3-2-6），有以下几条重要结论：

（1）输出光信号的包络仍然为高斯脉冲波形，但其幅度随传输距离的增加而下降，其最终幅度由 z/L_{D} 决定。

（2）输出脉冲的宽度随传输距离的增加而增大，增大的程度由 z/L_{D} 决定。在给定传输距离的条件下，输出脉冲宽度由色散长度 L_{D} 决定。由于 $L_{\mathrm{D}} = T_0^2/|\beta_2|$，当初始脉冲宽度 T_0 较小时，色散长度 L_{D} 较小，导致脉冲展宽较大；当 $|\beta_2|$ 较小时，色散长度 L_{D} 较大，导致脉冲展宽较小。所以 β_2 可作为估计脉冲展宽程度的一个重要参量。值得注意的是，脉冲展宽的程度与 β_2 的符号无关，无论 β_2 正负，其脉冲展宽均相同。

（3）输出光信号产生了相位调制

$$\varphi(z,T) = \frac{T^2}{2T_0^2}\mathrm{sgn}(\beta_2)\frac{\dfrac{z}{L_{\mathrm{D}}}}{1+\left(\dfrac{z}{L_{\mathrm{D}}}\right)^2} - \frac{1}{2}\arctan\left(\frac{z}{L_{\mathrm{D}}}\right) - \frac{\pi}{2} \tag{3-2-46}$$

这种相位调制由于是本地时间的函数，将会引入瞬时频移。由于选取的谐振表达式为 $\exp(\mathrm{j}\omega t)$，可定义瞬时频移

$$\delta\omega = \frac{\mathrm{d}\varphi}{\mathrm{d}T} = \frac{\mathrm{sgn}(\beta_2)\left(\dfrac{z}{L_{\mathrm{D}}}\right)}{1+\left(\dfrac{z}{L_{\mathrm{D}}}\right)^2}\frac{T}{T_0^2} \tag{3-2-47}$$

这种瞬时频移又被称为啁啾（chirp）。式（3-2-47）表明经过光纤传输后，色散的作用使得脉冲的不同位置上频率发生线性变化。啁啾 $\delta\omega$ 的符号取决于 β_2 的符号。通常将色散 $\beta_2<0$ 的区域称为反常色散区，$\beta_2>0$ 的区域称为正常色散区。在光纤的反常色散区，脉冲的高频成分将位于脉冲前沿（$T<0$，$\delta\omega>0$），而脉冲的低频成分将位于脉冲后沿（$T>0$，$\delta\omega<0$）。在光纤的正常色散区情况正好相反。

脉冲的不同部位具有不同频率的现象称为脉冲的频率啁啾。式（3-2-47）所表述脉冲的色散啁啾效应可以通过色散的定义来理解。在光纤的反常色散区，脉冲的高频成分具有较快的传输速度和较小的传输时延，而低频成分则传输速度较慢。因此一初始无啁啾脉冲经由光纤传输后，其高频成分位于脉冲前沿，低频成分将位于脉冲后沿。

上述结论是在输入光脉冲无啁啾的条件下得到的，如果输入高斯脉冲是带有初始啁啾的，即

$$f(t) = \exp\left\{-\frac{1+jC}{2}\frac{t^2}{T_0^2}\right\} \tag{3-2-48}$$

式（3-2-48）中 C 为啁啾参数。显然当 $C>0$ 时，$\delta\omega = \mathrm{d}\varphi/\mathrm{d}T = CT/T_0^2$，脉冲前沿频率 $\delta\omega<0$，而脉冲后沿频率 $\delta\omega>0$；当 $C<0$ 时，刚好相反。称 $C>0$ 为正啁啾，而 $C<0$ 为负啁啾。带有初始啁啾的高斯脉冲的频谱函数为

$$F(\omega) = \left(\frac{2\pi T_0^2}{1+jC}\right)^{1/2}\exp\left\{-\frac{\omega^2 T_0^2}{2(1+jC)}\right\} \tag{3-2-49}$$

其频谱半宽度（强度下降到 1/e 处）

$$\Delta\omega = \frac{(1+jC)^{1/2}}{T_0} \tag{3-2-50}$$

无初始啁啾时，信号谱宽满足傅里叶变换关系 $\Delta\omega T_0 = 1$。由于有初始啁啾，其频谱被展宽为原来的 $(1+jC)^{1/2}$ 倍。

由式（3-2-38）得到输出端信号

$$\varphi(t) = \frac{T_0^2}{T_0^2 + j\beta_2 z(1+jC)}\exp\left\{-\frac{(1+jC)T^2}{2\left[T_0^2 + j\beta_2 z(1+jC)\right]}\right\} \tag{3-2-51}$$

有初始啁啾的高斯脉冲在传播过程中仍保持为高斯脉冲，但脉宽被展宽，其展宽因子为

$$\frac{T_1}{T_0} = \left[\left(1+\frac{C\beta_2 z}{T_0^2}\right)^2 + \left(\frac{\beta_2 z}{T_0^2}\right)^2\right]^{1/2} \tag{3-2-52}$$

当啁啾参数 $C=0$ 时，式（3-2-52）与式（3-2-45）的结论一致。式（3-2-52）表明，啁啾对脉冲展宽速度的影响取决于 $C\beta_2$ 的符号。如果 $C\beta_2>0$，因初始啁啾的存在，脉冲单调展宽，这相当于正常色散与正啁啾相结合或反常色散与负啁啾相结合。如果 $C\beta_2<0$，则在初始阶段脉冲先被压缩然后再被展宽。将式（3-2-52）对 z 求导，并令其等于零，可以得到一个方程，求解这个方程可以得到一个特殊的长度，在此处脉冲最窄，此长度为

$$z_{\min} = \frac{C}{1+C^2} L_D \qquad (3-2-53)$$

此时脉冲宽度最小，为

$$T_{1\min} = \frac{T_0}{(1+C^2)^{1/2}} \qquad (3-2-54)$$

对比式（3-2-54）和式（3-2-50），可以发现在 $z=z_{\min}$ 处，脉冲宽度达到傅里叶变换极限，$\Delta\omega T_{1\min}=1$。

图 3-2-7 给出了脉冲展宽因子在光纤正常色散区（$\beta_2>0$）随归一化距离 z/L_D 的变化关系。在 $C\beta_2<0$ 条件下，脉冲的初始窄化可以解释为：在脉冲的初始阶段，初始啁啾与由色散导致的啁啾相互抵消，在脉冲最窄处二者刚好完全抵消。由色散导致的啁啾，由式（3-2-47）可见是与传播距离成正比的，因而过了 $z=z_{\min}$ 点以后，由色散导致的啁啾将占主导地位，并最终导致脉冲被展宽。

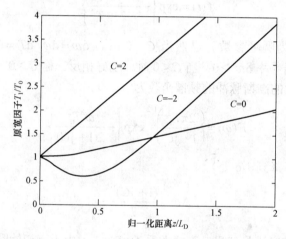

图 3-2-7　具有不同啁啾参数的高斯脉冲在正常色散光纤中展宽因子随归一化距离的变化

3. 色散的定量描述

用输入输出包络波形变化来描述光波导的脉冲展宽特性是不够全面的，原因是包络函数只考虑到振幅 $|\varphi(t)|$，而不能反映其相位的调制特性（如光频啁啾）。脉冲展宽现象的根本原因是不同的频率分量具有不同的群速度 v_g 或时延 τ。因此，用时延差来定量描述色散更加合理，即

$$D = \frac{d\tau}{d\lambda} \qquad (3-2-55)$$

色散 D 的单位是 ps/（nm·km），这是描述色散最为常用的量。由此得到时延差

$$\Delta\tau = D\Delta\lambda \qquad (3-2-56)$$

波长差 $\Delta\lambda$ 可能由光源的非单色性引起，也可能由具有一定带宽的信号引起。通常这二者共同作用，可以认为近似满足叠加原理，

$$\Delta\tau = D(\Delta\lambda_{source} + \Delta\lambda_{signal}) \qquad (3-2-57)$$

当光源单色性较差且信号速度较低时，$\Delta\lambda_{source}$ 起主要作用；当光源单色性较好且信号速度较高时，$\Delta\lambda_{signal}$ 起主要作用。由 $\omega=2\pi c/\lambda$ 得到

$$\Delta\omega = -\frac{2\pi c}{\lambda^2}\Delta\lambda \qquad (3-2-58)$$

$$\Delta f = -\frac{c}{\lambda^2}\Delta\lambda \qquad (3-2-59)$$

所以信号的频率带宽可以看作是与光源的谱宽相对应的，并与波长的二次方成反比。例如，在 1.55 μm 处，1 nm 的光源谱线宽度对应 125 GHz 的信号频率带宽。

由色散 D 的定义［式（3-2-55）］还可以导出 D 与 β_2 的关系

$$D = -\frac{2\pi c}{\lambda^2}\beta_2 \qquad (3-2-60)$$

所以色散 D 与 β_2 异号，而由 β_2 的定义可得到

$$\beta_2 = \frac{\mathrm{d}^2\beta}{\mathrm{d}\omega^2} = \frac{\mathrm{d}\tau}{\mathrm{d}\omega} = \frac{\mathrm{d}\tau}{\mathrm{d}v_{\mathrm{g}}}\frac{\mathrm{d}v_{\mathrm{g}}}{\mathrm{d}\omega} = -\frac{1}{v_{\mathrm{g}}^2}\frac{\mathrm{d}v_{\mathrm{g}}}{\mathrm{d}\omega} \qquad (3-2-61)$$

综合式（3-2-60）和式（3-2-61），得到以下两条重要结论：① 在 $\beta_2 > 0$ 的正常色散区，对应的色散 $D < 0$，色散为负值，而且 $\mathrm{d}v_{\mathrm{g}}/\mathrm{d}\omega < 0$，群速度随频率的增加而减慢；② 在 $\beta_2 < 0$ 的反常色散区，对应的色散 $D > 0$，色散为正值，而且 $\mathrm{d}v_{\mathrm{g}}/\mathrm{d}\omega > 0$，群速度随频率的增加而加快。

4. 基本传输方程

在很多情况下需要借助光信号的时域传输方程对其在光纤中的演化情况进行分析。参考式（3-2-24）和式（3-2-25），将传播常数 β 的级数展开代入式（3-2-24）中，若只考虑到 β_3 项，可得到

$$\varphi(t) = \frac{1}{2\pi}\int_{-\infty}^{+\infty}F(\Omega)\exp\left\{\mathrm{j}\left[\Omega t - (\beta_1\Omega + \frac{1}{2}\beta_2\Omega^2 + \frac{1}{6}\beta_3\Omega^3)z\right]\right\}\mathrm{d}\Omega \qquad (3-2-62)$$

式（3-2-62）等号两边分别对 z 做微分，得到

$$\frac{\partial\varphi(t)}{\partial z} = \frac{1}{2\pi}\int_{-\infty}^{+\infty}F(\Omega)\left\{-\mathrm{j}(\beta_1\Omega + \frac{1}{2}\beta_2\Omega^2 + \frac{1}{6}\beta_3\Omega^3)\right\}\exp\left\{\mathrm{j}\left[\Omega t - (\beta_1\Omega + \frac{1}{2}\beta_2\Omega^2 + \frac{1}{6}\beta_3\Omega^3)z\right]\right\}\mathrm{d}\Omega$$
$$(3-2-63)$$

对式（3-2-63）进行反傅里叶变换得到

$$\frac{\partial\varphi}{\partial z} + \beta_1\frac{\partial\varphi}{\partial t} - \frac{\mathrm{j}}{2}\beta_2\frac{\partial^2\varphi}{\partial t^2} - \frac{1}{6}\beta_3\frac{\partial^3\varphi}{\partial t^3} = 0 \qquad (3-2-64)$$

将光纤的损耗考虑在内，信号电磁场幅度按照 $\exp(-\alpha z/2)$ 衰减，则可得到

$$\frac{\partial\varphi}{\partial z} + \beta_1\frac{\partial\varphi}{\partial t} - \frac{\mathrm{j}}{2}\beta_2\frac{\partial^2\varphi}{\partial t^2} - \frac{1}{6}\beta_3\frac{\partial^3\varphi}{\partial t^3} + \frac{\alpha}{2}\varphi = 0 \qquad (3-2-65)$$

式（3-2-65）描述了当光信号沿光纤传输时，脉冲的复振幅（包括振幅和相位）的演化情况，因此称之为基本传输方程。利用这个方程，在初始脉冲已知的情况下可以求出任意位置处的光脉冲的波形。

3.2.3　单模光纤中的色散

3.2.1 节和 3.2.2 节已经介绍了描述光波导传输特性的主要参数，包括群时延、脉冲展宽

和色散，本节主要讨论单模光纤群时延的计算和色散的分类。

由色散的定义［式（3-2-55）］知，模式传输常数随频率或波长的变化关系决定了该模式在传输过程中的色散性质。因此由模式特征方程所决定的模式特性曲线（$\beta(V)$ 或 $\beta(\omega)$ 曲线）也称作模式的色散曲线。单模光纤中只有基模（LP_{01} 模）传输，当归一化频率 $V \to 0$ 时，$W \to 0$，且传输常数 $\beta \to n_2$，而当归一化频率 $V \to \infty$ 时，$U \to 0$，且传输常数 $\beta \to n_1$。所以，光纤基模传输常数 β 的取值范围在 kn_1 和 kn_2 之间变化。光纤归一化传输常数的定义

$$b = \frac{(\beta / k)^2 - n_2^2}{n_1^2 - n_2^2} \qquad (3-2-66)$$

或

$$b = \frac{\beta^2 - n_2^2 k^2}{n_1^2 k^2 - n_2^2 k^2} = \frac{W^2}{V^2} = 1 - \frac{U^2}{V^2} \qquad (3-2-67)$$

于是有 β 和 b 的关系

$$\beta = kn_2(1 + 2\Delta b)^{1/2} \qquad (3-2-68)$$

式（3-2-68）利用了相对折射率差 $\Delta = (n_1^2 - n_2^2)/2n_1^2$ 的定义，由于 $2\Delta \ll 1$，式（3-2-68）可近似为

$$\beta \approx kn_2(1 + \Delta b) \qquad (3-2-69)$$

1. 群时延

群时延表示光信号包络的时延，为

$$\tau = \frac{\mathrm{d}\beta}{\mathrm{d}\omega} = \frac{1}{c}\frac{\mathrm{d}\beta}{\mathrm{d}k}$$

对式（3-2-69）取微分，且近似认为 Δ 与 ω 或 k 无关，可得

$$\tau = \frac{1}{c}\left[\frac{\mathrm{d}(kn_2)}{\mathrm{d}k}(1 + \Delta b) + kn_2\Delta\frac{\mathrm{d}b}{\mathrm{d}k}\right] \qquad (3-2-70)$$

由式（3-2-70），$\mathrm{d}(kn_2)/\mathrm{d}k$ 为包层材料的群折射率 N_2，在 V 与 k 近似为线性关系的条件下，存在

$$\frac{\mathrm{d}b}{\mathrm{d}k} = \frac{\mathrm{d}b}{\mathrm{d}V}\frac{\mathrm{d}V}{\mathrm{d}k} \approx \frac{V}{k}\frac{\mathrm{d}b}{\mathrm{d}V} \qquad (3-2-71)$$

通常 $N_2 \approx n_2$，于是式（3-2-70）可变为

$$\tau = \frac{N_2}{c}\left[1 + \Delta\frac{\mathrm{d}(bV)}{\mathrm{d}V}\right] \qquad (3-2-72)$$

式（3-2-72）为常用的单模光纤群时延的计算公式。由式（3-2-72）可以看出，当 $\mathrm{d}(bV)/\mathrm{d}V \to 0$ 时，$\tau \to N_2/c$，表示包层中传播的平面波的群时延；当 $\mathrm{d}(bV)/\mathrm{d}V \to 1$ 时，$\tau \to N_2(1 + \Delta)/c = N_1/c$，表示芯层中传播的平面波的群时延。所以，称 $\mathrm{d}(bV)/\mathrm{d}V$ 为归一化群时延。

$\mathrm{d}(bV)/\mathrm{d}V$ 的计算可由 $b = 1 - U^2/V^2$ 和特征方程导出，对于 LP_{01} 模

$$\frac{\mathrm{d}(bV)}{\mathrm{d}V} = 1 + \frac{U^2}{V^2}\left(1 - 2\frac{U}{V}\frac{\mathrm{d}U}{\mathrm{d}V}\right) \qquad (3-2-73)$$

LP_{01} 模的特征方程为

$$\frac{UJ_1(U)}{J_0(U)} - \frac{WK_1(W)}{K_0(W)} = 0$$

可求出

$$\frac{dU}{dV} = \frac{U}{V}\left[1 - \left(\frac{K_0(W)}{K_1(W)}\right)^2\right] \tag{3-2-74}$$

所以，

$$\frac{d(bV)}{dV} = -\frac{U^2}{V^2}\left[1 - 2\left(\frac{K_0(W)}{K_1(W)}\right)^2\right] \tag{3-2-75}$$

图 3-2-8 给出了 b、$d(bV)/dV$ 与 $d^2(bV)/dV^2$ 随 V 变化的曲线，值得注意的是 $d(bV)/dV$ 的值是可能大于 1 的。

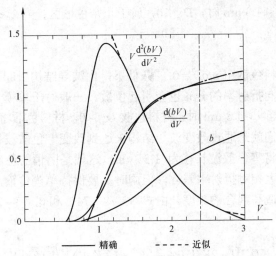

图 3-2-8　b、$\dfrac{d(bV)}{dV}$ 与 $\dfrac{d^2(bV)}{dV^2}$ 随 V 变化的曲线

2. 色散

式（3-2-72）等号两边对 λ 进行微分，可以得到

$$\frac{d\tau}{d\lambda} = \frac{1}{c}\frac{dN_2}{d\lambda}\left[1 + \Delta\frac{d(bV)}{dV}\right] + \frac{N_2}{c}\Delta\frac{d^2(bV)}{dV^2}\frac{dV}{d\lambda} + \frac{N_2}{c}\frac{d(bV)}{dV}\frac{d\Delta}{d\lambda} \tag{3-2-76}$$
$$= D_m + D_w + D_y$$

式中色散可分为三项

$$D_m = \frac{1}{c}\frac{dN_2}{d\lambda}\left[1 + \Delta\frac{d(bV)}{dV}\right] \approx \frac{\lambda}{c}\frac{d^2n_2}{d\lambda^2}\left[1 + \Delta\frac{d(bV)}{dV}\right] \tag{3-2-77}$$

$$D_w = \frac{N_2}{c}\Delta\frac{d^2(bV)}{dV^2}\frac{dV}{d\lambda} \approx -\frac{N_2}{c}\frac{\Delta}{\lambda}\frac{d^2(bV)}{dV^2} \tag{3-2-78}$$

$$D_y = \frac{N_2}{c} \frac{\mathrm{d}(bV)}{\mathrm{d}V} \frac{\mathrm{d}\Delta}{\mathrm{d}\lambda} \qquad (3-2-79)$$

D_m、D_w、D_y 分别为材料色散、波导色散和剖面色散。

1）材料色散

材料色散是由材料的群折射率 N 随波长变化所引起的色散特性，或者由其折射率 $n(\omega)$ 所引起的色散。但材料色散同时受 $\Delta \mathrm{d}(bV)/\mathrm{d}V$ 的影响，这就是说材料色散除了与无限大均匀材料的性质有关外，还与波导结构 $\Delta \mathrm{d}(bV)/\mathrm{d}V$ 有关。一般由于 Δ 很小，材料色散可以近似为

$$D_m \approx \frac{\lambda}{c} \frac{\mathrm{d}^2 n_2}{\mathrm{d}\lambda^2} \qquad (3-2-80)$$

而折射率 n_2 与波长的关系可以用 Sellmeier 公式给出，参见式（3-2-5）。

对于纯石英材料，利用 Sellmeier 公式可计算出其零色散波长 $\lambda = 1.273\ \mu m$。实际的单模光纤受波导结构 $\Delta \mathrm{d}(bV)/\mathrm{d}V$ 的作用，零色散波长会发生少许变化。通常单模光纤的零色散波长 $\lambda = 1.3\ \mu m$，而且当 $\lambda < 1.3\ \mu m$ 时，$D_m < 0$，属于正常色散区；当 $\lambda > 1.3\ \mu m$ 时，$D_m > 0$，属于反常色散区。

2）波导色散

波导色散是假定材料色散 $\mathrm{d}^2 n/\mathrm{d}\lambda^2 = 0$ 的条件下，由波导结构引起的色散。即使波导材料不是色散媒质，波导横向折射率的分布也会引起色散。一般对于单模光纤，在其单模范围内其波导色散总是负值。当 $\lambda > 1.3\ \mu m$ 时，材料色散 $D_m > 0$，材料色散将与波导色散 D_w 相互抵消。基于这个结论，人们就想通过改变波导结构来达到改变零色散波长位置的目的。例如，通过改变波导结构可以将零色散波长移为 $1.55\ \mu m$，这就是所谓的色散位移光纤。为了获得更大的负色散，必须加大相对折射率差 Δ，但同时又要保持单模传输，这就要求减小光纤的芯径，从而增加光纤制造和耦合的难度。由式（3-2-74）和式（3-2-75），再利用汉克函数递推关系式，可得到

$$V \frac{\mathrm{d}^2(bV)}{\mathrm{d}V^2} = 2\frac{U^2}{V^2}\left\{ K(V)\left[1 - 2K(V)\right] + \frac{2}{V}\left[V^2 + U^2 K(V)\right]\sqrt{K(V)}\left[K(V) + \frac{K(V)}{V} - 1\right]\right\}$$
$$(3-2-81)$$

式（3-2-81）中，$K(V) = \left[K_0(V) / K_1(V)\right]^2$。

3）剖面色散

剖面色散是相对折射率差 Δ 随波长 λ 变化而引起的色散，它通常比较小，可以忽略，但在设计零色散光纤时，这一项必须要加以考虑。

图 3-2-9 为单模光纤的色散示意图。按照 CCITT 的规定，常规光纤（G.652 光纤）的具体指标为：在 $1.3\ \mu m$ 波长处的 $D < 3\ ps/(nm \cdot km)$，在 $1.55\ \mu m$ 波长处的 D 为 $17\ ps/(nm \cdot km)$ 左右。色散位移光纤在 $1.55\ \mu m$ 波长处可做到 $D < 3\ ps/(nm \cdot km)$。

在零色散区，除了最大色散系数这一指标以外，色散斜率也十分重要，其定义为

$$S_0 = \frac{\mathrm{d}D(\lambda)}{\mathrm{d}\lambda} \qquad (3-2-82)$$

表示为零色散波长附近总色散系数随波长 λ 变化的曲线的斜率，其单位是 $ps/(nm^2 \cdot km)$。

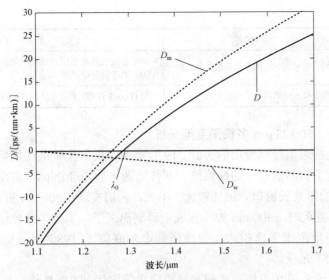

图 3－2－9　单模光纤的色散示意图

如果给定色散斜率 S_0，则在零色散区内的色散系数为

$$D(\lambda) = S_0 \Delta \lambda \qquad (3-2-83)$$

3.2.4　光纤的分类与 ITU－T 建议

自 1966 年高锟博士预言光纤可以用于通信以来，光纤通信技术的发展日新月异。数十年来，光纤通信已经深刻地改变了人们的生活，成为人类信息高速公路的基石。为了保证来自不同国家供应商的设备和器件彼此互连，需要制定统一的标准和规范，这其中就包括光纤的标准。

目前中国光通信行业关于光纤光缆的标准主要分为国际标准和国内标准两大部分。其中国际标准主要是国际电工委员会颁布的 IEC 系列标准和国际电信联盟颁布的 ITU 系列标准。国内标准主要是中国国家质量监督检验检疫总局和中国国家标准化管理委员会共同颁布的 GB 系列标准及中国信息产业部颁布的 YD/T 系列标准。这其中最具影响力的标准来自国际电信联盟的电信部门（ITU－T）发布的 G.65X 系列建议，见表 3－2－1。

表 3－2－1　ITU－T 光纤建议

ITU－T 建议	光纤名称	特　　点
G.651	50/125 μm 多模渐变型折射率光纤	多模光纤
G.652	单模光纤	零色散波长位于 1 310 nm 窗口，使用量最多，也可用于 1 550 nm 窗口
G.653	色散位移单模光纤	零色散波长位于 1 550 nm 窗口，与石英光纤的最低损耗波长相匹配
G.654	截止波长位移单模光纤	超低损耗和大模场面积光纤，色散特性与 G.652 相当
G.655	非零色散位移光纤	综合考虑光纤损耗、色散特性和非线性效应，在 1 550 nm 窗口保留一定的大于零的色散

ITU-T 建议	光纤名称	特　点
G.656	用于宽带光传输的非零色散位移光纤	非零色散的波段范围扩展到 1 460～1 625 nm 范围内，增加 WDM 系统的应用范围
G.657	用于接入网的弯曲不敏感光纤	与 ITU-T G.652 单模光纤和光缆相比，弯曲性能有大幅改进

1. G.651 光纤，50/125 μm 多模渐变型光纤

多模光纤是光纤通信最早使用的光纤。1976 年美国贝尔实验室在华盛顿至亚特兰大之间建立了世界上第一个实用的光纤通信系统，其传输速率为 45 Mbit/s，采用的就是多模光纤，波长是在 850 nm 的短波长窗口，损耗较大。不久，人们发现 1 300 nm 窗口比 850 nm 窗口具有更低的损耗，而且此时 1 300 nm 波段也成功研制出来了，于是光纤通信系统的应用很快扩展到长途电话，应用范围迅速扩大，促使国际电信联盟于 1980 年制定了关于光纤标准的第一个建议—G. 651 光纤。

尽管多模光纤通信系统很快被单模光纤通信系统取代，特别是长距离、大容量通信系统。但是在传输速率较低（数十到数百 Mbit/s）或者传输距离较短时（数百米到数千米），多模光纤通信系统在成本上具有明显的优势。近年来，光纤入户的推进大大扩展了多模光纤的市场。这促使 ITU 在 2007 年又制定了 G.651.1 建议，替换了原有的 G.651 建议。在新的 G.651.1 建议中，对光纤的性能有了更高的要求，如光纤的最小带宽距离积为 500 MHz·km，最大损耗为 3.5 dB/km@850 nm、1.0 dB/km@1 300 nm，而相应地 G.651 光纤的要求分别为 200 MHz·km、4 dB/km@850 nm、2 dB/km@1 300 nm。

2. G.652 光纤，单模光纤

尽管多模光纤具有较大的芯径，便于激光器耦合到光纤中，但模式色散所引起的光脉冲展宽和波形畸变却从损耗以外的另一方面限制了光纤的传输速率和传输距离。对这一问题的研究是光纤技术的一次重要进步，即通过减小光纤芯径并采用芯包折射率差小的光纤，使光纤在工作波长上只支持一个模式（基模）的传输，即可消除模式色散带来的不利影响，这就是单模光纤。20 世纪 80 年代初，单模光纤激光器和单模光纤相继被研制成功。相对于多模光纤，单模光纤在传输距离上具有明显的优势，单模光纤传输系统几乎全部取代了多模光纤传输系统。ITU-T 于 1984 年制定了 G.652 光纤建议。

G.652 建议书描述了单模光纤和光缆的几何、机械及传输属性。这种光纤原本是为在 1 300 nm 窗口内使用而进行优化的，因此其零色散波长在 1 310 nm 附近（范围为 1 300～1 324 nm），色散斜率 $S_0 \leqslant 0.093$ ps/（nm²·km），在零色散区（1 288～1 339 nm）最大色散系数 $D < 3.5$ ps/（nm·km），但在 1 310 nm 波段光纤损耗较大，为 0.3～0.4 dB/km。光纤的最低损耗窗口位于 1 550 nm 窗口，光纤损耗范围为 0.19～0.25 dB/km，因此实际中高速率、长距离的系统更多采用 1 550 nm 窗口，该窗口具有较大的正色散值，在 1 550 nm 处的典型值约为 17 ps/（nm·km）。

G.652 光纤结构简单，技术成熟，是目前使用量最多的单模光纤。G.652A、G.652B、G.652C、G.652D 是这种光纤的四个分类，其中 G.652A 和 G.652B 光纤自 20 世纪 90 年代以来被大量用于电信网络，被称为标准单模光纤或者 1 310 nm 最优化光纤。G.652C 和 G.652D 光纤通过降低水离子浓度消除了 E 波段 1 360～1 460 nm 的损耗峰，允许工作波长范围为 1 260～

1 625 nm，该光纤的一种应用是 E 波段低成本、短距离 CWDM（稀疏波分复用）系统，另一种应用是光纤到户接入网的无源光网络（PON）。

此外，G.652A 和 G.652C 规定的偏振模色散为 0.5 ps/km$^{1/2}$，支持 10 Gbit/s 系统的传输距离可达 400 km，支持 10 Gbit/s 以太网系统的传输距离可达 40 km，支持 40 Gbit/s 系统的传输距离为 2 km。G.652B 和 G.652D 规定的偏振模色散为 0.2 ps/km$^{1/2}$，支持 10 Gbit/s 系统的传输距离可达 3 000 km，支持 40 Gbit/s 系统的传输距离可达 80 km。

3. G.653 光纤，色散位移单模光纤

一般来说，传输速率在 2.5 Gbit/s 以下的系统主要受损耗限制，传输速率在 10 Gbit/s 以上的系统主要受色散限制。针对 G.652 光纤最小损耗和零色散不在同一工作波长上的特点，人们研制出一种新结构光纤，把零色散波长从 1 310 nm 窗口移到 1 550 nm 窗口。ITU－T 于 1988 年制定了相应的光纤标准——G.653 建议，命名为色散位移光纤。

实现色散位移的手段是增加波导色散，使得在 1 550 nm 附近材料色散刚好与波导色散相抵消。增加波导色散的办法除了前面提到的减小纤芯直径的办法以外，主要办法是将纤芯折射率做成渐变的，如三角形分布等。具体的折射率分布如图 3－2－10 所示。

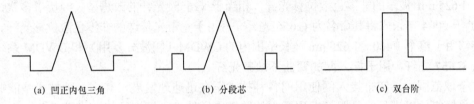

(a) 凹正内包三角　　　　　(b) 分段芯　　　　　(c) 双台阶

图 3－2－10　色散位移光纤折射率分布

4. G.654 光纤，截止波长位移单模光纤

G.654 光纤是为了获得超低损耗而设计的纯石英芯和掺氟包层下陷型光纤，其色散特性与 G.652 光纤相当，零色散波长在 1 300 nm 附近，但截止波长位移到了 1 550 nm 波段，同时 G.654 光纤具有更大的模场直径。超低损耗和大模场直径的优点，使其非常适合长距离、大功率信号的传输，典型应用是长距离海底系统。

如图 3－2－11（a）所示匹配包层结构，一般是在纤芯中掺 GeO$_2$ 以提高其折射率，但掺杂浓度如果过高，则会增加散射损耗，掺杂浓度低则相对折射率差 Δ 值偏低，包层与纤芯界面对模式场约束降低，光纤的抗弯特性就会稍差一些。如图 3－2－11（b）所示，下凹内包层光纤是一种三层结构，中心的纤芯掺 GeO$_2$，有较高的折射率；内包层掺 F 使得它的折射率比包层 SiO$_2$ 折射率还低，从而产生一个 Δ_-；包层则由纯石英构成，它与纤芯之间有相对折射率差 Δ_+。总的折射率差也就是纤芯与内包层之间的相对折射率差 $\Delta = \Delta_+ + \Delta_-$。这样可以在不增加 Δ_+，即纤芯包层折射率差的同时又获得了对模式场的紧约束，所以这种结构的光纤具有较好的弯曲性能。

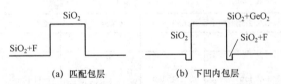

(a) 匹配包层　　　　　(b) 下凹内包层

图 3－2－11　截止波长位移单模光纤折射率分布

5. G.655 光纤，非零色散位移光纤

G.653 光纤在日本获得了大量应用，但是很快，一种新的复用技术——密集波分复用（DWDM）系统出现了。色散位移光纤在 1 550 nm 波段有十分优异的传输特性，它在光纤的最低损耗波长处的色散系数几乎为零。这对于单波长系统，无疑是最好的，但是对于多波长系统，这种光纤则有严重问题。在 DWDM 系统中，如果各个波长信道的光功率较大，则会产生所谓四波混频，这将导致系统性能的严重劣化，而工作在零色散区则正好可以满足形成四波混频的相位匹配条件。为克服这一问题，人们又研制了一种在 1 550 nm 窗口色散不是很大又不为零的新结构光纤，ITU-T 于 1996 年将其命名为 G.655 光纤。G.655 光纤是综合考虑光纤损耗、色散特性和非线性效应而提出的单模光纤技术规范。按 G.655 建议制造的光纤在 1 550 nm 窗口保留了一定量的色散，以抑制四波混频。但其色散又要充分小，以保证色散不会成为系统容量的限制因素。

6. G.656 光纤，用于宽带光传送的非零色散位移光纤

2002 年，日本的 NTT 公司和 CLPAJ 公司联合提出，应规范一种适用于 DWDM 系统的 S（1 460～1 530 nm）+C（1 530～1 565 nm）+L（1 565～1 625 nm）波段应用的新型光纤，即 1 460～1 625 nm 波段的非零色散位移光纤，相当于 G.655 光纤的改进型。经历了多次讨论，ITU-T 于 2004 年正式将其命名为 G.656 光纤——用于宽带光传送的非零色散位移光纤。这种光纤能够用于整个 1 460～1 625 nm 波长范围内的 CWDM（粗波分复用）和 DWDM 系统。

7. G.657 光纤，用于接入网的弯曲不敏感光纤

在全球范围内，宽带接入网使用的各种技术正在迅速地发展，其中一项技术是能够提供大容量传输媒体以满足宽带服务发展需求的单模光纤技术。根据网络要求敷设并运行单模光纤和光缆方面的经验很多，描述其特性的 ITU-T G.652 建议书适用于这些经验。尽管如此，在光接入网内的特定用法会对光纤和光缆增加种种改进其最佳性能特性的要求。光接入网与一般传送网用法不同的主要原因在于接入网内的网络分配和引入光缆的密度大。有限的空间和大量的操作处理，要求运营商友好的光纤性能和低弯曲敏感性。另外，要改进在空间有限、拥挤的电信局站内布缆的方法。ITU-T G.657 建议书的目标是提出与现有 ITU-T G.652 单模光纤和光缆相比，弯曲性能有大幅改进的建议，以为优化提供支持，其第一个版本发布于 2006 年，现行版本为 2012 年通过的 3.0 版。

与 G.652 光纤相比，G.657 光纤和光缆具有良好的抗弯曲性能。G.657 建议规范了两类不同的单模光纤，其中 A 类光纤完全与 G.652 光纤兼容，并且可以用在网络的其他地方。B 类光纤不完全与 G.652 单模光纤兼容，但是在小角度弯曲的情况下损耗比较小，因此 B 类光纤更适合室内使用。表 3-2-2 汇总了 ITU-T G.65X 建议中给出的光纤参数指标，可以与以上描述的光纤特性对照理解。

表 3-2-2 ITU-T 建议中的光纤参数指标

参数	光 纤						
	G.651.1 光纤	G.652 光纤	G.653 光纤	G.654 光纤	G.655 光纤	G.656 光纤	G.657 光纤
芯子直径	50 μm						
模场直径		8.6～9.5 μm @1 310 nm	7.8～8.5 μm @1 550 nm	A/C: 9.5～10.5 μm B: 9.5～13.0 μm D: 11.5～15.0 μm @1 550 nm	8～11 μm @1 550 nm	7～11 μm @1 550 nm	8.6～9.5 μm @1 310 nm

参数	光　纤						
	G.651.1 光纤	G.652 光纤	G.653 光纤	G.654 光纤	G.655 光纤	G.656 光纤	G.657 光纤
截止波长		≤1 260 nm	≤1 270 nm	≤1 530 nm	≤1 450 nm	≤1 450 nm	≤1 260 nm
零色散波长	1 295~1 340 nm	1 300~1 324 nm	1 500~1 600 nm	1 300 nm 附近			A：1 300~1 324 nm B：1 250~1 350 nm
损耗系数 @850 nm	≤3.5 dB/km						
损耗系数 @1 310 nm	≤1.0 dB/km	A：≤0.5 dB/km B：≤0.4 dB/km C/D：≤0.4 dB/km				≤0.4 dB/km	≤0.4 dB/km
损耗系数 @1 550 nm		A：≤0.4 dB/km B：≤0.35 dB/km C/D：≤0.3 dB/km	≤0.35 dB/km	A/B/C：≤0.22 dB/km D：≤0.20 dB/km	≤0.35 dB/km	≤0.35 dB/km	≤0.3 dB/km
损耗系数 @1 625 nm		B：≤0.4 dB/km C/D：≤0.4 dB/km			B/C/D/E：≤0.4 dB/km	≤0.4 dB/km	≤0.4 dB/km
光纤/光缆 偏振模色散		A/C：≤0.5 ps/km$^{1/2}$ B/D：≤0.2 ps/km$^{1/2}$	A：≤0.5 ps/km$^{1/2}$ B：≤0.2 ps/km$^{1/2}$	A：≤0.5 ps/km$^{1/2}$ B/C/D：≤0.2 ps/km$^{1/2}$	A/B：≤0.5 ps/km$^{1/2}$ C/D/E：≤0.2 ps/km$^{1/2}$	≤0.2 ps/km$^{1/2}$	A：≤0.2 ps/km$^{1/2}$ B：≤0.5 ps/km$^{1/2}$

3.3　光纤中的非线性效应

在光纤光学领域中，非线性效应的研究对今后光信息技术的发展起着重要的作用。光在介质中传播，当光能足够强时，在一定条件下就会产生各种非线性光学现象。原则上，在体介质中发生的各种非线性光学现象都能在光纤中产生，但是，光纤结构的特点使得光纤不仅可以改善产生这些现象的条件，还能够产生在体介质中不可能产生的现象，并加以利用。

光纤在产生非线性光学现象方面的主要特点是：光纤中电磁场在二维方向上被局限在光波长量级的小范围内，这样，即使只有较小的输入光功率，在光纤中也可获得较大的光功率密度，足以实现非线性的相互作用；光波在光纤中可以无衍射地传输相当长的距离，从而保证了有效的非线性相互作用所需的相干传输距离；光纤中可以利用波导色散来抵消材料色散。这样，对于那些因光学各向同性而很难在体介质中实现相位匹配的情况，在光纤中则有可能实现，并获得有效的非线性作用。

随着光纤通信技术的发展，人们对光学中非线性的认识不断变化。例如，多波长光通信系统应克服四波混频（four-wave mixing，FWM）引起的串扰，但通过四波混频效应可以实现波长变换，而波长变换则是光网络核心技术之一；自相位调制（self phase modulation，SPM）会导致信号传输失真，但在特定条件下，自相位调制与光纤色散相互作用会形成光孤子，使光孤子通信成为可能；受激非弹性散射会导致光信号功率的额外损失，引起串扰，但反之又可利用受激散射现象制成光放大器、光纤激光器。

本节将介绍光纤非线性传输的一般理论及自相位调制、光孤子传输、四波混频、受激拉曼散射（stimulated Raman scattering，SRS）、受激布里渊散射（stimulated Brillouin scattering，SBS）等非线性现象的机理。

3.3.1 非线性传输方程

1. 光波与介质的非线性作用

与其他光学介质一样，当光纤中的光场较强时，光纤对外场的电极化响应将呈现出非线性。该非线性起源于电子在强场作用下对简谐运动的偏离，宏观上表现为介质在外场作用下的非线性极化，其电极化矢量一般表示为

$$P = \varepsilon_0 \left[\chi^{(1)} \cdot E + \chi^{(2)} : EE + \chi^{(3)} \vdots EEE + \cdots \right] \qquad (3-3-1)$$

其中 $\chi^{(i)}$ 称为介质的电极化率张量，且 $\chi^{(i)}$ 是 $i+1$ 阶张量。$\chi^{(1)}$ 是一个二阶张量，它的 9 个元素与电场 E 无关，是电极化率张量的线性部分。如果 $\chi^{(2)}$、$\chi^{(3)}$ 及所有高阶电极化率张量的元都为零，则介质是线性的，极化强度与电场之间有简单的线性关系。如果 $\chi^{(1)}$ 中所有的对角线元相等而所有的非对角线元全为零，则介质是线性各向同性的，极化强度与电场之间有简单的正比例关系 $P = \varepsilon_0 \chi^{(1)} E$。$\chi^{(2)}$ 和 $\chi^{(3)}$ 分别是介质的二阶和三阶非线性电极化率张量，由它们决定的电极化矢量是电极化强度的非线性部分。因此，极化强度矢量可表示为

$$P = P_L + P_{NL} = P_L + P_{NL}^{(2)} + P_{NL}^{(3)} \qquad (3-3-2)$$

其中 P_L 为线性极化强度，$P_{NL}^{(2)}$ 为二阶非线性极化强度，$P_{NL}^{(3)}$ 为三阶非线性极化强度。在一般情形下，总有 $|P_L| \gg |P_{NL}|$。所以在外电场不是很强的情形下，总可以近似认为介质是线性的。为了衡量非线性项的大小，经过对电介质极化过程的分析，认为当外加电场与原子内部的库仑场可以比拟时，二阶非线性电极化项与线性极化项的大小可以比拟。原子内部库仑场是一个十分强大的电场，可达 10^{10} V/m 以上，一般宏观电磁场难以达到，这就是平常总可以将电介质看成是线性介质的原因。由此分析，可以给出一个各阶电极化率之间的量值近似关系

$$\chi^{(1)} \approx \chi^{(2)} E_{atom} \approx \chi^{(3)} E_{atom}^2 \qquad (3-3-3)$$

光波与介质的非线性相互作用过程都由非线性极化项决定。光波在介质中传播时的一切非线性响应都以非线性电偶极项为源。所以通常在讨论光波在非线性介质中传播时，将波动方程写成

$$\nabla^2 E - \frac{1}{c^2} \frac{\partial^2 E}{\partial t^2} = \mu_0 \frac{\partial^2 P}{\partial t^2}$$

或

$$\nabla^2 E - \frac{n^2}{c^2} \frac{\partial^2 E}{\partial t^2} = \mu_0 \frac{\partial^2 P_{NL}}{\partial t^2} \qquad (3-3-4)$$

式（3-3-4）中 $c = 1/\sqrt{\mu_0 \varepsilon_0}$ 是光在真空中的速度，$n^2 = 1 + \chi^{(1)}$ 是介质折射率的线性部分。

下面分别讨论式（3-3-2）中的二阶、三阶非线性极化强度及与光纤非线性有关的非参量过程。

假设介质中的电磁场为单一频率的正弦场，即 $E(t) = E_0 \cos \omega t$。如果介质是各向同性的，

仅仅考虑二阶非线性，则其响应二阶非线性极化强度值为

$$P_{NL}^{(2)}(t) = \varepsilon_0 \boldsymbol{\chi}^{(2)} E_0^2 \cos^2 \omega t = \frac{1}{2}\varepsilon_0 \boldsymbol{\chi}^{(2)} E_0^2 + \frac{1}{2}\varepsilon_0 \boldsymbol{\chi}^{(2)} E_0^2 \cos 2\omega t \qquad (3-3-5)$$

由式（3-3-5）可以得到，介质的二阶非线性极化强度包括一个直流项和一个频率为 2ω 的二次谐波项。

如果介质中的电磁场是多个频率的正弦电磁场的叠加，则其二阶非线性响应要复杂得多。不失一般性，考虑两个频率的情形，即 $\boldsymbol{E}(t) = \boldsymbol{E}_1 \cos \omega_1 t + \boldsymbol{E}_2 \cos \omega_2 t$，则有

$$P_{NL}^{(2)}(t) = \varepsilon_0 \boldsymbol{\chi}^{(2)} \left(\boldsymbol{E}_1 \cos \omega_1 t + \boldsymbol{E}_2 \cos \omega_2 t \right)^2 = \frac{1}{2}\varepsilon_0 \boldsymbol{\chi}^{(2)} \left(\boldsymbol{E}_1^2 + \boldsymbol{E}_2^2 \right) +$$

$$\frac{1}{2}\varepsilon_0 \boldsymbol{\chi}^{(2)} (\cos 2\omega_1 t + \cos 2\omega_2 t) + \frac{1}{2}\varepsilon_0 \boldsymbol{\chi}^{(2)} \boldsymbol{E}_1 \boldsymbol{E}_2 \left[\cos(\omega_1 - \omega_2) + \cos(\omega_1 + \omega_2) \right] \qquad (3-3-6)$$

由式（3-3-6）可得到，二阶非线性极化强度包括两个直流项（光学整流项）、频率为 $2\omega_1$ 和 $2\omega_2$ 的二次谐波项，以及频率为 $\omega_1 + \omega_2$ 和 $\omega_1 - \omega_2$ 的和频项和差频项。对于多个频率的情形，总可以按两个频率情形两两组合，得到光学整流项、二次谐波项、和频项和差频项的组合，故不再冗述。

与讨论二阶非线性响应类似，三阶非线性极化强度也分为单一频率正弦场的响应和多频率正弦场的响应两种情形讨论。假设介质中存在的电磁场为单一频率正弦场，则介质的三阶非线性极化强度为

$$P_{NL}^{(3)}(t) = \varepsilon_0 \boldsymbol{\chi}^{(3)} E_0^3 \cos^3 \omega t = \frac{3}{4}\varepsilon_0 \boldsymbol{\chi}^{(3)} E_0^3 \cos \omega t + \frac{1}{4}\varepsilon_0 \boldsymbol{\chi}^{(3)} E_0^3 \cos 3\omega t \qquad (3-3-7)$$

由式（3-3-7）可得到三阶非线性极化强度，包括三次谐波项和原频率项。

如果介质中的场是由多个频率的正弦场叠加而成的，假设 $\boldsymbol{E}(t) = \boldsymbol{E}_1 \cos \omega_1 t + \boldsymbol{E}_2 \cos \omega_2 t + \boldsymbol{E}_3 \cos \omega_3 t$，则其三阶非线性极化强度为

$$P_{NL}^{(3)}(t) = \varepsilon_0 \boldsymbol{\chi}^{(3)} \left(\boldsymbol{E}_1 \cos \omega_1 t + \boldsymbol{E}_2 \cos \omega_2 t + \boldsymbol{E}_3 \cos \omega_3 t \right)^3 \qquad (3-3-8)$$

将式（3-3-8）展开，可以得到不同的频率分量，这些频率分别为

$$\omega_1, \quad \omega_2, \quad \omega_3, \quad 3\omega_1, \quad 3\omega_2, \quad 3\omega_3$$
$$\omega_i \pm \omega_j \pm \omega_k, \quad 2\omega_i \pm \omega_j \qquad (3-3-9)$$

其中 $i, j, k = 1, 2, 3$。式（3-3-9）中前 6 个频率分别是原来的频率和三次谐波频率，而剩余两组频率则是三阶非线性极化强度所特有的四波混频项，$\omega_i \pm \omega_j \pm \omega_k$ 称为非简并四波混频项，$2\omega_i \pm \omega_j$ 称为简并四波混频项。上述各项非线性极化强度的大小分别为

$$P_{NL}^{(3)}(\omega_j) = \frac{1}{4}\varepsilon_0 \boldsymbol{\chi}^{(3)} \left(3\boldsymbol{E}_i^2 + 6\boldsymbol{E}_j^2 + 6\boldsymbol{E}_k^2 \right) \boldsymbol{E}_i$$

$$P_{NL}^{(3)}(3\omega_j) = \frac{1}{4}\varepsilon_0 \boldsymbol{\chi}^{(3)} \boldsymbol{E}_i^3$$

$$P_{NL}^{(3)}(\omega_i \pm \omega_j \pm \omega_k) = \frac{6}{4}\varepsilon_0 \boldsymbol{\chi}^{(3)} \boldsymbol{E}_1 \boldsymbol{E}_2 \boldsymbol{E}_3 \qquad (3-3-10)$$

$$P_{NL}^{(3)}(2\omega_i \pm \omega_j) = \frac{3}{4}\varepsilon_0 \boldsymbol{\chi}^{(3)} \boldsymbol{E}_i^2 \boldsymbol{E}_j$$

四波混频与光子的产生和湮灭有关，又被称为四光子混合。

二阶和三阶非线性极化强度的产生都被称为参量过程。除了参量过程以外，光与物质的相互作用还存在另一类重要的过程，即非参量过程。参量过程与非参量过程差别的准确解释必须采用量子理论。这里仅仅指出，所谓参量过程是指在过程的终态和初态光子的总能量保持不变，而非参量过程中光子的能量可能转换为其他形式的能量。由于参量过程中光子能量守恒，所以描述参量过程的电极化参数是正实数。非参量过程总是伴随光子能量的损失，因而描述非参量过程的电极化参数是复数。在光纤的非线性传输中，最重要的非参量过程就是受激非弹性散射，包括受激拉曼散射和受激布里渊散射。在受激非弹性散射过程中存在光场与介质之间的能量转移，振动态吸收一部分入射光子（常称为泵浦光）的能量从低能态跃迁至高能态，同时出射光子（常称为 Stokes 光），由于入射光子损失了能量因而频率降低。从量子论的观点来看，这是湮灭了一个泵浦光子同时产生出一个声子和一个低频 Stokes 光子的声子发射过程。与此相反的过程是泵浦光子吸收一个声子而产生出一个高频光子（称为反Stokes 光）的声子吸收过程。两类非参量过程将在后面详细讨论。

2. 石英光纤的非线性折射率

非线性光学理论指出，如果介质的分子结构具有反演对称性，则其二阶非线性响应为零。这是因为具有反演对称性的介质，当改变外加电场方向时，其作为响应的各阶极化强度方向，都将发生改变，其二阶非线性响应

$$\boldsymbol{P}_{NL}^2(t) = \varepsilon_0 \boldsymbol{\chi}^{(2)} \boldsymbol{E}^2(t)$$

其中 $\boldsymbol{E}(t) = \boldsymbol{E}_0 \cos \omega t$，如果外加电场改变方向 $\boldsymbol{E}(t) = -\boldsymbol{E}_0 \cos \omega t$，则

$$\boldsymbol{P}_{NL}^2(t) = \varepsilon_0 \boldsymbol{\chi}^{(2)} \left(-\boldsymbol{E}_0 \cos \omega t \right)^2$$

按照反演对称的定义，有

$$\boldsymbol{P}_{NL}^2(t) = \varepsilon_0 \boldsymbol{\chi}^{(2)} \boldsymbol{E}_0^2 \cos^2 \omega t = -\varepsilon_0 \boldsymbol{\chi}^{(2)} \boldsymbol{E}_0^2 \cos^2 \omega t$$

由此可得

$$\boldsymbol{\chi}^{(2)} = -\boldsymbol{\chi}^{(2)}$$

即

$$\boldsymbol{\chi}^{(2)} = \boldsymbol{0} \tag{3-3-11}$$

石英光纤的主要成分是 SiO_2，它的分子结构具有反演对称性，因而在光纤中其二阶电极化率张量 $\boldsymbol{\chi}^{(2)} = \boldsymbol{0}$，只需考虑三阶非线性极化。假设光纤为各向同性介质，则在光纤中极化强度可表示为

$$\boldsymbol{P}(t) = \varepsilon_0 \boldsymbol{\chi}^{(1)} \boldsymbol{E}(t) + \varepsilon_0 \boldsymbol{\chi}^{(3)} \boldsymbol{E}^3(t)$$

电位移为

$$\boldsymbol{D}(t) = \varepsilon_0 \boldsymbol{E}(t) + \boldsymbol{P}(t) = \varepsilon_0 \left[1 + \boldsymbol{\chi}^{(1)} + \boldsymbol{\chi}^{(3)} \left| \boldsymbol{E}(t) \right|^2 \right] \boldsymbol{E}(t) = \varepsilon_0 n^2 \boldsymbol{E}(t)$$

且

$$n^2 = \left[1 + \boldsymbol{\chi}^{(1)} + \boldsymbol{\chi}^{(3)} \left| \boldsymbol{E}(t) \right|^2 \right]$$

对频率为 ω 的正弦场

$$n^2 = \left[1 + \boldsymbol{\chi}^{(1)} + \frac{3}{4} \boldsymbol{\chi}_{xxxx}^{(3)} \left| \boldsymbol{E} \right|^2 \right] \tag{3-3-12}$$

其中，$\chi_{xxxx}^{(3)}$ 为三阶非线性极化张量的第一个元素。于是折射率 n 可以表示为

$$n = n_1 + n_2 |\boldsymbol{E}|^2 \tag{3-3-13}$$

其中

$$n_1 = [1 + \chi^{(1)}]^{\frac{1}{2}}, \quad n_2 = \frac{3}{8n_1} \chi_{xxxx}^{(3)} \tag{3-3-14}$$

式（3-3-13）中，n_1 是折射率的线性部分，而 $n_2 |\boldsymbol{E}|^2$ 是折射率的非线性部分。n_1 称为介质的线性折射率，而 n_2 称为介质的非线性折射率。光纤的折射率除了线性部分外，还有与外加光强成正比的非线性修正项。这种折射率存在与外加场强二次方成比例的非线性修正项的现象在光学中称为克尔效应。在很多情况下，用非线性折射率系数对光纤中的非线性现象进行描述是非常方便的。通常 $n_2 \ll n_1$，非线性效应对光纤中信号传输的影响可以当作微扰处理。

3. 非线性传输方程

在 3.2 节中，讨论了当光纤作为线性系统处理时，光纤色散导致光信号在光纤中传播时发生畸变。本节，将同时考虑光纤的非线性和色散的影响。在非线性的色散介质中，光信号的传输畸变是光通信的基本问题，研究光信号畸变的基础就是非线性传输方程。

光波在非线性介质中传播时，其波动方程［式（3-3-4）］由 $\boldsymbol{P} = \boldsymbol{P}_{\mathrm{L}} + \boldsymbol{P}_{\mathrm{NL}}$ 可得

$$\nabla^2 \boldsymbol{E} - \frac{1}{c^2} \frac{\partial^2 \boldsymbol{E}}{\partial t^2} = \mu_0 \frac{\partial^2 (\boldsymbol{P}_{\mathrm{L}} + \boldsymbol{P}_{\mathrm{NL}})}{\partial t^2} \tag{3-3-15}$$

为了求解式（3-3-15），作以下几个假设，以简化问题。

（1）光纤中 $\boldsymbol{P}_{\mathrm{NL}}$ 视为 $\boldsymbol{P}_{\mathrm{L}}$ 的微扰项，即 $\boldsymbol{P}_{\mathrm{NL}} \ll \boldsymbol{P}_{\mathrm{L}}$，也就是说，非线性项仅是在线性极化项上附加的一个微扰项。实际上，折射率的非线性项小于 10^{-6}。

（2）光纤模式矢量在传输过程中保持其偏振方向不变，即线偏振近似。通常这个假设（标量近似）与实际误差很小，结果可信。

（3）假设光信号是准单色的，即光信号的谱宽 $\Delta\omega$ 比起中心载频 ω_0 要小得多，也就是说，$\Delta\omega \ll \omega_0$。这是因为光频波段 ω_0 在 $10^{15} \,\mathrm{rad/s}$ 量级，而 $\Delta\omega$ 即使对 ps 级脉冲也仅为 $10^{12} \,\mathrm{rad/s}$ 量级。

由此可以将光信号看成是一个慢变化的脉冲包络与一个快速振荡的光载波的乘积，即

$$\boldsymbol{E}(x,y,z,t) = \boldsymbol{e}_x \{ E(x,y,z,t) \exp[\mathrm{j}(\omega_0 t - \beta_0 z)] \} \tag{3-3-16}$$

其中 $E(x,y,z,t)$ 即为慢变化的信号包络函数，ω_0 为载波中心频率。假设光纤模式场只有 x 分量，光纤中的 $\boldsymbol{P}_{\mathrm{L}}$ 和 $\boldsymbol{P}_{\mathrm{NL}}$ 都可以表示为一个慢变化的包络和快变化的载波的乘积，即

$$\boldsymbol{P}_{\mathrm{L}}(x,y,z,t) = \boldsymbol{e}_x \{ P_{\mathrm{L}}(x,y,z,t) \exp[\mathrm{j}(\omega_0 t - \beta_0 z)] \}$$

$$\boldsymbol{P}_{\mathrm{NL}}(x,y,z,t) = \boldsymbol{e}_x \{ P_{\mathrm{NL}}(x,y,z,t) \exp[\mathrm{j}(\omega_0 t - \beta_0 z)] \} \tag{3-3-17}$$

对于线性极化强度 $\boldsymbol{P}_{\mathrm{L}}$，考虑极化的滞后效应，则有

$$P_{\mathrm{L}}(x,y,z,t) = \varepsilon_0 \int_{-\infty}^{+\infty} \chi_{xx}^{(1)}(t-t') E(x,y,z,t') \exp\left[\mathrm{j}\omega_0(t-t')\right] \mathrm{d}t'$$

$$= \frac{\varepsilon_0}{2\pi} \int_{-\infty}^{+\infty} \chi_{xx}^{(1)}(\omega) E(x,y,z,\omega-\omega_0) \exp\left[-\mathrm{j}(\omega-\omega_0)t\right] \mathrm{d}\omega \tag{3-3-18}$$

其中 $E(x,y,z,\omega-\omega_0)$ 为包络函数 $E(x,y,z,t)$ 的傅里叶变换，$\chi_{xx}^{(1)}(\omega)$ 是 $\chi_{xx}^{(1)}(t)$ 的傅里叶

变换。

非线性极化强度 P_{NL} 为

$$P_{NL}(x,y,z,t) = \varepsilon_0 \iint\int_{-\infty}^{+\infty} \boldsymbol{\chi}^{(3)}(t-t_1,t-t_2,t-t_3) \vdots E(x,y,z,t_1)$$
$$E(x,y,z,t_2)E(x,y,z,t_3)dt_1dt_2dt_3 \tag{3-3-19}$$

假设三阶非线性极化是瞬时的，即

$$P_{NL}(x,y,z,t) = \varepsilon_0\boldsymbol{\chi}^{(3)} \vdots E(x,y,z,t)E(x,y,z,t)E(x,y,z,t) \tag{3-3-20}$$

将式（3-3-16）代入式（3-3-20），与式（3-3-7）类似，可以发现三阶非线性极化项中不仅含有原载波频率 ω_0，而且还有三次谐波 $3\omega_0$ 项。三次谐波在光纤中传输，其相位匹配条件难以满足，而且过高的频率难以满足光纤的低损耗波段，可以不予考虑。在仅考虑 ω_0 项的情形下，非线性极化项可以写成

$$P_{NL}(x,y,z,t) = \varepsilon_0\varepsilon_{NL}E(x,y,z,t) \tag{3-3-21}$$

其中 ε_{NL} 为介电常数的非线性部分，其值为

$$\varepsilon_{NL} = \frac{3}{4}\boldsymbol{\chi}_{xxxx}^{(3)}|E(x,y,z,t)|^2 \tag{3-3-22}$$

为了得到慢变包络 $E(x,y,z,t)$ 的波动方程，在频域内推导更为方便，此时将 ε_{NL} 近似处理为常量。波动方程［式（3-3-15）］在频域内可以写成

$$\nabla^2 E(x,y,z,\omega-\omega_0) + k_0^2 n^2(\omega)E(x,y,z,\omega-\omega_0) = 0 \tag{3-3-23}$$

其中 $k_0^2 = \omega^2\varepsilon_0\mu_0$，而折射率可表示为

$$n(\omega) = \left[1 + \boldsymbol{\chi}_{xx}^{(1)} + \varepsilon_{NL}\right]^{\frac{1}{2}} \tag{3-3-24}$$

利用分离变量法，将慢变包络 $E(x,y,z,\omega-\omega_0)$ 写成

$$E(x,y,z,\omega-\omega_0) = A(z,\omega-\omega_0)\psi(x,y)\exp(j\beta_0 z) \tag{3-3-25}$$

其中 $A(z,\omega-\omega_0)$ 为光信号沿 z 方向的包络函数（或振幅），$\psi(x,y)$ 为光纤模式场分布，β_0 为与 ω_0 相对应的传输常数。

将式（3-3-25）代入式（3-3-23），并忽略 $A(z,\omega-\omega_0)$ 对 z 的二阶导数项［$A(z,\omega-\omega_0)$ 为 z 的缓变函数］，得到关于 $A(z,\omega-\omega_0)$ 和 $\psi(x,y)$ 的方程

$$\nabla_t^2\psi(x,y) + \left[k_0^2 n^2(\omega) - \beta^2(\omega)\right]\psi(x,y) = 0 \tag{3-3-26}$$

$$2j\beta_0\frac{\partial A(z,\omega-\omega_0)}{\partial z} - \left[\beta^2(\omega) - \beta_0^2\right]A(z,\omega-\omega_0) = 0 \tag{3-3-27}$$

式（3-3-26）为光纤模式理论中的标量波动方程。需要注意的是，此时光纤的折射率分布用 $n(\omega)$ 描述，包含非线性项，$\beta(\omega)$ 为此光纤在频率为 ω 时对应的传输常数。采用微扰法求解标量波动方程［式（3-3-26）］，式（3-3-26）中折射率为

$$n^2(\omega) = (n_1 + \Delta n)^2 \approx n_1^2 + 2n_1\Delta n \tag{3-3-28}$$

由式（3-3-13）可得

$$\Delta n = n_2|E|^2 \tag{3-3-29}$$

Δn 是一个与模式电场强度有关的量。先在式（3-3-28）中忽略非线性项，令 $n^2(\omega) = n_1^2$，利用线偏振模求解光纤中传输模式的方法得到相应的传输常数 $\beta(\omega)$。对于单模光纤，$\psi(x,y)$ 就是 LP_{01} 模的模式场分布函数。考虑到非线性效应，传输常数 $\beta(\omega)$ 应有一个修正量，即

$$\overline{\beta} = \beta(\omega) + \Delta\beta \qquad (3-3-30)$$

利用式（3-3-29）中 Δn 的具体形式，得到

$$\Delta\beta = \frac{k_0 \int_s \Delta n |\psi(x,y)|^2 \, \mathrm{d}s}{\int_s |\psi(x,y)|^2 \, \mathrm{d}s} \qquad (3-3-31)$$

其中积分区域为光纤横截面。

综上所述，式（3-3-26）是在光纤模式理论中进行充分分析的标量波动方程。它决定了光纤中电磁场模式的横向场分布 $\psi(x,y)$ 和模式的特征方程，并由此给出不同频率下相应模式的传输常数本征值 $\beta(\omega)$。式（3-3-27）决定了信号中各频率成分在光纤中的传输性质，是光信号在频域的传输方程。

将式（3-3-30）代入式（3-3-27），利用 $2\beta_0 \approx \beta(\omega) + \beta_0$，得到

$$\frac{\partial A(z, \omega - \omega_0)}{\partial z} + \mathrm{j}[\beta(\omega) + \Delta\beta - \beta_0] A(z, \omega - \omega_0) = 0 \qquad (3-3-32)$$

β 可以在光载频 ω_0 处展开成 ω 的级数

$$\beta(\omega) = \beta(\omega_0) + \left.\frac{\mathrm{d}\beta}{\mathrm{d}\omega}\right|_{\omega=\omega_0} (\omega - \omega_0) + \frac{1}{2}\left.\frac{\mathrm{d}^2\beta}{\mathrm{d}\omega^2}\right|_{\omega=\omega_0} (\omega - \omega_0)^2 + \frac{1}{6}\left.\frac{\mathrm{d}^3\beta}{\mathrm{d}\omega^3}\right|_{\omega=\omega_0} (\omega - \omega_0)^3 + \cdots$$

$$= \beta_0 + \beta_1(\omega - \omega_0) + \frac{1}{2}\beta_2(\omega - \omega_0)^2 + \frac{1}{6}\beta_3(\omega - \omega_0)^3 + \cdots \qquad (3-3-33)$$

其中 $\beta_n = \left.\dfrac{\mathrm{d}^n\beta}{\mathrm{d}\omega^n}\right|_{\omega=\omega_0}$。将式（3-3-33）代入式（3-3-27）可得

$$\frac{\partial A(z, \omega - \omega_0)}{\partial z} + \mathrm{j}\left[\beta_1(\omega - \omega_0) + \frac{1}{2}\beta_2(\omega - \omega_0)^2 + \frac{1}{6}\beta_3(\omega - \omega_0)^3\right] A(z, \omega - \omega_0)$$

$$= -\mathrm{j}\Delta\beta A(z, \omega - \omega_0) \qquad (3-3-34)$$

式（3-3-34）中已忽略三阶以上的项，对其进行傅里叶反变换，也就是等价于将 $\mathrm{j}(\omega - \omega_0)$ 用 $\partial/\partial t$ 代替，则可得到 $A(z, \omega - \omega_0)$ 的时域传播方程

$$\frac{\partial A(z,t)}{\partial z} + \beta_1 \frac{\partial A(z,t)}{\partial t} - \mathrm{j}\frac{1}{2}\beta_2 \frac{\partial^2 A(z,t)}{\partial t^2} - \frac{1}{6}\beta_3 \frac{\partial^3 A(z,t)}{\partial t^3} = -\mathrm{j}\Delta\beta A(z,t) \qquad (3-3-35)$$

利用式（3-3-31）对 $\Delta\beta$ 做处理，由式（3-3-29），将 $|E|^2$ 写作归一化模式场的形式，有

$$\Delta n = n_2 |E|^2 = \frac{n_2 |\psi(x,y)|^2 |A(z,t)|^2}{\int_s |\psi(x,y)|^2 \, \mathrm{d}s} \qquad (3-3-36)$$

将式（3-3-36）代入（3-3-31）得到

$$\Delta\beta = \frac{n_2 k_0 \left| A(z,t) \right|^2 \int_s \left| \psi(x,y) \right|^4 \mathrm{d}s}{\left[\int_s \left| \psi(x,y) \right|^2 \mathrm{d}s \right]^2} = \gamma \left| A(z,t) \right|^2 \qquad (3-3-37)$$

其中，

$$\gamma = \frac{n_2 k_0 \int_s \left| \psi(x,y) \right|^4 \mathrm{d}s}{\left[\int_s \left| \psi(x,y) \right|^2 \mathrm{d}s \right]^2} = \frac{n_2 k_0}{A_{\mathrm{eff}}} = \frac{n_2 \omega_0}{c A_{\mathrm{eff}}} \qquad (3-3-38)$$

$$A_{\mathrm{eff}} = \frac{\left[\int_s \left| \psi(x,y) \right|^2 \mathrm{d}s \right]^2}{\int_s \left| \psi(x,y) \right|^4 \mathrm{d}s} \qquad (3-3-39)$$

其中 γ 为非线性系数，A_{eff} 为模式场有效面积。

γ, A_{eff} 是非线性光纤光学中两个重要参量。γ 表达式中，n_2 的单位为 m^2/W。对石英光纤，其 $n_2 \approx 3.2 \times 10^{-20}\ \mathrm{m}^2/\mathrm{W}$。$A_{\mathrm{eff}}$ 反映了光场在光纤横截面上分布的集中程度和光斑面积的大小。对于高斯场分布，可以证明其有效芯区面积为 $A_{\mathrm{eff}} = \pi \varpi^2$，$\varpi$ 为模场半径。一般单模光纤在通信波段 A_{eff} 的典型值为 $50 \sim 80\ \mu\mathrm{m}^2$。

通过引入非线性系数 γ，时域传播方程［式（3-3-35）］变化为

$$\frac{\partial A(z,t)}{\partial z} + \beta_1 \frac{\partial A(z,t)}{\partial t} - \mathrm{j} \frac{1}{2} \beta_2 \frac{\partial^2 A(z,t)}{\partial t^2} - \frac{1}{6} \beta_3 \frac{\partial^3 A(z,t)}{\partial t^3} = -\mathrm{j}\gamma \left| A(z,t) \right|^2 A(z,t) \qquad (3-3-40)$$

如果假定在光信号带宽内 γ 基本不随频率变化，并考虑光纤的损耗，则时域传播方程为

$$\frac{\partial A(z,t)}{\partial z} + \beta_1 \frac{\partial A(z,t)}{\partial t} - \mathrm{j} \frac{1}{2} \beta_2 \frac{\partial^2 A(z,t)}{\partial t^2} - \frac{1}{6} \beta_3 \frac{\partial^3 A(z,t)}{\partial t^3} + \frac{\alpha}{2} A(z,t) = -\mathrm{j}\gamma \left| A(z,t) \right|^2 A(z,t)$$

$$(3-3-41)$$

其中参数 α 是光纤衰减系数。式（3-3-41）为考虑了光纤的三阶色散和损耗的非线性传输方程，是研究光信号在光纤中传输演化的基础。

线性系统与非线性系统的主要区别：在线性光纤传输系统中，光信号的各频率成分是各自独立传输的，信号畸变主要来自各频率成分传输速度不同所导致的色散；光纤的非线性效应不仅引起信号的畸变，更重要的是它将导致新频率的产生和不同频率之间的相互作用，这将对光信号的传输产生两个方面的不良影响，新频率的产生将损失光信号的功率，不同频率之间的相互作用将导致 WDM 系统中不同波长通道间的串话。但在另外一些场合，光纤中的非线性光学效应可以起到不可替代的作用，如波长转换、光学相位共轭及光孤子通信系统等。

石英本身并不是良好的非线性材料，实验测量表明石英光纤的非线性折射率系数仅为 $2.3 \times 10^{-22}\ \mathrm{m}^2/\mathrm{V}^2$，远小于体光学中通常使用的非线性介质。但由于光纤具有极低的损耗和很小的有效面积这两个重要的因素，使得只需很小的注入功率即可在光纤内获得较高的光功率密度，从而产生非线性现象，同时低损耗使得光场在光纤内可以获得相当长的有效非线性作用距离。但在体材料中，为了获得较高的光功率密度需要对光场进行聚焦，但是减小聚焦光斑的尺寸将同时导致有效作用距离的缩短。因此，在光纤中产生非线性光学现象要比在体材料中容易得多，其影响也更为严重。

3.3.2　自相位调制

1. 自相位调制的基本理论描述

根据式（3-3-13），当光场较强时光纤折射率将随光场幅度变化，这种变化将通过光纤的传输常数转化为光场传输相位随光场幅度的变化。因此光场在光纤中传输，不仅产生光场的幅度调制，同时自发产生对光场的相位调制，这种现象称为光场的自相位调制（SPM）。

SPM 对光纤中脉冲传输的影响可以通过求解非线性传输方程[式（3-3-41）]进行分析。这里只考虑二阶非线性的作用，忽略三阶及以上非线性的作用，式（3-3-41）变为

$$\frac{\partial A(z,t)}{\partial z} + \beta_1 \frac{\partial A(z,t)}{\partial t} - j\frac{1}{2}\beta_2 \frac{\partial^2 A(z,t)}{\partial t^2} + \frac{\alpha}{2}A(z,t) = -j\gamma \left|A(z,t)\right|^2 A(z,t) \quad (3-3-42)$$

对时间 t 作下述变换

$$T = t - \beta_1 z \quad (3-3-43)$$

这意味着取一个运动参照系，它以光信号的群速度 $v_g = 1/\beta_1$ 运动。式（3-3-42）变化为

$$\frac{\partial A(z,T)}{\partial z} = -\frac{\alpha}{2}A(z,T) + j\frac{1}{2}\beta_2 \frac{\partial^2 A(z,T)}{\partial T^2} - j\gamma \left|A(z,T)\right|^2 A(z,T) \quad (3-3-44)$$

其中 $A(z,T)$ 为脉冲包络的缓变振幅，T 为运动参照系的本地时间。式（3-3-44）的等号右端第一项为光纤的损耗项，第二项为色散项，第三项为非线性项。

假定入射脉冲的初始宽度为 T_0，其峰值功率为 P_0。引入一个初始脉冲宽度 T_0 的归一化时间量

$$\tau = \frac{T}{T_0} = \frac{t - \beta_1 z}{T_0} \quad (3-3-45)$$

同时对 $A(z,T)$ 作变换

$$A(z,T) = \sqrt{P_0} \exp\left(-\frac{\alpha z}{2}\right) U(z,T) \quad (3-3-46)$$

$U(z,T)$ 是将随传输损耗而减小的脉冲振幅峰值归一化后得到的信号脉冲包络振幅，它只反映脉冲的形状和相位信息。

这样，式（3-3-44）变化为 $U(z,\tau)$ 的方程

$$\frac{\partial U}{\partial z} = j\frac{\operatorname{sgn}(\beta_2)}{2L_D}\frac{\partial^2 U}{\partial \tau^2} - j\frac{e^{-\alpha z}}{L_{NL}}\left|U\right|^2 U \quad (3-3-47)$$

其中 $\operatorname{sgn}(\beta_2) = \pm 1$，为 β_2 的符号函数，L_D 和 L_{NL} 分别为

$$L_D = \frac{T_0^2}{|\beta_2|}, \qquad L_{NL} = \frac{1}{\gamma P_0} \quad (3-3-48)$$

L_D 称为色散长度，L_{NL} 称为非线性长度。L_D 和 L_{NL} 给出了沿光纤长度 L 方向脉冲演化过程的长度量，它们的相对值表明在此过程中色散或非线性效应哪个更为重要。根据 L、L_{NL} 和 L_D 的相对大小，传输特性可以分为以下四类。

（1）当光纤长度满足 $L \ll L_D$，$L \ll L_{NL}$ 时，由式（3-3-46）得到，色散和非线性效应可以忽略，方程[式（3-3-4）]的解为 $U(z,\tau) = U(0,\tau)$，即脉冲在传输过程中形状保持不变。

在此光纤长度范围内，光纤除了会导致脉冲能量降低外（由损耗引起），只起传输作用，因此对于光通信系统是有益的。这种系统中 L 的典型值约为 50 km，如果脉冲无畸变传输，则要求 L_{NL} 和 L_D 大于 500 km。根据给定的光纤参量，可以估算出脉冲的初始宽度 T_0 和峰值功率 P_0。对于标准单模光纤，在波长 $\lambda = 1.55\ \mu m$ 处，$|\beta_2| \approx 20 ps^2/km$，$\gamma \approx 3 W^{-1} \cdot km^{-1}$，代入式（3-3-48）可得，如果 $T_0 > 100 ps$，P_0 约为 1 mW。当 $L < 50$ km 时，光纤的色散和非线性效应均可忽略。然而当入射脉冲宽度变窄及能量增加时，L_{NL} 和 L_D 将会变小。例如，在 $T_0 \approx 1 ps$，$P_0 = 1 W$ 时，L_{NL} 和 L_D 均为 100 m 左右，对于这样的光脉冲，若传输光纤的长度超过几米，就必须同时考虑色散和非线性效应的作用。

（2）当光纤长度满足 $L \ll L_{NL}$，$L \approx L_D$ 时，式（3-3-47）等号右端最后一项与第一项相比可以忽略，此时色散在传输过程中起主要作用，光纤的非线性较弱。这种情况已在前面讨论过，参见 3.2 节。当光纤和脉冲参量满足式（3-3-49）的关系时，传输过程以色散为主，例如使用标准单模光纤，在波长 $\lambda = 1.55\ \mu m$ 处，$|\beta_2| \approx 20\ ps^2/km$，$\gamma \approx 3\ W^{-1} \cdot km^{-1}$，当 $T_0 \approx 1 ps$，应有 $P_0 \ll 1 W$。

$$\frac{L_D}{L_{NL}} = \frac{\gamma P_0 T_0^2}{|\beta_2|} \ll 1 \qquad (3-3-49)$$

（3）当光纤长度满足 $L \ll L_D$，$L \approx L_{NL}$ 时，式（3-3-47）等号右端第一项与第二项相比可以忽略（要求脉冲有平滑的形状，$\partial^2 U / \partial \tau^2 \approx 1$），此时光的非线性效应在传输过程中起主要作用，这就是本节要讨论的自相位调制。当式（3-3-50）成立时，光纤长度在非线性为主的区域，对应较宽的脉宽（$T_0 > 100\ ps$），峰值功率 P_0 约为 1 W。

$$\frac{L_D}{L_{NL}} = \frac{\gamma P_0 T_0^2}{|\beta_2|} \gg 1 \qquad (3-3-50)$$

（4）当光纤长度满足 $L \geqslant L_D$，$L \geqslant L_{NL}$，且脉冲在光纤内传输时，色散和非线性效应共同起作用。在反常色散区（$\beta_2 < 0$），光纤能维持光孤子；在正常色散区（$\beta_2 > 0$），色散和 SPM 效应可以进行脉冲压缩。

考虑 SPM，则可忽略式（3-3-47）的色散项，得

$$\frac{\partial U}{\partial z} = -j \frac{e^{-\alpha z}}{L_{NL}} |U|^2 U \qquad (3-3-51)$$

此方程的解可以写成

$$U(z,T) = U(0,T) \exp\left[j \varphi_{NL}(z,T) \right] \qquad (3-3-52)$$

$U(0,T)$ 是 $z = 0$ 时的归一化脉冲包络，而 $\varphi_{NL}(z,T)$ 是一个附加的非线性相移，表示为

$$\varphi_{NL}(z,T) = -\frac{1-e^{-\alpha L}}{\alpha L_{NL}} |U(0,T)|^2 = -\frac{z_{eff}}{L_{NL}} |U(0,T)|^2 \qquad (3-3-53)$$

式（3-3-53）中 $z_{eff} = (1-e^{-\alpha L}) / \alpha$，表示由光纤损耗所决定的等效非线性作用长度，称为光纤的有效长度。

由于 $U(z,T)$ 是将脉冲振幅峰值归一化后得到的信号脉冲包络振幅，由式（3-3-53），当 $T = 0$ 时，光纤在传输距离 z 处的最大非线性相移为

$$\varphi_{\mathrm{NL}}(z,0) = -\frac{z_{\mathrm{eff}}}{L_{\mathrm{NL}}} = -\gamma P_0 z_{\mathrm{eff}} \tag{3-3-54}$$

根据式（3-3-52），SPM 效应并不影响脉冲的形状，但产生了随脉冲幅度变化的相位调制因子。与光纤色散所造成的影响不同，光纤色散将同时影响脉冲的形状和相位。与色散所导致的脉冲啁啾效应类似，SPM 也将导致脉冲啁啾效应，使脉冲的不同部位具有与中心频率 ω_0 不同的偏移量

$$\delta\omega = \frac{\partial\varphi_{\mathrm{NL}}}{\partial T} = -\frac{z_{\mathrm{eff}}}{L_{\mathrm{NL}}}\frac{\partial\left|U(0,T)\right|^2}{\partial T} \tag{3-3-55}$$

由 SPM 引起的啁啾与色散啁啾效应的一个根本不同点在于，由 SPM 引起的频率偏移将随着传输距离的增加而不断增大，即脉冲在传输过程中将不断产生出新的频率成分，而由色散引起的啁啾效应并不产生新的频率，而只是对脉冲所包含的各种频率成分进行了重新安排。因此 SPM 对脉冲的最主要影响来自传输过程中脉冲的谱加宽。

2. 超高斯脉冲的 SPM 谱展宽

$$U(0,T) = \exp\left[-\frac{1}{2}\left(\frac{T}{T_0}\right)^{2m}\right] \tag{3-3-56}$$

如果式（3-3-56）中 $m=1$，即为通常的高斯脉冲。超高斯脉冲可以用来逼近矩形脉冲，m 越大，前后沿越陡，就越接近矩形脉冲。对超高斯脉冲，由自相位调制引起的频率啁啾为

$$\delta\omega(T) = \frac{2m}{T_0}\frac{z_{\mathrm{eff}}}{L_{\mathrm{NL}}}\left(\frac{T}{T_0}\right)^{2m-1}\exp\left[-\left(\frac{T}{T_0}\right)^{2m}\right] \tag{3-3-57}$$

如果 $m=1$，则在脉冲顶部附近，近似产生线性频率啁啾。图 3-3-1 给出了高斯脉冲和超高斯脉冲在 $z_{\mathrm{eff}}=L_{\mathrm{NL}}$ 处的相移和频率啁啾。由图 3-3-1 可见 $\delta\omega$ 随时间变化具有以下特征：SPM 使脉冲的低频成分位于前沿，高频成分位于后沿；在高斯脉冲的中心区域产生线性增长啁啾；脉冲前、后沿越陡啁啾越大；超高斯脉冲啁啾只出现在脉冲沿附近，且不存在线性变化区，这与高斯脉冲情形有很大不同。

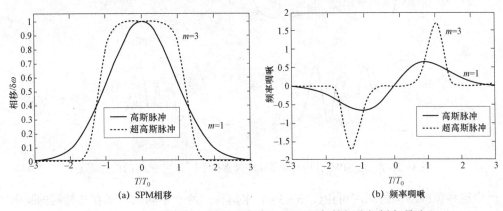

图 3-3-1　高斯脉冲与超高斯脉冲因 SPM 引起的相移与频率啁啾

从图 3-3-1 中 $\delta\omega$ 的峰值可以估算出 SPM 所致频谱展宽的大小。令 $\delta\omega$ 对时间的导数为

零，得到 $\delta\omega$ 的最大值为

$$\delta\omega_{max} = \frac{fm}{T_0}\varphi_{max} \qquad (3-3-58)$$

φ_{max} 是由式（3-3-53）所确定的最大非线性相移（$\varphi_{max} = \gamma P_0 z_{eff}$），它描述了 SPM 效应的强弱。而 f 定义为

$$f = 2\left[1-\frac{1}{2m}\right]^{1-\frac{1}{2m}}\exp\left[-\left(1-\frac{1}{2m}\right)\right] \qquad (3-3-59)$$

当 $m=1$ 时，$f=0.86$；随着 m 逐渐增大，f 趋近于 0.74。对于高斯脉冲，脉冲的 1/e 点谱宽（初始谱宽）$\Delta\omega_0 = 1/T_0$，式（3-3-58）可表示为

$$\delta\omega_{max} = 0.86\Delta\omega_0\varphi_{max} \qquad (3-3-60)$$

当脉冲传播距离较长，初始脉冲功率较大时，$\delta\omega_{max}$ 可以明显大于 $\Delta\omega_0$，从而导致传输过程中信号频谱的展宽，这种频谱的展宽对通信将产生显著的影响。

自相位调制导致信号频谱的变化，可以用功率谱密度函数 $S(z,\omega) = |U(z,\omega)|^2$ 来表示。对式（3-3-52）进行傅里叶变换即可得到信号的功率谱密度函数，即

$$S(z,\omega) = \left|\frac{1}{2\pi}\int_{-\infty}^{+\infty}U(0,T)\exp\left[j\varphi_{NL}(z,T)-j(\omega-\omega_0)T\right]dT\right|^2 \qquad (3-3-61)$$

图 3-3-2 表示在不同 φ_{max} 值（相当于不同传输距离）下脉冲光谱的演化情况。在超强短脉冲情形，这种频谱展宽可达 100 THz。由图 3-3-2 可见，SPM 所致频谱展宽在整个频率范围内伴随着振荡结构。通常，频谱由许多峰组成，且最外层峰值强度最大，而峰的数目 M 与最大相移有近似关系

$$\varphi_{max} \approx \left(M-\frac{1}{2}\right)\pi \qquad (3-3-62)$$

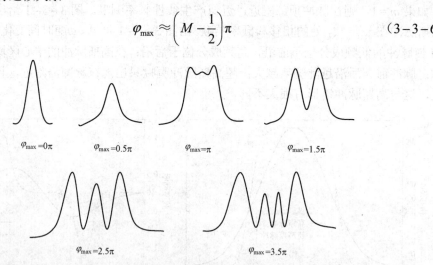

$\varphi_{max}=0\pi$ $\varphi_{max}=0.5\pi$ $\varphi_{max}=\pi$ $\varphi_{max}=1.5\pi$

$\varphi_{max}=2.5\pi$ $\varphi_{max}=3.5\pi$

图 3-3-2　由 SPM 引起的高斯脉冲频谱在不同 φ_{max} 值下的展宽情况

产生这种振荡结构的原因可由图 3-3-1 来解释：两个不同的时间存在相同的啁啾，表明脉冲在两不同点存在相同的瞬时频率，这相当于具有同一频率但相位不同的两列光波，它们的叠加导致了脉冲频谱的多峰结构。

3. 色散和 SPM 对脉冲传输的共同作用

前面讨论的情形是在忽略光纤的色散条件下得到的，这对于较宽的脉冲（如 $T_0 > 100$ ps）是适用的。但对于超短脉冲，如在 ps 级脉冲条件下色散长度 L_D 与 L_{NL} 是可比拟的，这时色散将扮演重要的角色。在同时存在色散和 SPM 效应的情况下，脉冲在光纤内的传输特性应当通过求解非线性传输方程［式（3－3－47）］得到，由于方程本身的复杂性，通常须采用数值方法对脉冲的演化特性进行求解。同时包含色散和 SPM 效应的脉冲传输方程为

$$\frac{\partial U}{\partial z} = j\frac{\mathrm{sgn}(\beta_2)}{2L_D}\frac{\partial^2 U}{\partial \tau^2} - j\frac{\mathrm{e}^{-\alpha z}}{L_{NL}}\lvert U\rvert^2 U \tag{3－3－63}$$

用数值方法求解式（3－3－63）可以得到下述结果。

（1）在光纤的正常色散区（$\beta_2 > 0$），由于色散和 SPM 效应的共同作用，一个超高斯脉冲将逐渐演变为一个接近矩形的脉冲，同时在整个脉冲上产生出正的线性啁啾。实验中，这一特性已经被成功地用于脉冲压缩技术，这是因为具有正线性啁啾的脉冲可以用具有负线性啁啾的色散元件（如线性啁啾光纤光栅或具有反常色散的光纤）进行压缩并获得最大的压缩效率。

（2）在光纤的反常色散区（$\beta_2 < 0$），SPM 将在脉冲中部产生正线性啁啾，而反常色散则在整个脉冲上产生负线性啁啾。因此光纤色散所造成的脉冲展宽可以一定程度上从 SPM 效应中得到补偿，不仅如此，在适当的条件下，SPM 效应可以和光纤的反常色散达到精确的平衡，实现脉冲在光纤中的无畸变传输，并构成光孤子传输系统。

3.3.3　交叉相位调制

当两个或多个不同频率的光波在非线性介质中同时传输时，每一个频率光波的幅度调制都将引起光纤折射率的相应变化，其他频率的光波将感受到这种变化从而对这些光波产生非线性相位调制，这种现象称为交叉相位调制（cross phase modulation，XPM）。XPM 总是伴随着 SPM 产生，只是这里光波的有效折射率不仅与自身光强有关，而且依赖于其他频率光波的强度。XPM 的出现会在光纤中引起一系列非线性效应，如 WDM 系统通道之间的信号干扰及由同向传输的不同偏振态光波之间的非线性耦合所引起的光纤非线性双折射等现象，造成光纤传输的偏振不稳定性，同时，XPM 也将对脉冲的波形与频谱产生影响。

1. 不同频率的光之间的 XPM

考虑光纤中有两列不同频率的光波同时沿 z 方向传输，假定两列光波的偏振方向相同，都为 x 方向，光纤中的时域场分布可以表示为

$$\begin{aligned}
\boldsymbol{E}(x,y,z,t) &= \boldsymbol{e}_x \sum_{i=1,2} E_i(x,y,z,t)\exp\left[j\left(\omega_i t - \beta_{i0}z\right)\right]\\
&= \boldsymbol{e}_x \frac{\psi(x,y)}{\left[\int_s \lvert\psi(x,y)\rvert^2 \mathrm{d}s\right]^{\frac{1}{2}}} \sum_{i=1,2} A_i(z,t)\exp\left[j\left(\omega_i t - \beta_{i0}z\right)\right]
\end{aligned} \tag{3－3－64}$$

其中 A_1、A_2，ω_1、ω_2，β_{10} 和 β_{20} 分别为两列波的复振幅、中心载频和中心载频处的传输常数。另外，复振幅 A_1、A_2 是时间的缓变函数，所以其谱宽 $\Delta\omega_i \ll \omega_i$（$i = 1, 2$）。复振幅 A_1、A_2 作了归一化，可参见式（3－3－36），由于 ω_1、ω_2 的差别不大，因此其模式场横向分布 $\psi(x,y)$

近似相同。

将式（3-3-64）代入式（3-3-20），可以得到光纤的非线性极化项

$$P_{NL} = P_{NL}(\omega_1)\exp\left[j(\omega_1 t + \beta_{10}z)\right] + P_{NL}(\omega_2)\exp\left[j(\omega_2 t + \beta_{20}z)\right] +$$
$$P_{NL}(2\omega_1 - \omega_2)\exp\left\{j[(2\omega_1 - \omega_2)t - (2\beta_{10} - \beta_{20})z]\right\} + \qquad (3-3-65)$$
$$P_{NL}(2\omega_2 - \omega_1)\exp\left\{j[(2\omega_2 - \omega_1)t - (2\beta_{20} - \beta_{10})z]\right\}$$

由于高频部分超出了光纤的低损耗带宽，式（3-3-65）未考虑三次谐波项。各频率成分的极化响应项分别为

$$P_{NL}(\omega_1) = \frac{3\varepsilon_0}{4}\chi_{xxxx}^{(3)}\left[|E_1|^2 + 2|E_2|^2\right]E_1 = \varepsilon_0\varepsilon_{NL}^{(1)}E_1$$

$$P_{NL}(\omega_2) = \frac{3\varepsilon_0}{4}\chi_{xxxx}^{(3)}\left[|E_2|^2 + 2|E_1|^2\right]E_2 = \varepsilon_0\varepsilon_{NL}^{(2)}E_2$$
$$\qquad (3-3-66)$$
$$P_{NL}(2\omega_1 - \omega_2) = \frac{3\varepsilon_0}{4}\chi_{xxxx}^{(3)}E_1^2 E_2^*$$

$$P_{NL}(2\omega_2 - \omega_1) = \frac{3\varepsilon_0}{4}\chi_{xxxx}^{(3)}E_2^2 E_1^*$$

式（3-3-66）表明频率为 ω_1 和 ω_2 的入射光除在其自身频率上产生极化响应外，还将产生频率为 $2\omega_1 - \omega_2$ 和 $2\omega_2 - \omega_1$ 的两个新频率分量。这两个新频率分量来自光纤的非线性四波混频，在不满足相位匹配条件（$2\beta_{10} - \beta_{20}$ 和 $2\beta_{20} - \beta_{10}$ 近似为 0）的情况下，非线性四波混频可以忽略。这里主要考虑光纤在入射频率上的非线性效应。

根据式（3-3-66），光纤在频率 ω_i 上的非线性介电系数的表达式为

$$\varepsilon_{NL}^{(i)} = \frac{3}{4}\chi_{xxxx}^{(3)}\left[|E_i|^2 + 2|E_{3-i}|^2\right] \quad (i = 1, 2) \qquad (3-3-67)$$

频率 ω_i 的总极化强度为

$$P(\omega_i) = P_L + P_{NL} = \varepsilon_0\varepsilon_i E_i \quad (i = 1, 2) \qquad (3-3-68)$$

$$\varepsilon_i = 1 + \chi_{xx}^{(1)} + \frac{3}{4}\chi_{xxxx}^{(3)}\left[|E_i|^2 + 2|E_{3-i}|^2\right] = (n_i + \Delta n_i^2) \quad (i = 1, 2) \qquad (3-3-69)$$

由此得到频率 ω_i 的非线性折射率为

$$\Delta n_i = \frac{\varepsilon_{NL}^{(i)}}{2n_i} = n_2\left[|E_i|^2 + 2|E_{3-i}|^2\right] \quad \left(n_2 = \frac{3}{8n_i}\chi_{xxxx}^{(3)}\right) \qquad (3-3-70)$$

在 ω_1 和 ω_2 相差不大的情况下，可以认为两个频率的折射率的线性部分近似相等，即 $n_1 \approx n_2 = n$，且

$$n_2 = \frac{3}{8n}\chi_{xxxx}^{(3)} \qquad (3-3-71)$$

此时两列光波所感受到的折射率分别为 $n_i = n + \Delta n_i$。

频率为 ω_i 的光波在光纤中传输时，将会产生的相移为

$$\varphi^{(i)} = \beta_{i0}(n + \Delta n_i)z = \beta_{i0}nz + \varphi_{NL}^{(i)} \qquad (3-3-72)$$

其中由非线性产生的相移为

$$\varphi_{\mathrm{NL}}^{(i)} = \beta_{i0} \Delta n_i z = \beta_{i0} z n_2 [|E_i|^2 + 2|E_{3-i}|^2] \tag{3-3-73}$$

式（3-3-73）等号最右端括号内第一项为频率 ω_i 的光波对其自身的相位调制，第二项表示另一列光波对其相位调制作用，它来自 XPM 效应的贡献。同时，式（3-3-73）表明 XPM 效应的效率是 SPM 效应的两倍。这里又一次得到非线性效应的两个重要特征，即它与光强有关，是一种强光效应，同时非线性效应可以在长度上进行积累。式（3-3-73）可以定性地说明 XPM 对光纤中信号传输的影响：XPM 效应对光纤波分复用系统将产生很大的影响，每一信道的功率波动都会通过 XPM 影响其他信道的相位波动，从而影响系统的性能。

XPM 效应对光纤中信号传输的确切影响应通过求解由 XPM 所导致的两列光波之间的耦合传输方程得到。频率为 ω_1 和 ω_2 的非线性传输方程由式（3-3-26）和式（3-3-27）确定，但此时两个频率上的模式场传输常数 β 的线性和非线性部分均不相同。复振幅 A_1、A_2 的频域传输方程为

$$\frac{\partial A_i(z, \omega - \omega_i)}{\partial z} + \mathrm{j}[\beta_i(\omega) - \beta_{i0}] A_i(z, \omega - \omega_i) = \Delta\beta_i A(z, \omega - \omega_i) \tag{3-3-74}$$

由式（3-3-31）和式（3-3-70）可得 ω_i 的传输常数的非线性部分为

$$\Delta\beta = \frac{\omega_i}{c} \frac{\int_s \Delta n_i |\psi(x,y)|^2 \,\mathrm{d}s}{\int_s |\psi(x,y)|^2 \,\mathrm{d}s} = \gamma_i [|A_i|^2 + 2|A_{3-i}|^2] \tag{3-3-75}$$

其中

$$\gamma_i = \frac{n_2 \omega_i}{c A_{\mathrm{eff}}} \tag{3-3-76}$$

n_2 和 A_{eff} 由式（3-3-71）和式（3-3-39）给出。

将 $\beta_i(\omega)$ 在其中心频率 ω_i 上进行级数展开，将 $\mathrm{j}(\omega - \omega_0)$ 用 $\partial/\partial t$ 代替，由式（3-3-74）可得频率为 ω_1 和 ω_2 的非线性耦合传输方程

$$\frac{\partial A_i}{\partial z} + \beta_{i1} \frac{\partial A_i}{\partial t} - \mathrm{j}\frac{1}{2}\beta_{i2}\frac{\partial^2 A_i}{\partial t^2} + \frac{\alpha}{2}A_i = -\mathrm{j}\gamma_i\left[|A_i|^2 + 2|A_{3-i}|^2\right]A_i \quad (i=1,2) \tag{3-3-77}$$

其中

$$\beta_{in} = \frac{\mathrm{d}^n \beta_i}{\mathrm{d}\omega^n}\bigg|_{\omega = \omega_i} \tag{3-3-78}$$

上述非线性耦合传输方程是由 XPM 效应所导致的频率为 ω_1 和 ω_2，复振幅为 A_1 和 A_2 的两列波的耦合微分方程，该方程同时也包括了光纤的损耗、色散及 SPM 效应。一般要通过数值计算求解复振幅 A_1、A_2 在光纤中的演化。

非线性耦合传输方程［式（3-3-77）］求解的结果表明，光纤的色散对光纤中不同频率脉冲之间的 XPM 相互作用有一定的限制作用。这是因为光纤色散的存在使得中心频率分别为 ω_1 和 ω_2 的两个光脉冲具有不同的群速度 $1/\beta_{11}$ 和 $1/\beta_{21}$，在经过一段距离的传输后，两个脉冲完全分离，在空间上不再重叠，这时两个脉冲之间的 XPM 作用也将不复存在。这一距离称为脉冲的走离长度 L_{W}，可用脉冲的群时延或色散表示

$$L_{\mathrm{W}} = \frac{T_0}{|\beta_{11} - \beta_{21}|} \approx \frac{T_0}{|\beta_2(\omega_{11} - \omega_{21})|} \qquad (3-3-79)$$

式（3-3-79）中 β_{11} 和 β_{21} 由式（3-3-78）定义，T_0 为脉冲宽度。在 ω_1 和 ω_2 相差不大的情况下，可以认为两个脉冲具有近似相等的色散 $\beta_{11} \approx \beta_{21} = \beta_2$。式（3-3-79）表明增大光纤的色散可以抑制 XPM 的影响。

2. 正交偏振模式之间的 XPM

各向同性光纤内的基模由两个相互正交的线偏振模式简并构成。中心频率为 ω_0 且具有任意偏振态的相干光场均可以分解为沿 x 方向和 y 方向线偏振模式的线性叠加，即

$$\boldsymbol{E} = \frac{1}{2}\left(\boldsymbol{e}_x E_x + \boldsymbol{e}_y E_y\right)\exp\left[\mathrm{j}(\omega_0 t - \beta_0 z)\right] + \mathrm{c.c.} \qquad (3-3-80)$$

其中 E_x，E_y 分别为沿 x 方向和 y 方向线偏振模式的复振幅。

光纤的非线性极化项

$$\boldsymbol{P}_{\mathrm{NL}} = \frac{1}{2}\left(\boldsymbol{e}_x P_x + \boldsymbol{e}_y P_y\right)\exp\left[\mathrm{j}(\omega_0 t - \beta_0 z)\right] + \mathrm{c.c.} \qquad (3-3-81)$$

其中沿 x 方向和 y 方向的非线性极化响应为

$$P_i = \frac{3\varepsilon_0}{4}\left(\chi_{iiii}^{(3)} E_i E_i E_i^* + \chi_{iijj}^{(3)} E_i E_j E_j^* + \chi_{ijij}^{(3)} E_j E_i E_j^* + \chi_{ijji}^{(3)} E_j E_j E_i^*\right) \qquad (3-3-82)$$

其中 $i \neq j$，$i,j = x,y$。在各向同性的石英光纤内，三阶电极化率张量元素 $\chi_{iijj}^{(3)}$，$\chi_{ijij}^{(3)}$ 和 $\chi_{ijji}^{(3)}$ 不为零，这将导致极化强度矢量的 x 分量受到 y 分量的影响，极化强度矢量的 y 分量受到 x 分量的影响。三阶电极化率张量元素有以下关系

$$\chi_{iijj}^{(3)} \approx \chi_{ijij}^{(3)} \approx \chi_{ijji}^{(3)} \approx \chi_{iiii}^{(3)}/3 = \chi_{xxxx}^{(3)}/3 \qquad (3-3-83)$$

由此式（3-3-82）可简化为

$$P_i = \frac{3\varepsilon_0}{4}\chi_{xxxx}^{(3)}\left[\left(|E_i|^2 + \frac{2}{3}|E_j|^2\right)E_i + \frac{1}{3}E_j^2 E_i^*\right] \quad (i \neq j, \quad i,j = x,y) \qquad (3-3-84)$$

式（3-3-84）等号右端中括号内最后一项为两个正交线偏振态之间的四波混频效应，与式（3-3-66）类似，这里再次假定其不满足相位匹配条件，将其忽略，由此得到光纤在不同方向上的正交线偏振态的非线性介电系数

$$\varepsilon_{\mathrm{NL}}^x = \frac{3}{4}\chi_{xxxx}^{(3)}\left[|E_x|^2 + \frac{2}{3}|E_y|^2\right]$$
$$\varepsilon_{\mathrm{NL}}^y = \frac{3}{4}\chi_{xxxx}^{(3)}\left[|E_y|^2 + \frac{2}{3}|E_x|^2\right] \qquad (3-3-85)$$

非线性折射率为

$$\Delta n_x = n_2\left[|E_x|^2 + \frac{2}{3}|E_y|^2\right]$$
$$\Delta n_y = n_2\left[|E_y|^2 + \frac{2}{3}|E_x|^2\right] \qquad (3-3-86)$$

其中 n_2 由式（3-3-71）给出。一般情况下 E_x 和 E_y 并不相等，所以两个正交线偏振态的

非线性折射率不同，这将会导致由光纤中非线性引起的光纤双折射现象。

与式（3-3-73）类似，由光纤中产生的非线性引起的相移为

$$\varphi_{\mathrm{NL}}^{(i)} = \beta_{i0}\Delta n_i z = \beta_{i0}zn_2\left[\left|E_i\right|^2 + \frac{2}{3}\left|E_j\right|^2\right] \quad (i \neq j, \quad i,j = x,y) \tag{3-3-87}$$

式（3-3-87）反映了两个正交偏振模式的 SPM 和 XPM 效应。

假定其中 A_x，A_y 分别为两个正交偏振模式的复振幅，则它们满足非线性耦合传输方程

$$\frac{\partial A_i}{\partial z} + \beta_{i1}\frac{\partial A_i}{\partial t} - \mathrm{j}\frac{1}{2}\beta_{i2}\frac{\partial^2 A_i}{\partial t^2} + \frac{\alpha}{2}A_i = -\mathrm{j}\gamma\left[\left|A_i\right|^2 + \frac{2}{3}\left|A_j\right|^2\right]A_i \tag{3-3-88}$$
$$(i \neq j, \quad i,j = x,y)$$

这里假定两个正交偏振模式的损耗 α 和非线性系数 γ 相同。与上面讨论类似，正交偏振模式之间的非线性耦合也发生在走离长度 L_{W} 之内，可用脉冲的群时延表示为

$$L_{\mathrm{W}} = \frac{T_0}{\left|\beta_{x1} - \beta_{y1}\right|} \tag{3-3-89}$$

3. 准连续反向传输光波之间的 XPM

对于光纤中沿相反方向传输的短脉冲光，由于脉冲重叠只发生在很短的距离上，XPM 效应对脉冲传输的影响可以忽略不计。但是对于反向传输的准连续波，XPM 对光场传输的影响与准连续波同向传输时基本相同。然而即使是准连续波，反向光场的相互作用距离也不可能很长，因此在考虑反向 XPM 效应时，光纤的损耗可以忽略。

假定两列反向传输的光场具有相同的频率和偏振方向，正反向传输光场的时域场分布可以分别表示为

$$A_+ \exp\left[\mathrm{j}(\omega_0 t - \beta_0 z)\right]$$
$$A_- \exp\left[\mathrm{j}(\omega_0 t - \beta_0 z)\right] \tag{3-3-90}$$

因此非线性耦合传输方程中，正反向传输光场复振幅对 z 的导数项将具有相反的符号，方程的其余部分不变。同时由于光场的准连续性，光场复振幅对时间的导数项均趋于零，可以忽略。另外，在这种情况下，FWM 效应将由于严重的相位失配而被忽略。所以正反向传输光场的非线性耦合传输方程为

$$\frac{\partial A_+}{\partial z} = -\mathrm{j}\gamma\left[\left|A_+\right|^2 + 2\left|A_-\right|^2\right]A_+$$
$$\frac{\partial A_-}{\partial z} = -\mathrm{j}\gamma\left[\left|A_-\right|^2 + 2\left|A_+\right|^2\right]A_- \tag{3-3-91}$$

在假定正反向传输光场的功率分别为 P_+ 和 P_- 的情况下，上述方程的解为

$$A_{\pm}(z) = \sqrt{P_{\pm}}\exp(\mp\mathrm{j}\varphi_{\pm}) \tag{3-3-92}$$

正反向传输光场的非线性相移 $\varphi_{\pm}$ 为

$$\varphi_+(z) = \gamma z(P_+ + 2P_-)$$
$$\varphi_-(z) = \gamma z(P_- + 2P_+) \tag{3-3-93}$$

显然当正反向传输光场的功率不同时，它们传输相同的距离所获得的非线性相移是不同

的。这种来自 XPM 的非互易性能够对环形 Sagnac 光纤陀螺仪的测量精度产生严重的影响。因此通常在 Sagnac 光纤陀螺仪中要对光源进行适当的调制，以有效遏制 XPM 效应对其工作特性的影响。

3.3.4 四波混频

通常三阶参量过程涉及四个光波的相互作用，包括诸如三次谐波的产生、四波混频和参量放大等现象。光纤中的四波混频可以有效地产生新的光波，该问题已得到了广泛的研究。

1. 四波混频的概念与准连续波 FWM 的非线性传输方程

考虑入射光由四个不同中心频率 ω_1，ω_2，ω_3 和 ω_4 的线偏振光组成，如果四个光场的偏振方向相同，都为 e_x，则光纤中的光场可以表示为

$$E(x,y,z,t) = \sum_{i=1}^{4} E_i(x,y,z,t)\exp\left[\mathrm{j}(\omega_i t - \beta_i z)\right] + \text{c.c.} \tag{3-3-94}$$

将式（3-3-94）代入式（3-3-20），可以得到光纤的非线性极化项

$$P_{\mathrm{NL}} = \sum_{i=1}^{4} P_i \exp\left[\mathrm{j}(\omega_i t - \beta_i z)\right] + \text{c.c.} \tag{3-3-95}$$

其中 P_i 为光纤在频率 ω_i 上的非线性极化响应，由多组各种频率光场的乘积项组成。以 $i=4$ 为例，中心频率 ω_4 上的非线性响应为

$$P_4 = \frac{3\varepsilon_0}{4}\chi_{xxxx}^{(3)}\left\{\left[\left(|E_4|^2 + 2\left(|E_1|^2 + |E_2|^2 + |E_3|^2\right)\right)\right]E_4 + \right.$$
$$\left. 2E_1 E_2 E_3 \exp(\mathrm{j}\theta_+) + 2E_1 E_2 E_3^* \exp(\mathrm{j}\theta_-) + \cdots\right\} \tag{3-3-96}$$

其中

$$\theta_+ = (\beta_1 + \beta_2 + \beta_3 - \beta_4)z - (\omega_1 + \omega_2 + \omega_3 - \omega_4)t$$
$$\theta_- = (\beta_1 + \beta_2 - \beta_3 - \beta_4)z - (\omega_1 + \omega_2 - \omega_3 - \omega_4)t \tag{3-3-97}$$

式（3-3-96）中，正比于 E_4 的项对应于 SPM 和 XPM 效应，其余项对应于四波混频。这些项中有多少在参量耦合中起作用，取决于 E_4 和 P_4 之间的相位失配，即 θ_+ 和 θ_- 的大小。只有当相位适配几乎为零时，后两项才会在频率 ω_4 上发生显著的四波混频过程。这就需要频率及波矢之间的匹配，而后者通常被称为相位匹配。由式（3-3-97）可得四波混频的频率条件和相位匹配条件

$$\omega_4 = \omega_1 + \omega_2 + \omega_3$$
$$\beta_4 = \beta_1 + \beta_2 + \beta_3 \tag{3-3-98}$$

和

$$\omega_3 + \omega_4 = \omega_1 + \omega_2$$
$$\beta_3 + \beta_4 = \beta_1 + \beta_2 \tag{3-3-99}$$

式（3-3-98）中的频率条件 $\omega_4 = \omega_1 + \omega_2 + \omega_3$，在特殊情况下（$\omega_1 = \omega_2 = \omega_3$）就是三次谐波，此时由于 ω_4 和 ω_1、ω_2、ω_3 的相差甚大，其相位匹配条件难以满足，可不予考虑。现在考虑式（3-3-99）中的

$$\omega_3 + \omega_4 = \omega_1 + \omega_2$$

按照量子理论，这是两个光子湮灭并产生两个新光子的过程，此过程保持能量守恒，而相位匹配条件 $\beta_3 + \beta_4 = \beta_1 + \beta_2$ 则是动量守恒条件。由于光纤的色散、非线性等因素，在满足频率条件时，相位匹配条件不一定满足，可以引入相位失配因子 $\Delta\beta$，表示为

$$\Delta\beta = \beta_1 + \beta_2 - \beta_3 - \beta_4 \qquad (3-3-100)$$

如果 $\Delta\beta = 0$，则称为相位匹配。在 $\omega_1 = \omega_2$ 的特殊情况下，相位匹配条件 $2\beta_1 = \beta_3 + \beta_4$ 比较容易满足。由于此时两入射光子的频率相同，因此被称为简并四波混频。

在准连续光的前提下，光纤中有四个不同中心频率 ω_1、ω_2、ω_3 和 ω_4 的光场同时沿 z 方向传输，式（3-3-94）光纤中的时域场分布可以表示为

$$E_i(x,y,z,t) = \frac{1}{\left[\int_s |\psi(x,y)|^2 \, \mathrm{d}s\right]^{\frac{1}{2}}} \psi(x,y) A_i(z,t) \exp\left(-\frac{\alpha z}{2}\right) \quad (i=1,2,3,4) \quad (3-3-101)$$

其中假定了四个频率光场的模式场和光纤的损耗基本相同，这在频率相差不大的情况下是成立的。在相位匹配条件近似满足时，考虑光场的准连续性，光场复振幅对时间的导数项近似为零，可以得到光纤内准连续波的 FWM 非线性传输方程为

$$\frac{\partial A_1}{\partial z} = -\mathrm{j}\gamma_1\left[\left(|A_1|^2 + 2\sum_{k\neq 1}|A_k|^2\right)A_1 + 2A_3 A_4 A_2^* \exp(\mathrm{j}\Delta\beta z)\right]\exp(-\alpha z)$$

$$\frac{\partial A_2}{\partial z} = -\mathrm{j}\gamma_2\left[\left(|A_2|^2 + 2\sum_{k\neq 2}|A_k|^2\right)A_2 + 2A_3 A_4 A_1^* \exp(\mathrm{j}\Delta\beta z)\right]\exp(-\alpha z)$$

$$\frac{\partial A_3}{\partial z} = -\mathrm{j}\gamma_3\left[\left(|A_3|^2 + 2\sum_{k\neq 3}|A_k|^2\right)A_3 + 2A_1 A_2 A_4^* \exp(-\mathrm{j}\Delta\beta z)\right]\exp(-\alpha z)$$

$$\frac{\partial A_4}{\partial z} = -\mathrm{j}\gamma_4\left[\left(|A_4|^2 + 2\sum_{k\neq 4}|A_k|^2\right)A_4 + 2A_1 A_2 A_3^* \exp(-\mathrm{j}\Delta\beta z)\right]\exp(-\alpha z)$$

$$(3-3-102)$$

其中

$$\gamma_i = \frac{n_2 \omega_i}{c A_{\mathrm{eff}}} \quad (i=1,2,3,4) \qquad (3-3-103)$$

式（3-3-102）为 FWM 效应对光纤中准连续波之间相互作用的一般化描述，其中包括了 SPM 和 FWM 效应，在具体使用时可根据实际情况进行适当的简化处理。

2. 泵浦光与信号光

在许多实际应用中经常出现 $|A_1|, |A_2| \gg |A_3|, |A_4|$ 的情况，有时甚至在输入光中只有三个频率，第四个频率 ω_4 将会在传输过程中通过非线性 FWM 效应产生。这时在光纤中注入频率 ω_1 和 ω_2 的输入光是为了将频率位于 ω_3 的信号光放大，这一过程中将会产生无用的频率为 ω_4 的光场。为了给信号光提供足够的增益，一般需要很强的 A_1 和 A_2，以产生较强的非线性 FWM 效应。在这种情况下，习惯上将 A_1 和 A_2 称为泵浦光，A_3 称为信号光，而 A_4 称为空闲光。但是这种配置也可用于信号光的波长转换，即将光信号从 ω_3 转换到 ω_4，此时的目的是获得较强的 A_4 输出。

在上述两种应用中，泵浦光 A_1 和 A_2 一般为连续波，而 A_3，A_4 携带有调制信息。为了尽

量满足 FWM 相位匹配条件，通常各频率均位于光纤的零色散波长附近（$\beta_2 \approx 0$），因此在 A_3 和 A_4 的传输方程中仍可以忽略色散项，而方程中 A_3 和 A_4 对时间的一阶导数项可以通过坐标变换 $T = t - \beta_1$ 去除。因此光纤中的 FWM 传输方程仍可以用式（3-3-102）描述。为了简化，可以忽略光纤的损耗。

因为 $|A_1|, |A_2| \gg |A_3|, |A_4|$，FWM 传输方程 [式（3-3-102）] 中前两个方程的四波混频项与 $|A_3|^2$、$|A_4|^2$ 均可忽略。当忽略光纤损耗时，式（3-3-102）中前两个方程的解为

$$A_1(z) = \sqrt{P_1} \exp\left[-j\gamma_1(P_1 + 2P_2)z\right]$$
$$A_2(z) = \sqrt{P_2} \exp\left[-j\gamma_2(P_2 + 2P_1)z\right] \tag{3-3-104}$$

式（3-3-104）中 $P_i = |A_i|^2$，表示输入光的功率。在频率相差不大的情况下，各频率上的非线性系数近似相等，均可用 γ 表示。式（3-3-102）中后两个方程可变化为

$$\frac{\partial A_3}{\partial z} = -j2\gamma\left[(P_1 + P_2)A_3 + (P_1 P_2)^{\frac{1}{2}} A_4^* \exp(-j\Delta\varphi z)\right] \tag{3-3-105}$$

$$\frac{\partial A_4}{\partial z} = -j2\gamma\left[(P_1 + P_2)A_3 + (P_1 P_2)^{\frac{1}{2}} A_3^* \exp(-j\Delta\varphi z)\right] \tag{3-3-106}$$

其中 $\Delta\varphi = \Delta\beta + 3\gamma(P_1 + P_2)$。如果令

$$B_3 = A_3 \exp\left[2j\gamma(P_1 + P_2)z\right] \tag{3-3-107}$$

$$B_4 = A_4^* \exp\left[-2j\gamma(P_1 + P_2)z\right] \tag{3-3-108}$$

可以得到

$$\frac{\partial B_3}{\partial z} = -j\kappa B_4 \exp(-j\delta z) \tag{3-3-109}$$

$$\frac{\partial B_4}{\partial z} = j\kappa B_3 \exp(j\delta z) \tag{3-3-110}$$

式（3-3-109）和式（3-3-110）为 B_3 和 B_4 耦合微分方程的标准形式，耦合强度 $\kappa = 2\gamma(P_1 P_2)^{1/2}$，相位失配 $\delta = \Delta\beta + \gamma(P_1 + P_2)$。由此可见，如果考虑来自泵浦光的非线性相位调制作用的影响，严格的 FWM 相位匹配条件应为 $\delta = 0$，即当 $\Delta\beta = -\gamma(P_1 + P_2)$ 时，四波混频作用将使信号光和空闲光得到最快的增长，即 FWM 具有最大的效率。在给定的边界条件下，可以根据式（3-3-109）和式（3-3-110）得到信号光与空闲光的具体增长形式。在部分简并情形，即只有一个泵浦光的情况下，有 $\omega_1 = \omega_2$ 及 $P_1 = P_2$，上述结果全部适用。

3. FWM 光学相位共轭与光谱反转

当利用 FWM 效应进行光信号的波长变换时，输入端只有信号光和泵浦光，并且在整个 FWM 作用过程中有 $|A_1|, |A_2| \gg |A_3|, |A_4|$。如果信号光为已调制脉冲信号，则应当考虑式（3-3-102）的频域形式。考虑到光纤的损耗，各光场可以近似地表示为

$$A_1(\omega_1) = \sqrt{P_1} \exp\left[-j\gamma(P_1 + 2P_2)z\right]\exp(-\alpha z / 2) \tag{3-3-111}$$

$$A_2(\omega_2) = \sqrt{P_2} \exp\left[-j\gamma(P_2 + 2P_1)z\right]\exp(-\alpha z / 2) \tag{3-3-112}$$

$$A_3(\omega_3) = B_3(\omega_3) \exp\left[-2j\gamma(P_1 + P_2)z\right]\exp(-\alpha z / 2) \tag{3-3-113}$$

$$A_4(\omega_4) = B_4^*(\omega_4) \exp[-2\mathrm{j}\gamma(P_1 + P_2)z] \exp(-\alpha z / 2) \tag{3-3-114}$$

由于 A_1 和 A_2 为连续波，所以上述光场表示式中的 SPM 和 XPM 效应并不改变光场的频谱。混频信号的频率 ω_4 满足

$$\omega_4 = \omega_1 + \omega_2 - \omega_3 \tag{3-3-115}$$

将式（3-3-111）～式（3-3-114）代入式（3-3-102）的第四个方程，得到

$$\frac{\mathrm{d}B_4(\omega_4)}{\mathrm{d}z} = \mathrm{j}2\gamma\left(P_1 P_2\right)^{\frac{1}{2}} B_3(\omega_3) \exp(-\alpha z) \exp(\mathrm{j}\delta z) \tag{3-3-116}$$

在光纤零色散波长附近可以忽略 $B_3(\omega_3)$ 随 z 的变化。对式（3-3-116）直接积分得到 $B_4(\omega_4)$ 随 z 的变化情况为

$$B_4(z, \omega_4) = \mathrm{j}2\gamma\left(P_1 P_2\right)^{\frac{1}{2}} B_3(\omega_3) \frac{1 - \exp[(\mathrm{j}\delta - \alpha)z]}{\mathrm{j}\delta - \alpha} \tag{3-3-117}$$

式（3-3-117）的结果具有多方面的重要意义。

根据式（3-3-113）和式（3-3-114）可以得到

$$A_4(z, \omega_4) = \mathrm{j}2\gamma\left(P_1 P_2\right)^{\frac{1}{2}} A_3^*(\omega_3) \exp[-4\mathrm{j}\gamma(P_1 + P_2)z] \frac{1 - \exp[-(\mathrm{j}\delta + \alpha)z]}{\mathrm{j}\delta + \alpha} \tag{3-3-118}$$

$$= f(z) A_3^*(\omega_3)$$

由式（3-3-115）得到，信号光中频率为 $\omega_3 + \delta\omega$ 的分量所产生的混频信号频率分量将位于 $\omega_4 - \delta\omega$，因此如果忽略在信号谱宽内相位失配的变化，则有

$$A_4(z, T) = \int_{-\infty}^{+\infty} A_4(z, \omega_4 + \delta\omega) \exp(\mathrm{j}\delta\omega T) \mathrm{d}(\delta\omega)$$

$$= f(z) \int_{-\infty}^{+\infty} A_3^*(\omega_3 - \delta\omega) \exp(\mathrm{j}\delta\omega T) \mathrm{d}(\delta\omega) \tag{3-3-119}$$

$$= -f(z) \left[\int_{-\infty}^{+\infty} A_3^*(\omega_3 + \delta\omega') \exp(\mathrm{j}\delta\omega' T) \mathrm{d}(\delta\omega') \right]^* = -f(z) A_3^*(0, T)$$

式（3-3-119）说明波长转换后输出的混频信号脉冲与输入信号脉冲的复共轭成正比。因此通过光学四波混频可以获得输入脉冲的光学相位共轭脉冲。

由式（3-3-118），输出脉冲的光谱为

$$P_4(z, \omega_4) = \left| A_4(z, \omega_4) \right|^2$$

$$= 4\gamma^2 P_1 P_2 \left| A_3(\omega_3) \right|^2 \frac{\alpha^2 z_{\mathrm{eff}} \exp(-\alpha z)}{\alpha^2 + \delta^2} \left[1 + \frac{4\exp(-\alpha z)\sin^2\left(\dfrac{\delta z}{2}\right)}{\left[1 - \exp(-\alpha z)\right]^2} \right] \tag{3-3-120}$$

$$= \left| f(z) \right|^2 P_3(\omega_3)$$

由式（3-3-115）得到，混频输出光谱与输入信号光谱之间满足

$$P_4(z, \omega_4 + \delta\omega) = \left| f(z) \right|^2 P_3(z, \omega_3 - \delta\omega) \tag{3-3-121}$$

式（3-3-121）表明混频信号中的高频分量与输入信号光中对应的低频分量成正比，即通过光学 FWM 所获得的输出信号与输入信号相比，其光谱关于其中心频率发生了反转，如

图 3-3-3 所示。

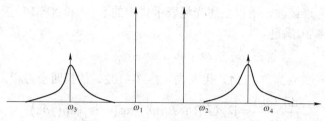

图 3-3-3 光纤 FWM 光谱反转示意图

四波混频效应的上述特性可以被用于光纤线路中的中途光谱反转色散补偿技术。例如，在反常色散光纤中传输的脉冲将在传输过程中产生负脉冲啁啾，即低频分量传输速度慢，位于脉冲的后沿，而高频分量位于脉冲的前沿。如果在整个光纤线路的中点利用 FWM 产生色散展宽脉冲的相位共轭脉冲，则获得的脉冲就具有正的啁啾，其高频分量位于脉冲的后沿，而低频分量位于脉冲的前沿，该脉冲在经过另一半反常色散光纤传输后其宽度将会恢复到输入端的水平，这一方法对于单一波长通道高速光纤通信系统的色散补偿是十分有效的。

4. 色散对光纤 FWM 的影响

由式（3-3-109）和式（3-3-120），四波混频的相位失配可以表示为

$$\delta = \Delta\beta + \gamma(P_1 + P_2) \qquad (3-3-122)$$

式（3-3-122）中第一项来自光纤色散的贡献，第二项来自光纤非线性的贡献。对于通常的泵浦功率，来自光纤非线性的相位失配远远小于色散所引起的相位失配，在大多数情况下可以忽略。

根据式（3-3-115），输入信号光频率 ω_3 与混频信号频率 ω_4 将对称地分布于泵浦频率 ω_1 和 ω_2 两边，如图 3-3-3 所示，且满足

$$\Omega = \omega_4 - \omega_2 = \omega_1 - \omega_3 \qquad (3-3-123)$$

通常 Ω 最多只有数百 GHz，此时可以认为光纤在四个频率上具有近似相等的群时延和色散。对于单模光纤，将传输常数 β 在中心频率 $\omega = (\omega_1 + \omega_2)/2$ 上展成 Taylor 级数，并截止到二次项，代入式（3-3-100）即得到单模光纤中 FWM 的相位失配

$$\delta \approx \Delta\beta \approx \frac{2\pi c}{\omega_0^2} D\Omega(\omega_2 + \omega_4 - 2\omega_0) \qquad (3-3-124)$$

D 为频率 ω_0 上的光纤色散。由此可见，如果光纤的零色散点选择在 ω_0 上，则相位匹配条件可以得到近似满足。此时 FWM 的相位失配需要将 β 展开至三次项进行计算。

相位失配不仅直接影响四波混频的效率，而且根据式（3-3-109）和式（3-3-120），相位失配可以在距离上进行累积，因而影响 FWM 总的作用距离。通常定义当 $\delta z = \pi$ 时光纤的长度为光纤 FWM 的相干长度

$$L_c = \frac{\pi}{\delta} \qquad (3-3-125)$$

只有当光纤长度 L 小于 L_c 时才能产生有效的四波混频信号。当 $L > L_c$ 时，混频信号中的功率将逐渐反馈回泵浦。根据式（3-3-124）和式（3-3-125）可以得到长度为 L 的光纤所

允许的最大频率搬移为

$$\Delta\omega = \Omega = \frac{\omega_0^2 \delta}{2\pi c D(\omega_2 + \omega_4 - 2\omega_0)} = \frac{\omega_0^2}{2cD(\omega_2 + \omega_4 - 2\omega_0)L} \qquad (3-3-126)$$

因此，增加光纤长度或色散都将引起四波混频带宽的减小。

在某些应用场合，甚至要求采用脉冲形式进行泵浦（如当利用 FWM 进行超高速 OTDM 系统的解复用时，要求泵浦光的脉冲宽度与信号脉冲相当），此时，当信号光为窄脉冲时，光纤色散将引起脉冲之间的走离，FWM 只能在脉冲的走离距离内发生。当光纤色散较大时，脉冲的走离距离将非常短，从而影响 FWM 效率的提高。

3.3.5　受激非弹性散射

介质中的受激非弹性散射过程起源于光场与介质中分子振动态（光学声子）及声波（声学声子）之间的非线性相互作用。受激非弹性散射过程与 SPM、XPM 和 FWM 等非线性现象之间的一个重要区别是，在受激非弹性散射过程中存在光场与介质之间的能量转移。振动态吸收一部分入射光子（常称为泵浦光）的能量从低能态跃迁至高能态，同时出射光子（常称为 Stokes 光），由于损失了能量而使频率降低。从量子论的观点来看，这是湮灭了一个泵浦光子同时产生出一个声子和一个低频 Stokes 光子的声子发射过程。与此相反的过程是泵浦光子吸收一个声子而产生出一个高频光子（称为反 Stokes 光）的声子吸收过程。由于通常情况下振子处于低能态的概率较大，伴随声子发射的 Stokes 过程居主导地位，因此一般观察到的均为光子频率向低频方向转移的受激非弹性散射过程，受激非弹性散射过程对光纤中光场的主要影响表现为高频光场的能量向低频光场转移，以及光谱光场对低频光场的增益和放大作用。

由于分子振动态的能级间隔远大于介质中机械振动态的能级间隔，因此光学声子具有比声学声子高得多的振动频率，相应的光子散射过程的性质也极为不同。通常将光子与光学声子间的受激非弹性散射称为受激拉曼散射（SRS），将光子与声学声子之间的受激非弹性散射称为受激布里渊散射（SBS）。在通信波段，光纤中 SRS 增益峰值的频移量约为 13 THz，增益谱带宽约为 40 THz，而光纤中 SBS 增益的峰值所对应的频移仅约为 10 GHz，增益谱带宽也仅为 10 MHz 量级。

1. SRS

光纤中 SRS 对光信号传输的影响主要包括两方面：首先，由于 SRS 引起了泵浦波长上光功率的损耗及 Stokes 光的增益，介质与光场间发生了能量的交换与转移，因此介质的非线性极化率应具有复数形式的频域表示；其次，由拉曼增益谱带宽所确定的石英光纤拉曼响应时间为 60～100 fs，因此对于脉冲宽度小于 10 ps 的光脉冲，应当对光纤非线性响应函数的延迟特性进行适当考虑。

拉曼增益和拉曼阈值是了解拉曼散射的物理基础。图 3-3-4 为石英光纤的归一化拉曼增益谱。由图 3-3-4 可知，石英光纤中拉曼增益的显著特征是增益谱很宽，可达 40 THz，而增益峰值频移约为 13 THz。

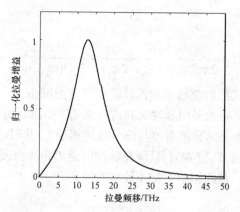

图 3-3-4　石英光纤的归一化拉曼增益谱

对于脉冲宽度大于 1 ps 的光脉冲,SRS 主要表现为不同波长光信号间的非线性相互作用。SRS 效应在光纤通信中的一个重要应用是通过在短波长端注入强泵浦光对拉曼增益谱带宽内的多波长光信号在较长的光纤线路上进行分布式放大,以克服光纤损耗造成的信号功率衰减。

对于脉宽小于 1 ps 的 fs 级光脉冲,由于信号谱宽已经接近或超过拉曼增益带宽,此时由色散造成的不同波长信号间的走离距离很短,相互间的非线性作用可以忽略,但光纤非线性响应函数 $R(t)$ 的作用变得十分突出,光信号在光纤内的传输演化主要受光脉冲内部不同频率成分间非线性相互作用的影响。因此,光纤非线性对 fs 级超高速光信号传输特性的影响主要来自信道内的非线性。

此外,即使在输入端只有泵浦光输入而没有 Stokes 光入射的情况下,在光纤输出端也会获得 Stokes 光输出,这是拉曼增益带宽内随机光子起伏所致自发辐射的影响。

当 $P_s(0)=0$ 时,并忽略泵浦耗尽的情况下,有

$$P_s(L) = \frac{h\omega_{s0}\Delta\Omega_{eff}}{2\pi}[\exp(g_s P_{p0} L_{eff} - \alpha_s L) - 1] \qquad (3-3-127)$$

其中 ω_{s0} 为光纤拉曼增益峰所对应的 Stokes 频率,$\Delta\Omega_{eff}$ 为增益峰有效宽度,g_s 为 Stokes 频率上的拉曼增益系数,$L_{eff} = \left[1 - \exp(-\alpha_p L)\right] / \alpha_p$ 为光纤的有效长度,α_p、α_s 分别为泵浦光和 Stokes 光的损耗系数,P_{p0} 为入射的泵浦功率。

通常将当只有泵浦光入射,Stokes 光与泵浦光输出功率相等时所需的入射泵浦功率 P_{p0} 定义为 SRS 的阈值,满足

$$\frac{h\omega_{s0}\Delta\Omega_{eff}}{2\pi}[\exp(g_s P_{p0} L_{eff} - \alpha_s L) - 1] = P_{p0}\exp(-\alpha_p L) \qquad (3-3-128)$$

对于 1.55 μm 波段的长距离单模光纤通信系统,g_s 约为 1.0×10^{-3} W^{-1} · m^{-1},$\alpha_p \approx \alpha_s$ 约为 0.2 dB/km,L_{eff} 约为 20 km,可以估算出 SRS 阈值约为 600 mW。需要注意的是,上述结论是在泵浦光和 Stokes 光为连续波且偏振方向和传播方向保持一致的情况下得到的。在泵浦光与 Stokes 光无确定偏振相关性的情况下,SRS 阈值将增大两倍。

上述分析表明,由于 SRS 具有很高的阈值,在长距离的多波长光纤传输系统中,SRS 效应对不同波长通道间功率串扰一般并不严重。但当泵浦光功率达到 SRS 阈值功率以上时,功率迅速由泵浦光转移到 Stokes 光,所产生的 Stokes 光可作为新的泵浦继续产生下一级 Stokes 光,直至其功率低于 SRS 阈值。产生 Stokes 光的级数决定于初始入射泵浦功率。

光纤中的 SRS 效应已经被广泛应用于长距离光纤线路上光信号的分布式放大和光纤拉曼激光器等方面。对于泵浦为连续波的情形，SRS 在正反两个方向上均可以发生，因此可以对反向传输信号进行放大，但与正向 SRS 相比，反向 SRS 具有较高的阈值，光纤中的自发 SRS 过程所产生的通常为正向 Stokes 光输出。

2. SBS

SBS 是入射（泵浦）光子与介质中声学声子（声波）之间的散射过程。平衡状态下声子的统计特性使得 SBS 与 SRS 过程类似，通常只能观察到伴随声子发射入射光频率下移的 Stokes 过程。在这过程中，一个泵浦光子被湮灭，同时产生一个声学声子和一个频率较低的散射（Stokes）光子。散射过程满足能量和动量守恒条件

$$\omega_p = \omega_A + \omega_s, \quad k_p = k_A + k_s \tag{3-3-129}$$

其中 ω_p、ω_A、ω_s 及 k_p、k_A、k_s 分别为泵浦光子、声子、Stokes 光子的频率和波矢量。与光频相比，声波的频率几乎可以忽略，得到

$$\omega_A \ll \omega_s, \quad \omega_p, \quad \omega_s \gg \omega_p, \quad |k_s| \gg |k_p| \tag{3-3-130}$$

若泵浦光方向与 Stokes 光方向间的夹角为 θ，声波在介质中传播的速度为 v_A，则

$$|k_A| = 2|k_p|\sin(\theta/2), \omega_A = v_A|k_A| = 2v_A|k_p|\sin(\theta/2) \tag{3-3-131}$$

光纤内只考虑 $\theta=0$ 和 $\theta=\pi$（正向和反向）两个参考方向，当 $\theta=0$ 时，$\omega_A=0$，因此光纤中的 SBS 效应只能产生反向（$\theta=\pi$）的 Stokes 光波。光纤中的布里渊频移为

$$f_B = \frac{\omega_A}{2\pi} = \frac{2n_{eff}v_A}{\lambda_p} \tag{3-3-132}$$

其中，λ_p 为泵浦波长，n_{eff} 为泵浦波长 λ_p 上的有效折射率。在石英光纤中，取 $\lambda_p=1.55\ \mu m$，$n_{eff}=1.45$，$v_A=5.96\ km/s$，相应的布里渊频移 $f_B=11.1\ GHz$。

类似于 SRS 的情形，Stokes 波的形成由布里渊增益系数 $g_B(\Omega)$ 来描述，$\Omega=\Omega_B$ 处对应 $g_B(\Omega)$ 的峰值。然而，与 SRS 情形相反，布里渊增益频谱很窄，为 $10\sim100\ MHz$，这是因为谱宽与声波的阻尼时间或声子寿命有关。实验表明，石英光纤的 SBS 峰值增益 g_p 约为 $1\ W^{-1} \cdot m^{-1}$，比光纤 SRS 的峰值增益大将近三个数量级，且与泵浦波长无关。SBS 增益谱形状为通常的 Lorentz 线型

$$g_B(\Omega) = g_p \frac{(\Delta\Omega_B)^2}{(\Omega-\Omega_B)^2 + (\Delta\Omega_B)^2} \tag{3-3-133}$$

其中 $\Omega_B = 2\pi f_B$，　$\Delta\Omega_B = 2\pi\Delta f_B$。

由于 SBS 过程中 Stokes 光的反向传输特性，光纤的布里渊增益与泵浦光的光谱宽度 Δf_p 关系十分密切。这是因为一方面泵浦光的相干长度（时间相干性）随光谱宽度 Δf_p 的增加而减小，导致泵浦光与 Stokes 光的作用距离缩短；另一方面，布里渊增益谱带宽与普通激光光源的谱线宽度相当，泵浦光的线宽很容易超过光纤的 SBS 带宽而使光纤的布里渊增益显著降低。对于同样具有 Lorentz 光谱线型的泵浦光，光纤 SBS 峰值增益额为

$$\overline{g}_p = \frac{\Delta f_B}{\Delta f_B + \Delta f_p} g_p \tag{3-3-134}$$

当泵浦光为 ps 级的窄光脉冲时，SBS 的增益将小于 SRS 的增益，这时，泵浦光脉冲将产生前向的拉曼散射，而不会发生 SBS 效应，因此 SBS 效应对通常的光纤传输系统几乎没有影响。但对于使用准连续波的光纤传感系统，光纤中的 SBS 效应需要加以认真考虑。根据前面的分析，对光源进行适当调制（ASK、FSK 或 PSK 等方式均可）是抑制光纤中 SBS 的一条基本途径。

由于 SBS 效应只有在单色性较好的准连续波泵浦情况下才能产生，因此色散对泵浦和 Stokes 光场的影响可以忽略，对光纤中 SBS 效应的研究可以采用功率耦合方程进行。假定泵浦光的传输方向为 z 方向，Stokes 光沿 $-z$ 方向传输，则泵浦光与 Stokes 光之间的功率耦合方程为

$$\frac{\mathrm{d}P_\mathrm{s}}{\mathrm{d}z} = -g_\mathrm{B}P_\mathrm{p}P_\mathrm{s} + \alpha P_\mathrm{s}, \frac{\mathrm{d}P_\mathrm{p}}{\mathrm{d}z} = -g_\mathrm{B}P_\mathrm{p}P_\mathrm{s} - \alpha P_\mathrm{p} \qquad (3-3-135)$$

其中，$\omega_\mathrm{p} \approx \omega_\mathrm{s}$，$\alpha_\mathrm{p} \approx \alpha_\mathrm{s} = \alpha$。

通过在 Stokes 光的功率传输方程中加入自发辐射项的贡献，可以得到与 SRS 阈值泵浦功率方程［式（3-3-128）］类似的 SBS 阈值功率方程。对于长途光纤通信系统中广泛使用普通单模光纤和准连续相干泵浦光的情况，可以得到 SBS 阈值泵浦功率约为 1 mW，这一数值与通常通信系统中的光信号功率相当。但在通常的光纤通信系统中，由于泵浦信号与 Stokes 光信号的反向传输特性，以及调制信号的光谱展宽，光纤中的 SBS 过程会因阈值的显著增加而得到遏制。因此 SBS 对高速和超高速光纤传输系统并不构成严重的影响。

在相干性较好的连续波泵浦情况下，由于光纤中的 SBS 效应具有极低的阈值和较高的布里渊增益，可以被方便地用于各种光纤传感系统及光纤布里渊激光器和放大器的制作，尤其是其反向散射特性可以在环形腔光纤陀螺中得到重要应用。

3.3.6　光纤中的光学孤立子

在物理上，孤立子（soliton）是在特定条件下从非线性波动方程中得到的一个稳定的、能量有限的不弥散解，即孤立子是一个稳定的波包，能够在传输过程中始终保持其波形和速度不变，孤立子广泛地存在于自然界所有与波动有关的现象当中。在光纤的反常色散区，色散和非线性效应的相互作用使得光纤中也支持光学孤立子的传输。显然，对光纤中光学孤立子（简称光孤子）的研究不仅具有理论上的意义，更为重要的是它可以被用于光脉冲在光纤中的长距离无畸变传输，从而构成光孤子通信系统。因此，长期以来光孤子及其在光纤通信系统中的应用一直是一个倍受关注的研究领域。

随着通信速率的提高，系统中所要求的光脉冲宽度 T_0 将逐渐减小，这将给光纤传输系统带来两方面的不利影响。首先，T_0 的减小将增大信号谱宽，从而使光纤色散对脉冲传输的影响变得愈来愈严重，这个结论也可以由光纤色散长度的表达式 $L_\mathrm{D} = T_0^2/|\beta_2|$ 得出。其次，为了保持一定的信号功率，减小 T_0 将同时要求增大脉冲的峰值功率 P_0，从而增加了各种光纤非线性效应对系统的影响。因此，设法利用光纤色散和非线性效应之间的平衡实现光孤子在光纤中的不弥散传输对高速长距离光纤通信系统具有十分重要的意义。

1. 光纤中光孤子的基本特性

光纤反常色散区（$\beta_2 < 0$）内的光孤子是光纤群速度色散（GVD）和自相位调制（SPM）

效应相互作用的结果。SPM 效应将在脉冲传输过程中使脉冲中部产生正的频率啁啾，而在反常色散区，光纤色散则在整个脉冲上产生负的线性频率啁啾。由于 SPM 引起的啁啾效应与脉冲的形状密切相关，因此对于适当的脉冲形状，由 SPM 所引起的啁啾效应有可能与色散所引起的啁啾效应精确平衡，从而使脉冲形状在传输过程中不发生变化。这样的脉冲即为光纤中的光孤子。

与上述情况相对应，在光纤的正常色散区存在所谓的暗孤子解，它在以连续波为背景的一个光功率凹陷区域。暗孤子在光纤中传输时可以保持功率凹陷区的形状不发生变化，也属于光纤中一个稳定的孤子解。但通常的光孤子均指亮孤子，本节所讨论的内容均指亮孤子。

考虑一准单色脉冲在光纤中的传输，包括二阶色散和 SPM 效应在内的脉冲传输方程为

$$\frac{\partial A}{\partial z} - \frac{j}{2}\beta_2 \frac{\partial^2 A}{\partial T^2} = -j\gamma |A|^2 A \qquad (3-3-136)$$

其中 $T = t - \beta_1 z$。通常情况下，为了数学处理方便，会引入归一化变量

$$\tau = \frac{T}{T_0}, \quad \xi = \frac{z}{L_D}, \quad U = \frac{A}{\sqrt{P_0}} \qquad (3-3-137)$$

其中 T_0 和 P_0 分别为脉冲宽度和峰值功率。

在光纤的反常色散区，式（3-3-136）变化为

$$j\frac{\partial U}{\partial \xi} - \frac{1}{2}\beta_2 \frac{\partial^2 U}{\partial \tau^2} - N^2 |U|^2 U = 0 \qquad (3-3-138)$$

式（3-3-138）是非线性薛定鄂方程在数学上的标准形式，其中参数 N 定义为

$$N^2 = \frac{L_D}{L_{NL}} = \frac{\gamma P_0 T_0^2}{|\beta_2|} \qquad (3-3-139)$$

寻找式（3-3-138）的孤子解本质上是一个逆问题，可以用逆散射法进行分析。结果表明只有当 N 为整数时式（3-3-138）才有孤子解存在，同时输入脉冲应当为双曲正割形式

$$U(0,\tau) = \mathrm{sech}(\tau) \qquad (3-3-140)$$

N 为孤子的阶数。$N=1$ 对应于最低阶孤子，通常称为一阶孤子或基孤子，在传输过程中其脉冲和光谱形状均保持不变。对于 $N>1$ 的高阶孤子，其脉冲形状和光谱特性在传输过程中均以 $\xi_0 = \pi/2$ 为周期显示出周期性变化。根据式（3-3-137），高阶孤子的空间演化周期为

$$z_0 = \frac{\pi}{2}L_D = \frac{\pi}{2}\frac{T_0^2}{|\beta_2|} \qquad (3-3-141)$$

根据式（3-3-139），在光纤中产生一阶孤子所需的脉冲峰值功率为

$$P_1 = \frac{|\beta_2|}{\gamma T_0^2} \qquad (3-3-142)$$

因此，在光纤零色散波长附近的反常色散区比较容易获得光孤子传输。当脉冲宽度变窄（相当于提高通信速率）时，维持一阶光孤子所需的峰值功率将迅速增大。产生 N 阶孤子所需的峰值功率是一阶孤子的 N^2 倍。

图 3-3-5 给出了一个三阶孤子（$N=3$）的脉冲形状在一个周期内的演化过程。当脉冲沿光纤传输时经历了初始压缩和脉冲分裂，然后在孤子周期 z_0 处恢复为初始的双曲正割脉冲

等几个过程。对于其他的 N 值（$N=1$ 除外），脉冲的演变情况类似，脉冲在变化过程中分裂出的脉冲个数为 $N-1$ 个。利用高阶孤子在其初始传输阶段脉冲变窄的特性可以对光脉冲进行非线性压缩，这是在实验中获得超短光脉冲的主要途径之一。

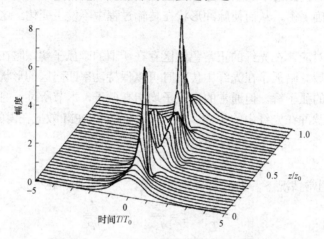

图 3-3-5　三阶孤子在一个周期内的演化

事实上，在 $N=1$ 的情况下可以不用逆散射法而通过直接求解方程［式（3-3-138）］得到一阶孤子无畸变传输所要求的脉冲形状为双曲正割脉冲的结论。对于稳定的孤子脉冲，其传输相位应与时间 τ 无关。式（3-3-138）的稳定无畸变传输解应当具有下述形式

$$U(\xi,\tau)=V(\tau)\exp[\mathrm{j}\varphi(\xi)] \tag{3-3-143}$$

对于稳定的孤子脉冲，其传输相位应与时间无关。将式（3-3-143）代入 $N=1$ 时的方程［式（3-3-138）］中，并令其实部和虚部分别相等，得到关于 V 和 φ 所满足的两个方程，并得到 $\varphi(\xi)=K\xi$，K 为常数。$V(\tau)$ 所满足的方程为

$$\frac{\mathrm{d}^2 V}{\mathrm{d}\tau^2}=2V(K-V^2) \tag{3-3-144}$$

式（3-3-144）两边同乘以 $2\,\mathrm{d}V/\mathrm{d}\tau$ 并对 τ 积分可得

$$\left(\frac{\mathrm{d}V}{\mathrm{d}\tau}\right)^2=2KV^2-V+C \tag{3-3-145}$$

其中 C 为积分常数，由 $|\tau|\to\infty$ 时 V 及 $\mathrm{d}V/\mathrm{d}\tau$ 应为零的边界条件，可得到 $C=0$。又由孤子峰值处（$z=0$）的边界条件 $V=1$ 及 $\mathrm{d}V/\mathrm{d}\tau=0$ 得到 $K=1/2$，这样 $\varphi(\xi)=\xi/2$，而式（3-3-144）很容易通过积分得到 $V(\tau)=\mathrm{sech}(\tau)$。因此一阶孤子所具有的脉冲形状为

$$U(\xi,\tau)=\mathrm{sech}(\tau)\exp\left(\frac{\mathrm{j}\xi}{2}\right) \tag{3-3-146}$$

这是一个无啁啾的双曲正割脉冲。根据式（3-3-146），一阶光孤子在传输过程中只经历一个与时间无关的传输相位，而其脉冲形状和频谱特性均不发生任何变化。

2. 影响光孤子传输的主要因素

上述分析表明，当入射脉冲的峰值功率达到式（3-3-142）产生一阶孤子所需的水平时，双曲正割脉冲是光纤反常色散区一个相当稳定的稳态解。因此，在光纤中实现光孤子传输并

不需要在光纤输入端给出严格的双曲正割脉冲。如果入射脉冲的形状偏离双曲正割形式，脉冲将在传输过程中自发地向双曲正割的稳态脉冲形式转化。

通过对光孤子进行理论和实验研究还发现，如果输入脉冲具有某种啁啾性质，其啁啾特性将在传输过程中由色散或 SPM 加以克服，并最终演化为无啁啾双曲正割脉冲，但其代价是脉冲的一部分功率将离开脉冲而散失，所散失的脉冲功率随脉冲初始啁啾的增加而增大。

对光孤子长距离传输最严重的影响来自光纤损耗，对于输入光纤的一阶双曲正割孤子脉冲，其峰值功率将由光纤损耗而逐渐降低。为了维持孤子的稳态情形，脉冲宽度将随之增大。由于光纤具有极低的损耗，因此光孤子的损耗展宽效应要比线性情况下的色散展宽效应轻微得多。光纤损耗对孤子传输的确切影响可以通过在式（3－3－138）中加入损耗项进行分析，结果表明，在 $z<20\,L_{\mathrm{D}}$ 的情况下，由于损耗而展宽的光孤子脉冲宽度 T_1 近似为

$$T_1 = T_0 \exp(\alpha z) \tag{3-3-147}$$

其中 T_0 为光孤子初始脉冲宽度。据此，当 $z=10\,L_{\mathrm{D}}$ 时，光孤子将会因为损耗而展宽 1.4 倍的初始脉冲宽度。在线性传输时，脉冲在相同长度上的色散展宽约为 10 倍的初始脉冲宽度。为了减小孤子的损耗展宽效应，在实践中常常将输入脉冲的孤子阶数设置为 $N\approx1.7\sim1.8$，这时脉冲将会经历一个初始压缩过程，然后逐渐因损耗而缓慢展宽。

为了克服光孤子的损耗展宽效应，通常需要在光纤线路上对光孤子进行分布式放大。较为常用的方法是在光纤中注入短波长、高功率泵浦光，从而对光孤子进行分布式拉曼放大。这时放大器的自发辐射噪声将会引起光孤子中心频率的随机漂移，进而导致光孤子到达时间的随机抖动，这种现象被称为 Gorden－Haus 效应。当系统传输速率很高时，这种到达时间的随机抖动将在接收端引起定时判决误差，降低信噪比并导致系统的误码率增加，这种效应可以通过在光纤线路中加入光学滤波器而得到改善。

对于很短的孤子脉冲（几个 ps），其所对应的光谱宽度相当宽。这时脉冲内的高频分量将通过 SRS 不断地把能量转移至脉冲的低频分量，结果导致光孤子的中心频率在传输过程中逐渐向低频方向移动。这种由孤子脉冲内不同频率分量之间的 SRS 所引起的光孤子自频移也将通过光纤色散致使光孤子到达时间发生变化。在脉冲宽度仅为几个 ps 时，孤子自频移所引起的时间抖动将会严重地影响孤子系统的可靠传输距离。

此外，相邻孤子脉冲之间的相互作用，以及当脉冲很窄时的高阶色散和高阶非线性效应都将给光孤子通信系统带来不利的影响。只有当上述这些问题均得到可靠的解决时，光孤子通信系统才有望进入实用化。

习　题

1. 某偏振保持光纤中 $\beta_x - \beta_y = 6.3\times10^{-6}\,\mu\mathrm{m}^{-1}$，试问该光纤的拍长是多少？

2. 从来源的角度简述多模光纤和单模光纤中色散的不同。

3. 在工作波长 1.55 μm 处，一阶跃型单模光纤的 $n_1=1.46$，$n_2=1.45$，芯径为 8 μm，基模的特性曲线可近似为 $W=V-1$。试计算在 1.55 μm 波长上：

（1）基模的传输常数 β、有效折射率 n_{eff} 和相速度 v_{p}；

（2）基模的群折射率 n_g、群速度 v_g 和在 1 km 光纤上的传输时延 τ；

（3）光纤的色散 β_2 和 D 的值。

4. 具有线性啁啾性质的高斯型脉冲的复振幅可以表示为

$$f(T) = \exp\left[-(1-jC)\frac{T^2}{2T_0^2}\right]$$

其中 C 为量纲为 1 的啁啾参数，T_0 为峰值功率 1/e 点处脉冲的半宽度。根据傅里叶变换证明上述啁啾脉冲的频谱为

$$F(\omega) = \left(\frac{2\pi T_0^2}{1-jC}\right)^{1/2}\exp\left[-\frac{\omega^2 T_0^2}{2(1-jC)}\right]$$

并由此证明脉冲光功率谱的 1/e 点半宽度为

$$\Delta\omega = \frac{(1+C^2)^{1/2}}{T_0}$$

5. 一光纤传输系统由两段不同色散和长度的单模光纤组成。在工作波长上，两段光纤的参数分别为 $\beta_2^{(1)} = 20\,\text{ps}^2/\text{km}$，$L_1 = 40\,\text{km}$；$\beta_2^{(2)} = -100\,\text{ps}^2/\text{km}$，$L_2 = 7\,\text{km}$，在光纤输入端输入一个无啁啾高斯型脉冲 $f_0(T) = \exp(-T^2/T_0^2), T_0 = 10\sqrt{2}\,\text{ps}$，试计算：

（1）整个光纤传输线的频率响应函数；

（2）经第一段光纤传输后，脉冲功率最大值 1/e 点的半宽度的表达式与具体数值；

（3）经两段光纤传输后，脉冲功率最大值 1/e 的半宽度的表达式与具体数值；

（4）要使经两段光纤传输后光脉冲的形状不发生变化，第二段光纤的长度应为多少。

6. 一单模光纤在工作频率附近的基模特性曲线可简化为

$$\beta = A(\omega-\omega_0)^3 - B(\omega-\omega_0)^2 + C(\omega-\omega_0) + D$$

其中 $A = 0.017\,\text{ps}^3/\text{km}$，$B = 15\,\text{ps}^2/\text{km}$，$C = 4.83\times10^3\,\text{ps/km}$，$D = 5.862\times10^9\,\text{km}^{-1}$。$\omega_0$ 所对应的光纤工作波长为 1.55 μm，试计算（真空光速取 $3\times10^8\,\text{m/s}$）：

（1）ω_0 的值及光纤在 ω_0 上的有效折射率；

（2）光信号在光纤上传输 100 km 所经历的时延（以 μs 为单位）；

（3）光纤的色散 D（以 $\text{ps}\cdot\text{km}^{-1}\cdot\text{nm}^{-1}$ 为单位）；

（4）要利用一段色散系数 $D = -100\,\text{ps}\cdot\text{km}^{-1}\cdot\text{nm}^{-1}$ 的色散补偿光纤对 100 km 这种光纤进行完全色散补偿，需要色散补偿光纤的长度为多少？

7. 光纤中的非线性效应主要包括哪些？

8. 分别简述光纤与体非线性材料中产生光学非线性的原因，并进行对比。

9. 从峰值增益、方向特性、增益带宽、峰值 Stokes 谱线频移、阈值泵浦功率，以及对泵浦光线宽的要求等几个方面比较 SRS 和 SBS 效应的主要不同特点。

第 4 章　光纤制造技术与特种光纤

4.1　光纤制造技术及光缆

4.1.1　光纤制造技术

4.1.1.1　基本技术及原理

石英光纤的生产工艺包含制作光纤预制棒和拉丝两个步骤。第一步首先制作出与所要得到的光纤在几何结构和折射率分布结构上完全相同但尺寸比光纤大数百倍的光纤预制棒。第二步将预制棒在高温下软化并拉制成所需尺寸的光纤。为了增加石英光纤的抗拉和抗弯折特性及耐久性,在拉丝的同时需要对光纤用树脂材料进行涂覆。最终所获得的光纤直径可以通过调节拉丝参数进行精确控制,但光纤的折射率分布结构完全由预制棒的折射率分布决定。因此制作光纤预制棒是光纤制造中较为重要和关键的工艺过程。

光纤预制棒的折射率分布是通过控制纯石英(SiO_2)中各种微量掺杂材料的种类和剂量而实现的。常用的掺杂材料有锗(GeO_2)、硼(B_2O_3)、磷(P_2O_5)、氟(F)和铝(Al_2O_3)等。实验表明,在石英中掺入 Ge、P 和 Al 可提高材料的折射率,掺入 B 和 F 则会使其折射率降低,且在微量掺杂情况下,材料的折射率与掺杂浓度成线性关系,如图 3-1-3 所示。

$$\Delta\tau = \tau_2 - \tau_1 \approx \frac{n_1\Delta}{c} \tag{4-1-1}$$

除光纤基质材料本身的本征吸收损耗外,光纤损耗的大小直接取决于光纤材料的纯度。为了充分降低和消除材料中的重金属离子和 OH^- 等各种杂质吸收损耗,光纤预制棒的制作通常采用化学气相沉积(chemical vapor deposition,CVD)的方法,以高纯卤化物为原料,经高温氧化获得所需组分的石英玻璃沉积物。制作光纤的原材料和各种载运气体的纯度要求达到 10^{-9} 量级,即其中所含的过渡重金属离子、氢氧根离子等杂质浓度的量级仅为 10^{-9}。CVD法制作技术所涉及的主要氧化反应有

$$SiCl_4 + O_2 \xrightarrow{\text{高温}} SiO_2 \downarrow + 2Cl_2 \uparrow$$
$$GeCl_4 + O_2 \xrightarrow{\text{高温}} GeO_2 \downarrow + 2Cl_2 \uparrow$$
$$4POCl_3 + 3O_2 \xrightarrow{\text{高温}} 2P_2O_5 \downarrow + 6Cl_2 \uparrow \tag{4-1-2}$$
$$4BCl_3 + 3O_2 \xrightarrow{\text{高温}} 2B_2O_3 \downarrow + 6Cl_2 \uparrow$$
$$4SiCl_3F + 3O_2 \xrightarrow{\text{高温}} 4SiO_{1.5}F \downarrow + 6Cl_2 \uparrow$$

在石英中掺氟也可用氟化物气体与固相 SiO_2 在气固平衡条件下实现。一个典型的方法是

$$SiF_4 \uparrow + 3SiO_2 \downarrow \xrightarrow{\text{气固平衡}} 4SiO_{1.5}F \downarrow \tag{4-1-3}$$

根据具体沉积方法的不同，目前用于光纤预制棒制作的技术可分为内部气相沉积法和外部气相沉积法两大类。内部气相沉积法主要有改进的化学气相沉积（MCVD）法和等离子体激活气相沉积（plasma-activated chemical vapor deposition，PCVD）法等。其中 MCVD 法是使用最为广泛的光纤预制棒工业生产方法。外部沉积法主要有侧向外部气相沉积（outside vapor deposition，OVD）法和轴向气相沉积（vapor axial deposition，VAD）法。这些方法各有其特点和针对性。

用上述方法获得的光纤预制棒和光纤均为无定形的熔融状态石英，在材料内部分子随机取向。与石英晶体光学特性不同，在无人为引入双折射的情况下，熔融石英的光学特性是各向同性的。而在晶体内部，由于分子规则排列，取向一致，因此通常呈各向异性。

4.1.1.2 内部气相沉积法

内部气相沉积法的特点是光纤预制棒的整个沉积过程在一个封闭的石英管内进行。其优点是沉积环境可控，不易受外部环境中杂质的影响，缺点是沉积效率低，有较多的原料不能发生沉积而随废气排出。

在内部沉积法中，MCVD 法是目前使用最广泛的光纤预制棒生产工艺，也是比较成熟的光纤预制棒工业化生产方法，由美国 Bell 实验室于 1974 年实现，后经 AT&T 和阿尔卡特公司发展和完善。图 4-1-1 为 MCVD 法的生产工艺示意图。其基本原理是以高纯氧气为运载气体，通过 $SiCl_4$ 和 $GeCl_4$ 等液体原料进行鼓泡，将其输送到一个由氢氧焰（或石墨炉）加热的高纯石英管内发生高温反应，在管壁上沉积出所需的纯石英或掺杂石英。反应所需的温度范围为 1 600～1 900 ℃。加热喷灯以适当的速度沿石英管往复移动，同时为保证预制棒的圆对称性，在整个过程中都需要以一定的速度旋转石英管。当喷灯沿石英管完成一个行程，石英管内壁上将沉积出一层疏松状石英沉积层。因此使用 MCVD 法获得的预制棒是由外向内逐层沉积而成的，一根预制棒所包含的层数在 50 到 200 之间，取决于所要求的光纤折射率剖面结构的精细程度。一般通信光纤的包层为纯石英材料，可采用在预制棒上外套高纯石英管的方法进行加厚，无须采用低效的 MCVD 工艺进行长时间沉积，因此只需沉积较少层数的包层即可开始芯层的沉积。芯区各沉积层的掺杂浓度通过调节液态掺杂剂瓶上的载运气体流量阀进行控制，进而获得所需的折射率量剖面结构。在整个沉积过程完成之后，所获得的是一个中心带有小孔的疏松石英棒。这时，通过加大火焰并降低火焰左右移动的速度，可使疏松石英棒达到软化温度（2 000～2 100 ℃），在表面张力的作用下烧缩成实心、紧致、透明的熔融石英光纤预制棒。烧缩过程的温度需严格控制以防止预制棒在重力的作用下变形。

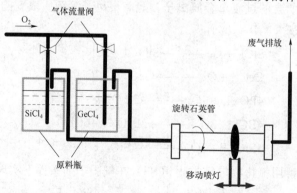

图 4-1-1　MCVD 法生产工艺示意图

　　MCVD 法的工艺过程使得所产生的光纤预制棒有如下特点：① 所制作的渐变折射率剖面光纤预制棒，其芯区折射率是分层变化的，呈台阶状（在预制棒沉积层数较高的情况下，这种阶梯效应的影响可以忽略）；② 所制作的光纤折射率剖面一般具有中心下陷结构。

　　PCVD 法是为了提高沉积效率而对 MCVD 法所进行的一种改进，由荷兰飞利浦公司于 1976 年首次实现，其核心内容是利用微波试管内反应气体电离来加快沉积速度、降低反应温度和提高沉积效率。管外的氢氧焰喷灯或石墨炉被一个微波振荡器所取代。PCVD 法的优点是：① 管内沉积温度低，反应管不易变形；② 与高温热反应不同，反应气体电离速度不受反应管的热容量限制，微波振荡器可以沿石英反应管做快速往复运动，沉积层厚度可小于 1 μm，从而可制备出芯层达千层以上的接近理想分布的折射率剖面；③ 光纤的几何特性和光学特性的重复性好，适于批量生产；④ 沉积效率高，速度快。对 $SiCl_4$ 的沉积效率近 100%，沉积速度可达 5 g/min。目前 PCVD 法的原理已被广泛用于薄膜波导结构和光子集成器件的研制。

4.1.1.3　外部气相沉积法

　　如 4.1.1.1 节所述，外部气相沉积法有 OVD 法和 VAD 法两种方法，其共同特点是沉积效率高，可用于大型预制棒的制作。

　　OVD 技术是美国康宁公司于 1972 年发明的，其沉积顺序与 MCVD 法相反，是由内而外逐层沉积的，即先沉积芯区再沉积包层。图 4-1-2 为 OVD 法工艺原理示意图。OVD 法的沉积过程是在一根旋转的芯棒上进行的。在疏松的多层石英棒沉积完成后取出芯棒（芯棒可以是氧化铝陶瓷或高纯石墨）。然后，通过脱水干燥气体（如 Cl_2），温度从 1 000 ℃逐步升至 1 800 ℃，进行烧结和脱水处理，获得透明的光纤预制棒。

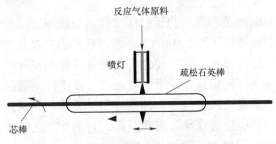

反应气体原料

喷灯　　　　　疏松石英棒

芯棒

图 4-1-2　OVD 法工艺原理示意图

　　OVD 法沉积速度快，沉积效率可达 50%，适合于大型预制棒的生产。每一根预制棒的重量可达 2~3 kg，可拉制 100~200 km 的光纤。由于 OVD 法在制棒环境控制方面存在不足，所以对预制棒进行适当和充分的干燥和脱水处理是非常必要和关键的工艺步骤。

　　VAD 法由日本 NTT 茨城电气通信实验室于 1977 年发明，利用 VAD 法制作光纤预制棒，先从一个种子石英棒的底端开始沉积，同时将沉积好的疏松石英棒逐渐向上提升并经过管状加热炉进行脱水和烧结处理，最后沿轴向沉积出整个光纤预制棒。VAD 法对芯区和包层同时进行沉积，预制棒的折射率剖面通过使用多个通有不同反应原料气体（如 $SiCl_4+O_2$，$GeCl_4+O_2$ 等）的喷灯，并用精确控制各喷灯的气体流量、喷射方向及喷射距离的方式进行控制。采用这种方法可以根据需要生产出很长的预制棒，至少在原理上，VAD 法对预制棒长度没有限制。

　　VAD 法具有下述优点：沉积速度比 MCVD 法要大 5~10 倍，沉积效率可达 80%；采用多头喷灯可加快沉积效率，获得大的预制尺寸（如直径 14 cm，长 180 cm），一次可拉制 1 600 km 的光纤。其缺点是工艺程序多，控制系统复杂，对产品的成品率有一定的影响。

4.1.1.4 拉丝工艺

光纤预制棒是一个在横向上尺寸被放大了很多倍的实际光纤的大型复制品。需要经过拉丝工艺才能获得实际尺寸的光纤。图 4-1-3 所示示意图为光纤拉丝塔的基本结构示意图。拉丝塔高度通常为十几米。

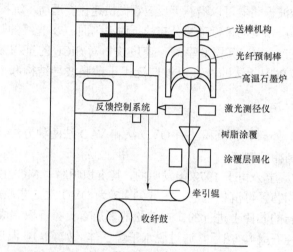

图 4-1-3　光纤拉丝塔基本结构示意图

经过清洁、折射率剖面测量和筛选的预制棒安装在拉丝塔顶端的精密送棒机构上，预制棒的底端用高温石墨炉加热熔化（约 2 100 ℃），熔化后的石英在重力作用下拉制成光纤并随即进行聚合物或树脂保护层涂覆和固化，使光纤的抗弯折性和抗拉性大幅度提高。石英光纤外径由激光测径仪、精密送棒机构及光纤牵引辊通过一反馈控制系统进行联合控制。为防止石墨炉在高温下氧化，通常要通入氩气一类的惰性保护气体。为保持光纤的外径均匀性，送棒机构的给进速度必须与牵引辊的收丝速度相匹配。目前的工艺技术已可将光纤外径控制在 ±0.5 μm 以内。拉丝速度一般为 36 000～60 000 m/s。

根据预制棒拉丝前后的质量守恒，一个直径为 d_p，长度为 L_p 的预制棒可以拉制出外径为 d_f 长度为 L_f 的光纤，关系式如下

$$L_f = \frac{d_p^2}{d_f^2} L_p \qquad (4-1-4)$$

根据式（4-1-4），一个长度 1.5 m、直径 18 mm 的预制棒可以拉制出外径 125 μm、长 30 多 km 的光纤。

4.1.2　光缆

4.1.2.1　光缆的基本技术要求

为使光纤在实际传输线路的铺设和通信运营过程中不发生损坏并保持光纤的传输特性不

随环境发生变化，在构成实用的光纤传输线路之前，需要将光纤制成光缆以对光纤提供足够的保护。对光缆的各种技术要求主要由光纤本身的机械和光学特性，以及其铺设和使用环境决定。当光纤受到外部应力作用时，其光学特性将通过弹光效应而随之发生变化，导致光纤出现双折射和损耗增加。因此光缆的设计宗旨是在保证缆内光纤不发生断裂和性能快速劣化的情况下，避免光纤的传输特性受到侧向冲击和轴向应力的影响。

在拉丝过程中经过涂覆的光纤已具有良好的抗拉强度和应变特性。在外部张应力作用下，光纤的伸长量可达光纤长度的 0.5%～1%。超过这一数值，光纤将发生断裂。一般要求光缆内可接受的光纤伸长量约为 0.1%。另外，由于光纤内存在沿长度方向随机分布的缺陷和微裂纹，因此在成缆前需要对光纤进行强度试验和筛选，将不符合强度要求的光纤除去。

在光缆的制造、铺设和使用的过程中，光缆所承载的应力 T 将由光缆内的各种加强部件、填充物、护套层和光纤等共同承担，即

$$T = S \sum_j E_j A_j \tag{4-1-5}$$

其中 S 为光缆轴向应变，E_j 和 A_j 分别为各部件的杨氏模量和横截面积。式（4-1-5）表明，光缆的加强部件应当选用具有大杨氏模量并具有一定横截面积的材料，这样，缆内加强元件即可承担绝大多数的光缆应力。通常的加强元件材料有钢材、纺纶纤维和玻璃纤维等。

光纤的热膨胀系数约为 $3.4 \times 10^{-7} \, \mathrm{K}^{-1}$，因此在温度变化较大的环境中所使用的光缆内加强元件材料的热膨胀系数应当与光纤尽量匹配。若热膨胀系数与光纤不匹配，则在低温时会导致光纤微弯，造成传输损耗增大，而在高温时则易发生光纤断裂。

总之，光缆的结构要为光纤提供足够的保护，符合敷设的条件和使用环境的要求，并使缆内光纤所受到应力足够小，以保持光纤的传输特性不受环境影响并具有长期稳定性。此外，光缆还应当便于制造、敷设、接续和维护，具有较小的尺寸、较轻的重量、良好的防潮能力、较大的工作温度范围，以及较强的抗腐蚀和抗虫叮鼠咬等恶劣环境的能力。

4.1.2.2　光缆的基本结构

光缆通常包含缓冲套管、加强元件和护层三个基本的组成部分，光纤放置在缓冲套管内。光纤缓冲套管一般由塑料制成，有紧套和松套两种方式。紧套是指套塑管紧密附着于光纤涂覆层上，光纤在套管内不能自由移动，而在松套缓冲管内光纤则悬浮于管内且有一定的活动空间。在常温下，紧套光纤性能稳定，外径较小，易于处理。但由于套塑管与光纤的热膨胀特性并不完全匹配，紧套光纤在低温下易发生微弯，引起光纤微弯损耗，在高温下则会引入轴向应力，因此紧套结构一般应用于户内光缆。松套管内的光纤处于悬浮状态，光纤实际长度大于光缆长度，即存在一定量的余长，因此具有良好的温度稳定性和抗拉伸特性，并具有缓冲侧向冲击的功能，被广泛应用于各种户外光缆结构中。为加强松套缓冲管的防水和封闭特性，松套管内通常充有半流质的油膏，光纤则悬浮于油膏内。缓冲管内放置的光纤可以是一根（单芯），也可以是多根（多芯）。多芯结构中的光纤均需要进行着色标识。

光缆内的加强元件有中心加强和外层加强两种结构方式。加强元件材料应具有高杨氏模量、高强度-重量比、低热膨胀系数、优良的抗腐蚀性和柔韧性，一般由钢丝、钢绞丝或纲带等构成。在强电磁场环境和需要防止雷击的场合则应使用高强度玻璃纤维和纺纶纤维等介质材料作为光缆加强材料。在多数情况下，中心加强和外层加强在一根光缆内是同时使用的，

且中心加强件采用介质加强材料，外层加强采用金属加强材料。这种结构的优点是在保证光缆具有足够的抗拉伸和抗侧压冲击能力的同时，可使光缆的重量维持在较低的水平。

光缆护层同电缆护层一样，是由护套等构成的多层组合体，负责为整个光缆结构提供保护，增强光缆的抗拉、抗压、抗弯曲等方面的能力，同时提高光缆的防水、防腐等抗恶劣环境的能力。护层一般分为填充层、防水层和外护套等。填充层是由聚氯乙烯（PVC）等组成的填充物，起固定各单元位置的作用；防水层用在海底光缆中，由密封的铝管等构成；外护套的常用材料有 PVC 和聚乙烯（PE）。

4.1.2.3　光缆的主要类型

根据应用场合的不同，光缆可分为户内光缆和户外光缆两大类。户外光缆又可分为中继光缆、海底光缆、用户光缆、架空光缆及野战光缆等。

户内光缆通常为结构简单的单芯或双芯光缆，主要用于室内设备和光纤间的连接。户内光缆在交换局和实验室内被大量使用，具有直径小、重量轻、柔韧性良好的特性，另外还具有一定的抗压和抗侧压特性。户内光缆采用无金属结构，缆芯为光纤通过二次套塑而成的紧套或松套光纤，缆内加强件通常为环绕于缆芯周围的纺纶纤维，最外层为 PVC护套，如图 4-1-4 所示。缆内光纤的类型用外护套的颜色加以区分，黄色为单模，橙色为多模。

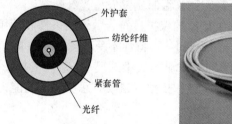

图 4-1-4　单芯户内光缆的典型结构与实物照片

根据应用场合和工艺技术的不同，户外光缆的结构种类较多。图 4-1-5 给出了几种主要的户外光缆结构类型。

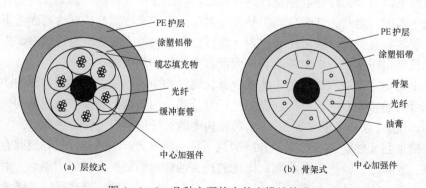

(a) 层绞式　　　　　　　(b) 骨架式

图 4-1-5　几种主要的户外光缆结构类型

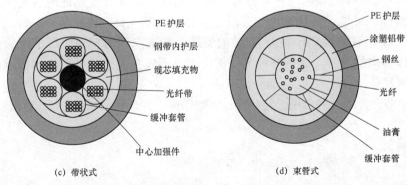

（c）带状式 　　　　　　　　　（d）束管式

图 4-1-5　几种主要的户外光缆结构类型（续）

图 4-1-5（a）为层绞式光缆结构，与一般的电缆结构相似，该类光缆能用普通的电缆制造设备和加工工艺来制造，工艺比较简单和成熟。这种结构由中心加强件承受张力，内置光纤和填充了油膏的光纤缓冲套管环绕在中心加强件周围并以一定的节距绞合成缆。当光纤数较多时，可以增加缆内套管的层数，形成高密度的多芯光缆。为改善光缆的应变和温度特性，缆内每根光纤均采用松套缓冲管加以保护。层绞式光缆的另一种结构是用无中心加强件的松套多芯缓冲套管代替其中的光纤束单元绞合成缆。

图 4-1-5（b）为骨架式光缆结构。光纤悬浮放置在环绕于中心加强件位置的螺旋状聚乙烯骨架缓冲槽内并用油膏保护，光纤在缆内有一定的自由移动空间，并由骨架来承受轴向拉力和侧向压力。因此，骨架式结构光缆具有优良的机械性能、抗冲击性能和温度稳定性，其缺点是加工工艺复杂，生产精度要求较高。

图 4-1-5（c）为带状式光缆结构，常用于高光纤数光缆的制造。其制造方法是，首先将一定数目的光纤排列成行制成光纤带，然后把若干条光纤带按一定的方式排列并置于缓冲套管内，最后将多个缓冲套管扭绞成缆。其优点是空间利用效率高，光纤易处理和识别，可以做到多纤一次快速接续，缺点是制造工艺复杂，光纤带在扭绞成揽过程中易引入应力和微弯，造成光纤传输性能下降。

图 4-1-5（d）为束管式光缆结构，其特点是无中心加强件，充有油膏的光纤缓冲套管置于光缆中心，光纤悬浮于套管内。加强件绕缓冲套管放置，可同时抵御来自轴向张力和横向冲击对光纤传输性能的影响。因此，束管式光缆具有外径小、重量轻、成本低和工艺简单等优点，有较为广泛的应用。

4.2　特种光纤

4.2.1　特种光纤概述

随着科学技术的发展和工业生产需要，以及光纤制造工艺的改进，特种光纤也随之迅速发展。特种光纤包括：① 用于特定波长范围的光纤，例如红外光纤、紫外光纤、X 光用光纤等；② 用特种材料制作并有特种功能的光纤，例如有发光性能的荧光光纤、有耐辐射性能和耐高温性能等特殊性能的光纤，以及聚合物光纤（也称塑料光纤）、空心光纤、增敏和去敏光纤、镀金属光纤等；③ 结构新颖，传输原理与普通光纤不同的光子晶体光纤、多芯光纤和微纳光纤。这些特种光纤的出现，不仅扩大了光纤的应用范围，也促进了科研和生产的发展。

下面的章节会介绍几种常用的特种光纤，如保偏光纤、稀土掺杂光纤、色散补偿光纤等。

4.2.2 保偏光纤

3.2.1 节中已经介绍了光纤的偏振模色散。在光纤的波导理论中，单模光纤只工作在 LP_{01} 状态。但事实上，LP_{01} 模式是由两个相互正交的线偏振模式 LP_{01}^x 和 LP_{01}^y 构成的。对于理想的圆对称单模光纤，在理想的没有任何外界应力作用的状态下，这两个正交的偏振模式 LP_{01}^x 和 LP_{01}^y 具有相同的传输常数，是完全简并的，如图 4-2-1 所示。

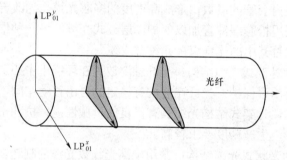

图 4-2-1　理想单模光纤的正交偏振模式 LP_{01}^x 和 LP_{01}^y

但是对于实际的光纤产品和应用环境，总是存在各种各样的不均匀性和非对称性。就标准单模光纤而言，这些不均匀性和非对称因素就是干扰。在光的传输过程中，一旦受到干扰，这两个相互正交的模式就会产生能量交换。这些干扰因素可以是内在的，如在光纤的生产过程中形成的光纤纤芯的几何不对称性、纤芯材料的掺杂不均匀及纤芯内部的残余应力，这些因素都会破坏光纤结构的圆对称性；干扰因素也可以是外在的，如光纤在安放时的弯曲、扭转，甚至光纤外部温度的变化等，都会导致单模光纤基模简并的解除，最终使得两个正交线偏振模式的传播常数不相等。当一个线偏振光注入光纤并经过光纤传输以后，依注入偏振光的方向、传输距离的不同，光纤输出端的偏振态可以出现椭圆偏振光、圆偏振光，这个现象说明光纤中发生了双折射。在光通信中，这种双折射现象使得两个偏振模具有不同的传输速度，形成偏振模色散（polarization mode dispersion，PMD），偏振模色散和光纤双折射在本质上是相同的。

对于标准单模光纤，为了减少 PMD，要求光纤双折射最小化。由于单模光纤极弱的双折射特性，外界的微小变化就会使其中传播光的偏振态发生变化，从而造成偏振态的不稳定。在多模光纤中，这类不稳定主要会造成模间干扰，对光纤传输特性的影响不大。但是在单模光纤中，由于偏振态的不稳定，如果系统的接收器件是偏振敏感的，其接收到的信号电平就会发生波动。另外，在诸如光纤陀螺、电流传感等光纤传感应用领域，偏振态的变化会引起严重的测量误差。

为了保证光的偏振态稳定传输，人们研制了一类特殊的单模光纤产品——保偏光纤。保偏光纤是一类特殊的单模光纤，属于高双折射光纤，它的两个垂直的偏振态的传输常数相差较大，因此两个垂直的偏振态之间很难进行能量的交换，可以在传输过程中保持偏振态的稳定。这两个相互垂直的偏振态方向分别称为慢轴（有较高的传输常数）和快轴（有较低的传输常数）。

保偏光纤按形成机理可以分为形状双折射保偏光纤和应力双折射保偏光纤。应力双折射保偏光纤目前主要有三种产品类型，即领结型（bow-tie）、熊猫型（panda）和椭圆包层型，其结构如图 4-2-2 所示。它们的设计机理是相同的，即通过对纤芯施加应力从而产生强的双折射。一般使用硼掺杂玻璃材料，因其具有比石英大的热膨胀系数，将其制成应力区并对称放置在纤芯的两侧，高温拉制光纤，冷却时这两个正交方向上的应力会产生收缩，但是它们的热收缩量受到周围石英的阻碍，石英具有较低的热收缩，最终导致沿两个应力区的轴存在一个拉应力，沿与之正交的轴存在一个压应力，从而在纤芯中产生应力双折射。形状双折射保偏光纤顾名思义就是通过引入形状上的非对称，实现保偏的功能。虽然形状双折射保偏光纤当前被使用得很少，但是由于微结构光纤的双折射可以高于传统的应力双折射保偏光纤一个数量级，因此基于微结构光纤的保偏光纤已经成为一个新的研究热点。

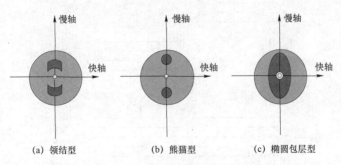

图 4-2-2　应力双折射保偏光纤的三种产品类型

光纤陀螺（optic fiber gyroscope）是当前保偏光纤的主要应用领域，其中干涉型光纤陀螺就是利用保偏光纤萨奈克环实现的。一般光纤陀螺系统有三个光纤环结构，每个光纤环检测一个方向的角度变化；光被同时注入光纤环的两端，出射后被复合进入一个探测器；假如光纤环有转动，因为萨奈克效应两束相反传输的光会出现相位差，通过干涉测量分析就可以检测转动的角度和角速率。

光纤陀螺巧妙地将保偏光纤作为敏感元件，并将较长的保偏光纤以较小的弯曲直径绕成光纤环，不但结构紧凑，而且采用长光纤可以进一步放大萨奈克效应，制造出小体积、高精度的传感器。光纤环的典型光纤长度一般为 100～5 000 m，光纤陀螺的精度完全可以与最好的机械陀螺和激光陀螺相媲美。相干测量传感器的信号处理及光通信的传输和探测方面都会涉及与保偏光纤相关的技术，即集成光学。例如，$LiNbO_3$ 调制器主要包括有氧化钛波导的 $LiNbO_3$ 芯片和侧面扩散的金电极。一根保偏尾纤与双折射波导对准耦合，以传输偏振态光，通过在电极上施加电压，波导基底材料的折射率会发生变化，结果由于波导光程差的变化，可以对光的相位、频率和幅度进行操控，甚至可以实现开关功能。在光纤通信领域，若要制造高功率掺铒光纤放大器，需要利用泵浦光的偏振复用，因此要用到保偏光纤耦合器；同样，为了抑制后向反射，泵浦激光器的尾纤也需要使用保偏光纤。

4.2.3　稀土掺杂光纤

稀土掺杂光纤的研究开始于 20 世纪 60 年代，是早期推动光纤波导技术的动力之一，研究目标是希望实现 Nd、Er 及 Er/Yb 掺杂光纤激光器的应用。稀土掺杂光纤是将稀土离子扩散于波导之中，使稀土离子和光场充分作用，用于光纤激光器或放大器的制作。本节以掺铒光纤、掺镱光纤及铒镱共掺光纤为例进行介绍。

1. 掺铒光纤（erbium-doped fiber，EDF）

使用 980 nm 或者 1 480 nm 光泵浦铒掺杂石英光纤，可以在 1 530 nm 附近获得光的发射，其离子能级跃迁如图 4-2-3 所示，且铒离子的发射光谱与离子反转粒子数密切相关，随着反转粒子数比例的增加，铒光纤的发射谱也被加宽。铒的发射谱很好地覆盖了 1 530～1 565 nm 波段，即所谓的 C 波段，其发射谱在长波方向有延伸，通过改进技术，可以将发射谱延伸到 1 565～1 615 nm 的 L 波段。

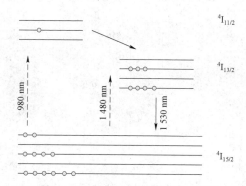

图 4-2-3　EDF 的能级跃迁图及其受激反转粒子的关系

EDF 的性能与其能级有关。铒离子的激发态寿命很长，可达 10 ms，而其非辐射子弛豫的概率很小，所以铒具有极好的能量储备能力和几乎达到理论最大值的光转换效率，其光信号增益可表示为

$$G = 4.343 \Gamma L N_0 \left[\sigma_{e(\lambda)} - (\sigma_{a(\lambda)} n_2 - \sigma_{a(\lambda)}) \right] \tag{4-2-1}$$

其中，G 为增益（单位 dB），Γ 为光场和稀土离子分布的空间重叠系数，L 为光纤长度，N_0 为稀土离子的掺杂浓度，σ_e 和 σ_a 分别为发射和吸收截面，n_2 为受激离子数。式（4-2-1）给出了相关参数对信号增益的影响，也指导了铒光纤的设计。铒光纤设计的目标是优化斜率效率、增加增益谱的带宽及提高增益谱的平坦度。

在 EDFA 发展的早期，由于泵浦功率有限，所以会追求每毫瓦泵浦功率能得到多少分贝的增益，即追求斜率效率。在有限泵浦功率的条件下达到高斜率效率的最好办法就是增大纤芯的折射率并减小纤芯的直径，通过增加 Ge 的掺杂，纤芯折射率可以高达 2%，而将截止波长设计为 800～900 nm 可以适应 980 nm 和 1 480 nm 的泵浦。另外，为了进一步优化斜率效率，可将铒离子集中于纤芯的中心部分。高折射率和中心区掺杂对于有限的泵浦功率是相当有效的，EDF 的增益可以超过 12 dB/mW。

不过高折射率设计也有缺点，首先高的折射率增加了光纤的损耗，损耗源自掺杂离子的各种起伏及芯包界面的缺陷，这些缺陷可以通过材料的梯度设计和低温拉丝加以优化，但不能完全消除，更高损耗和更长光纤的使用会劣化系统性能。高折射率、小纤芯设计的另一缺点是与标准单模光纤的熔接损耗增加。最后，高折射率对小泵浦增益有效，但在高泵浦功率时，由于受激离子之间的能量转移，反而会降低斜率效率。

2. 掺镱光纤（ytterbium-doped fiber，YDF）

Yb^{3+} 的能级跃迁图及其发射和吸收光谱如图 4-2-4 所示，其激发态和基态分别为 $^2F_{5/2}$ 和 $^2F_{7/2}$ 能带。泵浦光吸收和激光出射均在这两个能带内发生。使用 Yb^{3+} 的泵浦光波长一般为 915 nm 和 975 nm，其中 975 nm 的吸收带宽比 915 nm 的吸收带宽窄，但其吸收系数更大，离子的能级结构简单，具有量子缺陷小、量子转换效率高、无浓度淬灭现象等优点。因此 Yb^{3+} 掺杂的光纤激光器在高功率应用下具有优势。

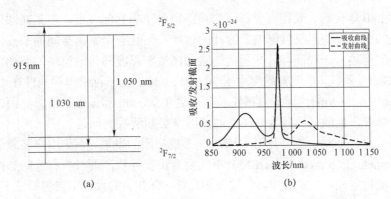

图 4-2-4 （a）Yb^{3+} 的能级跃迁图和（b）发射/吸收光谱图

Yb^{3+} 光纤激光器具有较宽的波长调谐范围（1～1.1 μm），在短波长（1 030 nm 左右）时，其激发过程是准三能级的结构，要求的泵浦阈值较高，在长波长（1 080 nm 左右）时，具有类似四能级的结构，因此泵浦效率更高。Yb^{3+} 掺杂光纤激光器的性能与光纤的制造工艺关系极大，在较高的离子掺杂浓度条件下，由于浓度分布的不均匀，会出现光暗现象。

3. 铒镱共掺光纤（erbium/ytterbium-doped fiber，EYDF）

EDF 只能在 980 nm 和 1 480 nm 附近很窄的波长范围被泵浦，要想在 1 060～1 100 nm 的波段都可以得到泵浦，Er^{3+} 需要 Yb^{3+} 的帮助才能被激活。在 900～1 100 nm 的波长范围内，Yb^{3+} 都可以产生吸收，而且在 Er^{3+}/Yb^{3+} 共掺杂玻璃中，Yb^{3+} 所吸收的能量可以被转移给 Er^{3+}。Yb^{3+} 吸收 975 nm 的光会产生 $^2F_{5/2}$ 能级的激发，如图 4-2-5 所示，然后能量可以被转移到铒的 $^4I_{11/2}$ 能级，再无辐射弛豫到 $^4I_{13/2}$ 能级，随后的过程与 EDF 是相似的。这一过程与一些因素有关，如离子必须在位置上相当接近，才会出现能量转移，这意味着在 Er^{3+}/Yb^{3+} 共掺杂时，Er^{3+} 掺杂浓度必须高于标准的 Er^{3+} 掺杂光纤。事实上，共掺杂光纤中铒的浓度接近 $2\ 000 \times 10^{-6}$。

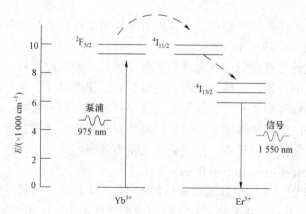

图 4-2-5 Er^{3+}/Yb^{3+} 共掺杂系统能量转换

4.2.4 色散补偿光纤

自 20 世纪 80 年代起，长距离光纤通信系统得到了迅猛的发展，但是在通信链路中，由于色散而造成的脉冲畸变不仅仅影响了脉冲的形状，而且会带来信号间的干扰，即相邻数字信号脉冲重叠的问题。一般而言，光通信链路的色散容忍度与传输速率的二次方成反比。对于早期的 2.5 Gbit/s 系统，色散容忍度大于 30 000 ps/nm。由于标准单模光纤在 1 550 nm 处的色散约为 17 ps/（nm·km），因此其链路长度可达 1 500 km 而无须补偿。然而，随着系统传输速率的迅速攀升，色散已经成为长距离通信网络必须解决的问题。

由于当前长途骨干网中波分复用（WDM）系统应用的发展，系统用户要求色散补偿模块（dispersion compensation module，DCM）不仅要有带宽补偿，而且要有低附加损耗、低非线性和良好的环境稳定性。在实践中，色散补偿光纤（DCF）的设计主要包括三个方面的要求，即高 FOM（figure of merit）值、高色散斜率和低弯曲损耗。

图 4-2-6 是 DCF 折射率剖面的三种典型结构，其中匹配包层结构的 DCF 仅用于单波长补偿，双包层和三包层结构 DCF 既可以补偿色散也可以补偿色散斜率，因此可以用于 WDM 系统。另外，随着高速大容量 WDM 系统的应用，要求 DCF 不仅要具有匹配的色散特性，也要具有低损耗、低非线性等特性，因此为了满足 DCF 设计的复杂性，当前所使用的 DCF 基本是三包层结构光纤。这种结构的折射率剖面包括三个部分，即具有正折射率差 Δ^+ 的纤芯，围绕纤芯具有负折射率差 Δ^- 的沟层和围绕沟层具有较低正折射率差 Δ^+ 的环层。DCF 的设计和优化就是通过调整这三个部分的折射率高低和几何大小，以达到光纤的色散、衰减、非线性等性能的平衡，并满足系统的综合要求的。

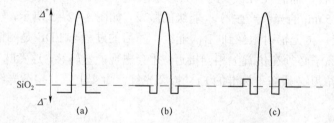

图 4-2-6 DCF 三种典型的折射率剖面设计

对于色散光纤，其色散可以使用泰勒多项式表示为

$$D_{(\lambda)} = D_{(\lambda_0)} + D'_{(\lambda_0)}(\lambda - \lambda_0) + \frac{1}{2}D''_{(\lambda_0)}(\lambda - \lambda_0)^2 + \frac{1}{6}D'''_{(\lambda_0)}(\lambda - \lambda_0)^3 + \cdots \qquad (4-2-2)$$

其中，D' 为色散的一阶导数（色散斜率 S），D'' 为二阶导数（色散曲率 C），D''' 为色散的三阶导数。

传输光纤的色散在通信窗口与波长有很好的线性关系，一般只需要多项式的前两项即可，即色散和色散斜率，其色散曲率约为零。因此，对于理想的 DCF 光纤，能够匹配传输光纤的色散斜率，同时其他高阶项可以忽略，但实际中，其高阶项是不可忽略的，DCF 的高阶项对系统残余色散的影响需要加以考虑。

FOM 值是 DCF 光纤的一个重要指标，定义为

$$\mathrm{FOM} = -\frac{D_{\mathrm{DCF}}}{\alpha_{\mathrm{DCF}}} \qquad (4-2-3)$$

其中，α_{DCF} 为 DCF 的衰减系数，高 FOM 值对应低损耗，增加 FOM 值的办法有：减少 DCF 的衰减系数或者增加 DCF 的负色散值。

根据设计的差异，DCF 的衰减一般为 0.4～0.7 dB/km。DCF 的高衰减与设计有关，也与器件的弯曲和散射损耗有关。除此之外，另一个不可忽视的损耗是熔接损耗。DCF 总是需要在两端熔接传输光纤的跳线，而由于 DCF 与传输光纤之间模场直径相差较大，因此单熔接点的损耗会达到几个 dB。为了减小熔接损耗，几种相关技术已经被使用，其中最为常用的有两种方法：一种方法是在 DCF 和传输光纤之间使用桥纤（桥纤的模场直径在 DCF 和传输光纤的模场直径之间），该方法虽然增加了熔接点，但可以有效降低总的熔接损耗；另一种方法是纤芯热扩展（thermally expanded core，TEC）熔接技术，由于高熔接损耗的原因在于模场不匹配，而通常 DCF 的纤芯 Ge 掺杂高于 SSMF，通过熔接机延时电弧放电或者在一千几百摄氏度的火焰高温处理下，DCF 的纤芯 Ge 掺杂会产生扩散，因此 DCF 的模场直径会扩展到与传输光纤的模场直径相比拟的程度。这种热处理过程需要实时监控以获得最小的熔接损耗。目前，通过 TEC 技术，可以将 DCF 和 SSMF 之间的熔接损耗降低到 0.3 dB 以下。

4.2.5　光子晶体光纤

由于结构可以灵活设计，光子晶体光纤（photonic crystal fiber，PCF）可以产生许多新奇的特性，例如无截止波长传导特性、灵活的色散特性、高双折射及高非线性特性等，这使得PCF 在通信、传感等领域具有广泛的应用前景，开辟了光纤发展的新方向，是当前光纤光学领域的一个研究热点。

1987 年，E.Yablonovitch 和 S.John 分别独立提出光子晶体（photonic crystal，PC）的概念，并预言在二维和三维光子晶体结构中存在光子带隙。所谓光子晶体，就是折射率在空间周期性变化的介电结构，其变化周期为光波长数量级。在光子晶体中，由于折射率呈现周期性变化，光子在其中运动时，其能量也具有带状结构，带与带之间存在光子禁带。在光子禁带内，光子晶体将反射所有入射方向上的电磁波的所有偏振态，不存在任何电磁波传播模式，这将显著地改变光与物质相互作用的方式。

1992 年，Russell 等人提出光子晶体光纤，即在石英光纤中沿轴向周期排列着波长量级的空气孔，从光纤端面看，存在一个周期性的二维结构，如果一个空气孔遭到破坏，则会产生缺陷，光能够在缺陷中传播。光子晶体光纤存在两种导光机制：一是基于全内反射导光，这种光纤称为全内反射（total inner reflection，TIR）型 PCF；二是基于光子禁带导光，这种光纤对空气孔排列的周期性要求比较严格，称为光子带隙（photonic bandgap，PBG）型 PCF。

当前，随着制作工艺和需求的迅猛发展，研究者们所设计的光纤已经不仅仅局限于空气孔周期排列的 PCF，而是打破了周期对称结构，设计出特性各异的新型光纤。另外，光纤的材料也不再仅仅局限于空气、石英玻璃两种，而是根据需要设计出了聚合物 PCF、全固 PCF 或在空气孔纤芯内填充液晶等材料，以对光纤的特性进行调谐。因此，现在 PCF 的概念实质上已经拓展为微结构光纤（microstructured optical fibers，MOFs），为了统一，将此类光纤统称为光子晶体光纤。近几年，具有各种几何结构和光学特性的光子晶体光纤如雨后春笋般被设计和成功拉制出来，图 4-2-7 给出了几种典型商品化 PCF 的结构横截面图。

图 4-2-7　几种典型商品化 PCF 的结构横截面图

光子晶体光纤是在光纤纤芯位置沿 z 轴（传输方向）引入缺陷的二维光子晶体，一般由石英玻璃基底和空气孔构成。按导光机制的不同，光子晶体光纤可以分为两大类：全内反射型和光子带隙型。图 4-2-8 是最早的全内反射型光子晶体光纤，该光纤包层由周期性的空气孔排列而成，纤芯位置缺少一个空气孔，由石英玻璃材料填充形成，因此芯区的折射率大于包层的等效折射率，此时光纤的导模机制类似于传统阶跃型光纤的全内反射原理。

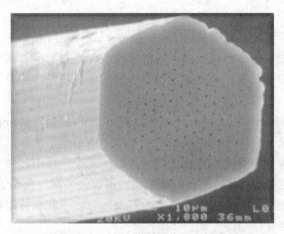

图 4-2-8　全内反射型光子晶体光纤

图 4-2-9 所示为两种典型的光子带隙型光子晶体光纤，通常也称为光子带隙光纤。图 4-2-9（a）所示光纤是最早的光子带隙型光子晶体光纤，光纤包层由空气孔按类似于蜂窝的结构周期性排列而成，在纤芯位置的一个蜂窝单元中心处增加一个小空气孔，从而引入缺陷，即形成芯区。图 4-2-9（b）所示的光纤纤芯由一个较大的空气孔构成，而包层处由空气填充率比较高的空气孔排布而成，这种光纤可以将特定波长的光场束缚在中心的空气孔中传输，因此通常称其为空芯光子带隙光纤。图 4-2-9 所示的这两种光纤只能传输特定波长带宽的光。从结构上讲，它们具有一个共同的特点，就是芯区的折射率比包层的等效折射率要低，此时模式场是由光子带隙加以约束的，所以称其为光子带隙光纤。这类光纤的包层由周期性排列的空气孔构成二维光子晶体，当其尺寸达到光波长量级且满足一定的规律时，会产生光子带隙，频率落在光子带隙中的光波不能在光子晶体包层中传输而被束缚在缺陷芯区沿轴向传输。

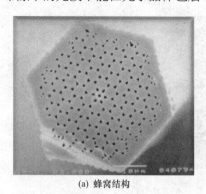
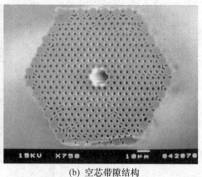

(a) 蜂窝结构　　　　　　　　　　(b) 空芯带隙结构

图 4-2-9　光子带隙型光子晶体光纤

以下简要介绍两类其他类型的光子晶体光纤：全固光子晶体光纤和布拉格光纤。

随着对光子晶体光纤研究的进一步发展，2004 年出现了一种新型的光子带隙光纤——全固光子晶体光纤。这种光纤中不包含通常光子晶体光纤所具有的空气孔，其包层由周期性排列的掺锗石英材料构成，基底为纯石英玻璃材料。由于芯区的折射率小于包层的等效折射率，其导模机制基于光子带隙效应。这种新型的光子带隙光纤一经提出，迅速引起了业内研究人员的广泛关注，其最大的优势在于制作工艺和熔接工艺的简单化。但其缺点是损耗和弯曲损耗特性较差。目前这一问题也已得到了部分解决。全固光子晶体光纤结构如图 4-2-10 所示。

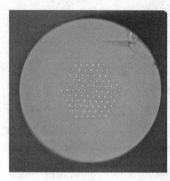
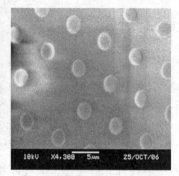

图 4-2-10　全固光子晶体光纤的结构图

图中高亮度部分为掺锗石英，周期性的掺锗石英部分构成了光纤包层。为了降低光纤的
限制损耗并改善光纤的弯曲损耗，掺锗部分外层会有一个低折射率的掺氟区域

在普通光纤发展初期，人们曾研究环形光纤并理论上已经解决了环形光纤的一些问题，但由于没有得到更多的新特性，所以并没有引起广泛关注。直到 20 世纪 90 年代末期，人们使用折射率差很大的介质材料制作环形光纤，发现了一些新的特征，它才再度成为光纤研究的热点之一，并有了新的名称："布拉格光纤（Bragg fiber）"，"全向导波光纤（omniguide fiber）"或"同轴光纤（coaxial fiber）"，其结构如图 4-2-11 所示。布拉格光纤在横截面内具有径向周期性，被视为一维光子晶体。布拉格光纤综合了金属同轴电缆和光子带隙介质波导的结构，是一种全介质的同轴波导，具有许多有吸引力的特性：在同轴区域（空气区域）支持类似同轴电缆中 TEM 模传输；基模场分布在圆周方向上均匀，传输过程中偏振态不发生变化；可在很宽的波长范围内单模工作；通过结构设计可使零色散波长位于单模范围；光传输过程中保持脉冲形状不变；弯曲半径小到波长量级时仍保持良好的导光能力。

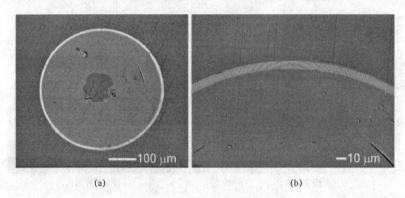

(a)   (b)

图 4-2-11　布拉格光纤的结构图

光纤材料为聚醚砜（polyethersulfone，PES）和三硒化二砷（As_2Se_3），纤芯材料为 PES

光子晶体光纤的制造最为常用的方法是毛细管堆积拉丝工艺，即将石英玻璃毛细管和石英玻璃棒按照预期设计的周期性结构堆积并熔合成形，然后经过拉丝制备光子晶体光纤，工艺过程具体参数需要根据具体的光子晶体光纤结构来确定。近几年快速发展的光子晶体光纤制造工艺已经使得制造低损耗、复杂结构的光子晶体光纤成为可能。光子晶体光纤的制造工艺也可以应用于其他基质材料，如多组分玻璃、聚合物材料等，这些材料的熔点远低于石英玻璃材料，它们的应用同时也促进了光子晶体光纤预制棒工艺的发展。

4.2.6　大模场面积光纤

随着 WDM 技术的日趋发展和成熟，光通信系统的传输容量得到了显著的提高。然而，光纤系统中的传输功率的进一步提高将受到非线性效应——受激布里渊散射（SBS）、受激拉曼散射（SRS）、自相位调制（SPM）、交叉相位调制（XPM）及四波混频（FWM）等效应的限制和影响，使得传输光束质量下降。增加纤芯直径从而增大有效面积可以抑制光纤中的非线性效应，提高光纤的传输容限，因此增大光纤模场面积 A_{eff} 的要求显得十分必要。此后，人们开始研究各种新型特种光纤类型，来设计和实现大模场面积光纤。关于大模场面积光纤，目前已经有了广泛的研究和发展。随着模场面积的增加，光纤中传输的模式也随之增多，高阶模会使得光纤的传输损耗增大，导致输出光束质量严重降低，并且随着模场面积的增加，光纤中的弯曲损耗也急剧增大，这在实际应用中将会产生非常不利的影响。鉴于此，如何在保持光纤单模传输和低弯曲损耗的同时实现大模场面积的要求将是亟待解决的问题。

目前最为常见的实现大模场面积的光纤类型主要可以分为以下几大类：低数值孔径的普通阶跃型单模光纤、光子晶体光纤、布拉格光纤、有效单模运转的少模光纤（FMF），以及泄漏通道光纤（LCF）等。

光纤模场面积与光纤本身的结构参数密切相关，若想要实现大模场面积，最为常见的方法就是改变光纤结构参数，即降低纤芯与包层的折射率差，从而降低光纤的数值孔径。这种方法易于实现，利用传统的制造工艺控制纤芯的掺杂浓度即可。受传统制造工艺的限制，光纤的数值孔径不能过低，因此这种方法唯一需要注意的就是数值孔径可以达到的最低极限值。Richardson 等人采用阶跃型折射率结构完成了模场直径约为 19 μm 的单模光纤，数值孔径低至0.06。通常情况下，光纤数值孔径的最低极限可以达到 0.05，低于 0.05 将难以实现。考虑到现如今技术可实现的最低数值孔径，能够实现单模运转的模场面积 A_{eff} 最高极限值约为 370 μm²。然而这种低数值孔径的阶跃型单模光纤存在一个难以忽视的缺点，就是当数值孔径过低时，光纤的弯曲损耗呈指数递增，光纤对弯曲效应将变得十分敏感，这在实际应用中将带来非常不利的影响。因此，利用这种方法实现光纤的大模场面积，在实际应用中具有一定的局限性。

光子晶体光纤又称为微结构光纤，如图 4-2-12（a）和图 4-2-12（b）所示，与传统普通光纤不同，光子晶体光纤的结构中引入了周期性排列的空气孔，并在纤芯区域引入了破坏周期性的缺陷结构，从而形成导光介质。改变光纤中周期性空气孔的排列方式、大小、间距等，可以实现不同性能的光子晶体光纤。由于结构灵活多变，因此可以改变空气孔的设计，从而实现大模场面积的单模光子晶体光纤。

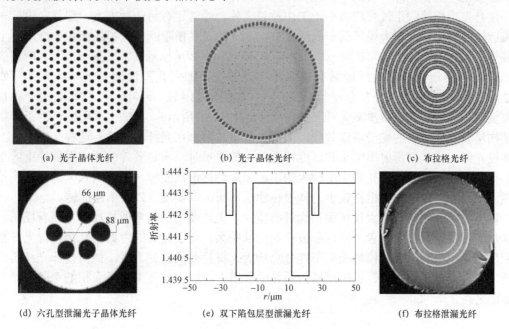

(a) 光子晶体光纤　　　　　　(b) 光子晶体光纤　　　　　　(c) 布拉格光纤

(d) 六孔型泄漏光子晶体光纤　　(e) 双下陷包层型泄漏光纤　　(f) 布拉格泄漏光纤

图 4-2-12　常见的几种大模场面积光纤类型

布拉格光纤的包层是由折射率呈高低周期性分布的结构组成的，纤芯折射率较低，如图 4-2-12（c）所示。布拉格光纤的导光机制与普通光纤不同，其通过周期性的结构层设计而产生的光子带隙效应，可使得光能量被限制在光纤中进行传输。布拉格光纤的二维光子带隙结构是通过对包层的每层折射率大小及层厚度的严格控制来实现的，当包层折射率大小和厚度符合一定的关系时，满足条件的光将被很好地束缚在光纤中传输，其余的光将由于损耗较大而消逝掉，经过一段距离的传输，光纤中仅剩下基模传输。通过适当的结构设计，这种光纤可以实现大模场面积有效单模传输。然而这种光纤在制作工艺上，由于对每层折射率大小和层厚度的严格要求，因而传统的化学气相沉积法等都无法实现。目前制作布拉格光纤最主要的方法有三大类：逐层涂覆法、预制棒熔拉法及共同挤出法等。无论何种方法，布拉格光纤的制作难度都很大，因此在实际应用中存在困难。

还有就是通过采用有效单模运转的少模光纤来增加纤芯直径从而增大模场面积，这种光纤在实现大模场面积的同时可以保证不改变光纤损耗及色散特性。少模光纤实际上是指光纤中传输不止一个模式，但总的传输模式比多模光纤要少得多。与多模光纤相比，少模光纤的模式间耦合更小，而同单模光纤相比，其纤芯直径更大，因此这种光纤可以在降低非线性效应的同时拥有与单模光纤同样的色散和损耗性能。由于模式间不存在耦合作用，这种光纤可以实现有效单模运转，实现只有一个模式携带传输信息。要想实现这种光纤的有效单模运转，只需在少模光纤的两端各熔接一段单模光纤即可。然而，少模光纤在长距离传输中仍然存在一些缺点，如模式数目的增加会导致较大的差分模式群时延（DMGD），并且随着模式阶数的增加，模式的传输损耗间的差异也随之增大，另外还有本身稳定性方面的隐患等。因此，减少少模光纤中的高阶模数目从而减小 DMGD 及传输损耗，在大有效面积、长距离传输方面是亟待解决的问题。

在大模场面积光纤中实现单模运转，除了设计一种本质上支持单模传输的大模场面积光纤，使其高阶模的截止波长严格小于工作波长之外，通常还有另一种方案，那就是设计一种少模运转的多模阶跃型大模场面积光纤（SI-LMAF）。多模阶跃型大模场面积光纤本质上支持多个模式传输，通过滤除高阶模（HOM）可以实现有效单模运转，如基于泄漏高阶模的泄漏通道光纤。泄漏通道光纤通常有很多种实现方法，如六孔型泄漏光子晶体光纤（如图 4-2-12（d）所示）、双下陷包层型泄漏光纤（如图 4-2-12（e）所示）等，还有一种最具代表性的设计就是布拉格泄漏光纤（如图 4-2-12（f）所示）。正如上文所述，由于周期性的结构层设计而产生的光子带隙效应，使得光能量被限制在光纤中传输。这种光纤本质上属于多模光纤，当包层折射率大小和厚度符合一定的关系时，满足条件的光被很好地束缚在光纤中传输，其余高阶模的光将由于较大的泄漏损耗而逐渐泄漏掉，通过引入大的高阶模差分损耗，使得光纤中仅剩下损耗较小的基模传输，从而可以实现有效的单模运转。

以上文中介绍的几种大模场面积光纤类型中，无论哪一种其弯曲损耗都是随着模场面积的增加而迅速增大的，二者之间存在彼此制约的关系。由于过大的弯曲损耗会使得光纤在实际应用中受到限制，因此模场面积不能任意增大。就目前的研究来看，如何设计光纤的结构参数，使其可以在大容量、长距离通信系统中应用，将成为实现大模场面积低弯曲损耗光纤的必由之路。

4.2.7　多芯光纤与少模光纤

众所周知，通信信道的容量会受到香农极限的限制，光纤非线性对高功率及高信噪比的传输条件造成了严重的制约。现阶段，光纤通信仍然是在细如头发丝粗细的单芯光纤的纤芯上实现的，光信号集中在直径 8～9 μm 的芯径上，能注入光纤的信号功率极其有限。一旦纤芯中的能量密度过大，输出信号会由于非线性效应而产生畸变，甚至有可能让光纤烧毁。因此在单根单芯光纤中，很难通过进一步提高光功率来提升传输容量，单芯光纤的容量发展出现瓶颈。自 20 世纪 80 年代开始，时分复用技术的发明，大大提高了单波段光纤的传输速率，20 世纪 90 年代后，波分复用技术及密集波分复用技术获得了广泛的关注，多通道的采用使得光纤传输容量急速增长。然而，自 2000 年之后，光纤传输速率的提高进入了缓慢期，相干光通信技术已然利用了单模光纤中光波的所有自由度，主要有频率、偏振、振幅、相位等。随着现代互联网络的迅速扩张，在可预见的未来，时分复用技术和波分复用技术终将无法满足未来通信系统超高速、超大容量的传输需求，因此人们开始探寻新的传输技术。目前，研究热点集中到了空分复用（space division multiplexing，SDM）技术及模分复用（mode division multiplexing，MDM）技术上，多芯光纤和少模光纤应运而生。

4.2.7.1　多芯光纤

由于现如今高速、超高速光纤通信业的发展，光纤超高容量系统的传输容量已高达 1 Tbit/s，有的甚至超过 100 Tbit/s。目前单根光纤传输容量已经出现瓶颈，为了突破单根光纤通信系统的容量限制，人们开始关注如何在保持相同光纤占有面积的情况下，实现更高的通信传输容量。要想进一步扩大容量，须考虑把光纤单芯变成多芯，多芯光纤由此应运而生，如图 4-2-13 所示。通常普通光纤是由包层和一个纤芯组成的，而多芯光纤却是在同一个包层中存在多个纤芯。值得注意的是，该技术与多芯光缆（多根单芯光纤加保护层与皮套）不同。在光纤传输通道上，光信号如同高速行驶的汽车行驶在公路的"车道"上，多芯光纤的"车道"数量是单芯光纤的 N 倍，从而大大增加了光纤密集度分布及系统的传输容量，因此在超高容量传输系统中有重要的应用前景。

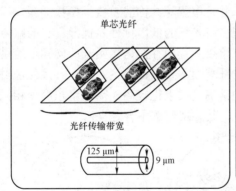
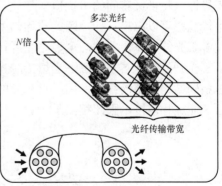

图 4-2-13　单芯光纤与多芯光纤传输带宽示意图

早在 1994 年 7 月，法国电信公司就提出了多芯单模光纤的概念，并与阿尔卡特公司进行了四芯单模光纤的设计研究和开发。多芯光纤至今的发展已有几十年的历史，然而其研究进展较为缓慢，离产品化阶段还有一段距离，其主要原因在于多芯与现有单芯设备的熔接及耦合存在一定困难，多芯与单芯光纤的耦合器研究领域目前尚处于空白阶段，这主要是因为多芯光纤的芯径及芯间距参数因性能需求不同而各不相同，还没有相应的统一标准出现，因而尚未研究出可以适用于各种芯间距的通用型耦合器。另外，多芯光纤各纤芯之间不可避免地存在串扰问题，研究者已提出各种方法来抑制其串扰，然而对于长距离传输来讲，仍然存在纤芯之间相互干扰的问题，影响其传输性能，无法实现真正意义上与单芯光纤完全一致的独立传输。

由于多芯光纤还没有相应的标准，所以多芯光纤的功能也不尽相同。根据纤芯之间的接近程度，多芯光纤大体上可以分为两种类型。一种是纤芯之间的间隔较大，纤芯间不产生光耦合的结构，又称为低串扰独立型多芯光纤；由于每个纤芯进行独立传输，该结构能提高传输线路中单位面积的传输密度，即纤芯多重性因子（core multiplicity factor，CMF），在光通信领域中，可以看成是具有多个纤芯的带状光缆。另一种是纤芯之间的间隔较近，纤芯间产生光波强耦合的结构，又称为强耦合型多芯光纤；在大功率光纤激光器及放大器领域，利用此原理有研究者将纤芯制作成多个纤芯的组合，可以增大模场面积，从而实现高功率、大模场面积型光纤激光器及放大器等。

目前，低串扰独立型多芯光纤主要用于空分复用系统中。为了提高长距离通信系统的传输质量，降低纤芯间的信号串扰，人们设计研究了不同类型结构的多芯光纤。一种是低模式耦合型多芯光纤，增大传输模场在纤芯中的限制因子，可以降低相邻纤芯模场间的重叠积分，从而降低模式耦合系数，如高折射率差小纤芯半径型、下陷层辅助型或边孔辅助型多芯光纤，如图 4-2-14 所示。另一种是高相位失配度型多芯光纤，由于串扰与相位匹配度有关，当相位失配时，串扰值将变得很小，因此为了降低串扰，需要实现光纤中的相位失配。相位失配是由发生耦合的两个纤芯之间的传输常数差（$\Delta\beta$）引起的，因此为了提高相位失配度，可以通过增加纤芯间的传输常数差 $\Delta\beta$ 来实现，这就需要通过光纤设计、随机起伏扰动及弯曲扰动来实现，如非均匀型多芯光纤、类均匀型多芯光纤及弯曲均匀型多芯光纤。非均匀型多芯光纤是由不同结构类型的纤芯组成的，每个纤芯与包层的折射率差 Δ 均不相等，使得每两个相邻纤芯的结构均不相同，纤芯的这种设计差异实现了传输常数差 $\Delta\beta$。这种光纤由于纤芯结构的差异性，使得纤芯间的串扰值非常低，并且串扰随结构的差值呈指数递减，当差异较大时，串扰几乎可以忽略不计，因此非均匀型多芯光纤的低串扰性能优异。它的缺点就是，与均匀型多芯光纤相比，非均匀型多芯光纤在熔接过程中存在熔接困难的问题，这是由于非均匀型多芯光纤的各纤芯不一致，当熔接时光纤端面需要进行角度对准，并且保证对准的纤芯必须是相同结构类型的纤芯，同时对角度的精确度要求也较高，需调整角度使相同纤芯一一对准后才能进行熔接，因此相比于一般光纤，其熔接问题不容忽视。

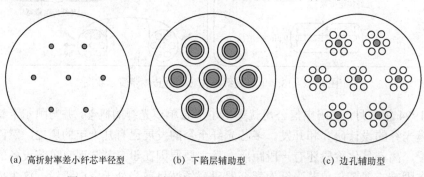

(a) 高折射率差小纤芯半径型   (b) 下陷层辅助型   (c) 边孔辅助型

图 4-2-14　不同类型的低耦合型多芯光纤横截面示意图

4.2.7.2　少模光纤

少模光纤，顾名思义，能够在单根光纤中同时传导少量空间模式。少模光纤应用在模分复用传输系统中，利用少模光纤中不同的模式群作为相互独立的信道来同时传输多路信号，运用有效的模式激发和选择方法，配合多进多出（multiple-in multipleout，MIMO）数字信号处理（digital signal processing，DSP）技术，平衡传输过程中的模式耦合，降低串扰，有效防止非线性效应，可以极大地提升传输容量。相比于多模光纤，少模光纤有以下三个优点。

（1）能更好地避免模式耦合，模式数量的减少可以避免不必要的高阶模式耦合产生的串扰等不利因素。

（2）更少的模式，可以对模式选择性的组合和拆分进行更精确的控制，因此能进一步提高模式复用器和解复用器的性能。

（3）可以降低 DSP 计算的复杂度，模式的数量是直接关乎计算复杂程度的，模式相对较少可使计算规模降到可控的程度。

相比于单模光纤，少模光纤容许更大的纤芯直径，在有效减小非线性效应的同时能媲美单模光纤的色散和损耗表现。常见的少模传导模式组合有 $LP_{01}+LP_{11}$ 模式、$LP_{11a}+LP_{11b}$ 模式、$LP_{01}+LP_{11a}+LP_{11b}$ 模式等模式组合。

传统结构的少模光纤多为阶跃或者渐变折射率剖面，有两种设计方向。一种是模式之间强耦合，差分群时延（differential group delay，DGD）接近于 0，但是需要承担模式耦合的风险，在 DSP 端必须使用 MIMO 技术分离模式，均衡模式耦合和串扰；另一种是模式之间弱耦合，通过增大模式有效折射率差 Δn_{eff}（通常大于 0.5×10^{-3}），同时增大 DGD（通常大于 0.05 ps/m），使整个系统产生非常有限的模式耦合和串扰，虽然不需要补偿串扰，但是巨大的模式延迟及色散需要在接收端进行补偿。

少模光纤的一个重要应用是传输轨道角动量模式。角动量包含自旋角动量（spin angular momentum，SAM）和轨道角动量（orbital angular momentum，OAM）。SAM 与光子自旋有关，而 OAM 描述波的空间分布维度。OAM 包含 $2L\pi$ 个螺旋波前相位，理论上有无穷个正交取值。可承载 OAM 的光束有 Laguerre-Gaussian 型光束、Bessel-Gaussian 型光束和 Airy 型光束等。与波长、偏振等自由度类似，轨道角动量被作为一个新的自由度引入光通信，可作为数据信息的载体。OAM 光束的基本属性如图 4-2-15 所示。

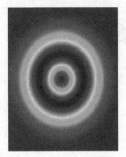 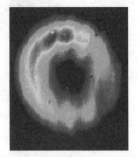

(a) 典型的理论 OAM 模式的能量强度分布　　(b) 典型的实验利用全息图生成的 OAM 模式的能量强度分布

图 4-2-15　OAM 光束的基本属性

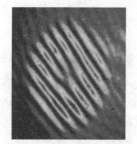 

(c) 典型的 OAM 模式相位分布干涉图样　　　　　(d) 典型的螺旋梯状 OAM 模式波阵面相位分布

图 4-2-15　OAM 光束的基本属性（续）

目前 OAM 的研究主要集中于自由空间信息传递和通信。现阶段自由空间 OAM 光束的产生主要利用全息图、相位板、空间光调制器（SLM）及其他自由空间组件。图 4-2-16（a）为利用计算机生成的全息图获得所需的衍射光束；图 4-2-16（b）和图 4-2-16（c）为通过相位板将平面波阵面的高斯光束转换为螺旋波阵面的 OAM 光束及反向恢复。2012 年，实现了传输距离为米量级的自由空间光通信，采用空间两组各包含两个偏振状态的八个轨道角动量进行模式复用，每个信道携带 20×4 Gbit/s 16-QAM 信号，实现了 2.56 Tbit/s（20×4×8×2×2 Gbit/s）的通信容量和 95.7 bit/s/Hz 的光谱效率。

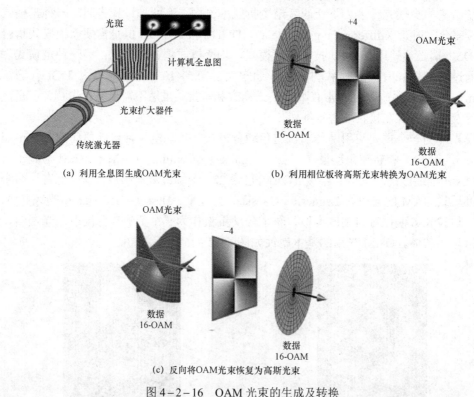

(a) 利用全息图生成OAM光束　　　　　　(b) 利用相位板将高斯光束转换为OAM光束

(c) 反向将OAM光束恢复为高斯光束

图 4-2-16　OAM 光束的生成及转换

然而 OAM 光束自由空间光通信还停留在短距离传输阶段，传输距离通常仅为几十厘米。想要实现长距离传输，就必须依赖光纤进行传输。目前已有应用 1.1 km 少模光纤复用传输两个轨道角动量模式的报道。但是，在自由空间中生成的 OAM 光束必须通过耦合系统将能量注入光纤，多路复用多个空间模式需要用到分光器等自由空间器件，整套器件笨重且昂贵，耦合效率也低。因此，如何在光纤中直接生成并传输 OAM 模式是当前面临的主要挑战。

习　题

1. 生产光纤预制棒的方法主要有哪些？

2. 在忽略损耗的情况下，一根长 1 m，直径 25 cm 的光纤预制棒可以拉制成多少千米的普通通信光纤？

3. 光纤损耗来自哪些方面？其中吸收损耗包括哪些因素？

4. 石英光纤的最低理论极限损耗是由什么因素决定的？该极限值及其所在波长大约为多少？

5. 分析 G.653 光纤（色散位移光纤）是否能用于 C 波段 DWDM 系统。

6. 从设计理念的角度出发，简述 G.655 光纤（非零色散位移光纤）的主要优点。

第5章 无源光器件

5.1 概述

光纤通信系统的发展促使光器件推陈出新,而新的光器件也会引发光纤通信技术的革命。针对光器件,从有无出现光电能量转换的角度可以分为有源光器件和无源光器件。有源光器件,如半导体激光器、光电检测器等,已经在本书前面章节中进行了介绍。本章所涉及的无源光器件在光通信系统及光网络中起到重要的作用,如连接光波导或光路,控制光功率的分配,控制光的传播方向,控制光波导之间、器件之间和光波导与器件之间的光耦合,合波与分波,光信道的上下与交叉连接等。

5.2 基本无源光器件

目前,光纤活动连接器无论在品种和产量方面都已有相当大的规模,不仅满足了国内需要,而且还有少量出口。光分路器(功分器)、光衰减器和光隔离器已有小批量生产。随着光纤通信技术的发展,相继又出现了许多光无源器件,如环行器、色散补偿器、光的上下复用器、光交叉连接器、阵列波导光栅(AWG)等。这些都还处于研发阶段或试生产阶段,有的也能提供少量商品。

5.2.1 连接器

5.2.1.1 光纤固定接头

光纤连接器是用于连接两根光纤的器件,是光纤通信线路中使用较多的器件,可以分为固定接头和活动连接器。光纤连接点在不需要经常拆装的情况下,可以采用固定连接的方法。固定接头可以用熔接、黏结或固定连接器实现。

熔接法目前最为普遍,即把处理好的光纤端面固定对准,然后利用电弧放电产生高温,瞬间将光纤端面熔在一起,详细过程如下。

(1)端面处理。首先采用专用的剥纤钳把光纤最外层涂敷层去除,然后用酒精清洁光纤表面,再用光纤切割刀切出平整的光纤端面。如图 5-2-1 所示,图 5-2-1(a)为理想端面切割后的情况,端面平整并且垂直于光纤轴线;图 5-2-1(b)显示了光纤端面缺损的情况,主要原因是切割刀多次重复划切光纤,正确使用切割刀的方法是,固定好光纤后使切割刀一次划过光纤,动作要干净利落;图 5-2-1(c)显示的光纤端面斜角过大,不利于降低熔接光纤接头损耗;图 5-2-1(d)显示的光纤端面被污染,为了尽量降低熔接损耗,光纤端面应该保持洁净。为了获得较低的熔接损耗，在操作的时候需要避免图 5-2-1（b）、图 5-2-1（c）和图 5-2-1（d）情况的出现。

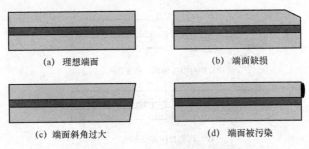

(a) 理想端面　　　　　　　　　　(b) 端面缺损

(c) 端面斜角过大　　　　　　　　(d) 端面被污染

图 5-2-1　切割后的光纤端面情况

（2）光纤熔接。光纤熔接机通过调整马达，可以把固定在 V 形槽上的两侧光纤进行对准，然后基于设定的放电程序将两侧光纤端面对接。图 5-2-2 显示了一般光纤熔接机的主要构成，两侧 V 形槽分别由两套电机伺服系统控制，光学镜头可以采集光纤端面在两个垂直平面上的图像，然后通过电机不断修正两侧光纤的相对位置，最终实现最佳对准。

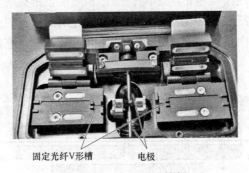

固定光纤V形槽　　　　电极

图 5-2-2　光纤熔接机

由于熔接会带来一定的损耗，所以有必要分析一下损耗形成的原因。熔接接头损耗的主要原因是两侧光纤的模式失配，即模场分布不一致。理想情况下，如果两侧光纤端面精确对准，并且光纤经过熔接后，两侧的折射率分布和几何尺寸一致，那么两侧光纤模式相匹配，不存在模式失配带来的损耗。但是，实际情况是两侧光纤纤芯的空间位置往往会存在相对偏离，或者光纤的几何尺寸和折射率分布不一致，这两种情况都会导致两侧光纤中模场分布的不一致，因此引入了损耗。如图 5-2-3（a）和图 5-2-3（b）所示，常见的光纤相对位置偏离主要是横向偏移和轴向偏移，正确使用光纤熔接机可以避免发生此类情况。图 5-2-3（c）中显示了光纤芯径尺寸不一致的情况，这就要求在光纤通信线路施工中必须统一光纤和光缆型号，以避免此类问题。如果熔接的两侧光纤必须存在参数不一致的情况，那么可以通过光纤拉锥技术改变接头一侧光纤的模场直径，以最大限度匹配两端模场分布，从而降低接头损耗。通常对于两侧参数一致的光纤来说，接头损耗可以降到 0.1 dB。

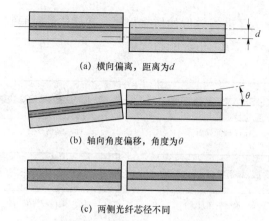

(a) 横向偏离，距离为 d

(b) 轴向角度偏移，角度为 θ

(c) 两侧光纤芯径不同

图 5-2-3　光纤端面对准存在的模场失配原因

5.2.1.2　光纤活动连接器

固定光纤接头一般适用于光缆线路接续工程，而光纤活动接头可以方便地连接或者切换不同的光路，多用于光纤通信设备的信号光连接，以方便进行反复的拆卸和连接。如图 5-2-4 所示，通常一个光纤活动连接器包括两个陶瓷插针和适配器准直套筒。光纤经过端面处理后被插入陶瓷插针孔中，光纤被热固化胶固定后，通过专用的研磨机进行研磨并抛光端面，研磨过程遵循研磨纸砂粒度由粗到细的原则，最终获得表面光滑平整的光纤接头。

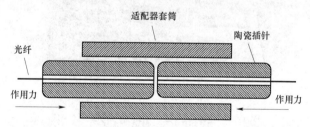

图 5-2-4　光纤活动连接器的一般结构

光纤活动连接器按插针端面形状分为 PC 型、UPC 型和 APC 型，如图 5-2-5 所示。

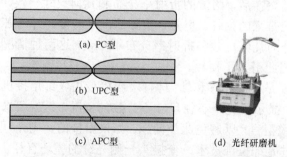

(a) PC型

(b) UPC型

(c) APC型

(d) 光纤研磨机

图 5-2-5　不同光纤端面形状及光纤研磨设备

（1）PC（physical contactor）型端面成球面，采用的是物理接触研磨法，介入损耗和回波损耗性能与 FC 型端面比较有了较大幅度的提高。当曲率半径为 20 mm 时，回波损耗可达

40 dB。

（2）UPC（ultra physical contactor）型端面仍为球面，它与 PC 型的不同之处在于球面半径更小（为 13 mm），由于端面曲率半径越小，回波损耗越大，所以它的回波损耗比 PC 型的大，可达 50 dB。

（3）APC（angle PC）型端面的法线与光纤的轴心夹角为 8°，并作研磨抛光处理，它的回波损耗可达 60 dB。

5.2.2　衰减器

5.2.2.1　固定光衰减器

光纤通信系统中的光信号功率可以通过放大器增大，相反，衰减器是用于降低光纤输出功率的器件。衰减器主要用于光纤系统的指标测量、短距离通信系统的信号衰减，以及系统试验等场合。衰减器可以分为固定光衰减器和可变光衰减器，在光纤通信系统实验或者工程上可以根据不同情况选择使用。

固定光衰减器的光功率衰减值固定不变，工作时一般会在两段光纤端面引入相对位移，包括横向位移和轴向位移，如图 5-2-6 所示。从 5.2.1 节我们知道当两段光纤熔接时，需要精确对准才能获得最小的损耗，而光衰减器恰恰利用了这一点来引入一定的损耗。

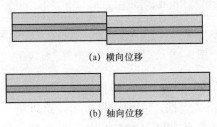

(a) 横向位移

(b) 轴向位移

图 5-2-6　光纤端面偏离

另外，常见的固定光衰减器还有基于金属离子对光的吸收作用而研制出的掺杂金属离子衰减光纤，具有固定的衰减系数，且系数值远远大于普通单模光纤。将金属掺杂光纤穿入陶瓷插针孔然后经过研磨抛光，可以制作成阴阳式固定光衰减器。图 5-2-7 给出了目前市场上常见的具有不同接口型号的固定光衰减器。

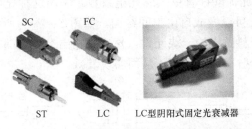

SC　　FC

ST　　LC　　LC型阴阳式固定光衰减器

图 5-2-7　不同接口型号的固定光衰减器

5.2.2.2 可变光衰减器

为了实现密集波分复用系统的长距离、高速、无误码传输，需要对多通道光功率进行监控和均衡，因此出现了动态信道均衡器（DCE）和光分插复用器等光器件，而这些器件的核心部件是可变光衰减器（variable optical attenuator，VOA），其主要功能是对光功率进行可调衰减。近年来，出现了多种制造可变光衰减器的新技术，如 MEMS 技术、液晶技术、磁光技术、平面光波导技术等。其中，常用的 VOA 有高分子可调衍射光栅 VOA、基于电吸收调制的平面光波 VOA 和液晶 VOA。

（1）高分子可调衍射光栅 VOA。高分子可调衍射光栅的制作基于一种薄膜表面调制技术。如图 5-2-8 所示，这种可调衍射光栅的顶层是玻璃，下面一层是铟锡氧化物（indium tin oxides，ITO），中间是空气、聚合物和 ITO 阵列，底层是玻璃基底。在未加电信号时，空气与聚合物层的交界面是与结构表面平行的平面；当入射光进入该平面时，不发生衍射。在加电信号后，空气和聚合物的界面随电极阵列的分布而发生周期变化，形成了正弦光栅；当入射光入射至该表面时，形成衍射。施加不同的电信号可以形成不同相位调制度的正弦光栅。

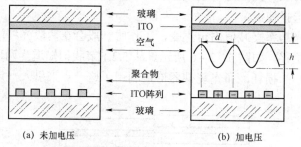

(a) 未加电压　　　　　　　　(b) 加电压

图 5-2-8　高分子可调衍射光栅 VOA

采用高分子可调衍射光栅的 VOA 的工作机制是：通过调制表面一层薄的聚合物，使其表面近似为正弦形状，形成正弦光栅。利用这种技术，可以制作出一种周期为 10 μm，表面高度 h 随施加的电信号变化并且最高可到 300 nm 的正弦光栅。当光入射到被调制的表面上时，形成衍射。施加不同的电信号，可以得到不同的相位调制度，而不同相位调制度下的衍射光强的分布是不同的。当相位调制度由零逐渐变大时，衍射光强度从零级向更高衍射级转移。这种调制可以使零级光的光强从 100% 连续变化到 0%，从而，实现对衰减量的控制。并且这种调制的响应时间非常快，在微秒级。

（2）基于电吸收调制的平面光波 VOA。这种 VOA 采用的是特殊的陶瓷光电材料，类似铌酸锂（LiNbO₃），不过比铌酸锂有更大的光电系数。利用这种光电系数足够大的材料制作 VOA，不需要做成波导，可以做成自由空间结构。如图 5-2-9 所示，光经由输入准直器端导入，通过由特殊光电材料做成的一块元件，然后从输出准直器端输出。调节加在光电材料元件上的电压，使它的折射率发生改变，从而实现衰减。

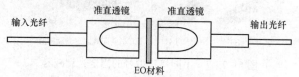

图 5-2-9　基于高光电系数材料制作的 VOA

（3）液晶 VOA。液晶折射率的各向异性会导致双折射效应，当施加外电场时，液晶分子取向重新排列，将会导致其透光特性发生变化，如图 5-2-10 所示。

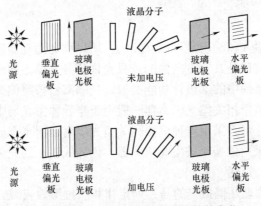

图 5-2-10　液晶加电前后透光性的变化

　　常见的双折射晶体材料有钒酸钇、钒酸钡、方解石等，这些材料属于各向异性的介质。一束光入射到双折射晶体后会出现两束折射光，且两束光都属于线偏振光（o 光和 e 光）。o 光是寻常光，遵从折射定律，折射率不随方向变化，它沿各向传播速度相同，而 e 光是非寻常光，不遵从折射定律，折射率也随着方向变化，它沿各向传播的速度随折射方向而变化。双折射晶体的功能是得到两束分离一定间距的线偏振光。光纤输出的光经准直器准直后，进入双折射晶体，被分成偏振态相互垂直的 o 光和 e 光。经液晶后，o 光变成 e 光，e 光变成 o 光，再由另一块双折射晶体合束，最后从准直器输出。当液晶材料加载电压 V 时，o 光和 e 光经过液晶后都将改变一定的角度，经第二块双折射晶体后，每束光又被分成 o 光和 e 光，形成了四束光，中间两束最后合成一束从第二块双折射晶体射出，由准直器接收，另外两束从第二块双折射晶体射出后未被准直器接收，从而实现衰减。因此，通过在液晶的两个电极上施加不同的电压控制光强的变化，可以实现不同的衰减。

5.2.2.3　衰减器主要指标

　　（1）衰减量和插入损耗。衰减量和插入损耗是光衰减器的重要指标。固定光衰减器的衰减量指标实际上就是其插入损耗，而可变光衰减器除了衰减量外，还有单独的插入损耗指标。高质量的可变光衰减器的插入损耗在 1.0 dB 以下，一般情况下普通可变光衰减器的该项指标小于 2.5 dB 即可使用。在实际选用可变光衰减器时，插入损耗越小越好。

　　（2）衰减器的衰减精度。衰减精度是光衰减器的重要指标。通常机械式可调光衰减器的衰减精度为其衰减量的 ± 0.1 倍，其大小取决于机械元件的精密加工程度。固定光衰减器的衰减精度很高。通常衰减精度越高，衰减器的价格就越高。

　　（3）回波损耗。在光器件参数中影响系统性能的一个重要指标就是回波损耗。回返光对光网络系统的影响是众所周知的。衰减器的回波损耗是入射到光衰减器中的光能量和衰减器中沿入射光路反射出的光能量之比。高性能衰减器的回波损耗在 45 dB 以上。事实上由于工艺等方面的原因，衰减器实际回波损耗离理论值还有一定差距，为了不至于降低整个线路回波损耗，必须在相应线路中使用高回波损耗衰减器，同时还要求衰减器具有更宽的温度使用范围和频谱范围。

5.2.3 隔离器

耦合器与连接器的输入和输出是可以互换的，所以称之为互易器件。然而隔离器是非互易器件，即输入和输出端口是具有方向性的，只允许信号光单方向传输，防止了反射光影响系统的稳定性，与电子器件中的二极管功能类似。光隔离器按照偏振相关性分为两种：偏振相关型与偏振无关型。偏振相关型光隔离器一般用于半导体激光器中，因为半导体激光器发出的光是线偏振光，因此可以采用这种偏振相关型光隔离器而享有低成本的优势；在通信线路或者 EDFA 中，一般采用偏振无关型光隔离器，因为线路上的光偏振特性非常不稳定，要求器件有较小的偏振相关损耗。

光隔离器基本工作原理是偏振光的马吕斯定律和法拉第效应。法拉第在 1845 年首先观察到不具有旋光性的物质在磁场作用下会使通过该物质的光的偏振方向发生旋转，即法拉第效应，也称磁致旋光效应。沿磁场方向传输的偏振光，其偏振方向旋转角度 θ 和磁场强度 B 与材料长度 L 的乘积成比例。

5.2.3.1 偏振相关型光隔离器

偏振相关型光隔离器的工作原理如图 5-2-11 所示，它由一个磁环、一个法拉第旋光片和两个偏振片组成，两个偏振片的光轴成 45°夹角。正向入射的线偏振光，其偏振方向沿偏振片 1 的透光轴方向，经过法拉第旋光片时逆时针旋转 45°至偏振片 2 的透光轴方向，顺利透射；反向入射的线偏振光，其偏振方向沿偏振片 2 的透光轴方向，经法拉第旋光片时仍逆时针旋转 45°至与偏振片 1 的透光轴垂直，被隔离而无透射光。自由空间型光隔离器相对简单，装配时偏振片和旋光片均倾斜一定角度（比如 4°）以减少表面反射光。法拉第磁介质在 1~2 μm 波长范围内通常采用光损耗低的钇铁石榴石（YIG）单晶。新型尾纤输入输出的光隔离器有相当好的性能，最低插入损耗约 0.5 dB，隔离度达 35~60 dB，最高可达 70 dB。

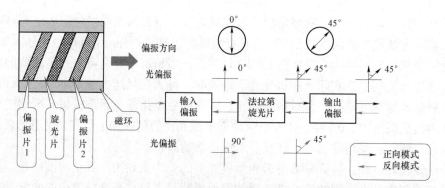

图 5-2-11　偏振相关型光隔离器的工作原理

目前，商用的偏振相关型光隔离器具有不同的工作波长范围，也可以选择具有光纤耦合输入输出的光隔离器。表 5-2-1 给出了具有光纤耦合的偏振相关型光隔离器的主要参数。

表 5 – 2 – 1　偏振相关型光隔离器产品性能参数表

偏振	相关	相关	相关
光纤类型	PM	PM	PM
中心波长	1 064 nm	1 064 nm	1 064 nm
波长范围	1 059～1 069 nm	1 054～1 074 nm	1 054～1 074 nm
最大功率	300 mW（CW）	3 W（CW）	10 W（CW）
隔离度	≥35 dB	≥32 dB	≥29 dB
插入损耗	≤1.8 dB（IO－G－1064） ≤2.1 dB（IO－G－1064－APC）	≤1.3 dB	≤1.3 dB
消光比	≥20 dB（IO－G－1064） ≥18 dB（IO－G－1064－APC）	≥20 dB	≥17 dB
回波损耗	≥50 dB（IO－G－1064） ≥45 dB（IO－G－1064－APC）	≥50 dB	≥50 dB
光纤	Fujikura SM98－PS－U25 A	PM 980/1064	PM980－XP

5.2.3.2　偏振无关型光隔离器

偏振无关型光隔离器主要基于 Displacer 晶体的双折射特性。Displacer 晶体功能是将 o 光与 e 光分离至所需的距离，光路如图 5 – 2 – 12 所示。对于钒酸钇（YVO$_4$）晶体，有 n_o = 1.944 7，n_e = 2.148 6，当 θ = 47.85° 时，α_{max} = 5.7°，晶体长度与 e 光偏移量的比值为 $L:d$ = 1:tan（5.7°）= 10:1，这是钒酸钇晶体能够达到的最大偏移比率，此光轴方向是 Displacer 晶体中最常用的。

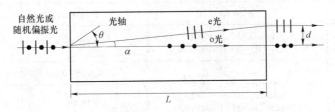

图 5 – 2 – 12　Displacer 晶体

基于 Displacer 晶体的偏振无关型光隔离器结构和光路如图 5 – 2 – 13 所示，由两个准直透镜、两个 Displacer 晶体，一个半波片、一个法拉第旋光片和一个磁环（图中未画出）组成。正向光从准直透镜 1 入射在 Displacer 1 上，被分成 o 光和 e 光传输，经过半波片和法拉第旋光片后，逆时针旋转，发生 o 光与 e 光的转换，经 Displacer 2 合成一束光耦合进入准直透镜 2；反向光从准直透镜 2 入射在 Displacer 2 上，被分成 o 光和 e 光传输，经过法拉第旋光片和半波片后，逆时针旋转零度（45°－45°＝0°），未发生 o 光和 e 光的转换，经 Displacer 1 后两束光均偏离准直透镜 1 而被隔离。

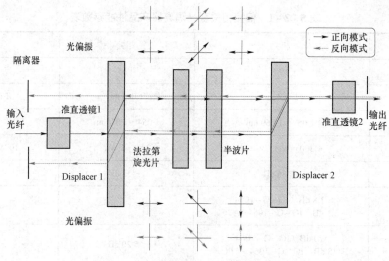

图 5-2-13　偏振无关型光隔离器

　　光隔离器的特点是高隔离度，低插损，高可靠性，高稳定性，极低的偏振相关损耗和偏振模色散。表 5-2-2 给出了偏振无关型光隔离器的主要参数。

表 5-2-2　偏振无关型光隔离器产品性能参数表

偏振	无关	无关	无关
光纤类型	SM	SM	SM
中心波长	1 064 nm	1 064 nm	1 064 nm
波长范围	1 059 ～ 1 069 nm	1 054 ～ 1 074 nm	1 054 ～ 1 074 nm
最大功率	300 mW（CW）[c]	3 W（CW）[c]	10 W（CW）[d]
隔离度	≥30 dB	≥33 dB	≥30 dB
插入损耗	≤ 1.8 dB（IO-H-1064B） ≤ 2.1 dB（IO-H-1064B-APC）	≤ 1.3 dB[f]	≤ 1.5 dB
偏振相关损耗	≤0.15 dB	≤ 0.15 dB	≤ 0.25 dB
回波损耗（输入/输出）	≥55/50 dB（IO-H-1064B） ≥50/45 dB（IO-H-1064B-APC）	≥50 dB	≥50 dB
光纤	HI1060	HI1060	HI1060

　　Displacer 型光隔离器的缺点是为了满足隔离度要求，反向光路中的两束光需偏移较大距离，而双折射特性较好的钒酸钇 Displacer 晶体，其长度与偏移量的比值也只能做到 10:1，这就要求 Displacer 晶体体积要非常大，造成器件体积过大和成本过高的问题。

　　光隔离器的作用是防止光路中由于各种原因产生的后向传输光对光源及光路系统产生不良影响。例如，在半导体激光源和光传输系统之间安装一个光隔离器，可以在很大程度上减小反射光对光源的光谱输出功率稳定性产生的不良影响。在高速直接调制、直接检测光纤通信系统中，后向传输光会产生附加噪声，使系统的性能劣化，这也需要光隔离器来消除。在光纤放大器中的掺杂光纤的两端装上光隔离器，可以提高光纤放大器的工作稳定性，如果没有它，后向反射光将进入信号源（激光器）中，引起信号源的剧烈波动。在相干光长距离光纤通信系统中，每隔一段距离安装一个光隔离器，可以减少受激布里渊散射引起的功率损失。因此，光隔离器在光纤通信、光信息处理系统、光纤传感及精密光学测量系统中具有重要的作用。

5.2.4　光环行器

光环行器除了有多个端口外，其工作原理与光隔离器类似，也是一种单向传输器件，主要用于单纤双向传输系统和光分插复用器中。用多个光隔离器就可以构成一个只允许单一方向传输的光环行器。

光环行器的端口如图 5-2-14 所示，光沿箭头方向传播，反向则被隔离。图 5-2-15 描述了一个法拉第旋光片与半波片组成的旋光单元的功能，正向光偏振方向旋转 90°，反向光偏振方向不变。一个普通三端口光环行器的原理如图 5-2-16 所示，注意 Displacer 1 和 Displacer 3 使 e 光水平偏移，而 Displacer 2 使 e 光垂直偏移。

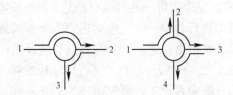

图 5-2-14　光环行器的端口与信号光方向

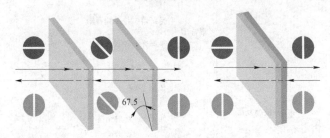

图 5-2-15　法拉第旋光片与半波片组成的旋光单元的功能

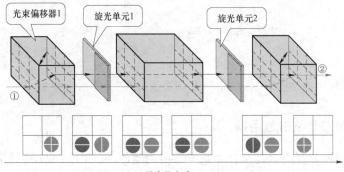

从左往右看
从端口①到端口②的光路及偏振态变化

图 5-2-16　普通三端口光环行器原理图

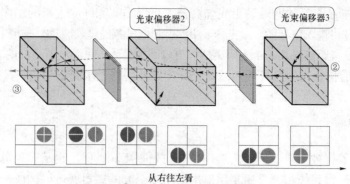

从右往左看
从端口②到端口③的光路及偏振态变化

图 5-2-16 普通三端口光环行器原理图（续）

5.2.5 波分复用器

波分复用（WDM）技术在发送端将一系列载有信息、但波长不同的光信号合成一束，并耦合到光线路的同一根光纤中进行传输；在接收端再将各个不同波长的光信号分开。光波分复用器是实现波分复用技术的核心器件之一。它按照波长选择机理的不同可以分为耦合型、衍射型和干涉滤波型，如图 5-2-17 所示。有关光纤熔融拉锥耦合器、平面光波导耦合器及阵列波导光栅波分复用器的介绍内容较多，将分别在 5.3、5.4 和 5.5 节中详细介绍。本节主要介绍多层介质膜型波分复用器和衍射光栅型波分复用器。

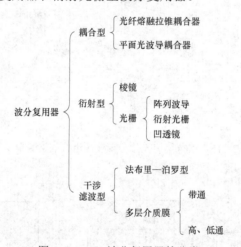

图 5-2-17 波分复用器的分类

5.2.5.1 多层介质膜型波分复用器

多层介质膜型波分复用器是 WDM 系统常用的器件。它的工作原理是利用多层不同材料、不同折射率和不同厚度的介质膜按照设计要求组合成为一个介质膜系，对特定波长进行选择性干涉滤波，只允许特定波长的光通过，而其他所有波长的光都被反射了，以实现不同波长的光的波分复用功能。多层介质膜干涉型滤波器的工作原理如图 5-2-18 所示，它是采用蒸发镀膜的方法在玻璃基底上形成高折射率和低折射率薄膜交叠而制成的。当光入射到介质膜时，高折射率薄膜的反射光线不会产生相位偏移，但当光入射到低折射率的介质膜时，反射光线的相位会偏移 180°。由于薄膜的厚度为 1/4 波长，光的行程差是 $2\lambda/4$ 的整数倍，所以再经低折射率的薄膜后，光束的相位将改变 360°，与经高折射率薄膜的反射光重叠复合。因此在中心波长的附近，各薄膜层的反射光同相叠加，就会产生一定波长范围内很强的反射光。在这个波长范围以外的输出波长的反射光将会陡然降低，这些光的大部分经薄膜透射过去，形成透射光。由以上的原理可以知道，薄膜干涉滤光器可以使入射光在一定波长范围内呈带通状态，而对其他波长范围的光呈带阻状态，由此形成了滤波特性。

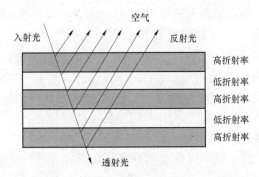

图 5-2-18　多层介质膜干涉型滤波器的工作原理图

对于采用多层介质膜干涉滤波器型波分复用器的波分复用系统，每个干涉滤波器可以从多波长输入光中干涉滤出一个波，采用干涉滤波器级联的方式，就可以完成多波长的波分复用功能。在一个波分复用器中所需要级联的滤波器数与波分复用数相等。例如，一个 8 通道波分复用器是由 8 个多层介质膜干涉滤波器级联而成的。如图 5-2-19 所示，由单模光纤输入的多波长信号光可以逐一被带通多层薄膜滤波器输出，并分成 8 个独立通道。

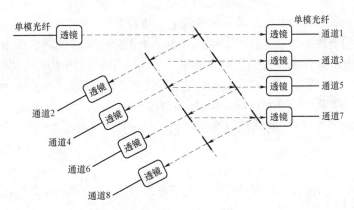

图 5-2-19　8 通道多层介质膜干涉滤波器型波分复用器的工作原理

多层介质膜干涉滤波器具有较低的插入损耗，平坦的信道带宽，以及较小的色散和偏振相关损耗等优点；它的环境稳定性能比布拉格光纤光栅和阵列波导光栅好，对环境的要求没有它们高，介质薄膜滤波片的中心波长的温度系数可以小于 1 pm/K，甚至波长无漂移；它有很好的柔韧性，便于模块化和封装集成，成本较低。

5.2.5.2 衍射光栅型波分复用器

衍射光栅是一种等宽、平行且等间距的多缝装置，能对入射光波的振幅或者相位进行空间周期性调制。衍射光栅一般利用光的衍射和干涉进行工作，用于从空间上将一束复合光分成不同波长的光。衍射光栅的种类很多，一般按照工作方法将其分为透射光栅和反射光栅。反射光栅从形状上可分为平面光栅、凹面光栅和阶梯光栅，从制作方法上可分为机刻光栅和全息光栅。DWDM 系统中所用的光栅一般是机刻的反射光栅，它的狭缝是不透明的反射铝膜。在一块极其平整的毛坯上镀上铝层，刻上许多平行、等宽而又等距的线槽，每条线槽发挥着一个"狭缝"的作用，每毫米刻线有 1 200 条、2 400 条或者 3 600 条，整块光栅的刻线总数可达几万条到几十万条。在一般的反射光栅中，光栅衍射中没有色散能力的零级衍射的主极大占去衍射光强的大部分（80%以上），随着主极大的级次增高，光强迅速减弱。因此，使用这种反射光栅时，其一级衍射较弱，二级衍射更弱。为解决这个问题，将光栅的线槽刻成锯齿形，使其具有定向"闪耀"能力，以把能量集中分布在所需的波长范围内。

如图 5-2-20 所示，反射光栅型波分复用器的工作原理是：由于光栅的衍射作用，不同波长的光入射到光栅上然后以不同的角度反射，再经过梯度折射率分布的自聚焦透镜汇聚到不同的通道输出光纤中，以实现不同波长的分离，从而完成波长选择的功能，其相反过程为不同波长的复用。

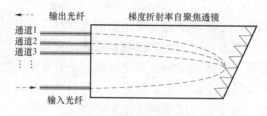

图 5-2-20　反射光栅型波分复用器的工作原理

总的来看，光栅型 WDM 器件具有优良的波长选择特性，可以使波长间隔缩小到 0.51 nm 左右。另外光栅型器件是并联工作的，插入损耗不会随复用信道的增多而增大，因而容易获得较多的复用路数。据报道，人们利用光栅已经可以分开 132 个信道，其分辨率小于 1 nm，插损为 5～8 dB。但光栅型 WDM 器件温度稳定性很差，以 16 通路 WDM 为例，由于光源在 1 550 nm 波长的温度系数大约为 0.4 nm/K，环境温度变化 30 K 就足以引起约 0.4 nm 的波长偏移，对于通路带宽仅 0.31 nm 的情况将至少导致 3 dB 的失配损耗，因此在实际应用中需要采用温控措施。

5.3　光纤耦合器

光耦合器是一种用于传送和分配光信号的无源器件。通常，光信号由耦合器的一个端口输入，从另一个端口或几个端口输出。因此，光耦合器可以用来减少系统中的光纤用量，以及光源和光纤活动接头的数量，也可用作节点互连与信号混合。在光时域反射仪中，光耦合器起着输入耦合与输出分离的双重作用。在光纤传感器的干涉仪中，光耦合器起着分束与混合光信号的双重作用，使光干涉得以实现。在光纤放大器中，光耦合器则用来将泵浦光耦合到增量光纤中或将放大的光信号耦合到光纤干线中。在光纤通信的局域网或用户网中也需要用到大量的光耦合器。

光耦合器主要有两个方面的应用：分配能量和分配波长。分配能量的光耦合器又称为光分路器；分配波长的光耦合器又称为波分复用器，它是将从一个端口输入的两个波长的光信号从其他多个端口输出，或者反之。从实现工艺上光纤耦合器可以分为光纤熔融拉锥光耦合器和平面光波导光耦合器两种类型。光纤耦合器的优点主要有：全光纤器件易于与传输光纤熔接，工艺成熟，插入损耗低。本节主要介绍光纤耦合器。光纤耦合器从输入和输出端口分布上来看，可以分为 X 型（2×2）耦合器，Y 型（1×2）耦合器，星形（$N×N$）耦合器和树形（1×N）耦合器；从传输模式上区分，可以分为单模耦合器和多模耦合器。本节主要讨论单模 X 型（2×2）光纤耦合器。

5.3.1　X 型（2×2）光纤耦合器的基本工作原理

光在光纤介质中传输时，人们发现了一种非常奇特的效应，即光在光纤中传输时的光耦合效应。特别是当两根光纤相互靠近时，在仅有一根光纤中注入光的情况下，会引起光能量的转换，而在另一根光纤中产生能量。若两根光纤参数相同，一根光纤中的所有光能量会传递到另一根光纤中去，其总能量会在两根光纤之间来回转移。那么一个光波导中传输的光信号能量如何转移到另外一个光波导中？

W. Snyder 和 D. Marcuse 等人完成了耦合模理论在光波导中的应用。光波导的横向耦合指的是当两个介质波导靠得很近时，会因为消逝场的作用引起两个波导之间的功率交换，即一个波导中的光能转移到另一个波导中的现象。当两个波导是同种类型且波导中存在模式时，两个波导中的模式功率交换是相互的，称这种耦合为光波导的横向耦合；当两个光波导的结构差异很大时，功率的交换往往是不对等的，这种一束光的功率从一个光波导转移到另一个光波导的现象称为光束耦合。

如图 5-3-1 所示，当两根平行的波导相互靠近时，规定波导 1 和波导 2 芯区的折射率分别为 n_1 和 n_2，包层的折射率为 n_3，并设定

$$n_{1(2)}^2(x) = \begin{cases} n_{1(2)}^2 & x在波导1(2)的芯区内 \\ n_3^2 & x在波导1(2)的芯区外 \end{cases}$$

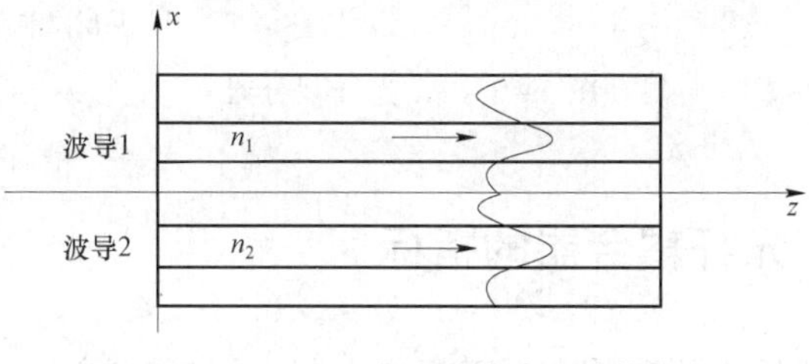

图 5-3-1　两波导通过消逝场耦合

两波导的基模振幅 $A_1(z)$ 和 $A_2(z)$ 随传输距离的变化满足耦合模方程组

$$\frac{\mathrm{d}A_1}{\mathrm{d}z} = K_{12}A_2\mathrm{e}^{-i(\beta_1-\beta_2)z} \tag{5-3-1}$$

$$\frac{\mathrm{d}A_2}{\mathrm{d}z} = K_{21}A_1\mathrm{e}^{-i(\beta_1-\beta_2)z} \tag{5-3-2}$$

式（5-3-1）和式（5-3-2）中 K_{12} 和 K_{21} 是与 z 无关的参量，被称为两波导间的耦合系数，其大小和两波导的折射率分布及距离有关。若在初始条件 $A_1(0)=1$ 和 $A_2(0)=0$ 下，即在 $z=0$ 处波导 2 中没有电磁场，利用耦合模方程可以求得两波导中传输模场振幅的演变。当两波导对应模式传输常数 β_1 和 β_2 相等或接近相等时，模式之间才能发生有效的耦合，即光功率由波导 1 几乎完全转换到波导 2 中。将两个波导之间实现最大功率转换时的距离定义为耦合长度。此时，$K_c^2=|K_{12}|^2=|K_{21}|^2$。同时可得两模式的功率分别为

$$|A_1(z)|^2 = \sin^2(K_c z) \tag{5-3-3}$$

$$|A_2(z)|^2 = \cos^2(K_c z) \tag{5-3-4}$$

5.3.2　X 型（2×2）光纤耦合器制作方法

光纤耦合器通常基于两种结构，一种是拼接式，另一种是熔融拉锥式，如图 5-3-2 所示。拼接式结构是把两根预先进行侧面抛光研磨的光纤拼接在一起，由于部分光纤包层被去掉，所以两个光纤纤芯距离变小，从而产生较强的耦合，通过调整纤芯距离可以改变耦合强度。另外一种更为常见的是光纤熔融拉锥耦合器，即把两根或多根光纤纽绞在一起放置在拉锥设备的标准夹具中，用氢气燃烧产生的微火炬对耦合区域加热，并且在熔融过程中拉伸光纤，通过软件可以实时观察到耦合器输出端的功率变化；一般来说，输出光功率在直通臂中逐渐减小，耦合臂的输出功率随之增大，当熔融拉锥区足够长时，所有光都转移到耦合臂输出，因此可以通过调整拉锥长度等参数得到想要的耦合输出比。

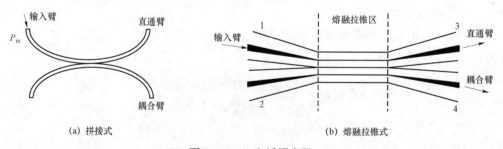

(a) 拼接式　　　　　　　　　　　　　(b) 熔融拉锥式

图 5-3-2　光纤耦合器

5.3.3　X 型（2×2）光纤耦合器的指标

表征光纤耦合器性能的主要参数有插入损耗、附加损耗、耦合比与隔离度。插入损耗定义为输入功率与耦合器一个输出分支（信号输出或低功率输出）处的输出功率的比值。插入损耗总是以分贝（dB）为单位。它一般用下式定义

$$\text{Insertion} \quad \text{Loss(dB)} = 10\lg\frac{P_{\text{in}}(\text{mW})}{P_{\text{out}}(\text{mW})} \tag{5-3-5}$$

其中 P_{in} 和 P_{out} 是输入功率和输出功率。在实际应用中，对于 2×2 耦合器，信号输出和低功率输出都提供了插入损耗参数；如要定义特定输出（端口 3 或端口 4）的插入损耗，式（5-3-5）可重写为

$$\text{Insertion} \quad \text{Loss}_{\text{port1-port3}}(\text{dB}) = 10\lg\frac{P_{\text{port1}}(\text{mW})}{P_{\text{port3}}(\text{mW})} \tag{5-3-6}$$

$$\text{Insertion} \quad \text{Loss}_{\text{port1-port4}}(\text{dB}) = 10\lg\frac{P_{\text{port1}}(\text{mW})}{P_{\text{port4}}(\text{mW})} \tag{5-3-7}$$

插入损耗是输入功率与耦合器每个分支输出功率的比值，波长是它的函数变量。通过插入损耗能同时得出耦合比和额外损耗两个参数。耦合比可由测量的插入损耗计算出。耦合比是来自每个输出端口（端口 3 和端口 4）的光功率与两个输出端口的总光功率之和的比值，波长是它的函数变量。耦合比不会受到光谱特性（比如水吸收区域）影响，因为两个输出分支受到影响的程度相同。

方向性（或隔离度）指一部分输入光通过一个输入端口从耦合器出射（光在端口 2 出射），而不是从预期输出端口出射。它可以通过下面的方程式得出

$$\text{Directivity(dB)} = 10\lg\frac{P_{\text{port1}}(\text{mW})}{P_{\text{port2}}(\text{mW})} \tag{5-3-8}$$

其中 P_{port1} 和 P_{port2} 分别为端口 1 和端口 2 的光功率。这个输出是耦合器分支相接之处的背向反射的结果，它表示端口 3 和端口 4 的总光输出的损耗。对于 50:50 的耦合器，方向性等于光回波损耗（optical return loss，ORL）。

额外损耗为总输出功率和总输入功率的比值

$$\text{Excess Loss (dB)} = -10\lg\frac{P_{\text{port3}}(\text{mW}) + P_{\text{port4}}(\text{mW})}{P_{\text{port1}}(\text{mW})} \tag{5-3-9}$$

P_{port1} 是端口 1 的输入功率，$P_{\text{port3}} + P_{\text{port4}}$ 是端口 3 和端口 4 的总输出功率，这里假设端口 2 没有输入功率。

5.3.4　光纤熔融拉锥耦合器的应用实例

在下面的实例中，两个 2×2 型 $1\,300$ nm 带宽光纤耦合器（90:10 和 50:50 的耦合比）使用输入信号 A 和 B。表 5-3-1 列出了每个耦合器的插入损耗规格（信号输出和低功率输出）。如要计算任何给定输出处的功率，用输入功率减去信号输出或者低功率输出的插入损耗（以 dB 为单位）即可。

表 5-3-1　光纤耦合器插入损耗规格

耦合比	插入损耗（直通臂）	插入损耗（耦合臂）
90:10	0.6 dB	10.1 dB
50:50	3.2 dB	3.2 dB

实例 1：从信号输出端分光

如图 5-3-3 所示，耦合器端口 1 从单根光纤输入信号，然后以一定的分光比从端口 3 和端口 4 分别输出信号。表 5-3-2 列出了输入信号功率为 10 dBm 时，光纤耦合器的端口 3 和端口 4 所对应的输出功率。

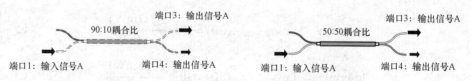

图 5-3-3　分光比为 90:10 和 50:50 的耦合器应用实例

表 5-3-2　光纤耦合器单端口输入时的输出功率

	端口 1（输入信号 A）	端口 3（输出信号 A）	端口 4（耦合臂输出信号 A）
耦合比：90:10	10 dBm（10 mW）	9.4 dBm（8.7 mW）	−0.1 dBm（1.0 mW）
耦合比：50:50	10 dBm（10 mW）	5.8 dBm（4.8 mW）	5.8 dBm（4.8 mW）

实例 2：混合输出两个光信号

如图 5-3-4 所示，耦合器用于混合两个输入（指示为信号 A 和信号 B）的光。输出光是一个混合信号，它包含信号 A 和信号 B，两者的比例取决于耦合比。表 5-3-3 列出了信号 A 和信号 B 的输入功率分别为 5 dBm 和 8 dBm 时，光纤耦合器的端口 3 和端口 4 所对应两个信号的输出功率。

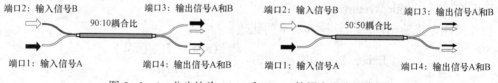

图 5-3-4　分光比为 90:10 和 50:50 的耦合器应用实例

表 5-3-3　光纤耦合器双端口输入时的输出功率

	端口 1（输入信号 A）	端口 2（输入信号 B）	端口 3（输出信号 A 和 B）	端口 4（输出信号 A 和 B）
耦合比：90:10	5 dBm（3.2 mW）	8 dBm（5.3 mW）	A：4.4 dBm（2.8 mW） B：−2.1 dBm（0.6 mW）	A：−5.1 dBm（0.3 mW） B：7.4 dBm（5.5 mW）
耦合比：50:50	5 dBm（3.2 mW）	8 dBm（5.3 mW）	A：1.6 dBm（1.4 mW） B：4.8 dBm（3.0 mW）	A：4.8 dBm（3.0 mW） B：4.8 dBm（3.0 mW）

5.3.5　光纤熔融拉锥耦合器用于波分复用

以上介绍的光纤熔融拉锥耦合器被用于信号光功率的分配，本节将介绍波分复用功能的应用。光纤熔融拉锥波分复用耦合器实质是耦合输出功率对波长具有选择性的光纤耦合器，通过改变熔融拉锥工艺，使分光比随波长急剧变化，可以理解为式（5-3-1）和式（5-3-2）

中的耦合系数是关于波长的函数，因此不同波长对应的耦合长度不同，最终导致不同波长信号光在同一端口输入条件下，经过一定的传输距离后，分别在两个输出端口呈现最大功率输出。

下面描述了光纤熔融拉锥波分复用耦合器的制作步骤。

步骤 1

图 5-3-5 显示了光纤熔融拉锥波分复用耦合器的制作步骤 1 的过程。这一阶段，两根光纤在一段长度的熔融拉锥区内融合，在熔融拉锥区内两根光纤的纤芯处于非常近的位置，使得信号光在两根光纤纤芯之间往返。一旦达到所需的插入损耗和隔离度规格后，可停止熔融拉锥。在熔融拉锥过程中，短波长端口输出信号光受到监测，监测时输入端口连接宽带光源，短波长端口连接一台光谱仪（OSA）。插入损耗是随波长变化的函数，它可以利用从 OSA 获取的光谱进行计算。

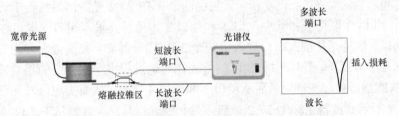

图 5-3-5　光纤熔融拉锥波分复用耦合器的制作步骤 1

步骤 2

图 5-3-6 显示了光纤熔融拉锥波分复用耦合器的制作步骤 2 的过程。要验证 WDM 的性能，需要利用宽带光源和 OSA 测量长波长端口的插入损耗。结合步骤 1 和步骤 2 中获得的光谱图，可计算每个通道的插入损耗和隔离度，最终获得满足设计要求的光纤熔融拉锥波分复用耦合器。

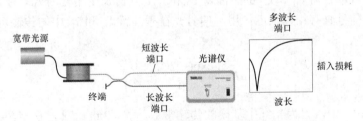

图 5-3-6　光纤熔融拉锥波分复用耦合器的制作步骤 2

光纤熔融拉锥波分复用耦合器的优点是插入损耗低，最大值小于 0.5 dB，典型值为 0.2 dB，结构简单，不需要波长选择器，并且具有较高的光通路带宽和温度稳定性；缺点是尺寸偏大，复用路数偏少，多应用于双波长 WDM（如 1 310/1 550 nm，980/1 550 nm，1 480/1 550 nm）。980/1 550 nm 光纤熔融拉锥波分复用耦合器，用于组合或者分离 980 nm 和 1 550 nm 光信号，具有±10.0 nm 带宽，可选裸纤输出或者 2.0 mm 窄口 FC/PC 或 FC/APC 接头，其主要性能参数见表 5-3-4。

表 5 – 3 – 4　光纤熔融拉锥波分复用耦合器的主要性能参数

工作波长	带宽	插入损耗	隔离度	偏振相关损耗	方向性	光纤类型	终端
980 nm/1 550 nm	±10.0nm	≤0.55 dB	≥19 dB	< 0.1 dB	50.0 dB	Corning Flexcore 1060	无连接器
							FC/PC
							FC/APC

5.3.6　光纤熔融拉锥耦合器用于构成马赫 – 曾德尔干涉仪

1993 年,利用单级马赫 – 曾德尔干涉仪(MZI)实现全光纤光学滤波器的技术方案被 Chew 提出。MZI 结构示意图如图 5 – 3 – 7 所示,它由两个 3 dB 2×2 光纤熔融拉锥耦合器 C_1 和 C_2,以及干涉臂 l_{11} 和 l_{12} 串联而成,其中端口 1 和端口 2 为信号光输入端口,端口 3 和端口 4 为信号光输出端口。信号光从输入端口进入第一个 3 dB 耦合器 C_1,将信号光分为等强度的两束光,然后分别在干涉臂 l_{11} 和 l_{12} 中传输,信号光在传输过程中产生一定的相位差,当进入第二个耦合器 C_2 时进行叠加干涉,最后从端口 3 和端口 4 输出,从而实现信号光交错分波的功能。图 5 – 3 – 7 所示滤波器也称为 2×2 单级熔融拉锥光纤马赫 – 曾德尔干涉仪(FMZI)型光学滤波器。

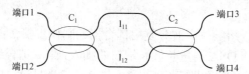

图 5 – 3 – 7　单级 FMZI 型光学滤波器结构

连接两个光纤耦合器 C_1 和 C_2 的干涉臂 l_{11} 和 l_{12},几何长度相差为 Δl,称为臂长差,对产生干涉的两路光信号具有相位延迟作用,信号光在干涉臂 l_{11} 和 l_{12} 中的传输可以用一个 2×2 的传输矩阵来表示

$$\boldsymbol{M} = \begin{bmatrix} \exp(-\mathrm{j}\beta\Delta l) & 0 \\ 0 & 1 \end{bmatrix} \qquad (5-3-10)$$

式(5 – 3 – 10)中,β 为光纤中基模的传输常数,$\beta = 2\pi n_{\mathrm{eff}}/\lambda$,$\theta = \beta\Delta l$ 是信号光传输过程中由干涉仪两臂产生的相位延迟。不计光纤耦合器的附加损耗和光纤损耗,两个光纤耦合器 C_1 和 C_2 的传输矩阵为

$$\boldsymbol{T}_i = \begin{bmatrix} \cos k_i & -\mathrm{j}\sin k_i \\ -\mathrm{j}\sin k_i & \cos k_i \end{bmatrix}, i=1,2 \qquad (5-3-11)$$

式(5 – 3 – 11)中,k_i($i=1,2$)为光纤耦合器的耦合系数。设一束光波从端口 1 入射,输入端口光场振幅模为 1,输出端口 3 和端口 4 的输出光场分别为 E_3 和 E_4,则经第一个光纤耦合器 C_1 后输出的光场,在进入光纤段 l_{11} 和 l_{12} 后产生相位延迟,当进入光纤耦合器 C_2 后发生叠加干涉,最后从端口 3 和端口 4 输出,其输出光场满足式(5 – 3 – 12)

$$\begin{bmatrix} E_3 \\ E_4 \end{bmatrix} = \boldsymbol{T}_2 \boldsymbol{M} \boldsymbol{T}_1 \begin{bmatrix} 1 \\ 0 \end{bmatrix}$$

$$= \begin{bmatrix} \cos k_2 & -\mathrm{j}\sin k_2 \\ -\mathrm{j}\sin k_2 & \cos k_2 \end{bmatrix} \begin{bmatrix} \exp(-\mathrm{j}\beta\Delta l) & 0 \\ 0 & 1 \end{bmatrix} \begin{bmatrix} \cos k_i & -\mathrm{j}\sin k_i \\ -\mathrm{j}\sin k_i & \cos k_i \end{bmatrix} \begin{bmatrix} 1 \\ 0 \end{bmatrix} \quad (5-3-12)$$

对式（5-3-12）进行计算，整理可得

$$E_3 = \cos k_1 \cos k_2 \mathrm{e}^{-\mathrm{j}\beta\Delta l} - \sin k_1 \sin k_2 \quad (5-3-13)$$

$$E_4 = -\mathrm{j}(\cos k_1 \sin k_2 \mathrm{e}^{-\mathrm{j}\beta\Delta l} + \sin k_1 \cos k_2) \quad (5-3-14)$$

由式（5-3-13）和式（5-3-14）可以计算输出光场 E_3 和 E_4 的光强分别为

$$T_{1\rightarrow 3} = |E_3|^2 = E_3 E_3^* = 1 + 2\cos^2 k_1 \cos^2 k_2 - \cos^2 k_1 - \cos^2 k_2 - 0.5\sin 2k_1 \sin 2k_2 \cos(\beta\Delta l)$$

$$T_{1\rightarrow 4} = |E_4|^2 = E_4 E_4^* = -2\cos^2 k_1 \cos^2 k_2 + \cos^2 k_1 + \cos^2 k_2 + 0.5\sin 2k_1 \sin 2k_2 \cos(\beta\Delta l)$$

$$(5-3-15)$$

式（5-3-15）显然满足 $|E_3|^2 + |E_4|^2 = 1$，说明从端口 3 和端口 4 输出的光强与从端口 1 入射的光强相等，符合能量守恒定理。同时，也可以看出在给定的器件参数（光纤耦合器的耦合系数）条件下，输出光强是关于相位差的余弦函数，即光谱输出特性为类似余弦振荡的谱型，可以通过控制臂长差 Δl 改变相位差，进而改变光谱输出振荡周期。

实现单级 FMZI 型光学滤波器，可以根据式（5-3-15）的光输出函数表达式，取光纤基模的有效折射率为 1.457，$\Delta l = 1$ mm，仿真结果如图 5-3-8 所示。图 5-3-8 中，端口 3 与端口 4 输出的功率谱线线型呈正弦规律变化，在波长域（或频域）谱线是由一系列等间距的透射峰组成，端口 3 输出光谱和端口 4 输出光谱相互错开，且完全对称，两者具有相同的振幅和周期，且两端口输出频谱互补，故可用作波分复用滤波器件。

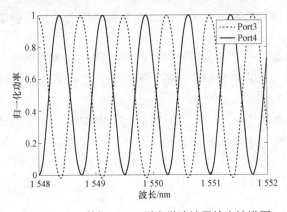

图 5-3-8　单级 FMZI 型光学滤波器输出波谱图

5.4　PLC 光耦合器

与传统分立光学器件不同，PLC（平面光波导）器件采用半导体制作工艺把多个光学元件集成在一块芯片上，有利于实现光电子器件的集成化、模块化和小型化。不过，目前在 PLC

器件上集成的光学元件数目还远远比不上集成电路,因此PLC器件所能实现的功能较为简单,本节涉及的 PLC 光耦合器是 PLC 器件中获得普遍应用的一种,其功能与上节介绍的光纤耦合器相同,即控制光信号的传播方向和功率分配。

5.4.1　PLC 光耦合器的分类

PLC 光耦合器是指利用平面光波导工艺制作的一类光耦合器,其关键技术不仅要包括平面光波导结构的制作,还必须考虑到器件与传输光纤的耦合,因此从技术角度来讲 PLC 光耦合器比光纤耦合器更为复杂,但由于该器件本身具有明显的优越性,使得这种制作方法逐渐成为制作光耦合器的一种重要的方法。目前利用平面光波导技术已成功研制出包括树形光分路器、星形光耦合器、宽带光耦合器等多种无源光耦合器件。对于 PLC 光耦合器,常以光波导的特殊结构作为分类的依据。

分支光波导有对称和非对称两种基本结构。由于分支光波导结构与信号光的分布耦合无关,其带宽仅取决于色散的限制,所以适合制作宽带光分路器,单窗口带宽可达 100 nm。树形光分路器可以采用对称多分支结构,但更多的是采用二分支串接的方式,因为多分支光波导(如 1×3,1×4 等)需要特殊的处理才可达到均匀分光。

星形光耦合器是一种 4×4 光耦合器。它的功能是把 4 根光纤输入的信号光功率组合在一起,并均匀分配给 4 根输出光纤。这种光耦合器可以用作多端口功率光分路器或功率光组合器。星形光耦合器不包括波长选择器件,是与波长无关的光器件。星形光耦合器可以是单个体的,也可由几个 2×2 光耦合器组成。

方向光耦合器是光功率分路器的另一类重要结构,也是目前制作星形光耦合器的基础器件。与分支光波导不同,方向光耦合器是通过调节耦合长度来控制分光比的。耦合长度由所传输信号光的奇模、偶模的传输常数决定。方向光耦合器对波长较为敏感,光器件的带宽一般仅为 10 nm 左右。

多模干涉光耦合器是基于自成像效应的一种新型的光耦合器结构。它具有结构紧凑,插入损耗小,频带宽,制作工艺简单和容差性好等特点,近年来逐步取代了方向光耦合器,成为各种光器件中的重要组件。

目前,PLC 光分路器被广泛应用于光纤通信网络中。由于 PLC 光分路器是基于芯片实现的分光,因而不存在光纤耦合器级联的熔接损耗不一致问题。另外,集成光学器件具有微型化、结构紧凑的特点,分配数越多,它的性价比相对于熔融型光纤分路器而言就越具有优势。本节内容主要介绍 PLC 光分路器。

5.4.2　$1 \times N$ PLC 光分路器的工作原理

PLC 光分路器之所以能够分光与其内部的特殊结构有关。如图 5-4-1 所示,PLC 光分路器内部有许多 Y 分支结构,每个 Y 分支都可以将一束光分成两束光,而 Y 分支的分光比经过精确的设计和制作可以使被分成的两束光的能量大小几乎完全相等。将 Y 分支通过级联的方式组成树形结构,便可实现 $1 \times N$ 的光分路功能。一般 Y 分支会被设计成 S 型,这主要是为了避免因传输光路突变而激发出高阶模式。不过设计成 S 型弯曲的 Y 分支,其弯曲半径要满足一定的条件，弯曲半径过小会使光的传输损耗增大，而弯曲半径过大，又会使芯片体积过大。S 型的 Y 分支一般分为 SIN 型和 COS 型两种。SIN 型 Y 分支，其曲率半径 R_{SIN} 满足式（5-4-1）

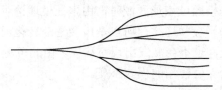

图 5-4-1　PLC 光分路器的 Y 分支

$$R_{SIN} = \frac{l^2}{2\pi w \sin\left(\dfrac{2\pi z}{l}\right)}$$

（5-4-1）

SIN 型 Y 分支弯曲路径的轨迹满足式（5-4-2）

$$x = \frac{wz}{l} - \frac{w}{2\pi}\sin\left(\frac{2\pi z}{l}\right)$$

（5-4-2）

SIN 型 Y 分支示意图如图 5-4-2 所示。若为 COS 型 Y 分支，其曲率半径 R_{COS} 满足式（5-4-3）

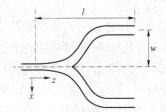

图 5-4-2　SIN 型 Y 分支示意图

$$R_{COS} = \frac{2l^2}{\pi^2 w \cos\left(\dfrac{\pi z}{l}\right)}$$

（5-4-3）

COS 型 Y 分支弯曲路径的轨迹满足式（5-4-4）

$$x = \frac{x}{2} - \frac{x}{2\pi}\cos\left(\frac{2\pi z}{l}\right)$$

（5-4-4）

其中，参数 l 为 Y 分支的长度，w 为分支输出端口与分支点的横向距离。如果 S 型 Y 分支的曲线由两条圆弧连接而成，并且两圆弧的直径相等，则圆弧半径 R 为

$$R = \sqrt{\frac{l^2 + w^2}{4w}}$$

（5-4-5）

Y 分支长度为

$$l = \sqrt{4wR + w^2}$$

（5-4-6）

一般 PLC 光分路器中的 Y 分支是通过模式转换来实现分光功能的。在 Y 分支的入射端口只有一条传输信号光路径，它只能对基模进行传输。在 Y 分支的输出端口有两条传输信号光路径，同样可对基模进行传输。基模在传输到 Y 分支前，由于波导结构一直保持不变，所以该特征模仍为基模。当基模通过锥形区域时，由本征模理论可知，由于两分支是严格对称的，且锥形区域的过度极为平缓和连续，所以基模会逐渐转化成两个对称的基模，而在此过程中不会产生对称的辐射模，也不会激发出反对称模。由此可见，只有对 Y 分支进行精确的设计和制作才能保证光在分支后传输的模式不变。

5.4.3　PLC 光分路器的制作工艺

具有不同材料和结构的平面光波导，制作工艺也不尽相同，但都脱胎于发展成熟的集成电路制作工艺，也都具备大规模生产性、高稳定性、低成本等特点。本节所涉及的 PLC 光分路器均基于二氧化硅材料，其制作过程主要分为光波导芯片的制备及芯片的封装。其中，光波导芯片的制备采用的是半导体工艺（薄膜、光刻、刻蚀等工艺），光分路功能在波导芯片上完成，然后芯片两端分别和输入端及输出端的多通道光纤阵列进行对接封装。光波导芯片的制备主要采用工业界标准的微电子工艺，其具体制备过程为：① 在硅片上沉积石英基底层；② 使用外延法生长或火焰水解法（flame hydrolysis deposition，FHD）生长高折射率波导层；③ 通过光刻和反应离子刻蚀（reactive ion etching，RIE）等工艺制备出光波导通道；④ 沉积低折射率波导保护层。

芯片制备完成后，需要对其进行封装，与芯片制备工艺相比，芯片与光纤的耦合装配同样是一个非常严格的步骤，这将直接影响到封装后光分路器的传输性能及其工作的稳定性和可靠性。图 5-4-3 为 PLC 光分路器各部件的封装结构示意图，其核心部分为 PLC 光波导芯片。PLC 光分路器的封装过程包括耦合对准和黏结等步骤。其中 PLC 光分路器芯片与光纤阵列的耦合对准有手工和自动两种方式，它们需要的硬件主要有六维精密微调架、光源、功率计、显微观测系统等。最常用的是自动对准，它是通过光功率反馈形成闭环控制，因而对接的精度和对接的耦合效率高。在耦合对准过程中，1×8 PLC 光分路器有 8 个通道且每个通道都要精确对准，由于芯片和光纤阵列的制造工艺保证了各个通道间的相对位置，所以只需要把 PLC 光分路器芯片与光纤阵列的第 1 和第 8 通道同时对准，便可实现其他通道的对准，这样可以减少封装对准的操作。实验中，用机械的方法在玻璃板上以 250 μm 间距加工成 V 形槽阵列，然后将光纤阵列固定在上面。由于 V 形槽中存在的瑕疵与纤芯的残余偏心，常造成相当于 1 μm 的对准偏差，即使平面光波导与纤芯的模式完全匹配，也会出现 0.2～0.4 dB 的连接损耗，因而 V 形槽的制造十分重要。在 PLC 光分路器芯片与光纤阵列的黏结及各个部件的组装过程中，为了减少组装时间，常采用紫外固化光黏合剂。光纤黏结界面是保持光分路器长期可靠的重点，一般选用耐湿、耐剥离的氟化物环氧树脂与硅烷链材料组合的黏合剂。为了减少输出光纤端面的反射，光纤端面采用 8°研磨技术。黏结和组装好光纤阵列后，PLC 光分路器芯片被封装在金属管壳（多为铝盒）内。

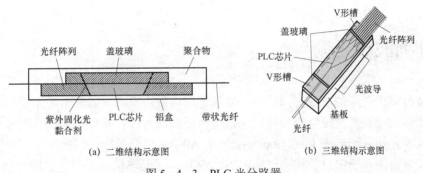

图 5-4-3　PLC 光分路器

5.4.4　PLC 光分路器主要指标

PLC 光分路器的主要技术指标如下。

（1）损耗。PLC 光分路器的插入损耗是指每一路输出信号光相对于输入信号光的功率损失（单位 dB），其数学表达式为

$$A_i = -10 \lg P_{\text{out}, i} / P_{\text{in}} \qquad (5-4-7)$$

其中 A_i 是第 i 个输出端口的插入损耗；$P_{\text{out}, i}$ 是第 i 个输出端口的信号光功率；P_{in} 是输入端的信号光功率。

附加损耗定义为所有输出端口的信号光功率总和相对于输入信号光功率的损失（单位 dB）。附加损耗是体现器件制造工艺质量的指标，反映的是器件制作过程的固有损耗，这个损耗越小越好，是制作质量优劣的考核指标。而插入损耗则仅表示各个输出端口的输出信号光功率状况，不仅有固有损耗的因素，更考虑了分光比的影响。因此不同的光纤耦合器之间，插入损耗的差异并不能反映器件制作质量的优劣。

（2）分光比。分光比定义为光分路器各输出端口的输出信号光功率比值。在系统应用中，根据实际系统光节点所需光功率的多少，确定合适的分光比。光分路器的分光比与传输光的波长有关。例如，一个光分路在传输 1.31 μm 的信号光时两个输出端口的分光比为 50:50；在传输 1.5 μm 的信号光时，分光比则变为 70:30（之所以出现这种情况，是因为光分路器都有一定的带宽，即只有传输信号光在带宽内时分光比才基本保持不变）。所以，在定做光分路器时一定要注明波长。

（3）隔离度。隔离度是指光分路器的某一光路对其他光路中的光信号的隔离能力。在以上各指标中，隔离度对于光分路器的意义最为重大，在实际系统应用中往往需要隔离度达到 40 dB 以上，否则将影响整个系统的性能。

（4）稳定性。光分路器的稳定性也是一个重要的指标。稳定性是指在外界温度变化，以及其他器件的工作状态变化时，光分路器的分光比和其他性能指标都应基本保持不变，这就对生产厂家的工艺水平提出了高标准要求。对于光纤干线的重要器件，除了以上主要指标外，均匀性、回波损耗、方向性、偏振相关损耗都在光分路器的性能指标中占据非常重要的位置。

5.5 阵列波导光栅

密集波分复用技术的出现有力推动了光纤通信容量的提高，同时也对光器件提出了更高的要求。平面光波导器件可以精确控制光信道间隔的均匀性，并且易于量产以降低成本。其中，阵列波导光栅（arrayed waveguide grating，AWG）以其低损耗，低串扰，通道密集等优点在密集波分复用系统中日益获得广泛应用。AWG 除了基本的复用和解复用功能外，其功能还可以不断扩展，与放大器和光开关等器件构成多功能模块，如多波长激光器、波长选择开关和分插复用器等。

5.5.1 AWG 的发展现状

AWG 是平面光波导器件，最早是由 M.K.Smit 于 1988 年提出的，1991 年 C. Dragne 进一步完善了其结构，并将 $1 \times N$ 的 AWG 推广到了 $N \times N$。经过二十多年的发展，AWG 的各方面性能不断得到改进，日臻完善。现阶段 AWG 的研究热点主要包括以下几个方向。

1. 超小尺寸 AWG

减小 AWG 芯片的尺寸是降低成本的一个理想方法，因此实现超小尺寸（整体尺寸缩小到微米量级）和结构紧凑的 AWG 一直是人们追求的目标。大部分实现的 AWG 都是基于二氧化硅材料，其包层和芯层的折射率差为 0.7%～1%。随着 AWG 通道数的增多及成本的要求，包层和芯层的折射率差增大到了 1.5%甚至 2.5%。但是采用较高的折射率差会使波导的模式和单模光纤的模式产生较大的不匹配，从而导致较高的耦合损耗。Si 和 SiO_2 的高折射率差（约 2.0%）为实现纳米光波导和超小尺度的集成平面光波导器件提供了可能，成为近几年的研究热点。

2. 频谱平坦化设计

在 WDM 系统中，光器件的通道带宽是一个非常重要的参数。通常 WDM 光器件的频谱响应都是高斯型的，因此任何波长漂移都会引起探测功率急剧下降从而导致误码。为了改善波长漂移问题需要将高斯型频谱响应转化为平坦型频谱响应。频谱平坦化的主要作用有：允许高速调制；允许输入波长存在偏移；允许温度变化引起的波长偏移不敏感；允许系统串联多个波分复用器或光滤波器等器件，而不引起系统性能的显著下降。

3. 偏振非敏感

采用 WDM 技术实现大容量传输，主要有三个途径：增加可利用的波长带宽，提高调制速率和减小通道间隔。在高速密集波分复用系统中，中心波长的微小漂移都可能对系统性能造成显著的影响。由于经过普通光纤传输后，信号光偏振态会发生随机变化，因此实现 WDM 核心器件——AWG 的偏振不敏感特性非常重要。

4. 多功能器件

除了基本的复用和解复用功能外，AWG 还可以和光源、探测器组合，制作成各种符合光通信网络发展要求的功能型器件，包括可重构光分插复用器（reconfigurable optical add drop multiplexing，ROADM）和光码分多址系统中的编解码器，与长周期光纤光栅组合实现信号解调等。

5.5.2　AWG 的基本工作原理

　　AWG 是以平面光波导技术制作的器件，其基本结构如图 5−5−1（a）所示，由输入/输出波导、阵列波导和两个平板波导组成。输入的 DWDM 光信号，由第一个平板波导分配到各条阵列波导中。阵列波导一般由几百条波导构成，其中的各个波导的基本参数相同，但是长度各不相同，相邻波导的长度依次递增 ΔL，对通过的光信号产生等光程差，其功能相当于一个光栅。平板波导在输出和输入端口处参数相同，等间隔排列，不同波长的信号光在阵列波导的输出位置发生衍射，不同波长衍射到不同角度，在 AWG 输出端按照波长长短顺序排列输出，并且通过第二个平板波导，聚焦到不同的输出波导中。

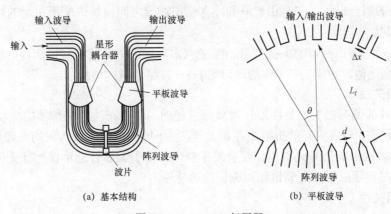

(a) 基本结构　　　　　　(b) 平板波导

图 5−5−1　AWG 复用器

　　平板波导分别与输入/输出波导和阵列波导耦合，如图 5−5−1（b）所示，构成 1:1 的成像系统。由相位匹配条件得到的光栅方程为

$$n_s d \sin \theta_i + n_c \Delta L + n_s d \sin \theta_o = m\lambda \qquad (5-5-1)$$

　　式中的 $\theta_i = i\Delta x / L_f, \theta_o = j\Delta x / L_f$ 为输入/输出端平板波导的衍射角，Δx，d，L_f 的定义如图 5−5−1（b）所示。λ 为波长，m 为光栅的衍射阶数，n_s 和 n_c 分别为平板波导和阵列波导的有效折射率，i 和 j 分别为输入输出波导序号。由光栅方程（5−5−1）可知，对于在某指定输入端口输入的多波长复合信号，将被分解至不同的输出端口输出，实现多波长复合信号的分接。通过合理设计 AWG 凹面光栅阵列的形状和间距，以及输入输出波导的位置和间距，和阵列波导中相邻波导光程差，即可实现多波长光信号的分接。同样可实现对多端口输入的多个波长信号的复接。如图 5−5−1 所示，为了降低偏振敏感性，可以在连接两个阵列波导的平板波导中间接入波片。

5.5.3　AWG 的性能指标

　　AWG 的主要性能指标有中心频率偏差，插入损耗，通道串扰，偏振相关性和温度相关性。

1. 中心频率偏差

中心频率偏差定义为标称中心频率与实际中心频率之差。对于 WDM 系统来说，由于信道间隔比较小，一个很小的频率偏移，就有可能造成极大的影响。因此，ITU.T 建议对信道的中心频率偏移做了规定，一般要求偏移量的正负数值小于信道间隔的 10%。光源频率啁啾、自相位调制引起的脉冲展宽，以及温度等因素都会引起系统工作频率发生漂移。对于信道间隔为 200 GHz 的系统，中心频率正负偏差小于 20 GHz 的要求比较容易满足。但对于信道间隔为 50～100 GHz 的系统，就必须使用精密的波长稳定技术。

2. 插入损耗

插入损耗是 AWG 器件的一个关键性能指标，其定义为由 AWG 器件的某一个特定光通道所引起的功率损耗。低的插入损耗是无源器件所必需的，对于一般基于 SiO_2 材料的 AWG 来说，其插入损耗值为 3 dB 左右。AWG 器件的插入损耗来源主要分两类：一是平板波导和阵列波导之间的耦合损耗，二是由光纤和输入输出波导之间模场失配所引起的耦合损耗。

3. 通道串扰

从第 i 路输出端口测得的串扰信号功率 $P_i(\lambda i)$ 与第 j 路输出端口测得的标称信号功率 $P_j(\lambda j)$ 之间的比值，定义为第 i 路信道对第 $j(i \neq j)$ 路信道的串扰。

4. 偏振相关性

AWG 器件的偏振相关性是由双折射效应引起的。由于在波导中传播的光场有 TE 模和 TM 模两种偏振态，两者的有效折射率存在差异，以不同的偏振模式入射的光通过 AWG 器件后，受双折射效应影响信号光输出特性会发生变化。由于大多普通单模光纤无保偏特性，因此 AWG 器件在实际应用中必须消除对偏振的敏感性。

5. 温度相关性

在实际 DWDM 系统应用时，温度变化会带来波导折射率的改变，从而产生信道中心波长的漂移。为了稳定信道波长，需要附加一些温控单元，代价是系统成本的升高。

与耦合器型波分复用器相比，AWG 型波分复用器的信道密集程度可以高达 256 个，信道之间的波长间隔仅为 0.2 nm。如果将几个设计合理的 AWG 型波分复用器组合在一起，在保持波长间隔 10 GHz 的情况下，可以使复用的信号光超过 1 000 个，适用于高速、多波道 DWDM 系统。但是，其成本较高，且温度敏感，需要采用环境温度控制技术以保证 AWG 型波分复用器的正常工作。

5.6　光开关

光开关是对光信号进行开关转换的器件，一个光波信号有许多参量，如功率、波长、方向、相位、偏振等。一般的光学器件都可以认为是改变光波参量的器件，如透镜、棱镜和反射镜等是改变光传播方向的器件，光放大器是改变光波功率的器件，但是这些器件都不是光开关，光开关必须做到对光信号参量的改变是可逆的或可恢复性的，还应该做到完成开关所耗费的时间远比维持参量状态的时间短得多。光开关可以定义为使光信号的参量发生快速、可逆转换的器件。

5.6.1　光开关的分类

相对于光信号的各种参量，有不同类型的光开关，如强度开关、方向开关、波长开关、相位开关、偏振开关等。通常用得较多的是强度开关、方向开关和波长开关。强度开关是在同一输入光功率下输出光功率在"有"和"无"之间转换的开关，如光学双稳器件。许多光开关都具有多个输入或输出端口。方向开关是在同一输入光功率下输出光功率在不同输出端口之间转换的光开关，如非线性定向耦合器。波长开关是一个具有确定波长的光信号在两个不同输出端口转换的光开关，在转换中其波长保持不变。

光开关按照控制机理不同可以分为电控光开关和光控光开关两类。

目前，商业销售的光开关大部分是电控光开关。这些光开关必须经过光电转换而效率较低，开关速度在 ms 至 ns 量级。电控光开关见表 5-6-1，电光效应光开关的开关速度比较快，磁光效应、声光效应和旋光液晶光开关的开关速度居中，热光效应开关和微电机械光开关的开关速度比较慢。

表 5-6-1　电控光开关类型及相应的时间量级

类　　型	开关时间量级
热光效应光开关	2 ms
微电机械光开关	1 ms
旋光液晶光开关	100 ns
声光效应光开关	100 ns
磁光效应光开关	30 ns
电光效应光开关	1 ns

光控光开关是基于非线性光学原理的全关开关，其优点是无须经过光电转换，因而效率高，噪声小，而且开关速度较快（ns 或者 ps 以下）。光控光开关采用非线性光学间接控制光路，即用一束外加的强光（交叉泵浦）或靠信号光本身的强光（自泵浦）与传播信号光的介质相互作用，使其光学性质发生非线性变化，如介质的吸收或折射发生依赖于光功率的变化，从而对信号光的波矢、相位或偏振进行控制，最后实现对信号光的强度（振幅）或传播方向的控制。全光开关基于多种不同的非线性机制，主要的非线性机制及相应的光开关原理见表 5-6-2。

表 5-6-2　全光开关的非线性机制及相应的光开关原理

非线性机制	光开关原理
非线性折射	克尔效应，自聚焦和自散焦，双光子折射效应
非线性吸收	饱和与反饱和吸收，双光子吸收，二相色性
非线性反射	在非线性界面或非线性液体的两棱镜表面反射
非线性偏振	强光使液晶、手性材料等产生非线性旋光效应

续表

非线性机制	光开关原理
非线性变频	倍频，和频，参量过程，四波混频，受激拉曼等
非线性相变	光致材料相变引起介质折射率或吸收系数变化
非线性光栅	单个非线性光栅，以及用非线性波导连接的光栅对
非线性耦合器	强光入射非对称的光耦合器引起两臂光的相位差
非线性放大器	强光使半导体光放大器饱和而改变光的相位
非线性干涉仪	强光使干涉仪材料折射率发生变化而引起的两光束相位差

全光开关的研究需要克服功耗大、速度慢和不能实用化的困难。从现在研究趋势来看，飞秒脉冲光驱动光开关已成为研究热点。这是因为飞秒脉冲具有足够高的功率密度，可获得非线性，同时飞秒脉冲激光源的平均功率较小，可降低光开关所需的平均功率，又可提高开关速度，这种方法有可能解决光开关实用化的问题。

5.6.2　光开关的特性参数

光开关的特性参数主要有插入损耗、回波损耗、隔离度、串扰、消光比、开关功率和开关时间等。本节以图 5-6-1 为例，给出以上参数的定义。

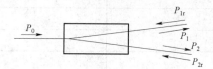

图 5-6-1　1×2 光开关特性参数示意图

1. 插入损耗

插入损耗定义为输出光功率与输入光功率的比值，以单位分贝来表示

$$IL = -10lg\frac{P_1}{P_0} \qquad (5-6-1)$$

式（5-6-1）中 P_0 为从输入端口输入的光功率；P_1 为从某一输出端口输出的光功率。

2. 回波损耗

回波损耗定义为从某一输出端口返回的光功率与从输入端口输入的光功率的比值，以单位分贝来表示

$$RL = -10lg\frac{P_{1r}}{P_0} \qquad (5-6-2)$$

式（5-6-2）中 P_0 为从输入端口输入的光功率；P_{1r} 为在输入端口接收到的某一输出端口返回的光功率。

3. 隔离度

隔离度定义为两个相互隔离的输出端口输出的光功率的比值，以单位分贝来表示

$$I_{1,2} = -10 \lg \frac{P_{i1}}{P_{i2}} \qquad (5-6-3)$$

式（5-6-3）中 1 和 2 为光开关的两个相互隔离的输出端口，P_{i1} 为光从 i 输入端口输入和从 1 输出端口输出的光功率，P_{i2} 为光从 i 输入端口输入和从 2 输出端口输出的光功率。

4. 串扰

串扰定义为串入相邻某输出端口的光功率与光开关接通的输出端口输出的光功率的比值，以单位分贝来表示

$$C_{12} = -10 \lg \frac{P_2}{P_1} \qquad (5-6-4)$$

式（5-6-4）中 P_1 为从光开关接通的 1 输出端口输出的光功率，P_2 为串入 2 输出端口的光功率。

5. 消光比

消光比定义为输入和输出端口处于导通（开启）状态和不导通（关闭）状态的插入损耗之差。

$$\text{ER}_{nm} = \text{IL}_{nm} - \text{IL}^0_{nm} \qquad (5-6-5)$$

式（5-6-5）中 IL_{nm} 和 IL^0_{nm} 分别为当 n，m 两端口处于导通状态和不导通状态的插入损耗，其中 $n=0$，$m=1,2$。

6. 开关功率

开关功率是实现信号光开关动作所需要的最小输入功率。对电控光开关而言，开关功率是所需要的外加电功率；对光控光开关而言，开关功率是所需的控制光功率，即泵浦光功率。在全光开关中，可用自泵浦与交叉泵浦两种方式来实现光开关。

7. 开关时间

开关时间是指在光开关的某一输出端口处，光功率从初始态转为开启状态或关闭状态所需的时间；开关的开启时间和关闭时间应从给光开关施加能量或撤去光开关能量的时刻算起。

除此之外，光开关还有许多性能参数，如偏振相关损耗、温度相关损耗、开关寿命、开关重复性、温度稳定性等。

5.6.3　液晶光开关

大部分液晶光开关是利用液晶盒实现的，盒内装有具有旋光性的扭曲相列液晶（TNLC）。用电场控制盒内液晶分子的取向，从而实现开关功能。图 5-6-2 给出了一种常用的液晶盒结构。液晶盒上下两侧夹着电极、玻璃片和偏光片。两电极上未加电压时，液晶分子顺电极平面方向排列，与电场方向垂直，两块偏振片 P 和 A 的偏振方向相互正交，且皆与液晶分子方向成 45°，如图 5-6-3 所示。

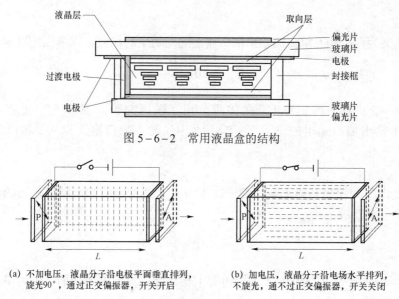

图 5-6-2　常用液晶盒的结构

(a) 不加电压, 液晶分子沿电极平面垂直排列,
　　旋光90°, 通过正交偏振器, 开关开启

(b) 加电压, 液晶分子沿电场水平排列,
　　不旋光, 通不过正交偏振器, 开关关闭

图 5-6-3　液晶光开关工作原理

5.6.4　MEMS 光开关

MEMS 是以微电子、微机械、微光学及材料科学等为基础, 集微型机构、微型传感器、微型执行器、信号处理和控制电路, 以及接口、通信和电源等于一体的微型器件或系统。MEMS 光开关是在硅晶上刻出若干微小的镜片, 通过静电力或电磁力的作用 (如逆压电效应、电热机械形变效应及形状记忆合金 SMA 变形效应等), 使可以活动的微镜产生升降、旋转或移动, 从而改变输入光的传播方向, 以实现光路通断的功能。MEMS 光开关较其他光开关具有明显优势: 开关时间一般为 ms 量级; 使用了 IC 制造技术, 体积小, 集成度高; 工作方式与光信号的格式、协议、波长、传输方向、偏振方向、调制方式均无关, 可以处理任意波长的光信号; 同时具备了机械式光开关的低插损, 低串扰, 低偏振敏感性, 高消光比和波导开关的快开关速度, 小体积, 易于大规模集成的优点。

MEMS 光开关按结构可分为: 光路遮挡型 MEMS 光开关, 移动光纤对接型 MEMS 光开关, 微反射型 MEMS 光开关。常用的微反射镜光开关从结构布局形式可以分为二维和三维MEMS 光开关。

二维 MEMS 光开关中微镜的运动方式主要有弹出式、扭转式和滑动式。二维 MEMS 光开关由二维微小镜面阵列组成, 对于 $M \times N$ 的光开关阵列, 光开关在平面上布置有 $M \times N$ 个微反射镜, 结构如图 5-6-4 所示。光束在二维空间传输, 每个微反射镜只有开 (“0” 态) 和关 (“1” 态) 两种状态。光开关分别与输入光纤组和输出光纤组连接。当控制微反射镜 (i, j) 处于 “1” 态时, 由第 i 根光纤输入的光信号经反射后由第 j 根光纤输出, 实现光路选择; 当控制反射镜 $(i, 1)$, $(i, 2)$, …, (i, N) 处于 “0” 态时, 与输入光纤 i 相关的所有微反射镜全开, 由第 i 根光纤输入的光信号直接从其对面的光纤输出。二维 MEMS 光开关可接受简单的数字信号控制, 一般只须提供足够的驱动电压使微反射镜发生动作即可，简化了控制电路的设计。当二维 MEMS 光开关扩展成大型光开关阵列时，由于各端口间的传输距离不同，导致插入损耗不同，因此只能用在端口较少的环路里，最大可以实现 32×32 端口。

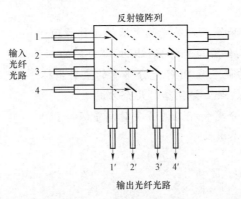

图 5-6-4　二维 MEMS 光开关

图 5-6-5 所示三维 MEMS 光开关包含两个由 N 面微镜组成的微镜阵列，其微镜与二维开关不同，具有两个自由度，从而可以使光从某个输入端口导向任何一个输出端口。由于三维 MEMS 光开关每个阵列中微镜的数量等于输入或输出端口的数量，即 $N×N$ 交换只需 2N 面镜子，因而在保证低插入损耗的前提下，其端口数可以达到几千个。三维 MEMS 光开关的设计、制造和配置难度相对较高。为了保证光束的精确对准，必须使用复杂的闭环控制系统，并且每个独立的微镜都需要有单独的控制系统，这就使得此方案过于复杂，价格昂贵，能耗也大。在加工制作方面，为了获得足够数量能用的微镜，需要众多的交换组合、测试及校准，这往往也要花费大量时间。最后，视光开关的尺寸不同，还要在光开关与光纤、其他器件之间进行几百甚至几千次的连接。上述问题给三维 MEMS 光开关的推广带来了难度。美国杰尔系统公司开发出商业化的三维 MEMS 光开关产品，其典型代表为 MEMS-5200 系列模块。MEMS-5200 系列模块可用于 1 310 nm 波段（1 280~1 320 nm），1 550 nm C 波段（1 528~1 562 nm）和 L 波段（1 565~1 607 nm），交换时间小于 10 ms（包括驱动电压上升时间），光部分的插损不超过 6 dB，任何一个光输出口的串扰均小于 -50 dB。

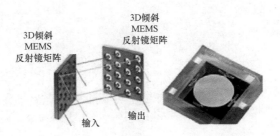

图 5-6-5　三维 MEMS 光开关（无锡微奥科技公司）

习　题

1. 分别简述偏振相关和偏振无关光隔离器的工作原理。
2. 分别简述 PLC 光耦合器与光纤熔融拉锥耦合器的制作工艺。
3. 简述 PLC 光器件的优点及 PLC 光分路器的主要指标。
4. 简述 AWG 的研究热点主要包括哪几个方向。
5. 简述电控光开关的分类和相应的开关时间量级。
6. 简述光开光的特性参数。

第 6 章　光纤光栅的研究与应用

6.1　引言

6.1.1　光纤光栅的发展历程

利用光纤的光敏性或者机械损伤写入的光纤光栅（fiber grating），已经在光纤通信、光纤传感、光信息处理等领域得到了广泛的应用，是目前光通信领域的研究热点之一。光纤光敏性的发现已有三十多年的历史，但是，因为缺乏足够详细的实验资料积累，光纤光敏性的物理起因和微观机理还不是十分清楚。近年来，有关光纤光栅的光学特性、紫外光照射生长动力学和成栅技术等方面的研究已经取得了重大进展。随着光纤光栅技术的不断成熟和商用化，整个光纤领域的发展有了变革性飞跃。光纤光栅的出现已经引起了光纤技术和应用等领域的极大变革。光纤光栅技术，是继掺铒光纤放大器技术之后在光纤技术领域一个新的发展里程碑。

采用适当的光源和光纤增敏技术，可以在各种光纤上不同程度地写入光栅。光纤光栅是指通过紫外曝光或其他手段，致使光纤纤芯内的折射率发生永久性改变而形成的空间相位光栅，是近年来发展非常迅速的一种光纤无源器件。

光纤光栅侧视图如图 6-1-1 所示，其中，Λ 为光纤光栅的周期。

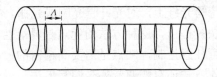

图 6-1-1　光纤光栅侧视图

光纤光栅的发展始于 1978 年，Hill 等人发现掺锗光纤具有光敏性，并利用驻波干涉法制作了世界上第一根光纤光栅。该驻波干涉法是将 488 nm 氩离子激光注入光敏光纤中，输入光与从光纤末端反射回来的反射光发生干涉，形成稳定的干涉条纹，经过一定时间的曝光后，纤芯折射率沿光纤轴向发生周期性的改变，形成光纤光栅。

利用驻波干涉法得到的光栅，反射率可达 100%，反射带宽可小于 200 MHz，但是此方法不仅要求光纤具有较高的掺锗量，成本很高，而且要求光源具有很高的稳定性，使形成的驻波纹在写入过程中保持不变，但此环境条件难以满足。另外，当写入光栅较长时，光纤光栅的温度敏感特性更是限制了光纤光栅的应用，并且利用该方法制作的光纤光栅的谐振波长不在通信波段内，因而在其后很长一段时期内，光纤光栅的研究都没有引起人们的关注。由此，在光纤光栅问世的前十余年里，其制作和应用由于本身的不足，发展十分缓慢。

1989 年，Meltz 等人利用紫外光束经过分光镜后形成的两束相干光实现了光纤光栅的写入。两束相干光在空间相干叠加形成周期性干涉条纹，从侧面对光纤曝光形成光栅，这种成栅技术被称为全息相干技术或横向干涉技术。全息相干技术制作光纤光栅的优点在于需要的激光光源能量较低，且可以通过调节相干光角度的方式灵活选择光栅的布拉格波长，但是要求光源具有较强的时间、空间相干性和稳定的环境条件。该方法研制成功的光纤布拉格光栅谐振波长位于通信波段内，至此，人们才对光纤光栅在光通信中的应用价值加以重视，继而光纤光栅的研究开始飞速发展。

1993 年，贝尔实验室的 Lemaire 等人提出光纤氢载技术，用以提高光纤光敏性。对掺锗量较低的光纤进行氢载，可以大大提高光纤的光敏性。光纤氢载技术的发现，降低了制作光栅需要的掺锗量，即降低了光纤光栅的制作成本。

1993 年，相位掩模法制作光纤光栅的提出是光纤光栅发展史上一个重要的里程碑，是迄今为止最实用、最普遍的光栅制作方法。相位掩模板是在硅基片表面刻蚀的一维周期性浮雕型光栅，是一种具有零级衍射抑制能力的光学衍射元件。入射的紫外光经过相位掩模板空间调制，在掩模板后形成明暗相间的衍射条纹，使纤芯的折射率形成周期性分布，得到周期为掩模板周期一半的光栅。相位掩模技术的优点在于成栅的稳定性和重复性好，对光源的相干性要求低，适用于大规模生产，但是掩模板的制作成本很高且每块掩模板的周期固定，只能制作单一周期和长度范围一定的光纤光栅。

1996 年，出现了具有不同于波长反射型光纤布拉格光栅的长周期光纤光栅。长周期光纤光栅在光的传播过程中，将纤芯模耦合到包层模，而包层模在传播不远后损耗掉。长周期光纤光栅是一种波长透射型光栅，这种光栅的周期较长，在几十微米到几百微米之间，最早是由振幅掩模法制作得到的。1996 年，Vengarsker 等借鉴相位掩模板写入光纤布拉格光栅的方法，利用 248 nm 的紫外激光透过振幅掩模板照射在光敏光纤上，首次制作成长周期光纤光栅。振幅掩模板是指表面沉积有周期性排列的线性遮光板的石英片或蚀刻有许多周期性排列的透光狭缝的具有良好散热性能的金属薄片。制作光栅时，使紫外光入射到振幅掩模板上，利用聚焦透镜将振幅掩模成像于待写光纤上，对光纤曝光制成光栅。1998 年，CO_2 脉冲激光器逐点写入长周期光纤光栅的方法被提出，这种方法的优点是灵活性高，光纤不用载氢，不需要掩模板，光栅的周期和长度可任意控制，缺点是需要高精密的控制平台和小尺寸、高能量的光斑。长周期光纤光栅的写入方法还有普通紫外光源写入法、微透镜阵列法、电弧放电法、刻槽法、离子束写入法等。

目前很多科研机构都在进行光纤光栅及其相关器件的研究开发。英国的南安普顿大学、赫尔大学、英国电信实验室和阿斯顿大学，美国的华盛顿海军研究实验室、贝尔实验室，加拿大的电信研究实验室，澳大利亚的悉尼实验室，日本的电报电话公司、电气股份有限公司等研究机构都致力于紫外光写入光纤光栅的研究。此外，法国电信公司、日本住友电子公司，以及西班牙、意大利、德国、韩国、丹麦等国家的一些研究机构也在光纤光栅的制作及应用方面开展了大量的研究工作，并在近年的国际会议和期刊上发表了多篇文献进行相关报道。一些公司已经推出部分光纤光栅的产品，如法国的 Highwave 光器件公司、Terixtio 公司，美国的 Corning 公司，加拿大的 O/E Land 公司，英国的 Southampton 光电子公司和我国上海紫珊光电技术有限公司等。

我国多所大学和研究机构也进行了光纤光栅及其应用的研究工作，如北京大学、清华大学、吉林大学、南开大学、中国科技大学、北京邮电大学、邮电部武汉科学研究院、中国科学院上海光学精密机械研究所、中国科学院半导体研究所等单位都开展了相关的研究，并取得了很多有意义的成果。北京交通大学从 1993 年至今，一直在从事光纤光栅领域的研究工作，在光纤光栅的研制及应用方面取得了大量的理论和实验成果，完成了多个国家 863 项目和国家自然科学基金项目。光纤光栅的研究遍及多个应用领域，如光纤光栅外腔半导体激光器、光纤激光器、色散补偿、波分复用器、泵浦稳定、掺铒光纤放大器的增益平坦、滤波器、光码分多址、基于光纤布拉格光栅的多波长光交叉互连、微波阵列天线延迟线、保偏色散补偿器、级联拉曼放大器、脉冲压缩、光开关、测试技术、保密通信，以及温度、应变、液位、桥梁、隧道等基于光纤光栅的传感器。

6.1.2　光纤光栅的主要应用

在光纤通信领域，光纤光栅将影响到光发送、光放大、光纤色散补偿和光接收等各个方面。随着光纤光栅制作技术的日趋成熟，从光纤通信、光纤传感到光信息处理的广大领域都由于光纤光栅的实用化而发生了巨大的变化。

一般而言，光纤光栅可以分为短周期光纤光栅和长周期光纤光栅。短周期光纤光栅，又称为光纤布拉格光栅，在传播过程中，其向前传播的纤芯模与向后传播的纤芯模之间发生耦合，在传输频谱上体现为带阻型滤波特性，或反射型波长选择特性。光纤布拉格光栅对温度和应变有一定的敏感性，在光纤激光器、波分复用、可调滤波、色散补偿及光纤传感等方面有广泛的应用。

光纤布拉格光栅由于具有窄带频谱的特性，其最开始的应用就是用作光纤窄带滤波器，这也是光纤布拉格光栅的基础应用。

光纤布拉格光栅的波长选择特性使其在光纤激光器中得到广泛的应用。在同一根光纤上写入两个谐振波长相同的光纤布拉格光栅，这两个光纤布拉格光栅形成激光器的谐振腔，光在谐振腔中不停地进行波长选择和激光放大，输出的激光具有稳定性高、线宽窄、波长可调等优点。

色散补偿是光纤布拉格光栅的另一个重要应用。光纤色散是影响光在光纤中传播质量和传输距离的主要因素之一。啁啾光纤光栅上的不同位置具有不同的光栅周期，也对应了不同的谐振波长，1987 年，加拿大 Ouellette 提出利用啁啾光纤光栅的这种特性可以有效消除光纤的色散效应。目前，啁啾光纤布拉格光栅已广泛应用于光纤的色散补偿，为光通信系统的进一步发展提供了良好的器件基础。

另外，光纤布拉格光栅还可以应用于光放大器、光分插复用器、光隔离器、光终端复接器、光波长转换器等，也可应用于温度、应变等传感测量。

长周期光纤光栅在传输过程中表现为纤芯模与包层模之间的耦合，具有透射型波长选择性能，一般应用于掺铒光纤放大器的增益平坦、带阻滤波器和传感等方面。

长周期光纤光栅的典型应用就是掺铒光纤放大器的增益平坦。未加处理的掺铒光纤放大器在整个频谱范围内存在增益噪声，使波分复用系统的各个信道增益不同，造成信号在信道传输过程中产生误码率高、传输距离短等问题。长周期光纤光栅对于使掺铒光纤放大器的增益平坦化具有很好的效果。

因为长周期光纤光栅的耦合发生在纤芯模和包层模之间，即在长周期光纤光栅频谱上，其谐振波长处会出现损耗峰。利用此特点，长周期光纤光栅通常被用于带通型滤波器上。同时，长周期光纤光栅还可以用于温度、应变、扭转、弯曲、环境折射率等传感测量。

　　光纤光栅由于其性能优越、设计灵活，在光纤通信领域应用广泛，并对光纤通信的发展有重要的作用。因此，对光纤光栅的研究具有巨大的科学价值和经济意义。

6.2　光纤光栅的分类和工作原理

6.2.1　光纤光栅的分类

　　不同的光纤光栅在其性质上存在较大的差别，为了更好地研究光纤光栅，对光纤光栅进行了分类。光纤光栅按照不同的标准，有不同的分类。一般而言，光纤光栅可以从周期长短、周期均匀性、折射率调制类型及成栅机理等方面进行分类。

6.2.1.1　周期长短

　　光纤光栅按周期长短可分为短周期光纤光栅和长周期光纤光栅（long period grating）。短周期光纤光栅又称为光纤布拉格光栅（fiber Bragg grating）。光纤布拉格光栅和长周期光纤光栅的工作机理不同。光纤布拉格光栅的周期一般在微米以下，当特定波长的光信号通过光纤布拉格光栅时，前向纤芯模与后向纤芯模之间相互耦合，实现反射型波长选择。长周期光纤光栅的周期在几十到几百微米之间，当光信号在长周期光纤光栅中传输时，纤芯模与包层模之间发生耦合，实现透射型波长选择。相比于长周期光纤光栅，光纤布拉格光栅的应用范围更为广泛，所以人们在提到光纤布拉格光栅时，通常简称为光栅，如未加特殊说明，一般提到的光纤光栅都是指短周期光纤光栅。

　　图 6-2-1 给出一个周期均匀分布的短周期光纤光栅的理论计算光谱图，仿真参数如下：光纤光栅长度为 10 cm，折射率调制深度为 $1×10^{-4}$，光栅周期为 1 068.9 nm。本章参与计算或实验的光纤，除特殊说明外，均指康宁 SMF-28 光纤，其基本参数如下：在波长 1 550 nm 处损耗系数为 0.20 dB/km，模场直径为 9.55～11.5 μm，纤芯直径为 8.3 μm，数值孔径为 0.13，芯包折射率差为 0.36%，有效群折射率为 1.468 1。图 6-2-2 为仿真得到的长周期光纤光栅的光谱，其参数如下：周期为 406 μm，折射率调制深度为 $1×10^{-4}$，所计算的包层模阶数为 7。

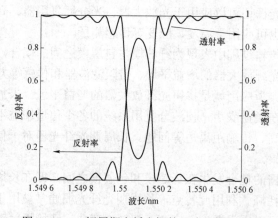

图 6-2-1　短周期光纤光栅的理论计算光谱图

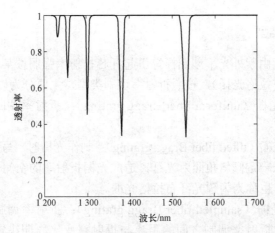

图 6-2-2　长周期光纤光栅的光谱图

6.2.1.2　周期均匀性

就周期均匀性而言，光纤光栅可以分为均匀光纤光栅和非均匀光纤光栅两大类。其中，均匀光纤光栅的光谱图如图 6-2-1 所示。

均匀光纤光栅是指光栅的周期在整个光栅长度上保持一致，即光栅周期沿轴向保持不变的光纤光栅，我们常说的光纤布拉格光栅、长周期光纤光栅和闪耀光纤布拉格光栅等都是均匀光纤光栅。

非均匀光纤光栅是指光栅的周期长度沿光纤轴向有变化的光纤光栅，其中相移光纤光栅、啁啾光纤光栅、取样光纤光栅等都是非均匀光纤光栅。

非均匀光纤光栅典型代表是啁啾光纤光栅。啁啾光纤光栅的周期沿着光纤轴向按照一定规律变化。将光栅周期线性递增或者递减的啁啾光纤光栅称为线性啁啾光纤光栅，其最大周期与最小周期的差值就是光栅的啁啾量。啁啾量与光栅长度的比值是光栅的啁啾系数。

图 6-2-3 为由传输矩阵法计算的啁啾光纤光栅的光谱图，仿真参数如下：啁啾光纤光栅长度 100 mm，啁啾量 1 nm，折射率调制深度 6×10^{-4}。按照传输矩阵理论将啁啾光纤光栅分段，其可视为多段均匀光纤光栅的级联，此啁啾光纤光栅被分为 $M = 800$ 段。

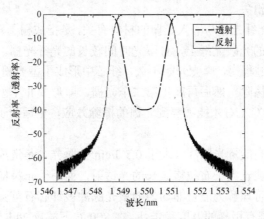

图 6-2-3　啁啾光纤光栅的光谱图

6.2.1.3 折射率调制类型

折射率调制定义：由紫外光干涉图样等引起纤芯折射率强弱按某种规律改变的现象。光纤光栅（主要为光纤布拉格光栅），按照折射率调制类型，主要分为以下几类。

均匀光纤布拉格光栅（uniform fiber Bragg grating）：折射率调制幅度保持一致，周期均匀。

倾斜光纤布拉格光栅（tilted fiber Bragg grating）：制作光栅时，写入的紫外光束与光纤纤芯不是垂直的，而是以一定倾斜角照射光纤，造成光栅折射率的空间分布与光纤轴有一定的角度，形成闪耀光栅，也称为闪耀光纤布拉格光栅。

抽样光纤布拉格光栅（sampled fiber Bragg grating）：折射率调制为抽样函数，是一种多波长光纤光栅，最大折射率调制之间的距离与折射率变化周期决定了波长间隔与反射波长数。

超结构光纤布拉格光栅（superstructure fiber Bragg grating）：也是一种抽样光纤光栅，是光纤布拉格光栅衍化出来的一种光纤光栅形式，在写入过程中采用振幅掩模法，周期性的位置没有折射率调制。

渐变光纤布拉格光栅（tapered fiber Bragg grating）：光纤的几何尺寸沿光栅的方向渐变。

以上光栅的分类并不是很完全，随着人们对成栅机理和光栅制作方法的不断改进和完善，新的折射率调制类型的光纤光栅还将不断涌现，并将在不同的应用领域中发挥日益重要的作用。

6.2.1.4 成栅机理

根据光纤光栅的成栅机理，光纤光栅可分为三种：Ⅰ型、ⅡA型和Ⅱ型。

Ⅰ型光栅：最常见的光纤光栅，属于一种"弱"折射率调制，其形成是由于在紫外光照射下产生氧缺陷。此种光纤光栅可在任何类型的光敏光纤上通过紫外曝光而成，其主要特点是其传输模式的反射谱和透射谱互补（反射率＋透射率＝100%），几乎没有吸收或包层耦合损耗；另一特点是温度稳定性低，容易被"擦除"，即在较低温度（300 ℃左右）下，光栅的性能会逐渐变弱，甚至消失。

ⅡA型光栅：这种光纤光栅与写入光栅的材料有关，是指成栅于较高掺锗浓度（15% mol）的光敏光纤或硼锗共掺的光敏光纤上，且曝光时间较长的光纤光栅。此类光纤光栅的成栅机理与Ⅰ型不同。其写入过程为，曝光开始不久，纤芯中形成Ⅰ型光栅，随着曝光时间的增加，此光栅被部分或者完全擦除，然后再产生第二个光栅，即形成ⅡA型光栅，其温度稳定性优于Ⅰ型光栅，直到 500 ℃左右才能观察到光栅的擦除效应，更适合于在高温下使用，如高温传感等。

Ⅱ型光栅：由单个高能量光脉冲（大于 0.5 J/cm²）曝光，是造成纤芯物理损伤而形成的光纤光栅。此类光栅使波长大于布拉格波长的光透射，而小于布拉格波长的部分被耦合到包层中损耗掉。成栅机理可理解为能量非均匀的激光脉冲被纤芯石英强烈放大造成纤芯物理损伤的结果。此类光纤光栅有极高的温度稳定性，在 800 ℃下放置 24 h 无明显变化，在 1 000 ℃环境中放置 4 h 后大部分光栅才会消失。

6.2.2　光纤光栅的工作原理

前面已经提到，光纤光栅利用掺杂光纤的光敏性，通过紫外曝光等手段使纤芯的折射率产生周期性的变化，从而改变光的传输路径或传输区域。一般的普通单模光纤是在纤芯掺锗或硼锗共掺，使其具有光敏性，包层使用纯石英而不具有光敏性，因此在紫外光的作用下，纤芯的折射率发生改变，而包层的折射率不变，从而在纤芯区域形成光栅。

6.2.2.1　光纤布拉格光栅的工作原理

光纤布拉格光栅是一种反射型滤波器，能够将特定波长的光从前向传输的纤芯模耦合到后向传输的纤芯模中，其耦合示意图如图 6-2-4 所示。这种模式耦合需要光纤光栅的周期 Λ 和相应的传播模式之间满足一定的条件，公式如下

$$\beta^{co} = \pi/\Lambda \tag{6-2-1}$$

或

$$\lambda = 2n_{eff}^{co}\Lambda \tag{6-2-2}$$

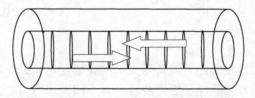

图 6-2-4　光纤布拉格光栅将前向纤芯模耦合到后向纤芯模的示意图

其中，β^{co} 和 n_{eff}^{co} 分别代表光在纤芯的传播常数和纤芯的有效折射率，λ 为写入光纤布拉格光栅的谐振波长，也称为布拉格波长。式（6-2-1）和式（6-2-2）即光纤布拉格光栅的谐振条件。均匀光纤光栅和啁啾光纤光栅的光谱图可分别参见图 6-2-1 和图 6-2-3。

6.2.2.2　长周期光纤光栅的工作原理

当光在长周期光纤光栅中传播时，光从纤芯模耦合到包层模，传输一定距离后能量会损耗掉，该过程的耦合如图 6-2-5 所示。

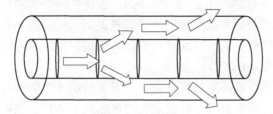

图 6-2-5　长周期光纤光栅将纤芯模耦合到包层模

同光纤布拉格光栅一样，长周期光纤光栅的模式耦合也需要满足一定的条件：

$$\beta^{co} - \beta^{cl} = \frac{2\pi}{\Lambda} \tag{6-2-3}$$

或

$$\lambda = \left(n_{\text{eff}}^{\text{co}} - n_{\text{eff}}^{\text{cl}} \right) \Lambda \qquad\qquad (6-2-4)$$

其中，β^{co} 和 β^{cl} 分别是光在纤芯和包层中的传播常数，$n_{\text{eff}}^{\text{co}}$ 和 $n_{\text{eff}}^{\text{cl}}$ 分别是纤芯和包层的有效折射率，λ 为长周期光纤光栅的谐振波长。式（6-2-3）和式（6-2-4）即长周期光纤光栅的谐振条件。长周期光纤光栅光谱图可参见图 6-2-2。

6.3 光纤光栅的制作方法

6.3.1 光纤光栅制作的基本条件

一般而言，在一根光纤上能够通过其折射率的周期性变化而形成具有某些特殊性质的光纤光栅，需要具备两个基本条件：第一，从光纤本身性质来说，光纤须具有光敏性（光纤纤芯的折射率在特殊波长光的照射下发生永久性改变的性质）；第二，合适的光源也是制作光纤光栅的必要条件。

6.3.1.1 光纤的光敏性

光纤的光敏性原理比较复杂，普遍认为光纤的光敏性与光纤纤芯的掺杂浓度有关，且掺入材料不同，光纤纤芯具有光敏性反应的波段也会不同。1978 年，Hill 等人发现掺锗光纤对紫外光具有光敏性，并利用驻波干涉法制出了第一根光纤光栅，但当时的研究者还没有认识到光纤的光敏性原理。

光纤纤芯掺杂最开始的目的是控制纤芯和包层之间的折射率差。通过实验研究发现，掺锗纤芯材料对紫外光具有光敏性。普通石英材料由二氧化硅分子组成，每个硅原子与周围四个氧原子以稳定的化学键相结合，形成稳定的四面体结构。当在石英纤芯材料中以氧化物（二氧化锗）的形式加入一定量的锗后，部分石英中的硅原子被锗原子替代。当紫外光照射时，经过置换后的化学键破裂，电子重新分布，引起材料吸收系数的改变，从而导致材料折射率的变化。

通常情况下，光纤纤芯的掺锗量为 3% mol，这种光纤纤芯的折射率改变量最大能达到 3×10^{-5} 级别，但是这样的折射率改变量对光纤光栅的写入是远远不够的。为了能够增加光纤纤芯的光敏性，增加光纤纤芯的折射率改变量，人们提出了很多种方法，其中最普遍的方法就是高掺杂法和光纤氢载法。

高掺杂法是指增加光纤纤芯中的掺杂量，将更多的锗或者硼掺入光纤纤芯中，以提高光纤纤芯的光敏性。光纤纤芯折射率改变量最大能够达到 5×10^{-4}。这种方法虽然一定程度上达到了提高光敏性的目的，但同时也增加了光纤写入光栅的成本，且高掺杂的光纤与普通光纤的熔接损耗较大。

相比于高掺杂法，适用于任何掺锗光纤的光纤氢载法在提高光纤光敏性上具有更好的效果。在紫外光的照射下，氢载光纤的纤芯折射率改变量可达到 10^{-2} 量级。光纤氢载技术是将掺锗光纤在常温下置于几百个大气压的高压氢气中，时间持续数周。此过程中，游离态的氢气分子在高压作用下均匀扩散到光纤的纤芯和包层中，氢分子在纤芯和包层中的浓度相同，取出氢载光纤并将其置于常温和单位大气压下，氢分子溢出，但是纤芯的氢分子比包层的氢分子溢出速度慢，形成纤芯和包层的浓度差。在紫外光的照射下，氢分子与纤芯本身的材料相互作用，改变了光纤纤芯折射率，这种改变比未氢载的材料在紫外光照射下的折射率改变更明显。

6.3.1.2　合适的光源

光纤光栅制作的另一个必要条件就是光源。锗原子对紫外光的吸收峰值在 244 nm 左右，因此可以判断，掺锗光纤的光敏性主要是针对 244 nm 的紫外光。因此除最开始用驻波法写入光栅时采用的 488 nm 可见光外，其他写入光纤光栅采用的光源主要为小于 400 nm 的紫外光。值得注意的是，现有的大部分光栅写入法，如驻波法、干涉法等，都是利用激光束在空间形成的干涉条纹实现光栅的写入，对激光光源的空间相干性和环境温度要求较高。当前，主要的成栅光源有准分子激光器、窄线宽准分子激光器、倍频氢离子激光器、倍频染料激光器等。根据实验结果，窄线宽准分子激光器是目前用来制作光纤光栅最为适宜的光源。典型的曝光光源为 248 nm KrF 准分子激光器、193 nm ArF 准分子激光器和 244 nm 倍频氢离子激光器。

另外，高能量的飞秒脉冲激光器也是写入光纤光栅的激光光源之一。与其他光源相比，脉冲激光器的脉冲能量很高，通过直接聚焦光斑到未氢载的光纤纤芯上，就能够永久性地改变纤芯材料的分子结构，从而改变纤芯的折射率分布。飞秒脉冲激光器多用作光纤光栅逐点写入系统的光源。

6.3.2　短周期光纤光栅的制作方法

光纤光栅是光纤通信、光纤传感及光信息处理等领域不可替代的光学器件。光纤光栅写入的重要依据就是掺锗石英光纤的光敏性，通过紫外曝光或其他手段，使纤芯折射率沿光纤轴向发生周期性或渐变周期性的改变，形成光栅。目前，经过大量的研究和实践，已有多种方法能够实现短周期光纤光栅的写入。

6.3.2.1　纵向驻波干涉法

1978 年，渥太华通信研究中心的 Hill 等人首次报道了光纤中的光敏现象及永久性自组织（又称为驻波干涉法）光纤光栅的形成。该方法也称为内部写入法，是最早提出的一种短周期光纤光栅写入方法。将波长为 488 nm 的基模氩离子激光从一个端面耦合到锗掺杂光纤中，经过光纤另一端面反射镜的反射，使光纤中的入射和反射激光相干形成驻波。由于纤芯材料具有光敏性，其折射率发生相应的周期性变化，于是形成了与干涉周期一样的立体折射率光栅，它起到了布拉格反射器的作用，其反射率可达 90% 以上，反射带宽小于 200 MHz。

利用该技术制作光纤光栅具有装置简单、操作方便的优点，光栅的布拉格波长与写入激光的波长相同，在长时间光照达到饱和时其反射率可达 100%。Lam 和 Garside 等人于 1981

年发现利用该方法写入光栅时，引入的折射率扰动与写入光源强度的二次方成正比。但这种光栅的入射效率低，实验要求在特制掺锗光纤中进行，还要求锗含量要足够高，芯径要足够小，并且上述方法只能够制作布拉格谐振波长与写入波长相同的光纤光栅，因此，这种光栅几乎无法获得任何有价值的应用，现在这种技术已很少被采用。

6.3.2.2 双光束横向全息曝光法

1989 年，G. Meltz 等人以波长约为 244 nm 的紫外光为光源用全息法（干涉法）从侧面对光纤进行曝光，首次研制出布拉格谐振波长与写入波长不同的紫外写入光纤光栅。光栅周期由两束相干光之间的夹角 2θ 决定，写入用的紫外光波长为 λ_{UV}，其写入的光纤光栅的周期表达式为

$$\Lambda = \frac{\lambda_{UV}}{2\sin\theta} \tag{6-3-1}$$

由式（6-3-1）可知，光纤光栅的周期随光束之间夹角 2θ 的改变而变化，因此，可以通过改变两干涉光束之间的夹角对光栅的布拉格波长进行任意的调节。

利用全息法制作光纤光栅的优点在于需要的激光光源能量较低，且可以通过调节角度的方式灵活选择光栅的布拉格波长或周期，原则上用这种方法可以制成任意布拉格波长大于写入紫外光光源波长的光纤光栅。但是这种光栅制造方法要求光源具有较强的时间、空间相干性和稳定环境条件。调节紫外侧写光束偏离与光纤轴向相垂直的方向一定的角度，可以制作闪耀光纤光栅。对均匀光纤布拉格光栅定点曝光可以制作相移光纤光栅。采用多脉冲曝光技术，可以对光栅性质进行精确控制。但是，此方法容易受机械震动或温度变化等环境因素的影响。另外，两路光的光程需要相同，光程的调节也是有难度的，一般需要在某一路插入光程补偿器件，而且制作具有复杂截面的光纤光栅也有一定难度，所以目前这种方法使用不多。

6.3.2.3 相位掩模法

相位掩模法克服了全息法（干涉法）对环境的高要求，是目前为止制作短周期光纤光栅使用最为普遍的一种方法。相位掩模板是利用光刻技术和照相平版印刷技术，在对紫外光有透射作用的平板玻璃板上刻蚀出周期性的浮雕结构，具有零级衍射抑制，增强一级衍射功能（相位掩模板的占空比与槽深度等需要特殊设计）的光学衍射元件。这种相位掩模板刻写光纤光栅的方法是在 1993 年由加拿大通信研究中心的 Hill 和美国贝尔实验室的 Anderson 分别提出的，他们将紫外光以一定的倾斜角度照射相位掩模板，得到周期与相位掩模板刻蚀周期相同的光纤光栅。

目前相位掩模法写入光纤光栅主要采用的是紫外光正入射的方法，其基本结构示意图如图 6-3-1 所示，当紫外光透过相位掩模板时会形成空间衍射，通过选择适当刻蚀深度的相位掩模板，可以将 0 级衍射光束强度抑制到小于入射紫外光强的 5%，这样小的能量对光纤几乎没有什么影响，而 ±1 级衍射光束的能量可达到入射光能量的 40% 左右，足够改变光纤纤芯的折射率，这样就可以成功地在光敏光纤上刻写光纤光栅。值得注意的是，写入光纤光栅的周期为掩模板周期的一半，即如果相位掩模板的周期是 Λ_{mask}，那么写入光栅的周期则是 $\Lambda_{mask}/2$。

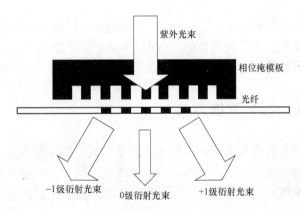

图 6-3-1　相位掩模板在紫外光作用下写入光纤光栅示意图

使用相位掩模技术制作光纤光栅，工艺简单、重复性好、稳定性和成品率高，可以批量生产，光纤光栅的周期和谐振波长取决于相位掩模板的周期而不是光源，大大降低了对光源的相干性、稳定性的要求。此外，还可以在一块掩模板下放置多根光纤同时写入相同周期和长度的光栅，使光纤光栅的写入更加简单。但相位掩模法写入光栅也存在不足之处。一块相位掩模板只能用于制作一种固定周期的光纤光栅，写入光栅的周期灵活性较低，且每一块相位掩模板的制作成本很高，其在使用过程中需要小心维护。另外，一般用于写入光栅的都是氢载过的掺锗光敏光纤，制成光纤光栅后需要对其进行退火处理，以稳定光纤光栅的性能。

将低相干光源和相位掩模板结合起来制作光纤光栅的方法已非常普遍，在光纤光栅制作领域有着举足轻重的地位。此外，相位掩模与扫描曝光技术相结合还可以实现光栅耦合截面的控制，从而制作特殊结构的光栅。该方法大大简化了光纤光栅的制作过程，相位掩模法的出现，为光纤光栅的广泛研究与应用提供了强有力的技术基础，是目前工业应用和实验研究写入光纤布拉格光栅的主流方法。

6.3.2.4　其他的写入方法

上述方法中除了利用周期非均匀的相位掩模板来制作非均匀短周期光纤光栅之外，其他几种方法主要是针对均匀周期的光纤布拉格光栅的制作方法。但是，实际过程中为了满足不同的需要，周期非均匀的短周期光纤光栅也是必不可少的。当周期非均匀时，光纤光栅又称为啁啾光纤布拉格光栅，其反射带宽比均匀周期的布拉格光栅宽很多，可用于光通信中超高速率色散补偿、超短脉冲压缩等。非均匀性短周期光纤布拉格光栅的制作，除采用相位掩模法之外，常见的还有以下几种。

（1）两次曝光法。这种方法可采用较简单的制作均匀光纤光栅的曝光光路，第一次曝光在光纤上并不形成光栅，而是仅形成一个渐变的折射率梯度，第二次曝光过程则是在第一次曝光区域上继续写入周期均匀的光栅，两次效应叠加便构成了一个啁啾光栅。这种方法的优点是利用了制作均匀光栅的光路系统，使得制作方法大大简化。

（2）锥形光纤法。此种方法是在锥形光纤两端施加应力使之发生形变，然后写入均匀周期的光栅，应力释放后，由于锥体各部分的伸长形变不同，造成光栅周期的轴向发生均匀变化，形成啁啾光栅；也可以先在锥形光纤上写入均匀光栅，然后再施加应力，可以得到相同的效果。

（3）应力梯度法。与锥形光纤法原理相同，区别是应力梯度法是将光纤光栅粘在底座上，通过控制底座的胶含量来调节相关参数值，它的优点是可以分别调节中心波长和光栅的带宽，这对于制作高性能的色散补偿器具有重要的意义。

6.3.3 长周期光纤光栅的制作方法

相比于短周期光纤光栅的写入，长周期光纤光栅的制作原理与之有一些不同。前面提到的短周期光纤光栅的制作是利用紫外光的狭缝衍射或者空间干涉制作光纤光栅，而对于长周期光纤光栅，因为它的周期比短周期光纤光栅长，在制作技术上更为简单一些。

6.3.3.1 微透镜阵列法

微透镜阵列法是采用一种微透镜阵列将一平行的宽束准分子激光聚焦成平行等间距的光条纹，投影到单模光纤上，使光纤纤芯的折射率呈周期性变化，得到长周期光纤光栅，且所得光栅的周期由微透镜之间的中心距离决定。采用这种方法写入一个长周期光纤光栅，仅仅需要数十秒钟的时间，大大地提高了写入效率。

6.3.3.2 微弯法

微弯法是一种通过使光纤发生微弱的物理形变，改变光纤内部的应力场，从而通过弹光效应改变光纤折射率的长周期光纤光栅制作方法。1999 年，Hwang 等利用石英槽放电使光纤发生微弯而制作长周期光纤光栅。这种方法简单，易于操作和控制，光栅的周期取决于石英槽的周期，且可以通过调节电弧的电流大小或者光纤被加热区的大小来控制光谱特性。微弯法制作长周期光纤光栅的另一优点是不需要对光纤进行特殊处理（如掺杂、载氢、耐高温等）。除了电弧放电，还有其他很多种方法，如熔融拉伸等方法，可以通过改变光纤的物理形变制作长周期光纤光栅。

6.3.3.3 离子束入射法

离子束入射法写入长周期光纤光栅是用氢离子束或氦离子束沿光纤轴向周期性入射到光纤表面并注入包层和纤芯中，使光纤纤芯折射率发生周期改变。离子束入射法可以使纤芯材料改变量达到 1%，且在 500 ℃以上保持稳定，所以用这种方法制作出的光栅适合在高温环境下使用。该方法既可以采用研磨方式，又可以采用沉积方式。

6.3.3.4 振幅掩模法

目前为止，长周期光纤光栅最常用的制作方法是振幅掩模法（也称之为强度掩模法）。在相位掩模板制作短周期光纤光栅的基础上，Vengsarkar 等提出并成功利用振幅掩模板制作长周期光纤光栅。相位掩模法是基于光的衍射条纹使光敏光纤曝光改变纤芯的折射率，而振幅掩模法的关键是振幅掩模板。

振幅掩模板是指表面沉积有周期性排列的线形遮光板的石英片，或蚀刻有许多周期性排列的透光狭缝、具有良好散热性能的金属薄片。制作长周期光纤光栅时，将光敏光纤放置在振幅掩模板后面，使紫外光正向入射到振幅掩模板上，因为振幅掩模板上的缝隙远远大于紫外光光源的波长，所以当紫外光透过振幅掩模板时，不会产生衍射条纹，而是产生与掩模板周期相同的光影，投射到光敏光纤上，从而改变光纤纤芯的折射率，制作成长周期光纤光栅，实验装置示意图如图 6-3-2 所示。

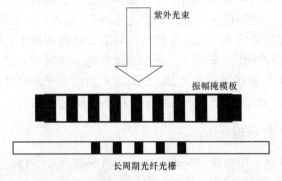

图 6-3-2　振幅掩模板在紫外光作用下写入光纤光栅示意图

　　长周期光纤光栅的周期一般在几十到几百微米之间，振幅掩模板相比于相位掩模板来说，制作更简单，精确度更能得到保证，易放置，成本更低，且不需要精心维护。利用振幅掩模板制作出来的光纤光栅一致性和重复性更高，光栅的光谱特性更好，且这种方法对紫外光的相干性没有要求。但一块振幅掩模板只能制作同一种周期的光栅。振幅掩模板制作光纤光栅和相位掩模板制作光纤光栅的成栅机理不一样，利用振幅掩模板制作出的长周期光纤光栅的周期和掩模板的周期相同。

6.3.3.5　其他长周期光纤光栅写入方法

　　以上为普通结构的长周期光纤光栅制作方法。前面介绍的光纤布拉格光栅的制作方法，同样适用于长周期光纤光栅的制作。近年来，在特种光纤中有效写入稳定的长周期光纤光栅也得到了研究，以下介绍两种在光子晶体光纤中写入长周期光纤光栅的方法。

　　（1）加热变形法。近年来，人们开始探索在非光敏纤芯中写入长周期光纤光栅。加热变形法是使光纤某一处被加热而发生变形，若形变是周期性的，则形成光栅。2003 年，新加坡的 Zhu 等人利用加热变形法制作了无掺杂纯硅大模场面积光子晶体长周期光纤光栅，其长度仅为 2.8 mm；他们用 CO_2 激光器作为热源，采用逐点加热使光子晶体光纤变形，造成包层中的空气孔塌缩，从而形成了周期性结构。2004 年，法国的 Georges Humbert 等人报道了采用电弧作为热源，使光子晶体光纤包层的空气孔发生微形变化而制成的光子晶体长周期光纤光栅。

　　（2）非形变加热释放机械应力法。由于实芯光子晶体光纤的纤芯为纯硅，它的熔点高于包层的熔点，在光纤拉制过程中，纤芯的玻璃先冷凝，最后才是包层冷凝，因而纤芯和包层的张力不同，进而产生机械应力。机械应力引起纤芯折射率下降，若用一个点光源，使光纤沿轴向周期性地加热而释放机械应力，则折射率亦周期性地变化，进而形成光栅。Zhu 等人用 CO_2 激光器通过透镜聚焦，辐照到无穷单模光子晶体光纤上，使光照点受到加热而释放机械应力，引起折射率变化，但光纤并没有发生形变。在写入过程中，把半个周期的空位插入到光栅的中心，这样一个光子晶体长周期光纤光栅就分成了两个并且紧密地排列在一起，这就制成了二相移长周期光纤光栅。此种方法制作的光栅具有较宽的通频带，温度灵敏度低，使得光纤光栅工作稳定。

6.3.4　逐点写入法制作光纤光栅的意义和进展

光纤光栅逐点写入法的研究和应用在光纤光栅发展史上具有重要的意义。理论上，利用此方法可以制作出任意长度和任意周期的光纤光栅，但是写入光束必须聚焦到很密集的一点。然而，逐点写入法需要复杂的聚焦光学系统和精确的位移移动技术。目前，由于各种精密移动平台的研制成功，这种光纤光栅写入法正在被越来越多地采用。逐点写入的光源可以是紫外光，也可以是 CO_2 激光器和飞秒激光器。CO_2 激光器由于光斑尺寸较大，一般只适用于长周期光纤光栅的写入，飞秒激光器则可以用于光纤布拉格光栅的写入。

6.3.4.1　逐点写入法工作原理

逐点写入法通常是指利用聚焦到光纤上的一个点光源，采用精密结构控制光纤（或者光源）运动位移，每隔一个周期曝光一次，通过控制移动间隔写入任意周期的光栅（最小周期的写入，受到光源光斑可以压缩到的最小尺寸限制）。1998 年，D. D. Davis 等首次利用 CO_2 激光脉冲逐点写入了长周期光纤光栅。逐点写入法相比于掩模法最大的优点就是，它将光源直接聚焦到光纤纤芯部分，省去了掩模板的使用，大大降低了光纤光栅的制作成本，并且这种方法不需要紫外光的干涉，所以对光源的相干性要求较低。另外，逐点写入法是通过对光敏光纤或是点光源进行机械位移得到的，由此可以很方便地通过控制移动平台的速度来控制光纤光栅的周期，同时光纤光栅的长度也是可控的。这种方法在原理上具有最大的灵活性，对光栅的耦合截面可以任意进行设计制作。

利用 CO_2 激光脉冲逐点写入光纤光栅时，需要先将光纤的涂覆层剥去，使裸纤的长度比预计光栅写入长度稍长一点，然后将裸纤部分固定于 CO_2 激光聚焦透镜的焦点上，使光纤的轴线与 CO_2 激光器的聚焦光斑重合，通过控制光源或是光纤的移动，写入光纤光栅，其示意图如图 6-3-3 所示。

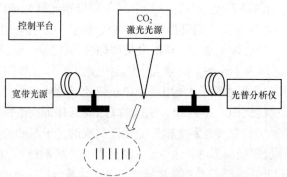

图 6-3-3　利用 CO_2 激光脉冲逐点写入光纤光栅的装置示意图

值得注意的是，无论是这里的 CO_2 激光逐点写入法，还是前面提到的驻波干涉法、双光束全息曝光法、掩模法等制作光栅的成栅机理都是一致的，都是光敏光纤在剥去涂覆层后，纤芯折射率在紫外光的照射下折射率发生改变，这种改变是由局部加热作用、内部应力变化、弹光效应而导致的，而这种变化在一定条件下是可"擦除"的。

利用逐点写入技术，可以在线写入光纤光栅。在线写入就是光纤拉丝过程中，光纤涂覆前，采用逐点技术，刻写光栅；写入光栅后，再加上涂覆保护，这是该技术的一个优势。南安普顿大学的 Ldong 等将逐点写入法与干涉法结合，采用脉冲单点激射的方法，首次实现了在光纤拉制过程中写入光纤光栅的实验。此方法是在光纤拉制过程中在裸光纤上直接写入光栅。通过对干涉系统中两束干涉光夹角的调节，可在线自动写入反射波长不同的一系列光纤光栅。此方法制造工艺简单，能连续大批量地制造光纤光栅，提高了光栅性能的稳定性，该技术关键是要对所使用的准分子激光光束截面进行改进以满足实用化的要求。拉丝速度和拉丝速度均匀性也会影响写入光纤光栅的特性。

6.3.4.2 飞秒脉冲激光器逐点写入光栅

随着飞秒脉冲激光器的研究和发展，人们慢慢提出了用飞秒脉冲激光器替代传统激光光源刻写光纤光栅的方法。与传统激光光源刻写光纤光栅相比，飞秒脉冲激光器的脉冲能量很高，与光纤作用能够破坏材料分子结构，使纤芯折射率发生永久性不可"擦除"的改变，所以利用飞秒脉冲激光光源刻写光栅时不需要以氢载的方式来增加光纤的光敏性。飞秒脉冲激光光源在刻写方式上与传统激光光源大同小异，但是由于相位掩模板和光纤都是采用石英玻璃制成的，高强度飞秒激光对相位掩模板会造成潜在的损伤，这是利用飞秒激光器和相位掩模板刻写光纤光栅时所必须注意的问题。但是由于飞秒脉冲激光与纤芯材料的作用机理，飞秒脉冲激光对于逐点法写入光纤光栅具有天生的优势。

6.3.4.3 逐点法写入光纤光栅国内外研究现状与研究意义

自 1978 年世界上第一根光纤光栅问世以来，人们一直致力于寻求各种新方法用于光纤光栅的制作。光纤光栅的制作方法与技术发展迅速，但由于逐点法写入光纤光栅具有周期可控、条纹深浅可控等诸多优势，一直以来都是光纤光栅写入法研究的重中之重。

1990 年，K. O. Hill 等人采用 249 nm 的 KrF 准分子激光器在光纤中逐点写入栅距为 590 μm 的光栅，该光栅可以将光纤中传输的基模耦合到高阶模。1993 年，该研究组又制成了栅距为 1.59 μm 的光栅，并在 1 500 nm 处观察到三阶布拉格衍射。

1998 年，D. D. Davis，T. K. Gaylord 等人提出，采用 CO_2 激光器，对光敏性光纤进行照射，逐点写入了长周期光纤光栅，摆脱了掩模板的限制。但由于设备的精确度等问题，此装置只能用来刻写长周期光纤光栅。

1999 年，Yuki Kondo，Kentaro Nouchi 等人采用飞秒红外激光脉冲写入光纤光栅，此光纤有良好的热稳定性。2005 年，Alexey I. Kalachev，David N. Nikogosyan 等人利用高能量的飞秒激光（250 fs，211 nm），写入长周期光纤光栅，其耦合深度可达 28 dB。

2008 年，Li Yanjun，Wei Tao 人利用 CO_2 激光器制作了长周期光纤光栅，并研究了曝光时间对长周期光纤光栅透射谱性能的影响。

近年来，人们一直致力于逐点写入法的研究，2014 年，Rebecca Y. N. Wong 等人利用紫外激光，采用逐点法写入了长周期光纤光栅，并将其周期控制在拐点附近，研究了其透射谱性能，实现了超高灵敏度的温度传感。

逐点法写入光纤光栅，因其条纹深度、周期大小、周期均匀性均可控，是目前光纤光栅制作的最理想方案。对逐点法写入光纤光栅的研究，具有重要意义。目前，采用 CO_2 激光器或飞秒激光器写入长周期光纤光栅的技术已比较成熟，但对于周期较小的布拉格光纤光栅，逐点写入法还不尽完善。

6.4　光纤光栅的特性

本节主要根据光栅周期长短的分类来研究光纤光栅的特性。光纤光栅的特性主要包含光谱特性和时延特性。本节重点介绍短周期光纤光栅的光谱特性和时延特性，以及长周期光纤光栅的光谱特性。

6.4.1　短周期光纤光栅的光谱特性

短周期光纤光栅光谱特性包括 3 dB 带宽、光谱带内平坦度、包层模特性、消光比及旁瓣等。短周期光纤光栅光谱特性测试装置如图 6-4-1 所示，包含宽带光源（一般采用掺铒光纤放大器的放大自发辐射，也可以采用超宽带光源及发光二极管等），光谱仪（OSA）和环行器。OSA1 测得的是光纤光栅的透射谱，OSA2 测得的是光纤光栅的反射谱。光纤光栅的窄带反射与透射特性，可以在系统中作为滤波器或者反射器使用。光纤光栅的反射率 r 和透射率 t 满足下关系：$r+t=1$。短周期光纤光栅的反射光谱和透射光谱如图 6-2-1 所示。

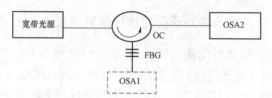

图 6-4-1　短周期光纤光栅光谱特性测试装置图

6.4.1.1　均匀光纤布拉格光栅

均匀光纤布拉格光栅的折射率调制均匀分布，光栅周期不随光栅的位置变化而变化，其折射率分布为

$$n_1(z) = n_1\left\{1 + \sigma(z)\left[1 + \cos\left(\frac{2\pi}{\Lambda}z\right)\right]\right\} \qquad (6-4-1)$$

其中，Λ 为光栅周期，$\sigma(z)$ 为折射率调制的包络函数，或称为切趾函数。

设光纤光栅前向传输和反向传输的纤芯模的振幅分别为 A、B，得到如下耦合模方程

$$\frac{\mathrm{d}A}{\mathrm{d}z} = \mathrm{j}Ak_{11} + \mathrm{j}Bk\mathrm{e}^{-\mathrm{j}2\delta z} \qquad (6-4-2)$$

$$\frac{\mathrm{d}A}{\mathrm{d}z} = -\mathrm{j}Bk_{11} - \mathrm{j}Ak^*\mathrm{e}^{\mathrm{j}2\delta z} \qquad (6-4-3)$$

其中，$\delta = \beta - \pi/\Lambda$，$k = k_{12}/2 = k_{21}^*/2$，$\beta$ 为光纤中模式的传输常数，k_{12}、k_{21} 分别为前向模式与反向模式的互耦合系数、反向模式与前向模式的互耦合系数，k_{11} 为前向模式和反向模式的自耦合系数。式（6-4-2）和式（6-4-3）中，因为模式自耦合系数（k_{11}）很小，起主要作用的为等式右边第二项，忽略自耦合的影响，得到

$$\frac{\mathrm{d}A}{\mathrm{d}z} = \mathrm{j}Bk\mathrm{e}^{-\mathrm{j}2\delta z} \tag{6-4-4}$$

$$\frac{\mathrm{d}A}{\mathrm{d}z} = -\mathrm{j}Bk^*\mathrm{e}^{\mathrm{j}2\delta z} \tag{6-4-5}$$

解式（6-4-4）、式（6-4-5）得出 A、B 的解为

$$A(z) = \mathrm{e}^{-\mathrm{j}\delta z}\left(\frac{p\cosh\left[p(L-z)\right] - \mathrm{j}\delta\sinh\left[p(L-z)\right]}{p\cosh(pL) - \mathrm{j}\delta\sinh(pL)}\right)A(0) -$$

$$\mathrm{e}^{-\mathrm{j}\delta z}\frac{\mathrm{j}k\sinh(pz)}{p\cosh(pL) - \mathrm{j}\delta\sinh(pL)}B(L) \tag{6-4-6}$$

$$B(z) = \mathrm{e}^{\mathrm{j}\delta z}\left(\frac{\mathrm{j}k^*\sinh\left[p(L-z)\right]}{p\cosh(pL) - \mathrm{j}\delta\sinh(pL)}\right)A(0) +$$

$$\mathrm{e}^{-\mathrm{j}\delta z}\frac{p\cosh(pz) - \mathrm{j}\delta\sinh(pz)}{p\cosh(pL) - \mathrm{j}\delta\sinh(pL)}B(L) \tag{6-4-7}$$

其中，$p^2 = kk^* - \delta^2 = k^2 - \delta^2$，取初值条件 $A(0)=1$，$B(L)=0$，得到均匀布拉格光纤的反射率和透射率分别为

$$R = \frac{kk^*\sinh^2(pL)}{p^2\cosh^2(pL) + \delta^2\sinh^2(pL)} \tag{6-4-8}$$

$$T = \frac{p^2}{p^2\cosh^2(pL) + \delta^2\sinh^2(pL)} \tag{6-4-9}$$

由式（6-4-8）和式（6-4-9）得，当 $\delta=0$ 时，R、T 分别达到最大值和最小值

$$R_{\max} = \tanh^2(kL) \tag{6-4-10}$$

$$T_{\min} = 1\big/\cosh^2(kL) \tag{6-4-11}$$

图 6-4-2 为不同长度的均匀光纤布拉格光栅的传输谱图，其周期为 528 nm。由图 6-4-2

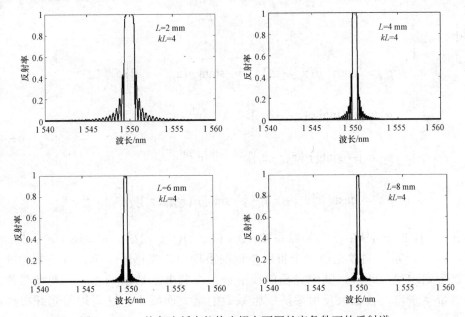

图 6-4-2　均匀光纤布拉格光栅在不同长度条件下的反射谱

可知，当 $kL=4$ 时，FBG 在中心波长处可以达到全反射，其反射带宽随均匀光纤布拉格光栅长度的增加而减小，根据需要可合理调整均匀光纤布拉格光栅参数，得到所需的反射谱。

6.4.1.2 啁啾光纤布拉格光栅

啁啾光纤布拉格光栅是指光纤光栅周期随光栅的轴向位置发生缓慢变化的光栅，其折射率分布为

$$n_1(z) = n_1\left\{1 + \sigma(z)\left[1 + \cos\left(\frac{2\pi}{\Lambda}z + \varphi(z)\right)\right]\right\} \qquad (6-4-12)$$

其中，$\varphi(z)$ 是关于 z 的函数，表示啁啾光纤布拉格光栅的周期在随着光纤的轴向位置 z 发生变化。当 $\varphi(z)$ 是关于 z 的线性函数时，在线性啁啾光纤布拉格光栅的某一位置 z 处的周期可写为

$$\Lambda' = \frac{\Lambda}{1 + \dfrac{Q}{L}z} \approx \Lambda\left(1 - \frac{Q}{L}z\right) \qquad (6-4-13)$$

其中，L 为啁啾光纤布拉格光栅的长度，Λ 为光栅起始端的周期，Q 为啁啾系数。

为了计算简单，通常利用传输矩阵法来求解光纤光栅的传输谱。对于周期不均匀的啁啾光栅，传输矩阵法同样适用。传输矩阵法将光栅分成 M 段，光栅可等效为分段均匀的均匀布拉格光纤光栅。光栅的起始坐标为 z_1，其他分界点坐标依次为 z_2，z_3，$\cdots$，z_i，$\cdots$，z_{M+1}，总的传输矩阵为

$$\boldsymbol{F} = \boldsymbol{F}_M \boldsymbol{F}_{M-1} \cdots \boldsymbol{F}_i \cdots \boldsymbol{F}_1 \qquad (6-4-14)$$

分段后每段啁啾光纤布拉格光栅可看作均匀光纤布拉格光栅，其第 i 段光纤布拉格光栅传输矩阵表达式为

$$\boldsymbol{F}_i = \begin{pmatrix} p_{11} & p_{12} \\ p_{21} & p_{22} \end{pmatrix} \qquad (6-4-15)$$

其中，

$$
\begin{aligned}
p_{11} &= \left\{\cosh\left[p\left(z_{i+1} - z_i\right)\right] + \mathrm{j}\frac{\delta}{p}\sinh[p(z_{i+1} - z_i)]\right\}\mathrm{e}^{-\mathrm{j}\delta(z_{i+1} - z_i)} \\
p_{12} &= \mathrm{j}\frac{k}{p}\sinh[p(z_{i+1} - z_i)]\mathrm{e}^{-\mathrm{j}\delta(z_{i+1} - z_i)}\mathrm{e}^{\mathrm{j}\varphi_i} \\
p_{21} &= \mathrm{j}\frac{k^*}{p}\sinh[p(z_{i+1} - z_i)]\mathrm{e}^{\mathrm{j}\delta(z_{i+1} - z_i)}\mathrm{e}^{-\mathrm{j}\varphi_i} \\
p_{22} &= \left\{\cosh[p(z_{i+1} - z_i)] - \mathrm{j}\frac{\delta}{p}\sinh[p(z_{i+1} - z_i)]\right\}\mathrm{e}^{\mathrm{j}\delta(z_{i+1} - z_i)}
\end{aligned}
\qquad (6-4-16)
$$

其中，$i = 1, 2, \cdots, M$；Q 为啁啾系数；$\phi_i = (2\pi/\Lambda)Q\left(z_i^2/2L\right)$；$p^2 = kk^* - \delta^2$；$\delta = \beta - \pi/\Lambda$。如图 6-4-3 所示，啁啾光栅由于折射率调制不均匀，光谱不平坦，且啁啾光栅长度越大，反射带宽越宽；此外，啁啾光栅的反射谱，与啁啾系数密切相关，啁啾系数越大，光栅反射带宽越宽，且最大反射率随啁啾系数的增大而减小。这与均匀光纤布拉格光栅有明显不同。

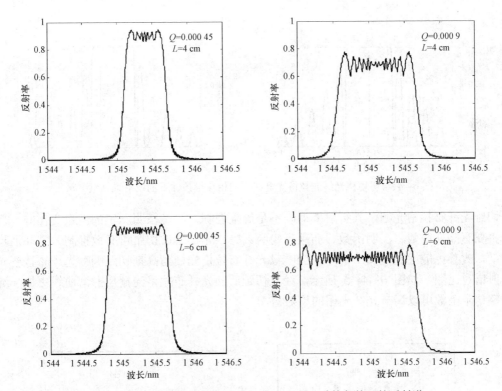

图 6-4-3　啁啾光纤布拉格光栅在不同啁啾系数条件下的反射谱

6.4.1.3　其他类型的光纤布拉格光栅

除了前面介绍的最常用的均匀光纤布拉格光栅和啁啾光纤布拉格光栅外，其他的特殊光纤布拉格光栅也具有不同的光谱特性。本节主要介绍三种其他类型的布拉格光纤光栅：相移光纤布拉格光栅、切趾光纤布拉格光栅、闪耀光纤布拉格光栅。

相移光纤布拉格光栅，其连续相位的某处出现相位差，即采取某种手段使该处的折射率发生突变。相较于均匀光纤光栅，相移光纤光栅的反射谱中，会出现一个狭窄的透射窗口，且这个透射窗口随写入相移量的大小不同，而发生改变。图 6-4-4 为相移光纤布拉格光栅在不同相移量下得到的反射谱。如图 6-4-4 所示，相移光纤光栅的反射谱有一个透射狭缝，且随着相移量的改变，狭缝的位置也会发生改变。当相移量为 π 时，狭缝出现在反射谱的中心波长处。

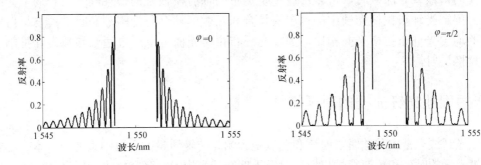

图 6-4-4　相移光纤布拉格光栅在不同相移量条件下的反射谱

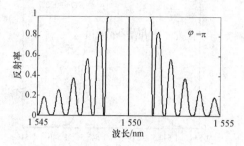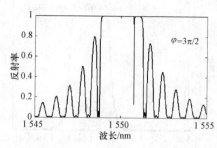

图 6-4-4　相移光纤布拉格光栅在不同相移量条件下的反射谱（续）

切趾光纤布拉格光栅，其折射率调制不是等幅调制，而是按照一定的函数变化的。切趾函数主要有高斯函数、汉明函数、布莱克曼函数等。光栅通过切趾可有效抑制旁瓣并消除边带抖动，改善色散性能。图 6-4-5 为啁啾光纤布拉格光栅与高斯切趾啁啾光纤布拉格光栅的反射谱对比图。如图 6-4-5 所示，经过切趾后的光纤布拉格光栅反射谱曲线更加平滑，且调整切趾函数可以调节光纤光栅的反射谱。

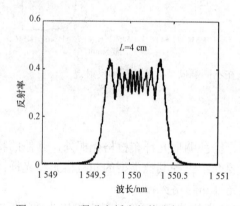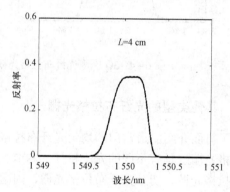

图 6-4-5　啁啾光纤布拉格光栅（左）与高斯切趾啁啾光纤布拉格光栅（右）的反射谱

闪耀光纤布拉格光栅，又称为倾斜光纤布拉格光栅。闪耀光纤布拉格光栅中，折射率调制条纹不再垂直于光纤的轴向，发生了倾斜，这导致前向基模与一系列包层模发生耦合。包层模在单模光纤中传播时，会迅速损耗，最终形成一系列包层模透射峰。当包层外有折射率匹配的溶液或者涂敷时，可以形成一个宽带的辐射模耦合的损耗峰。与长周期光纤光栅相比，闪耀光纤布拉格光栅中的包层模耦合和辐射模耦合更为强烈和有效；与折射率强度调制的均匀光纤布拉格光栅相比，闪耀光纤布拉格光栅可以通过适当参数设计抑制甚至消除布拉格反射。

6.4.2　短周期光纤光栅的时延特性

光在光纤或光栅中传输时，时延和色散是影响光传输质量的重要因素之一。本节主要从普通单模光纤的时延和色散特性出发，对短周期光纤光栅的时延特性进行研究分析。

6.4.2.1　普通单模光纤的时延及色散特性

光在真空中是以恒定速度传播的，这与光的波长或频率无关。当光从一种介质进入另一种介质时，其传播速度会发生变化，且不同频率的光在同一介质中的传播速度不同。这种光在介质中传播时，传播速度随光频率不同而变化的现象称为色散。光纤色散主要包括：材料色散、波导色散、模式色散。对于普通单模光纤来讲，其色散主要指材料色散。

介质中光的群速度为

$$v_g = \frac{\mathrm{d}\omega}{\mathrm{d}k}\tag{6-4-17}$$

其中，ω 为光的角频率；$k = 2\pi/\lambda$ 为光在介质中的波数，λ 为波长。

波包在介质中通过单位长度距离需要的时间为

$$\tau = \frac{l}{v_g} = \frac{\mathrm{d}k}{\mathrm{d}\omega}\tag{6-4-18}$$

其中，τ 为群时延，简称时延。

光纤的色散表达式为

$$D = \frac{\mathrm{d}\tau}{\mathrm{d}\lambda} \approx -\frac{\lambda}{c}\frac{\mathrm{d}^2 n_{\mathrm{eff}}}{\mathrm{d}\lambda^2}\tag{6-4-19}$$

其中，n_{eff} 为光纤的有效折射率，c 为光在真空中的速度，D 的单位为 ps/（nm·km）。

6.4.2.2　光纤布拉格光栅的时延特性

光纤光栅的时延是指某一段光纤光栅整体产生的时延，而不是单位长度的光纤光栅产生的时延。假设有两个频率很接近的单色光，其频率分别为 ω_1、ω_2，两者沿 $+z$ 方向传播，振幅为 A_0，则两单色光的波动方程可以表示为

$$\begin{aligned}A_1 &= A_0 \cos(\omega_1 t + \varphi_{10})\\A_2 &= A_0 \cos(\omega_2 t + \varphi_{20})\end{aligned}\tag{6-4-20}$$

当这两个频率的光经过布拉格光纤光栅反射后，其波动方程将变为

$$\begin{aligned}B_1 &= B_0 \cos(\omega_1 t - \varphi_1 + \varphi_{10})\\B_2 &= B_0 \cos(\omega_2 t - \varphi_2 + \varphi_{20})\end{aligned}\tag{6-4-21}$$

其中，φ_1、φ_2 为因光栅引起的相位延迟，φ_{10}、φ_{20} 为光波初始相位。

在反射端得到的波动方程为

$$B = 2B_0 \cos\left(\Delta\omega t - \Delta\varphi + \frac{\varphi_{10} - \varphi_{20}}{2}\right)\cos\left(\Delta\omega t - \varphi + \frac{\varphi_{10} - \varphi_{20}}{2}\right)\tag{6-4-22}$$

其中，$\Delta\omega = (\omega_1 - \omega_2)/2$；$\omega = (\omega_1 + \omega_2)/2$；$\Delta\varphi = (\varphi_1 - \varphi_2)/2$；$\varphi = (\varphi_1 + \varphi_2)/2$。而光纤光栅引起的时延可以由以下公式表达

$$\tau = \frac{\Delta\varphi}{\Delta\omega}\tag{6-4-23}$$

当 $\Delta\omega \to 0$ 时，

$$\tau = \frac{\mathrm{d}\varphi}{\mathrm{d}\omega} \qquad (6-4-24)$$

$$D = \frac{\mathrm{d}\tau}{\mathrm{d}\lambda} = \frac{2\pi}{\lambda} - \frac{\lambda^2}{2\pi c}\frac{\mathrm{d}^2\varphi}{\mathrm{d}\lambda^2} \qquad (6-4-25)$$

式（6-4-25）就是光纤光栅的色散。值得注意的是，由于光纤光栅的时延和色散都是对整段光栅而言的，所以光纤光栅的色散单位是 ps/nm。

6.4.3　长周期光纤光栅的光谱特性

前两节主要介绍了周期在微米以下的短周期光纤光栅的光谱特性，本节介绍周期在几十微米到几百微米范围内的长周期光纤光栅（LPG）的光谱特性。

长周期光纤光栅不同于布拉格光纤光栅，其工作方式是纤芯模与包层模之间发生耦合，呈现出带阻特性。自 1997 年，长周期光纤光栅出现后，人们对其进行了一系列的研究，将其广泛应用于滤波、传感等领域。长周期光纤光栅的光谱特性测试装置如图 6-4-6 所示，其中，由于长周期光纤光栅的光谱特殊性，实验中采用宽带光源作为测试光源，光谱仪用来检测长周期光纤光栅的光谱。

图 6-4-6　长周期光纤光栅光谱特性测试装置

长周期光纤光栅的折射率分布与短周期光纤光栅的折射率分布近似，但又有所不同，其表达式可以写为

$$n_1(z) = n_1\left\{1 + \sigma(z)\left[1 + \cos\left(\frac{2\pi}{\Lambda}z + \varphi(z)\right)\right]\right\} \qquad (6-4-26)$$

其中，Λ 为光栅周期；$\sigma(z)$ 为折射率调制包络函数，或称为切趾函数，$\varphi(z)$ 为与光栅啁啾有关的附加相位。

求解长周期光纤光栅耦合模方程，得长周期光纤光栅的透射率公式为

$$T = 1 - \frac{k^2}{p^2}\sin^2(pL) = 1 - \frac{k^2}{\sigma^2 + k^2}\sin^2\left(\sqrt{\sigma^2 + k^2}\,L\right) \qquad (6-4-27)$$

其中，$\sigma = \delta + \frac{k_{11} - k_{22}}{2} - \frac{1}{2}\frac{\mathrm{d}\varphi}{\mathrm{d}z}$；$\delta = \frac{1}{2}\left(\beta^{\mathrm{co}} - \beta_{1v}^{\mathrm{cl}} - \frac{2\pi}{\Lambda}\right)$；$p^2 = \sigma^2 + kk^* = \sigma^2 + k^2$。$\beta^{\mathrm{co}}$、$\beta_{1v}^{\mathrm{cl}}$ 分别为纤芯模和一阶包层模的传输常数，L 为长周期光纤光栅的长度。值得注意的是，由于长周期光纤光栅是纤芯模同包层模之间发生耦合，传输常数 β^{co}、β_{1v}^{cl} 求解采用三层光波导模型，计算结果更加准确。

对于周期均匀的长周期光纤光栅，$\varphi(z)=0$，忽略模式自耦合，长周期光纤光栅的谐振条件为 $\delta=0$，即

$$\beta^{\mathrm{co}} - \beta_{1v}^{\mathrm{cl}} - \frac{2\pi}{\Lambda} = 0 \qquad (6-4-28)$$

经过上述分析，我们得到长周期光纤光栅的透射谱如图 6－2－2 所示。

6.5　光纤光栅的应用和展望

随着光纤光栅制作技术的日趋成熟，从光纤通信、光纤传感到光信息处理的广大领域都由于光纤光栅的实用化而发生了巨大的变化。光纤光栅具有体积小，波长选择性好，带宽范围大，不受非线性效应的影响，极化不敏感，可与其他光纤器件融成一体等特点。光纤光栅易于与光纤系统连接，附加损耗低，耦合性高，便于使用和维护，而且光纤光栅制作工艺比较成熟，易于大规模生产，成本低。因此，光纤光栅具有良好的实用性，本节重点介绍光纤光栅在色散补偿、光器件以及传感领域的应用。

6.5.1　光纤光栅色散补偿

近年来，光纤通信向着大容量、高速率、长距离方向发展。光纤的色散、损耗、非线性等因素，限制了光通信的进一步发展。为提高通信容量，高速长距离密集波分复用（DWDM）传输系统已广泛应用于光通信网络，而光纤的色散严重限制了 DWDM 系统的进一步提高，如何进行光纤通信系统中的色散补偿和管理是当前光通信研究的一个焦点。此外，随着光传输速率的提高，光脉冲越来越窄，而光纤的色散则使脉冲展宽和畸变，并产生码间干扰，结果导致接收机误码率增大，严重阻碍了光纤高速系统的发展，而且当系统速率不断提高时，系统的色散容限将急剧下降。2.5 Gbit/s 系统的色散容限是 16 000 ps/nm，而 40 Gbit/s 系统的色散容限仅为 60 ps/nm，这也给色散补偿提出了更高的要求。

如何有效地解决色散问题已引起全世界的关注，各国研究人员先后提出了多种光纤的色散补偿方案，可以简单划分为线性补偿和非线性补偿两大类。线性补偿方法主要有：色散补偿光纤（DCF）法、啁啾光纤布拉格光栅（CFBG）法、线性预啁啾技术和色散支持传输（DST）法。非线性补偿方法主要有：中间频谱反转法、色散管理光孤子传输系统法和数字信号处理（DSP）法等。目前最常用的光纤色散补偿方法为 DSP、DCF 和 CFBG 补偿，下面主要对这三种方式进行介绍。

对基于 DSP 技术的现代相干光通信技术的研究始于 21 世纪初。将信息加载到光载波的强度与相位上，实现了高频谱效率的信息传输。利用 DSP 算法还可以对光纤传输中色度色散（CD）、偏振模色散（PMD）及非线性效应损伤进行补偿。但利用 DSP 进行色散补偿时，计算复杂度非常高，且需要依靠电域进行信号的处理，耗能大，在全光网络系统中的应用受到限制。

DCF 是目前使用较普遍和较实用化的一种在线补偿方案。在标准单模光纤中插入一段或几段与其色散率相反的 DCF，传输一定距离后色散达到一定的均衡，从而把系统色散限制于规定范围内。DCF 的长度、位置与系统需要补偿色散的量和其自身性能有关。早在 20 世纪 70 年代就提出了色散补偿光纤这种技术，其生产工艺比较复杂，成本较高，但应用简便。

色散补偿光纤已经在全世界的高速通信系统中得到了广泛应用，许多传输系统都是通过

"DCF+G.652 光纤"实现的。为了增加传输距离，有的传输系统采用了"DCF+G.652 光纤+特殊光纤"组合，也就是通常所说的色散管理。

虽然 DCF 已被广泛应用于现有的光纤通信系统，但利用其进行色散补偿尚存在大损耗、低色散和色散斜率不匹配的缺陷。各国研究人员已对 DCF 所存在的问题有所重视，但这些光纤均需要特殊设计，造价很高，而且增大负色散必然又使得 DCF 的有效横截面积减小，这样又容易产生非线性，造成了二者的相互矛盾。

利用 CFBG 进行色散补偿的基本原理是：在啁啾光纤光栅中，谐振波长是位置的函数，因此不同波长的入射光在 CFBG 的不同位置上反射并具有不同的时延，短波长分量经受的时延长，长波长分量经受的时延短，光栅所引入的时延与光纤在传输时造成的时延正好相反，二者引入的时延相互抵消，使脉冲宽度得以恢复。

6.5.2　基于光纤光栅的各类器件

由于光纤光栅制作技术的飞速发展，光纤光栅已在桥梁工程、气压检测、激光器等多个领域实现商用化。光纤光栅因其插入损耗小、敏感性高、易于批量生产等优点，被广泛应用于各种光电子器件中，为各应用领域的发展提供了强有力的支持。下面介绍几种典型的基于光纤光栅的光器件。

滤波器是光纤光栅最基本的应用之一。在多种基于光纤光栅的光纤器件中，光纤光栅的应用也都以光纤光栅的滤波性能为依据。1996 年，Ashish M. Vengsarkar 等人第一次提出将长周期光纤光栅用于带阻滤波，其滤波性能良好且带宽可调。而且，通过改变光纤光栅周期或长度等参数，可以有效控制滤波带宽和滤波范围等。此外改变光纤光栅级联方式，可以实现不同形式的滤波性能。

光纤光栅是一种具有良好选频特性的滤波器件，并且插入损耗小，与光纤兼容性好，制作成本较低，光纤光栅优良的选频滤波特性被广泛地应用于光纤激光器中。光纤光栅对激光波长高反射，却对泵浦光透明，它作为一种位于光纤纤芯的光反射器件，巧妙地取代了镜片式的传统光学谐振腔，解决了光路调节的问题，形成全光纤系统，可以用于光纤激光器中作为激光器的选频元件。

在 WDM 传输系统中，写入一个具有特定谐振波长的光纤布拉格光栅，当光信号通过光纤布拉格光栅时，只有特定波长的光会发生反射，从原信道中分离出来，而其余波长的光则继续前向传输，从而实现在波分复用系统中特定信道的下话路信号的选择。反之，可通过将特定波长的光纤光栅连接在环行器的合适端口实现信号的上话路。由于光纤光栅的制作简单，易于获得特定波长的选频，因此其成为制作 WDM 传输系统中光上下话路器的最佳选择之一。

此外，光纤光栅在调制器信号选频、波分复用、放大器增益均衡器等方面也有着广泛的应用。

6.5.3　光纤光栅传感

由于光纤本身的热敏性和弯曲敏感性，当外界环境（温度、应变、外界环境折射率等）

变化时，光纤光栅的中心波长会发生漂移，通过监测光纤光栅中心波长的漂移，就可以探测出外界参数的变化，利用光纤或光栅实现传感。

常规的电方法可以测量的工程参数，都可以通过光纤光栅传感来实现。光纤光栅传感具有成本低、可靠性高、抗干扰能力强等优点。光纤光栅传感器最突出的特点是传感器检测的是波长的变化，被感测信息用波长编码，而波长不受光纤弯曲等因素引起的系统损耗的影响，对光源的功率波动、线路中的噪声等不敏感，是一种绝对参量，因而基于光纤光栅的传感器具有很高的可靠性和非常好的稳定性。

传感探头结构简单小巧，适用于各种不同的应用场合，尤其适合于埋入材料内部构成所谓的智能蒙皮材料或结构，可对材料安全性、损伤程度、载荷疲劳等状态进行连续实时监测。测量结果具有良好的重复性，光纤光栅经封装后，传感器的使用寿命可大大提高。在不对光纤光栅进行机械硬损伤的前提下，可在测量工作范围内对传感量进行多次重复测量。

应变和温度改变均可以导致光纤光栅中心波长变化，因此在许多场合需要采取措施区分两个参数。可以采用矩阵算法，压力、温度增敏的方法或者参考光栅的方法来区分两个传感参数的变化。光纤光栅的传感对机械结构设计尤为重要。光纤光栅传感目前已被广泛应用于大型建筑结构，工程的长期监测，以及安全和破坏评估，如土木工程及其结构（桥梁、大坝、隧道、地铁、建筑），能源工程（大型发电机组、输电线路、变压器、输油管道、核反应堆），航空结构，风洞、动态测试，石油天然气开采（石油平台结构健康、油井温度压力），航海（舰船外壳、桅杆、舵、潜水艇压力测试），交通（铁路、高速公路），土木结构、建筑、航空、石油、交通等加速度测量，泥石流预警系统，防护墙断裂探测与预防，液体溢出和渗流的预警和探测，储油罐液位和容量监测（可以精确测量水下压强）。光纤光栅传感器在机械、电子、土木、隧道、交通等方面已实现商业化，为工程建设提供了良好的器件基础。

6.5.4　光纤光栅主要新技术和发展前景

自光纤光栅出现后，光纤光栅一直都是光纤通信领域的重要器件，在传感、滤波等领域起着举足轻重的作用。近年来，各种基于光纤光栅的光电子器件更是层出不穷。

长周期光纤光栅和无芯光纤随温度和磁场的变化，波长漂移方向相反。Miao Yinping, Zhang Hao 等人利用长周期光纤光栅和无芯光纤对磁场和温度的敏感性不同，将长周期光纤光栅与无芯光纤连接，用于磁场和温度的双传感，有效排除了交叉敏感。

Gu Bobo 等人将闪耀光纤光栅与超细光纤连接，实现高灵敏度的液体传感；Cai Zhongyue 等人将闪耀光纤光栅放置于 D 型光纤附近，利用 D 型光纤的强消逝场，实现了高灵敏度的折射率传感。

Zhang Yebin, Yan Guofeng 等人将长周期光纤光栅与热敏性掺 Co 布拉格光纤光栅相连接，用于折射率传感，其中热敏性布拉格光纤光栅温度随泵浦激光的功率改变。将长周期光纤光栅和热敏性掺 Co 布拉格光纤光栅浸泡在溶液中，当溶液折射率改变时，长周期光纤光栅中心波长发生漂移，导致泵浦光的功率发生变化，引起热敏性掺 Co 光纤光栅温度的变化，从而布拉格光纤光栅的波长发生漂移。通过监测布拉格光纤光栅的反射谱，可得出外界环境折射率的变化情况，有效排除温度交叉敏感性。

A. M. Rocha 等人用耦合模理论分析了长周期光纤光栅在多芯光纤中的耦合情况，研究了多芯光纤写入长周期光纤光栅后的能量耦合、传输谱等性能。当多芯光纤中，纤芯数目不同时，写入长周期光纤光栅后，其传输谱也不同，可以通过在多芯光纤中写入长周期光纤光栅，实现能量分配。

2011 年，Lan Xinwei，Han Qun 等人采用逐点法，利用 CO_2 激光器和透镜光路，制作了长周期光纤光栅，且光栅周期可任意控制，控制精度可达 nm 量级。2014 年，Rebecca Y. N. Wong 等人采用准分子激光器，用逐点法制作出任意周期的长周期光纤光栅，并将其用于高灵敏度的折射率传感系统。

2015 年，Dong Jiangli，Chiang Kin-Seng 等人采用 CO_2 激光器制作出温度不敏感的长周期光纤光栅，并将其用作模式转换器，其工作性能稳定，且转换率高达 99%。

2015 年，Chai Quan 等人在单模–多模–单模结构中的多模光纤中写入光纤光栅，实现了非对称结构的传输谱性能，可作为滤波或传感器件。

目前对于光纤光栅的研究，主要在传感和激光器领域。但光纤光栅对温度、应力、外界环境的灵敏性，限制了光纤光栅在其他领域中的应用。如何排除外界环境干扰，得到稳定的光纤光栅工作传输谱，是接下来研究的重中之重。

习　题

1. 简述制作光纤光栅的基本条件。

2. 简述布拉格光纤光栅与长周期光纤光栅的异同。

3. 假设一段光纤的纤芯和包层折射率分别为 1.449、1.444，纤芯与包层半径分别为 4.15 μm、62.5 μm，求解在此光纤中写入周期为 506 nm，长度为 2 cm 的布拉格光纤光栅后，光纤光栅的传输谱；求解在此光纤中写入周期为 4 μm，长度为 4 cm 的长周期光纤光栅后，光纤光栅前 7 阶模式的传输谱。

4. 假设一段光纤的纤芯和包层折射率分别为 1.449、1.444，纤芯与包层半径分别为 4.15 μm、62.5 μm，求解长周期光纤光栅暴露在空气中与浸泡在水中前后，第 5 阶模式的中心波长的漂移量（其中空气折射率为 1，水折射率为 1.33）。

5. 简述啁啾布拉格光纤光栅的色散补偿原理。

6. 简述光纤光栅的主要应用，并叙述布拉格光纤光栅与长周期光纤光栅的不同应用范围。

第7章 激 光 器

光通信以光波为载波，需要将电信号加载到光波上转换为光信号，因此光源是光通信系统中一个必不可少的器件。目前在光纤通信系统中得到广泛应用的主要是半导体光源，包括半导体激光器和发光二极管；它们体积小，质量小，功耗低，可集成，寿命长，可以通过注入电流来直接高速调制，实现电信号到光信号的转换，而且它们的尺寸与光纤尺寸匹配，因此非常适用于光纤通信系统。另外，近年来光纤激光器也得到了迅速的发展，它的工作原理与半导体激光器是类似的，都是基于受激辐射，只是工作物质为光纤；它具有体积小，质量小，光束质量好，转换效率高等优点，而且全光纤化使其与光纤通信系统天然匹配，易于耦合，因此在光通信和光传感等领域也具有广泛的应用前景。

本章的目的是使读者对激光器的工作原理、半导体材料的光电子学特性、半导体和光纤激光器的工作特性等有一个基本了解。内容安排如下：第一节为激光的物理基础，阐述能级、光与物质的相互作用、粒子数反转分布等概念，并介绍激光器的工作基本要素和工作特性等；后面两节分别介绍半导体激光器和光纤激光器的原理结构和工作特性。

7.1 激光的物理基础

7.1.1 光纤通信系统对光源的要求

凡是可以将其他形式的能量转化为光能进行发光（包括可见光，以及红外、紫外等不可见光）的物体都可以称为光源，如太阳、电灯、火把和蜡烛等。光源是光通信系统和网络中必不可少的关键器件之一。但并不是所有的光源都适合应用到光纤通信系统中，一般来讲，光纤通信系统对光源性能有如下要求。

（1）工作波长与光纤低损耗窗口匹配。由前文可知，石英光纤的三个低损耗窗口分别在850 nm、1 310 nm 和 1 550 nm 附近，因此光源的工作波长在这三个低损耗窗口最佳。

（2）可靠性高、工作寿命长。光纤通信系统和网络是当前通信网络的主要载体，其稳定性直接决定着整个网络的通信质量。因此要求光纤通信使用的光源必须可靠且工作寿命长，目前半导体激光器工作寿命可达 100 万 h 以上。

（3）光源谱宽窄。由于光纤色散的存在，光源的谱宽直接影响着光信号的无中继传输距离。在同样的传输速率和光纤色散大小等条件下，光源谱宽越窄，光信号对色散的容限越大，传输距离越长。目前的商用 DFB 半导体激光器 3 dB 谱宽（半最大值全宽，FWHM）已经低于 5 MHz，一些窄线宽半导体或光纤激光器已达 kHz 量级甚至更低。

（4）温度稳定性好。光源的工作波长和光功率都会受到温度等外界环境的影响，从而会影响光纤通信系统信号的传输质量，甚至导致其中断。因此一般情况下光源都有相应的自动温度控制电路和自动功率控制电路，用于稳定光源输出波长和光功率。较好的激光器已经可以不需要温度控制电路，而只需要散热器就可以实现长时间稳定工作。

（5）与光纤耦合容易。光源发出的光最终要耦合进光纤进行传输，因此光源与光纤的耦合效率越高，有效入纤功率越大，传输距离才会越长。目前半导体激光器的耦合效率一般为20%～30%，高则可到50%以上。光纤激光器与光纤匹配，天然具有高的耦合效率。

（6）调制特性好。在将电信号加载到光波或者说进行电光转换时，可以通过直接调制光源来实现。这时要求光源具有较高的调制效率和调制带宽，并且线性度要好，以保证无失真电光转换。

目前光纤通信系统中的常用光源为半导体激光器和发光二极管（LED）。它们可以很好地满足以上光纤通信系统对光源的要求。尤其是半导体激光器，与 LED 相比，其输出为相干光，具备单色性、方向性好等多个激光的特点，是实现大容量、长距离光纤通信系统的首选光源。另外，光纤激光器由于具有与光纤匹配的优点，也是未来重要的光源之一。

7.1.2　激光

Laser（激光）是 light amplification by stimulated emission of radiation 的第一个字母的简称，意为受激辐射光放大。也就是说，激光是通过人工方式，用光或者电等能量去泵浦激发特定的物质而产生的光。与自然光相比，它具有如下特点。

（1）相干性好。相干性包括空间相干性和时间相干性。激光是在外界辐射场控制下通过受激辐射发光的，从微观角度理解，受激辐射光和入射（激励）光属于同一光子态，即受激辐射光与激励光具有相同的频率、相位、波矢（传播方向）和偏振，从而表现出良好的相干性，可以相互发生干涉现象。正是由于激光的问世，才促使相干技术得到飞跃发展，全息技术得以实现。

（2）单色性好。通过受激辐射发出的激光中的各个光子频率几乎相同，从而可以实现非常窄的谱线宽度。

（3）方向性好。激光束的发散角很小，几乎是一平行的光线，激光照射到月球上形成的光斑直径仅有 1 km 左右。而普通光源发出的光射向四面八方，为了将其沿某个方向集中起来常使用聚光装置。但即便是最好的探照灯，如将其光投射到月球上，光斑直径也将扩大到1 000 km 以上。

（4）功率密度高。对于可见光波段的激光而言，光束的高功率密度表现为亮度大，光源的亮度定义为单位面积的光源表面发射到其法线方向的单位立体角内的光功率。从该定义可知，激光的亮度高是因为其发光面积小，而且光束发散角也极小。例如，一台输出功率仅 1 mW的氦氖激光器发出的光比太阳表面光亮度高出 100 倍。

实际上，以上激光四性可归结为一性，即激光具有很高的光子简并度。空间相干性是和方向性紧密相连的；时间相干性是与单色性密切相关的；好的单色性和方向性，可获得高的功率密度。例如，将一个 10^9 W 的调 Q 激光脉冲聚焦到直径为 5 μm 的光斑上，获得的功率密度可达到 10^{15} W/cm²。以上的固有属性使激光在多个科学和技术领域有着越来越重要的作用，并促成一些新的交叉学科和技术，包括信息光电子技术、激光全息技术、激光加工、激光光谱分析、激光医疗、激光雷达、激光制导、激光武器、激光测量等。可以说，激光的发明和应用极大地推动了社会经济的发展，使人类充分认识到知识和创新的力量。

　　激光由光在谐振腔内振荡而获得。激光器的振荡工作方式可以分为两种，连续波振荡工作（CW operation）和脉冲振荡工作（pulse operation），对应的输出光分别为连续波（continuouswave，CW）激光和脉冲激光。CW 激光是通过在谐振腔振荡连续地输出恒定光功率；脉冲激光是按照特定的重复频率振荡输出光脉冲。如图 7-1-1 所示。

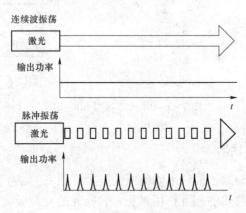

图 7-1-1　CW 激光和脉冲激光

　　CW 激光的工作参数主要有工作中心波长（nm）和平均输出功率（mW）。脉冲激光除了以上工作参数外，还有脉冲重复频率（Hz）、脉冲宽度（s）、脉冲能量（J）、峰值输出功率（W）等。它们之间的关系为：

$$平均输出功率（W）=脉冲能量（J）\times 脉冲重复频率（Hz）$$
$$峰值输出功率（W）=脉冲能量（J）/脉冲宽度（s）$$

7.1.3　激光器的工作原理

7.1.3.1　能级

　　为更好地理解激光的工作原理，首先介绍能级的概念。图 7-1-2（a）为原子模型示意图。原子由原子核和绕原子核旋转的电子组成。1913 年，玻尔在普朗克、爱因斯坦和卢瑟福等人工作的基础上提出原子能级假说。电子存在于原子周围离散的轨道上，这些离散轨道代表不同的量子态，只能取某些特定的离散值。热平衡状态下，为使原子处于最低的能量状态，电子首先从低能量轨道（最接近原子核的轨道）开始填充，这种状态称为基态，基态的原子是稳定的。

　　基态原子在光或热等外界能量激发下，内侧轨道的电子吸收能量可以向外侧轨道跃迁，这使原子的能量增加。为描述这种状态，以基态为基准，可以对原子处于的不同能量状态作图，称为原子能级图，如图 7-1-2（b）所示，一条条水平线代表原子能级。原子的能级从基态跃迁到高能级叫作激发，对应的高能级称为激发态或者激发能级。

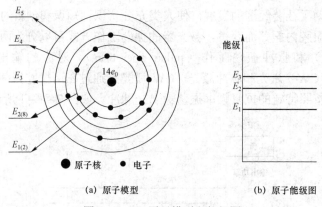

(a) 原子模型　　　　　　　　(b) 原子能级图

图 7-1-2　原子模型和能级图

7.1.3.2　光与物质的相互作用

　　光与物质的相互作用与原子能级之间的跃迁是紧密联系的。为了更深入地理解激光原理，下面从量子角度分析光与物质的相互作用过程，包括光的受激吸收、自发辐射、受激辐射和非辐射跃迁等。处于内层低轨道的电子在外界光的激发下，可以吸收一个光子，跃迁到某一高轨道，即原子由基态跃迁到某一激发态。处于激发态的原子是不稳定的，经过或长或短的时间（典型值为 10^{-8} s），会跃迁到低能级，并辐射出一个光子或释放能量。电子在跃迁过程中必须满足能量守恒定律，若吸收或辐射光子，可表示为

$$E_2 - E_1 = hv \tag{7-1-1}$$

　　式（7-1-1）中，E 表示原子能级，h 为普朗克常数，v 为光子频率。这种因吸收或辐射光子而使原子在能级间跃迁的过程称为辐射跃迁。另外，如果在跃迁过程中能量是通过其他方式传递给其他原子或者吸收其他原子的能量，则称为非辐射跃迁。下面我们以二能级模型讨论光与物质的三个相互作用过程。

1. 受激吸收

　　处于低能级 E_1 的原子，在外界光场的作用下，以一定概率吸收一个光子的能量 hv 后，跃迁到高能级，这个过程称为受激吸收，如图 7-1-3 所示。跃迁概率用 B_{12} 来定义，称为爱因斯坦 B 系数。

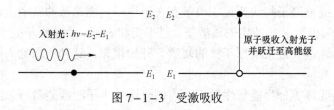

图 7-1-3　受激吸收

2. 自发辐射

　　被激发到能级 E_2 的原子是不稳定的，经过一定时间（寿命 τ_{21}）后，会自发辐射出频率为 v 的光子，并跃迁到低能级 E_1 上，这个过程称为自发辐射，如图 7-1-4 所示。这种自发辐射光具有随机的偏振态和相位。自发辐射的概率用 A_{21} 来定义，称为爱因斯坦 A 系数，其与激发态寿命成反比。

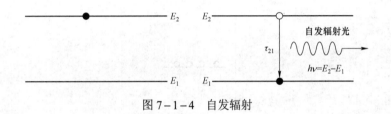

图 7-1-4　自发辐射

3. 受激辐射

被激发到能级 E_2 的原子，在频率为 v 的光子激励下，以一定概率跃迁到低能级 E_1 上，并同时辐射出一个和激励光子频率、相位、偏振、方向等状态完全相同的光子，这个过程称为受激辐射，如图 7-1-5 所示。受激辐射概率用 B_{21} 表示。

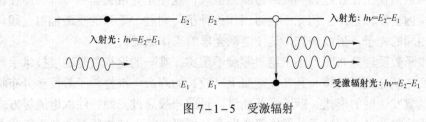

图 7-1-5　受激辐射

7.1.3.3　粒子数反转

粒子在一个外界入射光子的激发下产生受激辐射，辐射出一个与激励光子状态相同的光子，这两个光子再去激发另外两个粒子产生受激辐射，辐射出两个与激励光子状态完全相同的新光子，即得到 4 个光子，如此反复下去。最初的一个光子的作用，可引起大量的受激辐射，产生大量的状态完全相同的光子，进而实现对外界入射光子的受激辐射光放大，形成激光。

但是需要指出的是，在光与物质的相互作用中，一般情况下受激吸收、自发辐射和受激辐射这三个过程是同时发生的。入射光经过物质后，是放大还是减弱，关键看哪个跃迁过程占据主导地位。

爱因斯坦的理论指出，受激辐射和受激吸收的概率是相同的，即 $B_{12}=B_{21}$。但是在热平衡状态下，各能级粒子数分布 n 服从玻尔兹曼分布

$$\frac{n_2}{n_1}=\mathrm{e}^{-\frac{E_2-E_1}{k_\mathrm{b}T}} \tag{7-1-2}$$

也就是原子总是优先占据低能级，$n_1>n_2$，因此受激吸收光子数恒大于受激辐射光子数，受激吸收大于受激辐射，该物质表现为吸收物质，光强是减弱的。另外，通常情况下，受激辐射概率是远小于自发辐射概率的，这也是普通光源发出的光大多是自发辐射光，相干性差的原因。

从以上分析可知，若想受激辐射大于受激吸收，必须 $n_2>n_1$，即高能级的粒子数大于低能级的粒子数，这是实现受激辐射光放大的必要条件，如图 7-1-6 所示，这种状态称为粒子数反转分布。由式（7-1-2）可知，只要 $T<0$，即有 $n_2>n_1$，因此粒子数反转分布状态又称负温度状态。

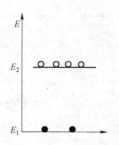

图 7-1-6 粒子数反转分布状态

只要使发光物质处于粒子数反转分布状态，则光与该物质相互作用时，受激辐射就可以大于受激吸收，从而使光在经过该物质时被受激放大，这便是光放大器的原理。即使没有外界输入光，物质内自发辐射产生的光子也可以作为种子，通过一系列的受激辐射过程，产生大量状态完全相同的光子，形成激光，这便是激光器的工作原理。

如何实现粒子数反转分布呢？小于绝对零度不现实。唯一的途径就是通过技术手段激发低能级的原子使之跃迁到高能级，且在高能级上有较长的寿命，维持粒子数反转分布状态，而不是很快通过自发辐射的形式又跃迁到低能级。目前一般通过光照、注入电流等方式，源源不断地向物质提供能量，把原子从低能级激发到高能级，从而使物质在非热平衡状态下，在两个能级间实现粒子数反转分布，这个过程称为泵浦、激励或抽运。

7.1.3.4 能级模型

为了形成稳定的激光，必须有形成粒子数反转分布的发光粒子，称为激活粒子。它们可以是原子、分子或离子。激活粒子可以独立存在，也可以依附在材料中，该材料又称为基质，它和激活粒子统称为工作物质或增益介质。

并非任意物质都可以实现粒子数反转，在能实现粒子数反转的物质中，也并非任意两个能级间都可以实现粒子数反转。从上面分析可知，要实现粒子数反转至少要有上下两个能级，但只有两个能级是不够的。通常的激光工作物质是由包含亚稳态的三能级结构或四能级结构的原子体系组成的。

1. 二能级系统模型

一个简单的二能级模型如图 7-1-7 所示。在外界光子的激发下，处于低能级 E_1 的原子会被激发到高能级 E_2 上。但因为 $B_{12}=B_{21}$，受激吸收速率和受激辐射速率相等，即 $W_{12}=W_{21}=W$。E_2 能级粒子数的变化率可以表示为

$$\frac{\mathrm{d}n_2}{\mathrm{d}t}=W(n_1-n_2)-n_2A_{21} \tag{7-1-3}$$

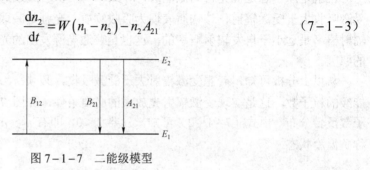

图 7-1-7 二能级模型

达到稳定时，$\mathrm{d}n/\mathrm{d}t = 0$，则

$$\frac{n_2}{n_1} = \frac{W}{A_{21} + W} \qquad (7-1-4)$$

A_{21} 为自发辐射速率。由式（7-1-4）可知，不论如何激励或泵浦，n_2 总是小于 n_1，所以对于二能级系统，不可能实现粒子数反转分布。

2. 三能级系统模型

理想的三能级系统模型如图 7-1-8 所示。在这种模型中，受激辐射在 E_1 和 E_2 两个能级间发生，E_1 既是激光的下能级又是基态。基态粒子在泵浦光的激励下跃迁到高能级 E_3 上，E_3 能级的寿命很短（通常约为 10^{-8} s），激活粒子能很快地通过非辐射跃迁方式到达 E_2 能级。E_2 能级的寿命（几毫秒）比 E_3 长得多，为亚稳态，作为激光上能级。只要抽运速率达到一定程度，就可以实现 E_2 与 E_1 两能级之间的粒子数反转。红宝石激光器是典型的三能级系统。

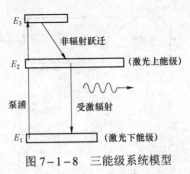

图 7-1-8　三能级系统模型

但是三能级系统中激光下能级 E_1 是基态，由于基态能级上总是聚集着大量粒子，因此若想实现粒子数反转，$n_2 > n_1$，外界泵浦作用要非常强，这是三能级系统的一个主要缺点。

3. 四能级系统模型

图 7-1-9 是一个典型的四能级系统模型。与三能级系统相比，四能级系统多了一个能级 E_2 在基态能级之上作为激光下能级，且 E_2 离基态能级 E_1 较大，不存在从基态能级到激光下能级的热激发。泵浦源将激活粒子从基态 E_1 激发到激发能级 E_4，激发能级 E_4 的寿命相对其他能级很短，能很快通过非辐射跃迁方式到达 E_3 能级，激发能级上的粒子分布可以忽略。激光上能级 E_3 寿命较长，是亚稳态。而激光下能级 E_2 能级寿命很短，E_2 能级上粒子会很快以非辐射跃迁方式回到基态 E_1，因此热平衡时 E_2 能级粒子数非常少，甚至是空的。因此，四能级系统模型很容易在 E_3 与 E_2 两能级之间实现粒子数反转分布。典型的四能级系统激光器是钕玻璃激光器及掺钕钇铝石榴石激光器。

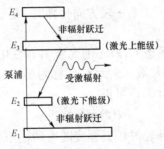

图 7-1-9　四能级系统模型

需要说明的是，以上讨论的三能级系统模型和四能级系统模型都是指与激光的产生过程直接有关的能级，是一个简化模型，不是说该工作物质只具有三个或四个能级。对任何一种实际的工作物质，与激光有关的能级结构和能级间跃迁特性可能是很复杂的；对于不同的工作物质，能级结构和跃迁特性又可能差异很大。

7.1.3.5 光在工作物质中的受激放大

在两个能级 E_2 和 E_1 之间实现粒子数反转分布的工作物质中，受激辐射超过受激吸收，占据主导地位。当光子能量为 $h\nu = E_2 - E_1$ 的入射光波经过该工作物质时，会越走越强，最终输出光总能量大于输入光总能量，实现光的受激放大，这段增益介质就是一个光放大器。放大作用的大小通常用放大增益 G 来表示，如图 7-1-10 所示。

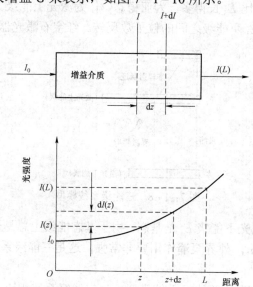

图 7-1-10 光在增益介质中的受激放大

设工作物质输入端 $z=0$ 处的光强为 I_0，距离为 z 处的光强为 $I(z)$，距离为 $z+dz$ 处的光强度为 $I(z)+dI(z)$。光强度的增加值 $dI(z)$ 与距离的增加值 dz 成正比，同时也与光强 $I(z)$ 成正比，即

$$dI = G(z)I(z)dz \qquad (7-1-5)$$

式中的比例系数 $G(z)$ 称为增益系数。上式又可改写为

$$G(z) = \frac{1}{I}\frac{dI(z)}{dz} \qquad (7-1-6)$$

所以，增益系数 $G(z)$ 相当于光沿着 z 轴方向传播时，在单位距离内所增加光强的百分比。其单位是 cm^{-1}。

为简单起见，我们假定增益系数 $G(z)$ 不随光强 $I(z)$ 变化，实际上只有当 I 很小时，这一假定才近似成立，此时 $G(z)$ 为一常数，记为 G_0，称为小信号增益系数。于是，式（7-1-6）为线性微分方程，对此式作积分计算，可得

$$I(z) = I_0 e^{G_0 z} \qquad (7-1-7)$$

可以看出，当光沿增益介质传输时，其强度随着传输距离的增加成指数增加，即增益介质的放大作用。

224

7.1.3.6　光的自激振荡

根据前面的分析，粒子数反转是受激辐射大于受激吸收的必要条件，但是受激辐射还不一定能占据主导地位，因为处于激发态能级的原子，还可以通过自发辐射跃迁到低能级。也就是说，要想实现受激辐射，还必须解决受激辐射和自发辐射之间的矛盾，使受激辐射占据主流，这样才能形成激光振荡（一般利用光学谐振腔来实现）。

1. 光学谐振腔

在一台激光器中，加上泵浦源，在产生激光的初始时刻，并不额外输入激励光子，引起受激辐射最初的种子光来自自发辐射。但是自发辐射光方向、相位和偏振是随机的，那么，方向性和单色性都很好的激光是如何产生的？

设想如图 7-1-11 所示的增益介质，其长度 l 远远大于横向尺寸 w。起始时介质以自发辐射为主，而且凡是偏离轴向 l 的自发辐射光子都很快地从介质逸出。而沿着轴向传播的自发辐射光子会不断地引起受激辐射而得到加强，这是一个对自发辐射光进行放大的过程，可同时使相应光场单色能量密度 ρv 不断增大。当增益介质足够长时，就有可能使 ρv 满足 $B_{21} \cdot \rho v > A_{21}$，受激辐射大于自发辐射，从而获得以受激辐射为主的激光输出。

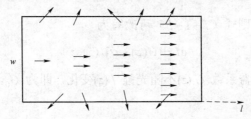

图 7-1-11　光在足够长增益介质中的受激辐射放大

这种结构的激光器显然需要很大的体积，而利用光学谐振腔可以很巧妙地解决这一问题。将具有一定长度的增益介质放置于两块相互平行并与介质轴线垂直的反射镜之间，这两块反射镜与工作介质一起，就构成了一个光学谐振腔。沿轴向传播的光束可以在两个反射镜之间来回反射，反复经过增益介质，等效于增加了增益介质长度，光被连锁式地放大，最后形成方向性很好的稳定激光，这一过程就是光的自激振荡，如图 7-1-12 所示。两个反射镜中一

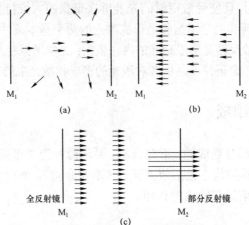

图 7-1-12　光在谐振腔中的自激振荡过程

般一个是全反射镜，反射率是 100%，另一个是部分反射镜，用于激光输出。反射镜可根据需要选择凹面镜、凸面镜、平面镜等，几种组合可构成各种各样的光学谐振腔。光学谐振腔对激光的形成及光束特性有多方面的影响，是激光器中最重要的部件之一。

2. 振荡条件

有了能实现粒子数反转的工作物质和光学谐振腔，还不一定能引起自激振荡而产生激光。因为工作物质在光学谐振腔内虽然能够引起光放大，但谐振腔内还存在使光子减少的相反过程，称为损耗。损耗有多种原因，如反射镜的透射、吸收和衍射，以及工作物质不均匀所造成的折射或散射等。显然，只有当光在谐振腔内往返来回一次所得到的增益大于同一过程中的损耗时，才能维持光振荡。也就是说，要产生激光振荡，必须满足一定的条件，这个条件是激光器实现自激振荡所需要的最低条件，又称阈值条件。

在式（7-1-5）中只考虑了光在增益介质中的放大，但实际上在谐振腔往返传输时，还存在光的损耗，我们可以通过引入损耗系数 α 来描述。α 定义为光通过单位距离后光强衰减的百分数，表示为

$$\alpha = -\frac{1}{I(z)}\frac{\mathrm{d}I(z)}{\mathrm{d}z} \tag{7-1-8}$$

若同时考虑增益和损耗，则式（7-1-5）可改写为

$$\mathrm{d}I = [G(z) - \alpha]I(z)\mathrm{d}z \tag{7-1-9}$$

假定在小信号增益下，增益系数 $G(z)$ 不随光强 $I(z)$ 变化，即为 G_0。设初始光强为 I_0，对式（7-1-9）积分求解有

$$I(z) = I_0 \mathrm{e}^{(G_0 - a)z} \tag{7-1-10}$$

因此，要想实现光放大，需要 $G_0 \geq \alpha$，这就是激光器的振荡条件或阈值条件。

综上所述，激光产生需要具备以下三个条件：

（1）有提供放大作用的增益介质作为激光工作物质，其激活粒子（原子、分子或离子）有适合于产生受激辐射的能级结构；

（2）有外界泵浦源，使激光上、下能级之间产生粒子数反转分布；

（3）有光学谐振腔，并且使受激辐射的光能够在谐振腔内维持振荡。

概括地说，粒子数反转和光学谐振腔是形成激光的两个基本条件。通过泵浦源的激励在增益介质两能级间实现粒子数反转是形成激光的内在依据；光学谐振腔则是形成激光的外部条件。前者起决定性作用，但在一定条件下，后者对激光的形成和激光束的特性也有着强烈的影响。

7.1.4 激光器的基本组成

通常激光器都是由三部分组成的：增益介质、泵浦源和光学谐振腔，如图 7-1-13 所示。与电子振荡器类似，激光器结构也包括放大元件（增益介质），而由两个平行反射镜构成的光学谐振腔则起着正反馈、谐振和输出的作用。

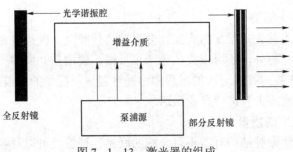

图 7 – 1 – 13　激光器的组成

7.1.4.1　增益介质

增益介质是指用来实现粒子数反转并产生光的受激辐射放大作用的物质体系。对激光工作物质的主要要求是尽可能在其工作粒子的特定能级间实现较大程度的粒子数反转，并使这种反转在整个激光发射作用过程中尽可能有效地维持下去，为此，要求工作物质具有合适的能级结构和跃迁特性。亚稳态能级的存在，对实现粒子数反转是非常重要的。

激光工作物质可以是固体（晶体、玻璃）、气体（原子气体、分子气体、离子气体）、半导体和液体等介质，它具有对光信号放大的能力。不同的激光器中，激活粒子可能是原子、分子、离子，各种物质产生激光的基本原理都是类似的。

激光工作物质决定了激光器能够辐射的激光波长，激光波长由物质中形成激光辐射的两个能级间的跃迁确定。当前，实验室条件下能够产生激光的物质已有上千种，可产生的激光波长范围是从紫外到远红外，X 射线波段的激光器也正在研究中。

7.1.4.2　泵浦源

泵浦源的作用是对激光工作物质进行激励，将激活粒子从基态抽运到高能级，以实现粒子数反转。根据增益介质和激光器运转条件的不同，可以采取不同的激励方式和激励装置，常见的有以下 5 种。

（1）光学激励（光泵浦）。光泵浦是利用外界光源发出的光来辐照激光工作物质以实现粒子数反转。整个激励装置，通常是由气体放电光源（如氙灯、氪灯）和聚光器组成。固体激光器一般采用普通光源（如脉冲氙灯）或是半导体激光器作为泵浦源，对工作物质进行光照。

（2）气体放电激励。对于气体激光工作物质，通常是将气体密封在细玻璃管内，在其两端加电压，通过气体放电的方法来进行激励。整个激励装置通常由放电电极和放电电源组成。

（3）化学激励。化学激励是利用在激光工作物质内部发生的化学反应来实现粒子数反转的，通常要求有适当的化学反应物和相应的引发措施。

（4）核能激励。核能激励是利用小型核裂变反应所产生的裂变碎片、高能粒子或放射线来激励激光工作物质并实现粒子数反转的。

（5）注入电流激励。这是半导体激光器的泵浦方式，在 7.2 节我们将详细介绍。

7.1.4.3　光学谐振腔

光学谐振腔主要有以下两个方面的作用。

1. 产生与维持激光振荡

光学谐振腔的作用首先是增加激光工作介质的有效长度，使得受激辐射过程有可能超过自发辐射而成为主导；另外，还可以提供光学正反馈，使增益介质中产生的辐射能够多次通过介质，并且使光束在腔内往返一次的过程中由受激辐射所提供的增益超过光束所受的损耗，从而使光束在腔内得到放大并维持自激振荡。

2. 控制输出激光束的质量

激光束的特性与谐振腔结构有着不可分割的联系，谐振腔可以对腔内振荡光束的方向和频率进行限制，以保证输出激光的高单色性和高方向性。通过调节光学谐振腔的几何参数，还可以直接控制光束的横向分布特性、光斑大小、振荡频率及光束发散角等。

最简单的光学谐振腔是在激活介质两端恰当地放置两个镀有高反射率的反射镜（简称F−P 腔）。与微波腔相比光学谐振腔的主要特点是：侧面是敞开的，轴向尺寸（腔长）远大于振荡波长，一般也远大于横向尺寸即反射镜的线度。因此，这类腔称为开放式光学谐振腔，简称开腔。通常的气体激光器和部分固体激光器谐振腔具有开腔的特性。开放式谐振腔是最重要的结构形式，除了平行平面腔及由两块共轴球面镜构成的谐振腔外，还有由两个以上的反射镜构成的折叠腔和环形腔，以及在由两个或多个反射镜构成的开腔内插入透镜一类光学元件而构成的复合腔等。反射镜的形状还有抛物面、双曲面、柱面等形式。

近几年，由于半导体激光器和气体波导激光器的迅速发展，固体介质波导腔和气体空心波导腔日益受到人们的重视。由于波导管的孔径往往较小，以致不能忽略侧面边界的影响。半导体激光谐振腔是波导腔的另一种形式，它们可称为"半封闭腔"。

除了三个基本组成部分之外，激光器还可以根据不同的使用场景，在谐振腔内或腔外加入对输出激光或光学谐振腔进行调节的光学元件。例如，实际上，激光发射的谱线并不是严格的单色光，而是具有一定的频率宽度，若要选取某一特定波长的光作为激光输出，可以在谐振腔中插入一对F−P 标准具；为改变透过的光强，选择波长或光的偏振方向，可在谐振腔中加入滤光器；为降低反射损耗，可在谐振腔中加入布儒斯特窗，还可以在谐振腔中加入锁模装置或 Q 开关，对输出激光的能量进行控制；此外，还有棱镜、偏振器、波片、光隔离器等光学元件，可根据不同的用途进行添加。

7.2　半导体激光器

半导体激光器是指以半导体材料为工作物质的激光器，又称半导体激光二极管，其工作物质有几十种，如砷化镓（GaAs）、硫化镉（CdS）等，激励方式主要有电注入式、光泵式和高能电子束激励式三种。半导体激光器从最初的低温（77 K）下运转发展到室温下连续工作，从同质结发展成单异质结、双异质结、单量子阱、多量子阱、量子线和量子点等多种形式。半导体激光器因波长可扩展、高功率激光阵列的出现，以及可匹配光纤导光和激光能量参数可操控等原因，近年获得迅速发展。由于半导体激光器的体积小、结构简单、可集成、寿命长、易调制，以及价格低廉等优点，其应用遍布通信、传感、医疗、加工制造、军事等领域。

7.2.1　半导体材料的光电子学特性

半导体激光器的工作原理基于光与半导体材料（内部载流子）的相互作用，亦有受激吸收、自发辐射和受激辐射三个过程。只是，在前述光子与原子的相互作用过程中，电子跃迁发生在分立的能级之间，而在半导体中是发生在表征电子能量状态的能带之间的。因此，跃迁概率和特性与半导体的能带结构及载流子密度的分布密切相关，而这些又与半导体材料和掺杂特性有关。在这里，先来讨论半导体材料的光电子学特性。

7.2.1.1　半导体的能带结构

1. 能带的形成

当原子或分子孤立存在时，电子在一系列分立的能级上运动。若将 N 个具有相同能级且相互独立的原子看成一个系统，则每个原子内的电子能级是相同的，即它们都是简并的。但当这些原子相互靠近且有规则地排列形成晶体时，原子核外电子不仅受到本身原子核的作用，还受到相邻原子核的作用。不同原子的电子轨道（尤其是外层电子轨道）相互交叠，电子不再局限于某一个原子中而是在整个晶体中做共有化运动，致使电子能级的简并性消除。根据泡利不相容原理，原来束缚在单原子中的电子，不能在同一个能级上存在，从而原来具有相同能值的能级只能分裂成 N 个非常接近的能级（10^{-22} eV），又因为各能级能量差很小，可将其看成能量连续的区域，称为能带，如图 7-2-1 所示。

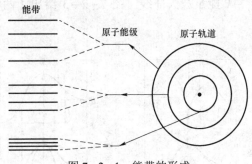

图 7-2-1　能带的形成

2. 满带、价带、空带与导带

当原子处于基态时，它的所有电子从最低能级开始依次向上填充。半导体材料中，原子之间通过共价键共享外层价电子，形成稳定的满壳层结构。在没有缺陷和杂质的理想半导体材料（本征或 I 型半导体）中，电子从最低能带开始依次向上填充，被价电子填满的能带称为满带，满带中能量最高的一条称为价带。价带上面未被电子填充的能带称为空带。价带与空带之间有个带隙，是不允许电子存在的区域，称为禁带，通常用 E_g 表示价带顶与空带底之间的能量差，即禁带宽度。受到光电注入或热激发后，价带中的部分电子会越过禁带进入能量较高的空带，空带中存在电子后即成为导电的能带——导带。导带一般位于空带的底部。

根据导电性（电阻）的不同，可以将物质分为超导体、导体、半导体和绝缘体。导体、半导体和绝缘体的能带结构如图 7-2-2 所示。可以看出，对于金属（导体）来说，价带和导带部分重合，导带被电子部分填充，因而具有导电特性。对绝缘体和半导体等非导体而言，导带和价带之间有明显带隙。一般情况下，价带中的电子不会自发地跃迁到导带。其中，绝缘体具有较大的带隙宽度，电子不能被激发到空带，不具有导电性。半导体禁带宽度相对较小，通过某种方式给价带中的电子提供能量，就可以将其激发到导带中，形成载流子，从而增加半导体导电性。

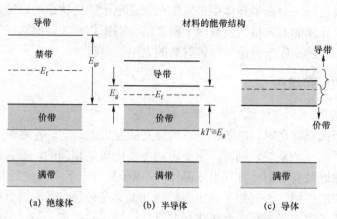

图7-2-2 导体、半导体和绝缘体的能带结构

3. 直接带隙与间接带隙

电子既具有能量，也具有动量，半导体的能带结构严格上须用价带和导带中电子的能量波矢图来表示，即 $E(k)-k$ 能量波矢曲线。图 7-2-3 给出了两种典型的半导体材料的能量波矢图。

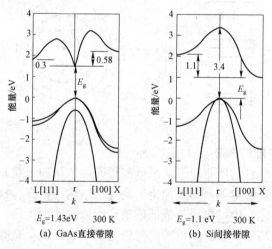

图7-2-3 半导体能量波矢图

根据导带底和价带顶所对应的波矢 k 值位置，半导体中的能带结构可以分成两种：直接带隙和间接带隙。第一种是导带底和价带顶的 k 值相同的情况，当电子从价带跃迁到导带时，满足能量守恒和准动量守恒，具有这种带隙结构的半导体称为直接带隙半导体。第二种是导带底和价带顶的 k 值不同的情况，这时电子需要借助声子的作用才能完成跃迁，具有这种带

隙结构的半导体称为间接带隙半导体。这种能带结构上的不同，导致它们具有截然不同的电学和光学特性。

半导体光源的发光机理是导带电子跃迁至价带与空穴复合，同时将多余的能量以光子形式辐射，即载流子的辐射复合。在辐射复合的过程中需要满足能量和动量守恒条件，即

$$hv = E_C - E_V = E_g, \quad h\beta = hk_C - hk_V \tag{7-2-1}$$

式中，β，k_C 和 k_V 分别表示跃迁过程中光子、导带电子和价带空穴的波矢量。与电子动量相比，光子动量可以忽略不计，因此动量守恒条件可以改写为 $k_C = k_V$，即电子在能带之间的跃迁只能垂直发生。我们知道，电子总是倾向于占据能量最小的状态，空穴总是倾向于占据能量最大的状态，在导带底 E_C 附近集中着大量的电子，而价带空穴则集中在价带顶 E_V 附近。因此，直接带隙材料很容易发生自发和受激辐射的载流子复合过程，具有很高的电光转换效率，适合作为半导体发光材料。Ⅲ－Ⅴ族化合物半导体材料，如 GaAs 和 InP 等二元系材料，GaAlGs、InGaAs 等三元系材料，InGaAsP、InAlGaAs 等四元系材料，以及Ⅱ－Ⅵ族化合物半导体材料，如 GdTe、ZnTe 等，基本都属于直接带隙材料，主要用于各种光源和光电检测器的制作。而间接带隙材料中，若想载流子辐射复合，根据动量守恒条件可知，需要在声子的参与下才能完成。从量子力学观点来说，有声子参与的跃迁是一个二级微扰过程，因此辐射跃迁概率要低得多，也就是说电光转换效率低，不适合制作光电子器件，适合于制作需要避免光与电子相互作用的微电子器件。Ⅳ族半导体材料，包括 Si、Ge 等，属于间接带隙材料，主要用于大规模集成电路等微电子学领域。

一般而言，半导体载流子辐射复合发光主要有两个特点：①一般电子集中在导带底，空穴集中在价带顶，因此发射光子的能量基本上等于禁带宽度；②在直接带隙半导体中复合发光的概率要远大于在间接带隙半导体中。因此，在制作半导体激光器时，一般选用直接带隙材料，且发射的波长由半导体的禁带宽度决定。

4. 掺杂半导体及杂质能级

由于本征半导体的导电性很弱且用本征材料制作的器件极不稳定，因此常在其中掺杂不同类型和不同浓度的杂质元素来控制半导体的光电子学特性。掺杂半导体可分为 N 型半导体和 P 型半导体。

1）N 型半导体

在本征半导体中掺入的杂质原子如果存在多余的未成键价电子，则该电子只需要很小的能量就可以被热激发，进而挣脱束缚（电离）进入导带成为导电电子，从而在整个晶体中自由运动，而原来的掺杂原子变为正电离子被晶格束缚，不能运动。由于这种杂质可以释放导电电子，因此称为施主杂质，所形成的半导体材料以电子导电为主，称为 N 型半导体。以硅半导体掺入Ⅴ族元素磷（P）为例。当原来的 Si 原子被 P 原子占据时，如图 7-2-4 所示，P 的五个价电子中有四个价电子同邻近的四个 Si 原子（Si 原子是四价的）形成共价键，第五个价电子不能进入已经饱和的键，它从杂质原子中分离出去，并像一个自由电子那样在整个晶体中运动，即此电子进入导带。由于硅中增加了带负电荷的载流子，所以称为 N 型半导体，P 原子称为施主。

施主杂质的电离过程可以用能带图来表示，如图 7-2-5 所示，当电子得到能量 ΔE_D 后，就从施主的束缚态跃迁到导带成为导电电子，可见，被施主杂质束缚时的电子的能量比导带

底 E_C 低 ΔE_D。将被施主杂质束缚的电子的能量状态称为施主能级，用 E_D 表示。实验测得，V 族元素原子在硅、锗中的电离能很小（多余电子很容易挣脱原子的束缚成为导电电子），在硅中电离能为 0.04~0.05 eV，在锗中电离能约为 0.01 eV，电离能比硅、锗的禁带宽度小得多。所以，施主能级位于离导带底很近的禁带中，图 7-2-5 中用离导带底 E_C 为 ΔE_D 处的短线段表示，每一个短线段对应一个施主杂质原子，施主能级上的黑点表示被施主杂质束缚的电子，此时为束缚态。图 7-2-5 中的箭头表示被束缚的电子得到电离能后从施主能级跃迁到导带成为导电电子的电离过程。导带中的小黑点表示进入导带中的电子，施主能级上的施主杂质电离后带正电。相较于本征半导体，在 N 型半导体中导带中的导电电子更多，即电子密度大于空穴密度，因此电子为多数载流子，空穴为少数载流子。

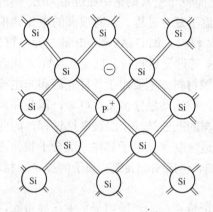

图 7-2-4 Si 中掺入施主杂质 P

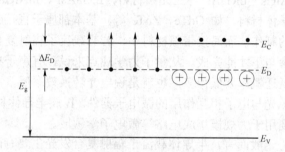

图 7-2-5 N 型半导体能带结构和施主能级

2）P 型半导体

在本征半导体中掺入的杂质原子如果存在多余的电子空位，则该空位易于被其他束缚电子占据而在价带形成可移动的空穴，此空穴在整个晶体中自由移动。由于这种杂质提供了带正电荷的载流子（空穴），因此称为受主杂质，所形成的半导体材料以空穴导电为主，称为 P 型半导体。以硅中掺入Ⅲ族元素硼（B）为例，如图 7-2-6 所示，一个硼原子占据了硅原子的位置。硼原子有 3 个价电子，当它和周围的 4 个硅原子形成共价键时，还缺少一个电子，必须从别处的硅原子中夺取一个价电子，于是在硅晶体的共价键中产生了一个空穴。而硼原子接受一个电子后，成为带负电的硼离子（B⁻）。带负电的硼离子和带正电的空穴之间有静电引力作用，所以这个空穴受到硼离子的束缚，在硼离子附近运动。但硼离子对空穴的束缚很弱，只要很小的能量就可以使空穴挣脱束缚，成为在晶体晶格中自由运动的导电空穴。空穴挣脱受主杂质束缚的过程称为受主电离。

使空穴挣脱受主杂质束缚成为导电空穴所需的能量，称为受主杂质的电离能，用 ΔE_A 表示。实验测量表明，Ⅲ族杂质元素在硅、锗中的电离能很小：在硅中为 0.045~0.065 eV，在锗中约为 0.01 eV。电离能远小于硅、锗晶体的禁带宽度。同样受主杂质的电离过程可以用能带图来表示，如图 7-2-7 所示。当空穴得到电离能后，就从受主的束缚态跃迁到价带成为导电空穴，在能带图上表示空穴的能量是越向下越高，所以空穴在被受主杂质束缚时的能量比价带顶 E_V 低 ΔE_A。把被受主杂质束缚的空穴的能量状态称为受主能级，用 E_A 表示。由于电离能远小于禁带宽度，所以受主能级位于离价带顶很近的禁带中。一般情况下，受主能级也是孤立的能级，用离价带顶 ΔE_A 处的短线段表示，每一条短线段对应一个受主杂质原子。受主能级上的小圆圈表示被受主杂质束缚的空穴，这时受主杂质处于束缚态。箭头表示受主杂质的电离过程，在价带中的小圆圈表示进入价带的空穴，受主能级处的小黑点表示受主杂质电离后带负电。受主电离过程实际上是电子的运动过程，价带中的电子得到电离能后，跃迁到受主能级上，和束缚在受主能级上的空穴复合，并在价带中产生一个可以自由运动的导电空穴，同时形成一个不可移动的受主离子。在 P 型半导体中，受主杂质电离，使价带中的导电空穴增多，空穴密度大于电子密度，因此空穴为多数载流子，电子为少数载流子。

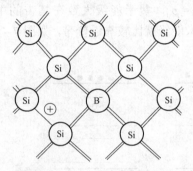

图 7-2-6　Si 中掺入受主杂质 B

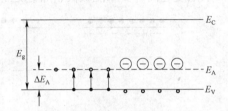

图 7-2-7　P 型半导体能带结构和受主能级

综上所述，如果掺入的杂质原子代替晶体中的原有原子存在多余价电子，则该杂质为施主杂质；如果尚缺乏成键需要的电子，即存在电子空位，则该杂质为受主杂质。比如，在 IV 族半导体材料中掺入 V 族元素即出现多余电子，因此 V 族元素在 IV 族半导体材料中为施主杂质，相反 III 族元素则为受主杂质。而在 II - VI 族材料中，II 族元素为受主杂质，VI 族元素为施主杂质。受主杂质和施主杂质在禁带中引入了新的能级，分别为受主能级和施主能级：受主能级比价带顶高 ΔE_A，施主能级比导带底低 ΔE_D。由于电离能很小，所以受主能级很接近于价带顶，施主能级很接近于导带底。一般将这些杂质能级称为浅能级，将产生浅能级的杂质称为浅能级杂质。

3）费米能级

在一定温度热平衡状态下，电子按能级大小具有一定的统计分布规律，即这时的电子在不同能量的量子态上统计分布概率是一定的。根据量子统计理论，电子遵循费米统计规律。能量为 E 的一个量子态被一个电子占据的概率为

$$f(E) = 1 \left/ \left[1 + \exp\left(\frac{E - E_F}{k_0 T} \right) \right] \right. \qquad (7-2-2)$$

式（7-2-2）称为费米-狄拉克分布函数，其中 E 为电子能量，k_0 为玻尔兹曼常量，T 为热力学温度，E_F 为费米能级。E_F 是一个常数，在绝大多数情况下，它的数值在半导体能带的禁带范围内，它和温度、半导体材料的导电类型、杂质的含量及能量零点的选取有关。E_F 是一个很重要的物理参数，只要知道了 E_F 的数值，在一定温度下，电子在各量子态上的统计分布就完全确定了。由式（7-2-2）可知，当 $T > 0\,\mathrm{K}$ 时：

若 $E < E_F$，则 $f(E) > 1/2$；

若 $E = E_F$，则 $f(E) = 1/2$；

若 $E > E_F$，则 $f(E) < 1/2$。

上述结果说明，当系统的温度高于绝对零度时，如果量子态的能量比费米能级低，则该量子态被电子占据的概率大于 50%；若量子态的能量比费米能级高，则该量子态被电子占据的概率小于 50%。因此，费米能级是量子态基本上被电子占据或基本上为空的一个标志。而当量子态的能量等于费米能级时，该量子态被电子占据的概率是 50%。

费米能级与温度及半导体中所含杂质的情况密切相关。在一定温度下，由于半导体中所含杂质的类型和数量不同，电子浓度 n_0 及空穴浓度 p_0 也将随之变化。

对 N 型半导体，$n_0 > p_0$，其费米能级比较靠近导带，如图 7-2-8（a）所示；对于本征半导体（就是一块没有杂质和缺陷的半导体），$n_0 = p_0$，费米能级大致在禁带的中央，如图 7-2-8（b）所示；对 P 型半导体，$p_0 > n_0$，其费米能级就比较靠近价带，如图 7-2-8（c）所示，且掺杂浓度越高，费米能级离价带越近。

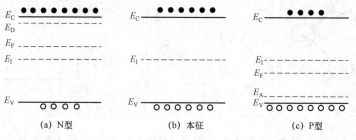

(a) N型　　　　　　　　　(b) 本征　　　　　　　　　(c) P型

图 7-2-8　不同半导体能带结构和费米能级

7.2.1.2　PN 结

采用扩散、合金、离子注入等制造工艺，可以在半导体的一部分掺杂受主杂质，形成 P 型半导体区，另一部分掺杂施主杂质，形成 N 型半导体区，在 P 型区和 N 型区之间的分界面上即可形成 PN 结。PN 结具有独特的光电子学特性，是很多光电子器件的基本组成单元。

1. PN 结的形成

我们先考察两块分离的 P 型半导体及 N 型半导体，它们的能带如图 7-2-9 所示。由于在 P 型半导体中有大量空穴及少量电子，而 N 型半导体中则有大量电子及少量空穴，因此它们的费米能级是不相等的。

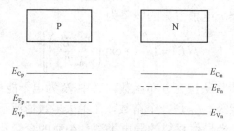

图 7-2-9　分离半导体的能带图

现在考虑在一块半导体上制成相邻接的 P 区及 N 区，如图 7-2-10 所示。由于 P 区和 N 区两边的载流子性质及浓度均不相同，P 区的空穴浓度大，而 N 区的电子浓度大，于是在浓度梯度的驱动下电子和空穴将在交界面处产生扩散运动。P 区的空穴向 N 区扩散，在 PN 结边界的 P 区侧留下带负电荷的受主离子；N 区的电子向 P 区扩散，在 PN 结边界的 N 区侧留下带正电荷的施主离子，这样 PN 结交界面两侧不再呈现电中性，出现了带正、负电荷的区域，称为空间电荷区。空间电荷区的电场方向由 N 区指向 P 区，称为 PN 结的自建电场。这一自建电场的存在，使 PN 结中不仅有载流子的扩散作用，而且也存在载流子的漂移作用，且它们的运动方向恰好相反。在内电场的作用下，电子将从 P 区向 N 区做漂移运动，空穴则从 N 区向 P 区做漂移运动。经过一段时间后，扩散运动与漂移运动达到一种相对平衡状态，在交界处形成了一定厚度的空间电荷区，而中间结区由于内建电场的作用载流子浓度基本为零，因此叫作耗尽区，也叫阻挡层、势垒。

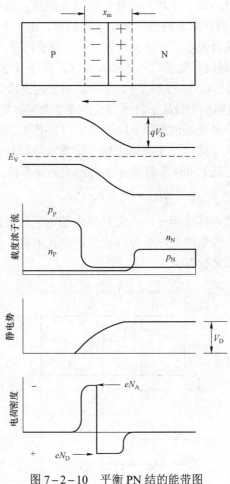

图 7-2-10　平衡 PN 结的能带图

　　在这种平衡状态下，P 区和 N 区之间宏观上不再发生载流子的转移，可以想见，这时 P 区和 N 区的费米能级应该一致。如果两边费米能级不同，就意味着 P 区和 N 区电子填充的能级水平不同，填充在高能级的电子应该向低能级运动，将出现 P 区和 N 区之间载流子的迁移。由于这个原因，PN 结区内自建场的势垒 qV_D 等于 N 型半导体费米能级 E_{FN} 和 P 型半导体费米能级 E_{FP} 之差。通常把 P 区当作电位的零点区域，则 N 区具有 $+V_D$ 的电位，在 N 区的电子就具有了附加的势能 $-qV_D$（q 是电子电荷）。在没有外加偏压的情况下，可得到

$$qV_D = E_{FN} - E_{FP} \qquad (7-2-3)$$

从图 7-2-10 可看出，在 P 区和 N 区交界处有一个很薄的耗尽层（基本没有载流子的区域），这一层厚度大小取决于外加偏压和 N 区、P 区的载流子浓度。在耗尽层内载流子从边界开始急剧下降，因而在耗尽层内载流子几乎是空的，电荷中性条件被破坏，在耗尽层内出现一定的电荷密度，有人也把耗尽层称为空间电荷区。

2. PN 结的电致发光原理

通过在 PN 结两侧加正向或反向偏压可以获得不同的光电特性。如果在 PN 结两端加正向偏压（P 区接正极，N 区接负极）V_A，由于耗尽区是一个几乎没有载流子的高阻区域，则外加电场主要降落在这个区域。外加电场与内建电场方向相反，消弱了内建电场对扩散运动的阻挡作用。这时，在 PN 结内，原来的热平衡状态被破坏，由于 PN 结势垒降低，N 区的电子可以进一步扩散到 P 区，从而破坏了 P 区少数载流子（少子）的平衡，产生了非平衡少数载流子；同样，P 区的空穴可以越过降低了的势垒进入 N 区，而在 N 区内出现非平衡少子，我们把这种现象称为 PN 结的少子注入，如图 7-2-11 所示。对于由直接带隙材料构成的 PN 结，满足一定条件后注入到耗尽区的非平衡载流子将通过自发或受激辐射复合产生电致发光。从能带角度分析，PN 结势垒高度将在外电场的作用下降低为 $q(V_D - V_A)$，能带弯曲减小，N 区能带被提升了 qV_A，材料内部 P 区和 N 区在平衡状态下统一的费米能级被破坏，形成各自的准费米能级。半导体内因辐射复合消耗的非平衡载流子由外部电源不断注入。若外加偏置电压满足

$$qV_A = E_{fn} - E_{fp} > E_g \tag{7-2-4}$$

则可以在 PN 结区实现外加电场作用下注入耗尽层内的电子和空穴通过辐射复合而产生光子的速率大于材料对光子的吸收速率，在半导体内将产生光增益。因为载流子辐射复合发光主要是在耗尽区，因此该区域又称有源区。

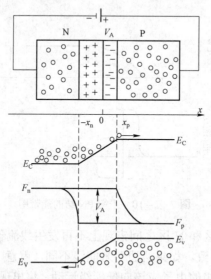

图 7-2-11　正向偏置下 PN 结能带图

事实上，即使 PN 结不加正向偏置，由于热激发的作用，导带和价带中的电子和空穴也会发生复合发光，但发出的光会在晶格中立即被吸收激发新的电子，从而对发光基本没有贡献。根据能量守恒定律可知，在外加正向偏置时，因为载流子辐射复合而产生的光子的能量

大于等于禁带宽度，因此复合发光的最大波长可以表示为

$$\lambda = hc / E_{\mathrm{g}} = 1.24 / E_{\mathrm{g}}\,(\mu\mathrm{m}) \tag{7-2-5}$$

式（7-2-5）中，h 为普朗克常数，c 为光在真空中的速度。

　　PN 结的电致发光和提供光增益的能力是制作半导体发光二极管和半导体激光器的基础。如果外部电流注入而产生的电致发光只发生在一个简单的半导体 PN 结上，则所发出的光基本上不具有方向性和相干性。若要获得具有一定的方向性和相干性的有效激光输出，需要对半导体的 PN 结结构进行适当的设计，以提供形成激光所必需的光反馈和对光场进行限制的某种形式的波导结构。

　　由同一种基质材料的 P 型和 N 型半导体组成的 PN 结，称为同质结。这种结构的 PN 结制作简单，但用于发光器件时具有以下缺点。

　　（1）对注入载流子约束性差。同质 PN 结加正向偏置时，PN 结势垒降低，如果偏压进一步增加，势垒甚至接近于零，注入到有源区的非平衡载流子将有相当一部分未来得及辐射复合而越过耗尽区继续做扩散运动，造成大量载流子泄漏。所以有源区对注入载流子的约束性比较差，不能有效地将注入的非平衡载流子限制在结区发生辐射复合以产生光子，因此降低了 PN 结的发光效率。

　　（2）对出射光的约束性差。同质结由同种半导体基质材料组成，使得整个器件的折射率在空间上是均匀分布的，因此无法形成一个光波导，而将产生的光约束在有源区内，光场将弥散到有源区外较远的区域。因此，同质结对产生光的约束性比较差，从而降低了输出光的效率。

　　（3）有源区宽度有限。同质结的耗尽区宽度一般约数十纳米，在加正向偏置电压后会进一步减小，甚至几纳米，因此有源区空间范围有限。

　　相比于同质结，双异质结可以很好地解决上述问题。

7.2.1.3　异质结

　　半导体异质结是指由两种基本物理参数不同的半导体材料构成的 PN 结。根据半导体单晶材料的掺杂类型，异质结又进一步分为同型异质结和异型异质结。同型异质结是由具有相同掺杂类型的不同半导体材料构成的，如(N)Ge–(N)GaAs、(P)Ge–(P)GaAs 等；异型异质结是由具有不同掺杂类型的不同半导体材料构成的，如(P)Ge–(N)GaAs、(N)Ge–(P)GaAs 等。一般把禁带宽度较小的半导体材料写在前面。

　　双异质结由两层宽带隙层材料（N 型和 P 型）和位于它们之间的窄带隙层材料（非故意掺杂）组成，一般包含一个同型异质结和异型异质结，带隙较小的材料具有较高的折射率。这种结构的发光器件可以有效地约束注入载流子和输出光场。

　　图 7-2-12 表示 N–AlGaAs/P–GaAs/P–AlGaAs 双异质结的能带图、折射率分布图及光强分布图。

　　与同质结相比，由于窄带隙材料为非故意掺杂，掺杂浓度极低，因此内建电场主要由 N 型和 P 型宽带隙材料的载流子扩散运动形成，从而耗尽区跨越整个窄带隙层。调整窄带隙材料厚度可以控制有源区厚度。在零偏压时，系统的费米能级处于同一水平线上。当施加正偏压时，N 区的费米能级上升，两费米能级间距变为 qV_{A}，其中 V_{A} 为外加正向偏压。由 N 区注入到有源区的电子和由 P 区注入到有源区的空穴产生辐射复合而发射光子。从能带结构图可

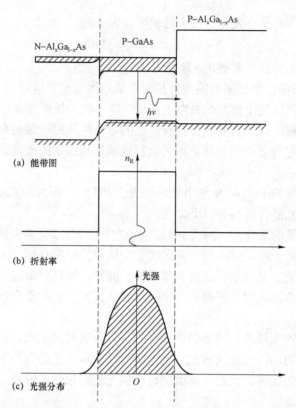

图 7-2-12　双异质结能带图、折射率分布图及光强分布图

以看出，在有源区和 P 区界面存在阻碍电子向 P 区扩散的势垒，而在有源区和 N 区界面存在阻碍空穴向 N 区扩散的势垒，因而异质结势垒的存在可以将注入载流子有效限制在有源区内，实现了对载流子的约束作用。

与 P 区和 N 区 AlGaAs 相比，窄带隙材料 P-GaAs 作为有源区具有较高的折射率，由三层半导体所组成的双异质结可以形成光波导结构，因此对产生的光场实现了良好的约束作用。另外，双异质结的有源区为窄带隙材料，在该区容易实现准费米能级进入能带内部的光增益条件，达到强的粒子数反转状态，易于实现室温下的连续运转激光器和放大器。

7.2.2　F-P 腔半导体激光器

7.2.2.1　F-P 腔半导体激光器的基本结构

F-P 腔半导体激光器是指采用法布里-珀罗（F-P）谐振腔作为光反馈装置的半导体激光器的统称。F-P 腔是为半导体激光器提供谐振腔最简单的方法，也是激光技术发展史上最早提出的光学谐振腔。半导体激光器的 F-P 腔主要是由与 PN 结平面相垂直的自然解理面构成的。

F-P 腔半导体激光器的基本结构如图 7-2-13 所示，该激光器的增益介质为 PN 结有源区，泵浦方式为通过金属电极直接电流注入非平衡载流子，谐振腔由前后两个端面上的自然解理面组成。因为半导体的折射率很大，其相对空气界面自然形成足够的反射率。若想增大单端激光输出，只要在一个界面上镀膜以减小其反射率即可。

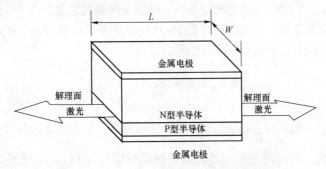

图 7-2-13 F-P 腔半导体激光器结构图

F-P 腔半导体激光器基本工作原理是：在 PN 结上加正向偏压，注入非平衡载流子，因电子和空穴复合而产生自发辐射和受激辐射；在谐振腔内建立稳定的振荡，最后，满足 F-P 腔谐振条件的光场在往返过程中获得足够的增益形成激射，并在两个端面上产生激光输出。如前所述，图 7-2-13 是一个同质结结构，对载流子和光场没有束缚作用，而目前实用的激光器一般是采用双异质结结构。图 7-2-14 是一个由 GaAs 和 GaAlAs 材料构成的双异质结 F-P 腔半导体激光器，其增益介质为非故意掺杂的 GaAs 窄带隙有源区，从波导角度看它是一个三层介质波导结构。这个三层介质波导可以是对称的，即上下包层的折射率是相同的，也可以是非对称的，即上下包层的折射率是不同的。常用的是对称的介质波导。

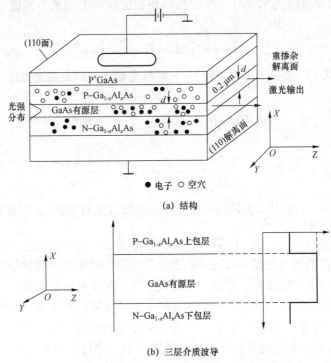

(a) 结构

(b) 三层介质波导

图 7-2-14 双异质结半导体激光器

7.2.2.2　F-P腔半导体激光器的阈值与选频特性

在7.1.3节讨论了一般激光器的阈值条件，即光在谐振腔往返振荡中，必须满足增益不小于损耗，才能实现自激振荡。这里分析光在F-P腔中往返传输的情况。首先来讨论一下F-P腔，如图7-2-15所示。在腔内传输的光场可以表示为

$$E_i = E_{i0} \exp\left[-\mathrm{j}\beta z + (G-a_i)\frac{z}{2}\right] \qquad (7-2-6)$$

式（7-2-6）中，$\beta = k_0 n = \dfrac{2\pi}{\lambda}n$ 为模式的平均传输常数，n 为有源区有效折射率，G 和 a_i 分别为增益和损耗系数。假定两个腔面的光场反射率分别为 r_1 和 r_2，腔面的功率反射率可分别表示为 R_1 和 R_2，其中

$$R_1 = r_1^2; \quad R_2 = r_2^2 \qquad (7-2-7)$$

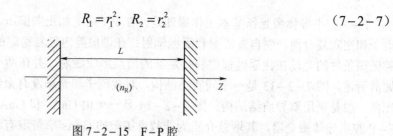

图7-2-15　F-P腔

当F-P腔中能够形成稳定自激振荡时，腔内的光场具有稳定的分布，也就是说，当波在两个腔面经过多次反射回到原处时，波的振幅和相位应等于原来的初值。这个描述可以用式（7-2-8）来表示

$$r_1 r_2 \exp\left[-2\mathrm{j}\beta L + (G-a_i)L\right] = 1 \qquad (7-2-8)$$

L 为腔长。由式（7-2-8）可以得到F-P腔激光器产生稳定激光振荡所需的增益条件和相位条件分别为

$$R_1 R_2 \exp\left[(G-a_i)2L\right] = 1; \quad \beta L = m\pi \qquad (7-2-9)$$

或表示为

$$G_{th} = a_i + \frac{1}{2L}\ln\frac{1}{R_1 R_2} = a_i + a_m; \quad \omega_m = \frac{m\pi c}{nL} \qquad (7-2-10)$$

式（7-2-10）中 $a_m = \dfrac{1}{2L}\ln\dfrac{1}{R_1 R_2}$ 表示为单位长度上的等效镜面损耗，m 为整数，$\omega = 2\pi\upsilon = \dfrac{2\pi c}{\lambda}$ 为光场的角频率。式（7-2-10）中第一式的物理意义是：当激光器达到阈值时，光场在单位长度介质中所获得的增益必须足以抵消由于介质对光场的吸收、散射等引起的内部损耗和从腔面的激光输出等引起的损耗。显然，尽量减小光子在介质内部的损耗，适当增加增益介质的长度和对非输出腔面镀以高反射膜增加反射率都可以降低激光器的阈值增益。

式（7-2-10）中第二式表示的是F-P腔的频率选择特性，或者说激光器形成稳定振荡的驻波条件，光场在F-P腔内来回一次相位变化为 2π，亦可以用波长表示为

$$\frac{4\pi nL}{\lambda} = 2m\pi \qquad (7-2-11)$$

即所经历的光程必须为波长的整数倍。只有在 F-P 腔满足驻波条件的特定频率光场才能在腔内形成激光振荡。当增益介质折射率和腔长一定时，每一个 m 值对应一个振荡频率或波长，或者说对应一个振荡的纵模模式。腔的两相邻纵模的频率之差称为纵模间隔，可以表示为

$$\Delta\omega = \frac{\pi c}{nL} \qquad (7-2-12)$$

图 7-2-16 是在不同注入电流下 F-P 腔半导体激光器的增益谱，虚线为注入电流小于阈值电流时的增益谱，随着注入电流的增加，当最靠近增益谱峰值的纵模频率 ω_m 增益满足式（7-2-10）时，这个纵模将开始激射。

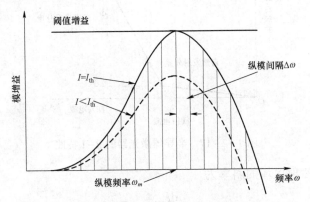

图 7-2-16　F-P 腔半导体激光器的增益谱

7.2.2.3　F-P 腔半导体激光器的稳态特性

1. P-I 特性

如果注入电流 I 达到阈值 I_{th} 以上开始激射，为维持式（7-2-10）的阈值条件，增益 G 停留在阈值增益 G_{th} 不变，不随注入电流增加而增加。因为增益是载流子密度的函数，若激射处于稳态，载流子的能量分布处于热平衡状态，则载流子密度也不变化。同样，自发辐射复合数也不变。因此，与超过阈值电流部分 I/I_{th} 相对应的注入载流子，将因受激辐射复合而消耗掉。若用单位时间的光子数表示输出光功率，则 P_{out} 可以表示为

$$P_{out} = \begin{cases} F_{sp}\eta_{sp}(I/q), & I < I_{th} \\ F_{sp}\eta_{sp}(I_{th}/q) + F_{st}\eta_{st}(I-I_{th})/q, & I \geq I_{th} \end{cases} \qquad (7-2-13)$$

式（7-2-13）等号右端第一行与第二行的第一项表示非相干的自发辐射分量，第二行第二项表示相干的受激辐射分量。式（7-2-13）中，F_{sp}，F_{st} 表示光子被耦合到激光谐振器外部的比率系数。自发辐射光由有源区向全方向发散，而受激辐射光沿波导型 F-P 腔轴向输出；η_{sp}，η_{st} 是内部量子效率或内微分量子效率，即载流子复合产生的光子数与注入载流子之比，如果忽略非辐射复合或载流子泄漏，其值为 1，否则小于 1。式（7-2-13）即为半导体激光器的输出光功率与注入电流的关系特性，又简称为 P-I 特性，可用图 7-2-17 来表示（在阈值电流 I_{th} 处发生折变呈折线形状）。阈值电流 I_{th} 标志着半导体激光器谐振腔中增益与损耗的平衡点。在注入电流小于阈值电流时，有源区内不能形成粒子数反转，激光器主要进行自发辐射，发射的光信号频谱较宽，其工作状态类似于一般的二极管；在注入电流大于阈值电

流时，受激辐射占主导地位，这时才能发射谱线尖锐、模式明确的激光。影响激光器阈值的主要因素包括：器件结构、有源区材料和器件工作温度。晶体的掺杂浓度越大，阈值越小；谐振腔的损耗小，则阈值就低；异质结结构的阈值电流要比同质结结构小很多；温度越高，阈值电流越大。

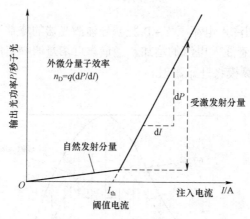

图 7-2-17　半导体激光器的 P-I 特性

当 $I > I_{th}$ 时，在激射区域的斜率为

$$\eta_d = \frac{dP_{out}}{d(I/q)} = F_{st}\eta_{st} \qquad (7-2-14)$$

称为外部量子效率或外微分量子效率。对于给定的激光器，通过 P-I 特性可以很容易测出外微分量子效率和阈值电流 I_{th}，它们是表征激光器特性的重要参数。另外一个重要参数是功率效率，其定义为激光器发射的光功率/激光器所消耗的电功率。

2. 光谱特性

典型的 F-P 激光器的光谱特性常常比较宽，通过 7.2.2.2 节的分析可知，F-P 腔半导体激光器的输出光谱表现为一个多纵模光谱特性，即是一个多纵模激光器。

在稳态运转时，随着注入电流的增加，光场的增益谱将逐渐向腔损耗所规定的上限逼近，距增益谱峰值最近的光场模式将率先激射，并通过模式竞争占据主导地位，而边模则逐渐得到抑制，如图 7-2-16 所示。在稳态激射情况下，峰值增益将被钳制在阈值增益 G_{th} 上，因此腔内的载流子浓度、载流子非辐射复合速率和自发辐射均被钳制在阈值水平。图 7-2-18 给出了一个 F-P 腔半导体激光器在不同注入电流下的稳态输出光谱示意图。由图 7-2-18 可知，随着注入电流的增加，激光器输出光谱的边模抑制比迅速增大。因此，通过提高注入电流，使激光器工作在远高于阈值的条件下，F-P 腔半导体激光器可以实现单纵模激光输出。但这种单纵模是不稳定的，当注入电流存在波动或者纵模间隔较小时，容易发生主模在相邻纵模间的随机跳变。尤其是在通过改变注入电流对激光器进行直接动态调制时，F-P 腔半导体激光器将表现出典型的多纵模振荡特性。在动态调制下，F-P 腔半导体激光器边模抑制比会迅速恶化，输出光谱包络明显展宽，并且随着调制频率的增加而趋于严重。这时 F-P 腔半导体激光器用在单模光纤通信系统中会使色散对信号的影响显著增加，降低系统的传输性能。因此，具有多纵模输出特性的 F-P 腔半导体激光器不适用于高速、长距离的光纤通信系统。

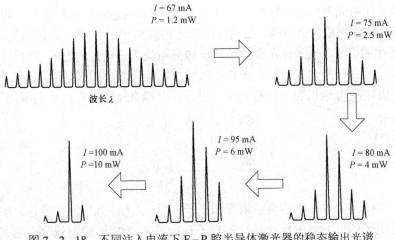

图 7-2-18　不同注入电流下 F-P 腔半导体激光器的稳态输出光谱

7.2.2.4　F-P 腔半导体激光器的动态特性

由于半导体激光器靠注入电流激励，是电子和光子直接进行能量转换的器件，因此其相比其他激光器一个最重要的特点之一是它有被交变信号直接调制的能力。这种直接调制是简便高效的，也是半导体激光器在通信领域获得广泛应用的一个关键因素，如图 7-2-19 所示。但是，通信系统中对半导体激光器的动态性能提出了严格要求，如窄谱宽，动态单纵模工作，电光转换不产生调制畸变，电光转换延迟小，不产生自持脉冲等。因此，研究在直接高速调制下的半导体激光器的动态特性至关重要。在动态工作的半导体激光器中，载流子和光子随时间的变化相互作用，使激光器表现出不同于稳态下的复杂行为。比如，当激光器加上阶跃电流脉冲作为激励电流时，其光学响应在达到稳态之前有一个弛豫过程，表现为光子对注入载流子的响应延迟、慢衰减、自持振荡等特性，这些都会对高速调制特性产生不利影响。

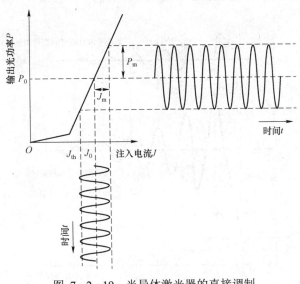

图 7-2-19　半导体激光器的直接调制

在讨论半导体激光器的动态特性时,一般用速率方程描述光子和载流子之间的相互作用。为了简化分析,使物理概念更明确,在给出速率方程前作如下假设:① 忽略载流子的侧向扩散;② 在光腔中的电子、光子分布和粒子数反转分布认为是理想均匀的,电子和光子密度只是时间的函数;③ 每一个自发辐射光子均进入腔模,即自发辐射因子为1;④ 忽略光子渗出有源区之外的损耗;⑤ 谐振腔内只有一个纵模。这时耦合速率方程组可表示为

$$\frac{\mathrm{d}N}{\mathrm{d}t} = \frac{J}{ed} - \frac{N}{\tau_\mathrm{e}} - R_\mathrm{st}S$$

$$\frac{\mathrm{d}S}{\mathrm{d}t} = \frac{N}{\tau_\mathrm{e}} - \frac{S}{\tau_\mathrm{p}} + R_\mathrm{st}S \tag{7-2-15}$$

式(7-2-15)中,N 和 S 分别为电子浓度和光子密度,J 为注入电流密度,d 为有源区厚度,τ_e 和 τ_p 分别是电子的自发辐射复合寿命和光子寿命;R_st 为受激辐射速率,它是增益系数与光群速度之积,在不考虑色散情况下表示为

$$R_\mathrm{st} = \frac{cG}{n} \tag{7-2-16}$$

式(7-2-15)上式等号右端第一项表示随着注入电流的增加而引起的有源区内载流子浓度的增加;等号右端第二项表示自发辐射复合和非辐射复合引起的载流子浓度的降低;等号右端第三项表示受激辐射复合引起的载流子浓度的降低。式(7-2-15)第二个方程表示光子密度的变化速率等于受激辐射光子产生速率加上自发辐射产生的光子进入激光模式的速率,再减去因腔内损耗引起的光子减少速率。式(7-2-15)给出了谐振腔内载流子和光子的供给、产生和消失关系。

1. 弛豫振荡

当半导体激光器加上电脉冲后,会产生激射光脉冲相对于电脉冲的延迟和瞬态振荡,可以用速率方程[式(7-2-15)]数值计算载流子浓度和光子密度随时间的变化情况,如图7-2-20所示,它描述了激光器加上阶跃电脉冲后的响应曲线。从图7-2-20中可看出,

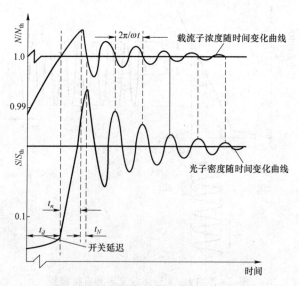

图 7-2-20　半导体激光器的动态特性

刚开始时，产生的光子密度很低，载流子浓度增加得很快。假设经过时间 t_d 后，载流子浓度达到可发射激光的阈值 N_{th}。随着受激辐射增强，谐振腔内的光子密度急剧增大，同时加强的受激辐射会阻止载流子浓度的进一步增加。当再经过时间 t_n 后，光子密度达到稳态值 S_{th}，此时载流子浓度开始下降。因为此时载流子浓度仍然高于 N_{th}，所以光子密度会继续增加，直到载流子浓度降到阈值以下，即对应时间为 t_N。这时，载流子浓度的进一步降低就会使受激发射停止而载流子浓度开始增加。如此反复，就会出现阻尼振荡，该振荡就称为张弛振荡。在这个振荡过程中，激光器中存储的能量在电子和光子之间来回转换，直至达到稳态。张弛振荡是激光器内部光电相互作用所表现出来的固有特性，且其振荡频率和阻尼系数会随着工作电流的增大而增大，振荡频率一般处在 GHz 量级。弛豫振荡的阻尼时间与激光器的结构有关，如与自发辐射因子值关系很大。

2. 自持脉冲

在某些情况下，半导体激光器在直流电流驱动下也会连续发射尖锐的重复频率为微波频段（0.3～3 GHz）的光脉冲序列，称为自持脉冲（或自脉动）现象，如图 7-2-21 所示。

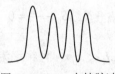

图 7-2-21　自持脉冲

这种现象往往是激光器工作了足够长的时间后出现的，它表明激光器已经开始退化。当自持脉冲首次在激光器中出现时，它是很弱但频率很高（1～2 GHz）的正弦波，然而随着激光器老化或退化，波纹发展为尖峰，且频率降低。这也是限制半导体激光器应用的一个主要因素。自持脉冲的产生可用波导效应的知识来解释。强的受激辐射使载流子浓度的分布发生变化（空间烧孔效应），从而影响折射率分布，进而使辐射场聚束于谐振腔中心区（自聚焦效应），如果这个效应强到足以克服增益的降低，则尽管载流子浓度降低，模增益仍保持很高，结果使谐振腔内的光子密度脉冲的阻尼减弱，并产生自持脉冲。

3. 调制特性

半导体广泛应用于通信系统的一个主要优势就是可以通过注入电流进行信号的直接调制，从而使激光器与调制电路实现单片集成。半导体激光器的调制特性与激光器结构密切相关，并且受制于弛豫振荡和电学寄生参数等。

用于半导体激光器的调制方式有强度调制（IM）、幅度调制（AM）、频率调制（FM）和相位调制（PM）等。按信号类型可分为模拟信号调制和数字信号调制；按信号强弱又可分为小信号调制和大信号调制。因为载流子和光子在半导体激光器中有很强的耦合作用，所以幅度调制的同时通常伴随频率和相位调制。有源区载流子浓度的变化会引起光增益的变化，介质的有效折射率也随之发生变化。这种强度调制和频率调制的相关性会导致光谱的动态展宽，一般用 FM 与 IM 的比值或调制功率比的啁啾（chirp to the modulation power ratio，CMPR）来描述这一特性。也就是说，在直接调制半导体激光器时，激光器的输出模式频率会产生周期性移动，这种现象称为频率啁啾，CMPR 表示在所给的强度调制下产生多大的频率啁啾，或者说对应于给定的频率调制下将产生多大的功率变化。频率啁啾的存在一方面会制约半导体激光器在强度调制–直接检测光纤通信系统中的应用，但另一方面若将这一现象应用于直接调频，则有望在相干光通信系统中得到应用。

现在，利用速率方程分析半导体激光器的调制响应特性。忽略自发辐射和边模对激射模式的影响，速率方程［式（7–2–15）］可重写为

$$\frac{\mathrm{d}N}{\mathrm{d}t} = \frac{J}{ed} - \frac{N}{\tau_e} - a_g(N - N_{th})S$$

$$\frac{\mathrm{d}S}{\mathrm{d}t} = a_g(N - N_{th})S - \frac{S}{\tau_p} \tag{7–2–17}$$

式（7–2–17）中，$a_g = Gn/c$，$a_g(N - N_{th})S$ 为单位体积内产生的净受激跃迁速率，N_{th} 为介质达到透明时所需粒子数反转的浓度。令式（7–2–17）等号左端项等于零，可以求出速率方程的稳态光子数和载流子浓度 S_0 和 N_0，即

$$\frac{J_0}{ed} - \frac{N_0}{\tau_e} - a_g(N_0 - N_{th})S_0 = 0$$

$$a_g(N_0 - N_{th})S_0 - \frac{S_0}{\tau_p} = 0 \tag{7–2–18}$$

当注入电流上叠加一个幅度 J_1（$J_1 \ll J_0$），且频率为 ω_m 的小信号正弦调制信号时，注入调制电流密度为

$$J = J_0 + J_1 e^{i\omega_m t} \tag{7–2–19}$$

根据小信号调制下的微扰理论，载流子浓度和光子密度响应可表示为

$$N = N_0 + N_1 e^{i\omega_m t}, \quad S = S_0 + S_1 e^{i\omega_m t} \tag{7–2–20}$$

联合式（7–2–17）、式（7–2–18）、式（7–2–19）和式（7–2–20）可得

$$i\omega_m N_1 = -\frac{J_1}{ed} + \left(\frac{1}{\tau_r} + a_g S_0\right)N_1 + \frac{S_1}{\tau_p} \tag{7–2–21}$$

$$i\omega_m S_1 = a_g S_0 N_1$$

对于调制响应即 $S_1(\omega_m)/J_1(\omega_m)$，由式（7–2–21）可得

$$\frac{S_1(\omega_m)}{J_1(\omega_m)} = \frac{-(1/ed)a_g S_0}{\omega_m^2 - i\omega_m/\tau_r - i\omega_m a_g S_0 - a_g S_0/\tau_p} \tag{7–2–22}$$

调制的频率响应曲线如图 7–2–22 所示。由图 7–2–22 可见，在低频范围内响应是平坦的，在弛豫振荡频率处响应表现为峰值。对式（7–2–22）分母求最小值可得峰值功率处的表达式为

$$\omega_r = \sqrt{\frac{a_g S_0}{\tau_p} - \frac{1}{2}\left(\frac{1}{\tau_r} + a_g S_0\right)^2} \tag{7–2–23}$$

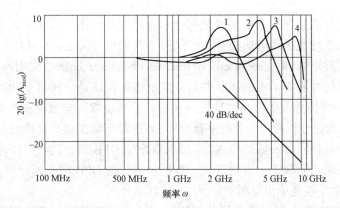

图 7-2-22　不同功率下半导体激光器的小信号响应曲线

式（7-2-23）表明，要扩展调制响应平坦区，必须增加增益系数（冷却激光器，采用量子阱结构），降低光子寿命（缩短腔长），尽可能工作在光子密度高（光功率大，加大注入电流）的状态。一个结构设计优良的激光器，调制带宽可以达到 10 GHz 以上。

7.2.3　动态单纵模激光器

普通结构的 F-P 腔半导体激光器虽然可通过加大电流及缩小腔长等手段在直流状态下实现静态单纵模工作，但是在高速调制下，其产生的信号频谱会展宽，不能保证动态单纵模工作，增益峰值、振荡模式、工作频率都会随着驱动电流、环境温度等外部因素发生较大的变化。在光纤通信系统中，当存在光纤色散时，会减小光纤带宽，从而严重限制了信息传输速率。因此设计和制作在高速调制下仍能保持单纵模工作的激光器是十分重要的，这类激光器统称动态单纵模半导体激光器。实现动态单纵模工作的最有效的方法之一，就是在半导体激光器内部建立一个布拉格光栅，靠光栅的反馈来实现纵模选择（布拉格光栅特性详见第 6 章）。这种结构还能够在更宽的工作温度和工作电流范围内抑制模式跳变，实现动态单模。分布反馈（DFB）半导体激光器、分布布拉格反射（DBR）半导体激光器和垂直腔面发射激光器等均是利用布拉格光栅对激光器纵模的选频特性来实现动态单模运转的。

7.2.3.1　DFB 激光器

DFB 激光器，其制作工艺简单，性能稳定，是目前光纤通信系统中应用最广泛的一种动态单纵模激光器。DFB 激光器的主要特点是内置的布拉格光栅分布在整个谐振腔中，即与增益区是重合的，所以称之为分布式反馈。此处的"分布"还有另一层含义，就是与利用两个天然解理面对光进行集中反馈的 F-P 腔半导体激光器相比而言的。因为采用了布拉格光栅选择工作波长，所以 DFB 激光器的谐振腔损耗具有明显的波长依赖特性，也就是说 DFB 激光器的谐振腔本身就具有模式选择特性，从而决定 DFB 激光器单色性（光谱纯度）和稳定性方面大大优于 F-P 腔半导体激光器。DFB 激光器的线宽可以做到 1MHz 以内，还具有非常高的边模抑制比，可达 40～50 dB。

利用内置布拉格光栅选择工作波长的概念，早在 20 世纪 70 年代初就被提出来了，并得到了广泛重视。但由于技术原因，有关 DFB 激光器的研究曾一度进展缓慢。在制作技术的发展过程中，人们发现直接在有源层刻蚀光栅会引入污染和损伤。为此，人们提出了分离限制结构，将光栅写入在增益区附近的波导层，这样能有效地降低 DFB-LD 的阈值电流，这种结构叫作分离限制异质结构（separated confinement heterostructure，SCH）。这种结构的出现使得 DFB 激光器的性能有了质的飞跃并得到广泛应用，这是一种典型的折射率耦合结构。DFB 激光器另一种结构是采用增益周期性变化引起分布反馈，即增益耦合型。在端面反射为零的理想情况下，理论分析指出：折射率耦合型 DFB 激光器在与布拉格波长相对称的位置上存在两个谐振腔损耗相同且最低的模式，而增益耦合型 DFB 激光器恰好在布拉格波长上存在着一个谐振腔损耗最低的模式。也就是说，折射率耦合型 DFB 激光器原理上是双模激射的，而增益耦合 DFB 激光器是单模激射的。

增益耦合型 DFB 激光器研究开展相对较晚，1988 年我国留日博士罗毅与东京大学多田邦雄教授率先开展了这方面的研究，并引起了广泛关注，因为其不管界面反射率如何，都可以实现稳定单纵模工作，而且具有高速、啁啾小等特点。折射率耦合型 DFB 激光器已经商品化，下面我们作重点介绍。

一种典型的折射率耦合型 DFB 激光器结构如图 7-2-23 所示，上图为标准型 DFB 激光器，下图为引入 $\lambda/4$ 相移的 DFB 激光器。布拉格光栅类似于端面那样在两端（或一端）起着反射器的作用，图 7-2-23 中的 r_{g1} 和 r_{g2} 为光栅引起的反射率，g_1 和 g_2 分别表示前向和后向两个方向。由于布拉格光栅的存在，激光器的工作波长与光栅周期应满足 $\lambda = 2n\Lambda$ 的关系，其中 Λ 为光栅周期。

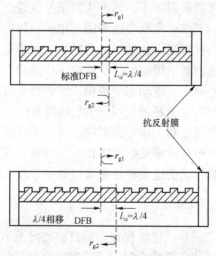

图 7-2-23　标准 DFB-LD 和 $\lambda/4$ 相移的 DFB-LD 激光器结构

若在 F-P 腔中，光波由左向右传播，在右端反射腔面处被反射之后，产生由右向左传播的波，这两束波形成驻波，如果它们的振幅相同，来回的相位差等于 2π，就形成了耦合干涉驻波，即前面所说的相位条件。在 DFB 激光器中，光波在传播的过程中驻波部分地、周期性地被反射了，如果光波的频率同 DFB 激光器中的周期一致或者非常接近，那么就会通过光增益获得光放大，实现受激发射，发出激光。

但事实上，由于光栅的引入，会造成波导层中介电常数的周期变化，从而引起激光器中特定激光模式的前向波和后向波之间的耦合。DFB 激光器的激光模式并不是正好在布拉格波

长 λ_B 处，而是对称地出现在 λ_B 两边。计算和实验都得出激光器振荡模式为一对称的振荡模谱，并且两边的振幅对称地随模式阶数的增加而减少。如果 DFB 激光器的受激发射波长为 λ_m，则有

$$\lambda_m = \lambda_B \pm \frac{\lambda_B^2}{2n\Lambda}(m+1) \qquad (7-2-24)$$

通常模式阶数 m 大的光波的光学增益很小，只有 $m=0$ 的光波才可能获得很大的光学增益，由此被放大形成激光。这样一来，完全对称的 DFB 激光器在 λ_B 附近出现两个相等的模式，如图 7-2-24（a）所示。这种对称模式结构给我们带来了两个同时振荡的主模：光栅周期均匀分布的 DFB 激光器发射出来的激光不是单纵模，而是具有两个主模的多模光谱，这是我们所不希望的。

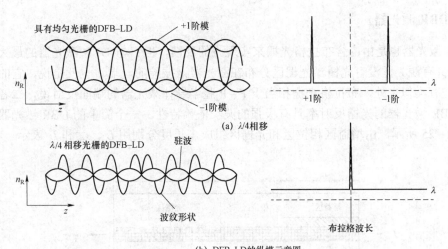

(a) $\lambda/4$ 相移

(b) DFB-LD 的纵模示意图

图 7-2-24 标准光栅

具有两个主模的多模光谱是由完全对称且均匀分布的周期光栅引起的。为了将辐射功率集中在同一主模上，同时使各振荡模式的阈值增益差增大，可以采用如下方法获得单模激光输出：① 在光栅中引进一个 $\lambda/4$ 相移；② 将解理面做成斜面，使该面与激光束不垂直，或将端面镀上增透膜，造成非对称的端面反射率；③ 使得在有源区中靠近腔面的一小段区域上没有布拉格光栅，形成无分布反馈的透明区；④ 对光栅周期进行适当啁啾。

早期，在 DFB 激光器一个端面镀低反射膜，另一个端面镀高反射膜时，单模成品率可达 50%。运用这种方法制作的 DFB 激光器，在静态工作时，其边模抑制比（SMSR）可大于 40 dB，而在高速调制时，其 SMSR 小于 20 dB，不能完全满足高速光通信的需要。在光栅的中心引入一个四分之一波长相移区，是消除双模简并，实现单模工作的有效方法。这种方法的最大优点在于它的模式的阈值增益差大，可以实现真正的动态单模工作。

没有 $\lambda/4$ 相移的 DFB 中，左段和右段的驻波在 DFB 区中心不能平滑相接，因此不能在布拉格波长 λ_B 上发生谐振，结果出现两个对称的模式。若引进 $\lambda/4$ 波长相移，使其折射率产生 $\pi/2$ 的相移，从而导致驻波在 DFB 区中心平滑相接，器件便以波长 λ_B 单纵模振荡。正如图 7-2-24（b）所示，含有 $\lambda/4$ 相移的 DFB 激光器的发射光谱为波长 λ_B 的单纵模，因此在有源区中引进 $\lambda/4$ 相移是一种非常有效的方法。实验还发现，$\lambda/4$ 相移并不必须位于有源区的

中心，将其偏离中心，靠近一个端面，更有利于获得单纵模。但 $\lambda/4$ 相移的引入也增加了器件制作工艺的复杂性，采用传统的双光束干涉光刻技术制作 $\lambda/4$ 相移比较困难，而采用相位掩模技术制作 $\lambda/4$ 相移 DFB 激光器则是比较方便和有效的。

与一般 F−P 腔激光器相比，DFB 激光器具有以下两大优点，因而在目前的光纤通信系统中得到了广泛应用。

（1）动态单纵模窄线宽输出。由于 DFB 激光器中光栅周期（Λ）很小，具有一个微型谐振腔，对波长具有良好的选择性，使主模和边模的阈值增益相对较大，从而得到比 F−P 腔激光器窄很多的线宽，并能保持动态单纵模输出。

（2）波长稳定性好。由于 DFB 激光器内的光栅有助于锁定给定的波长，其温度漂移约为 0.8 Å，比 F−P 腔激光器要好得多。

7.2.3.2　DBR 激光器

DBR 激光器也是由内含布拉格光栅来实现光的反馈，但它与 DFB 激光器的最大不同在于其增益（有源）区没有光栅，光栅区分布在激光器谐振腔的一端。也就是说，它的谐振腔与 F−P 腔有类似之处，布拉格光栅相当于 F−P 腔半导体激光器的端面反射镜，二者不同之处在于 DBR 激光器的光栅反射率具有极强的波长依赖特性。一个简单的 DBR 激光器的结构如图 7−2−25 所示，由增益区相位区和光栅区组成，长度分别用 L_s、L_p 和 L_g 表示。

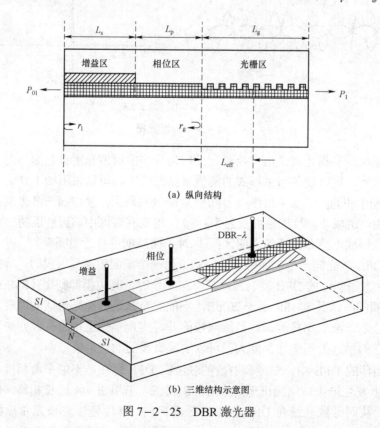

(a) 纵向结构

(b) 三维结构示意图

图 7−2−25　DBR 激光器

在图 7−2−25 中，增益区的作用是产生光增益，而相位区和光栅区为无源区，不对纵向传输光场提供光增益。光栅区则根据布拉格光栅的反射原理,对特定波长有很高的反射率而起到选频作用。通常在三个区域上设置相互隔离的三对电极。增益区电极负责激光器激励电流的注入,相位区和光栅区的电极分别负责对区域内光场的有效折射率和纵模进行控制。DBR激光器的优点是能实现宽范围的波长调谐,这是因为当改变光栅区的偏置电流时,由于等离子色散效应,使得 DBR 光栅区内光场的有效折射率 Δn_g 会随之改变,进而改变光栅的布拉格波长,这就是 DBR 激光器可以调节波长的原理。显然布拉格波长 λ_B 的变化 $\Delta \lambda_B$ 正比于有效折射率的变化 Δn_g。

图 7-2-26 为 DBR 激光器的纵模选择原理示意图,由于在布拉格波长处,光栅具有最大的反射率,镜面损耗 α_m 达到最小值,因此激光器将在 λ_B 率先达到激光阈值条件。图 7-2-26 中平行 y 轴的竖线代表满足相位条件的纵模波长位置。DBR 激光器的相位条件可以用式（7-2-25）来表示

$$\frac{2\pi}{\lambda}\left(n_a L_a + n_p L_p + n_g L_g\right) = m\pi$$

（7-2-25）

其中, n_a、 n_p 和 n_g 分别为有源区、相位区和光栅区的有效折射率。由式（7-2-25）可知,通过调节相位区的偏置电流,进而改变该区域的有效折射率,可以使激光器在 λ_B 波长处同时满足阈值条件和相位条件,形成激光振荡,并将增益谱钳制,使得在其他波长处无法形成有效的激光振荡,从而实现单纵模输出。由于 DBR 激光器的激射波长主要取决于布拉格波长,因此其在注入电流直接动态调制下仍能维持动态单纵模输出。

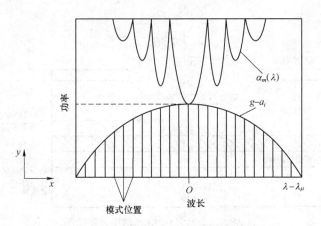

图 7-2-26　DBR 激光器纵模选择原理

通过以上分析可知,通过改变光栅区和相位区的偏置电流,可以实现 DBR 激光器输出波长的调谐,这是 DBR 激光器的主要优点。DBR 激光器的不足之处在于其制作工艺复杂,成本高,成品率低。

可以看出,DBR 光栅内偏置电流引起折射率的最大变化限制了 DBR 激光器的波长调谐范围。为了增大波长调谐的范围,人们对 DBR 激光器做了一些改进,如利用游标效应（vernier effection）来研制的取样光栅 DBR（sampling grating DBR,SG-DBR）激光器、啁啾光栅 DBR（chirp grating DBR,CG-DBR）激光器、超结构光栅 DBR（super structure grating DBR,SSG-DBR）激光器等。这些结构的 DBR 激光器能灵活地调节激射波长的大小,波长调节范

围最大已达到了上百纳米，缺点是波长调节装置的结构比较复杂，对各个区电流需要精细的同步调节，且波长调节过程中有跳模现象，通常难以连续调节。

7.2.3.3 垂直腔面发射激光器

具有双异质结结构的垂直腔面发射激光器（vertical cavity surface emitting laser，VCSEL）最初是于 1977 年由 Soda 和 Iga 等人提出来的，目的是想通过采用缩短腔长的办法来获得动态单纵模工作的半导体激光器，以提高光通信的能力。但是由于这种激光器的单程增益长度很短（<1 μm），从而要求损耗必须很小，并且两端的反射镜的反射率也必须很高，这在当时的工艺条件下是很难实现的，因此研究进展缓慢。随着工业技术的发展，近几年 VCSEL 得到了迅速发展，VCSEL 以其光斑面积大，易于与光纤耦合，稳定的单纵模特性和便于形成二维激光器阵列等独特优势在光纤通信系统中占有重要的地位。

图 7−2−27 是一个典型的 VCSEL 结构示意图。尽管不同的 VCSEL 的结构各不相同，但实质上，VCSEL 主要由两个部分组成：中心的有源区和有源区上下两侧或一侧的 DBR。DBR 结构由交替生长的高、低折射率层组成。有源区由 1～3 个量子阱组成。有源区的两侧是限制层，一方面起限制载流子的作用，另一方面可调节谐振腔的长度，使其谐振波长正好是所需要的激光波长。在衬底和 P 型 DBR 的外表面制作金属接触层，形成欧姆接触，并在 P 型 DBR 上制成一个圆形出光窗口，输出圆形的激光束。

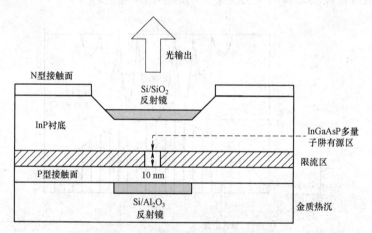

图 7−2−27　VCSEL 结构示意图

前面讨论的各种半导体激光器，都是在水平腔端面发射激光，即出射光束平行于芯片表面，而 VCSEL 是一种从垂直于衬底面方向射出激光的半导体激光器，这种光传输方向的变化使得 VCSEL 的腔长大幅度缩短至光波长量级，同时输出光斑面积变大。另外，腔长的缩短也使纵模间隔增大，当腔长缩短至微米量级时，纵模间隔将扩大至 100 nm 左右，可以实现在整个增益谱范围内只存在一个纵模，从而形成稳定的单纵模输出。图 7−2−28 给出了 VCSEL 的阈值增益和单纵模激射示意图。VCSEL 的布拉格反射光栅由交替生长的材料组成，周期数较少，一般几十个，因此反射带宽较大，但较短的腔长增加了纵模间隔，因此仍易于实现 VCSEL 的单纵模输出。

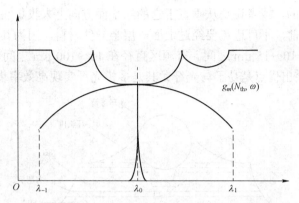

图 7-2-28　VCSEL 的阈值增益和单纵模激射示意图

7.2.4　发光二极管

　　光纤通信用光源除了前述的半导体激光器外，还有半导体发光二极管（LED）。LED 是利用半导体 PN 结进行自发辐射器件的统称。但光纤通信用的 LED 具有亮度高、响应带宽宽等特点。LED 与半导体激光器结构上的一个主要区别是没有谐振腔，在纵向和横向上无须特殊设计，也可理解为是激射阈值很高而无法形成激射，仅工作在阈值以下的半导体激光器。原理上与半导体激光器相比，LED 工作机理是基于自发辐射，所发出的光来自有源区的自发辐射（SE）或者放大的自发辐射（ASE），不是激光。特性上表现为光谱的谱线宽，发散角大，强度噪声大，输出功率低。但同时它也有很多优点，如制作简单，成本低，使用寿命长，受温度影响小，输出光功率和注入电流呈良好的线性关系，电光转换效率高，驱动电路简单和功耗低等。

　　LED 的以上特性使其难以应用于对光源线宽、输出功率和噪声特性要求较高的高速长距离光纤通信系统和骨干网中。但对于比特率较低（数十至数百 Mbit/s）和距离较短（数百米至数千米）的中小容量光纤通信系统和局域网，以 LED 为光源则可以在保证信号质量和系统性能的前提下使系统和网络的建设和维护成本显著降低。由于 LED 谱宽一般为数十纳米，单模光纤在色散方面的优势难以体现，因此一般采用 LED 的光纤通信系统采用更加便于耦合和维护的多模光纤甚至塑料光纤作为传输介质。

　　由式（7-2-5）分析可知，LED 所采用材料的禁带宽度直接决定着其发光波长。目前最常用的 LED 材料是Ⅲ-Ⅴ族化合物，如 GaAs、$Ga_{1-x}Al_xAs$、GaP、$Ga_{1-x}As_xP$、$In_xGa_{1-x}As$、InP_xAs_{1-x} 等。以上组分晶体材料可以根据组分值 x 的变化而调整禁带宽度，从而实现控制输出波长。由于自发辐射不存在阈值，最简单的 LED 可以在以上直接带隙材料上制作一个同质 PN 结。但为了获得高的发光效率和输出光功率，通信用 LED 一般采用由异质外延的方法制作而成的双异质结结构，使注入载流子被限制在有源区内以减小泄漏电流对器件发光效率的影响。从结构上看，LED 可以分为两大类：面发射 LED 和边发射 LED，下面分别介绍。

7.2.4.1　面发射 LED

　　采用双异质结的面发射 LED 结构如图 7-2-29 所示。它的输出光是从垂直于双异质结的结平面的方向发出的,或者说是从垂直于它的结平面方向上来收集它发出的光的。显然,在光从有源区射出之前,不可避免要经过上面一层半导体材料,因为其对光有吸收,所以越薄越好,一般厚度在 $10\sim15\ \mu m$ 之间。有源区直径在 $15\sim100\ \mu m$ 之间,厚度约 $2.5\ \mu m$。通信用面发射 LED 的突出优点是易于与光纤尤其是多模光纤实现高效率耦合。

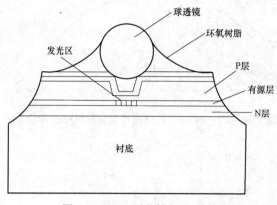

图 7-2-29　面发射 LED 结构

7.2.4.2　边发射 LED

目前,在光纤通信中最常用的另一种发光二极管源是条形双异质结边发射 LED。顾名思义,边发射 LED 的输出光是从有源层端面发出的,其结构如图 7-2-30 所示。面发射 LED

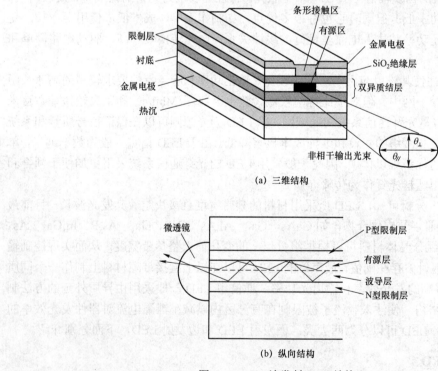

(a) 三维结构

(b) 纵向结构

图 7-2-30　边发射 LED 结构

所发出的光直接来自有源区内的自发辐射，几乎未经任何放大，其光谱基本上与有源区材料的自发辐射光谱相同。而在端面出光的边发射 LED 中，由于有源区在纵向上具有一定长度，因此有源区内的自发辐射在向两个端面传输的过程中将经历一个放大的过程，从端面上获得的输出光是经过了放大的自发辐射。由于处于增益峰附近的光场可以获得更高的放大倍数，因此边发射 LED 在可以提高 LED 输出光功率的同时，具有更窄的光谱宽度，耦合效率也高，但边发射 LED 发光面积相比面发射 LED 要小。

与普通半导体激光器类似，边发射 LED 也涉及光在纵向上的传输问题，因此一般也是采用对载流子和光场都有限制作用的双异质结结构来增加有源区的光功率限制因子，以提高转换效率。

7.2.4.3　LED 的工作特性

1. 光谱特性

图 7-2-31 是以上两种 LED 的输出光谱图。由于 LED 不具有谐振腔，从而没有选频特性，所以其谱线宽度比激光器宽得多。边发射 LED 的输出光是 ASE，是部分相干光，其光谱相对面发射 LED 较窄。

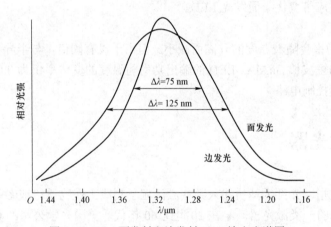

图 7-2-31　面发射和边发射 LED 输出光谱图

2. 光-电流特性

通常 LED 的电光转换效率用器件的外部量子效率 η 进行描述，其定义为输出光功率与输入电功率之比

$$\eta_e = \frac{P}{VI} \qquad (7-2-26)$$

其中，P 为输出光功率，I 和 V 分别为偏置电流和电压。LED 无阈值，在正向偏置下，二极管的电压在很宽的电流范围内保持在结电压 V_d 附近（近似为常数），因此，LED 的光-电流（P-I）特性具有很好的线性关系，如图 7-2-32 所示。当 I 过大时，由于结区发热而产生饱和现象，使 P-I 曲线斜率变小。一般情况下，LED 工作电流为 50～100 mA，输出光功率为几 mW，由于 LED 发散角大，入纤功率约为几百 μW。

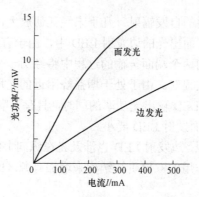

图 7-2-32　LED 的 $P-I$ 特性曲线

3. 响应带宽

LED 的响应带宽受载流子自发复合寿命的限制，响应带宽较窄。对 InGaAsP 材料的 LED，载流子寿命典型值为 2～5 ns，相应的调制带宽为 50～140 MHz。为减小载流子寿命，一般复合区采用高掺杂或是 LED 工作在高注入电流密度下。半导体激光器的调制速率可达 GHz 量级，而 LED 的调制速率仅为数百 MHz。另外，边发光 LED 相比面发光 LED 具有较低的载流子寿命，因此响应带宽优于面发光 LED。

4. 温度特性

LED 的输出功率会随着温度的升高而减小。但由于没有阈值，与半导体激光器相比，其温度特性要好，如短波长 GaAlAs LED 的输出功率随温度的变化率仅为 0.01/K，因此在使用时一般不需要温度控制电路。

7.3　光纤激光器

光纤激光器是指以光纤为基质掺入某些激活粒子制成工作物质，或者是利用光纤本身的非线性效应制作成的一类激光器。早在 20 世纪 60 年代，美国光学公司的 C. J. Koester 和 E. Snitzer 等人提出了光纤放大器和激光器的构想，并在 1963 年采用掺 Nd^{3+} 玻璃波导制成第一台光纤激光器，1964 年报道了多组分玻璃光纤中的光放大结果。1970 年后，光纤通信经历了研究开发阶段（1966—1976）。1975—1985 年，光纤通信进入了实用化阶段，由于相关条件的限制，对光纤激光器的研究很少，不过在这十年中许多发展光纤激光器所必需的工艺技术趋于成熟。低损耗的硅单模光纤和半导体激光器都已商品化并得到了广泛的应用。这些都为光纤激光器的研制铺平了道路。在光纤激光器发展的最初阶段就考虑了用半导体光源进行泵浦的可能性。半导体激光器，尤其是高功率输出的半导体激光器作为泵浦源在光纤激光器中极为重要。

20 世纪 80 年代中期，英国南安普顿大学的 Poole 等人利用 MCVD 法首次制作出低损耗掺铒单模光纤，并应用到光纤激光器中，此后该研究小组又进行了光纤激光的调 Q 锁模、单纵模输出，以及光纤放大器方面的研究工作。英国通信研究实验室（BTRL）于 1987 年报道了其研究结果，并向人们展示了用各种定向耦合器制作的精巧的光纤激光器装置。他们在增益和激发态吸收等研究领域中做了大量的基础工作，并在用氟化锆光纤激光器获得各种波长的激光输出谱线方面进行了开拓性的研究，最重要的是制成了利用半导体激光器作为泵浦源的光纤激光器和放大器。随着光纤制造工艺与半导体激光器生产技术的日趋成熟，以光纤作基质的光纤激光器，在降低阈值、振荡波长范围、波长可调谐性能等方面已取得明显进步，使得光纤激光器进入到实用化阶段。光纤激光器在随后的三十余年得到了飞速的发展。近年来，美国 IPG（photonics）公司不仅推出了 S、C、L 波段的各种光纤放大器，高功率 EDFA，拉曼光纤激光器和双波长拉曼光纤激光器，而且标志性地展示了高功率掺镱光纤激光器，其输出功率、光斑质量等性能明显优于半导体激光泵浦固体激光器和气体激光器。从发展态势看，光纤激光器不仅在光纤通信领域有重要作用，而且迅速地向其他更为广阔的激光应用领域扩展，涵盖传感、医疗、环境探测、军事国防、工业加工等领域。现阶段，掺杂离子材料主要以掺 Yb^{3+}，Nd^{3+}，Er^{3+}，Ho^{3+}，Tm^{3+} 等为主。其中，掺 Yb^{3+} 光纤激光器可产生 1.06 μm 附近的激光，主要应用于高精度的材料微加工和高功率的激光武器等方面；掺 Er^{3+} 光纤激光器可产生 1.55 μm 附近的激光，主要应用于长距离的通信传输系统与高精度、远距离的传感系统；掺 Ho^{3+} 和 Tm^{3+} 光纤激光器可产生 2 μm 附近的激光，由于处于人眼安全波段和水分子吸收区，主要应用于自由空间的激光通信、大气海洋探测，以及生物医疗中的激光手术等方面。目前，光纤激光器的主要研究方向为高功率的双包层光纤激光器、窄线宽可调谐的光纤激光器、超短脉冲的光纤激光器、超连续谱的光纤激光器，以及远红外和近紫外的光纤激光器等。

7.3.1　光纤激光器的主要特点和分类

7.3.1.1　光纤激光器的主要特点

与传统的固体激光器、气体激光器，以及目前通信主要采用的半导体激光器相比，光纤激光器的优点主要体现在以下几个方面。

（1）结构中采用光纤光栅、耦合器等多种光纤元件，实现全光纤结构。这种固有的全封闭柔性光路可实现与外界环境的隔离，整个光路具有长期稳定性，能够在恶劣的环境下工作，即对灰尘、振荡、冲击、湿度和温度具有很高的容忍度。

（2）光纤激光器是波导式结构。由于光纤纤芯直径小，在纤芯内容易形成高功率密度，因此光纤激光器具有较高的转换效率，较低的阈值，较高的增益，较窄的线宽，较好的输出光束质量和较高的可靠性等。

（3）激光谐振腔的腔镜可以通过写入光纤光栅的方式直接制作在光纤上，或采用光纤耦合器构成环形谐振腔，避免了对块状光学元件的需求并解决了光路校准的困难。

（4）由于光纤具有很好的柔绕性，光纤激光器具有灵活、体积小、质量小、结构紧凑、性价比高且更易于系统集成的特点。

（5）与光纤链路天然兼容，耦合效率高，易于实现由光纤器件组成的全光纤传输系统。

（6）用作增益的稀土掺杂光纤制作工艺比较成熟，稀土离子掺杂过程简单，光纤损耗小，工作物质可以很长，可获得很高的增益，而且稀土离子的掺杂种类及能级繁多，具有很宽的荧光光谱，输出波长极其丰富，波长可覆盖 0.4～3 μm，包含整个光纤低损耗窗口。此外，还具有相当多的可调参数和选择性,光纤激光器可以获得相当宽的调谐范围和良好的单色性。表 7-3-1 为不同掺杂离子的能级跃迁及发射波长。

表 7-3-1 不同掺杂离子的能级转化及工作波长

工作波长/nm	掺杂物	转化	属性		转化类型[①]
			氧化物	氟化物	
≈455	Tm^{3+}	$^1D_2 \rightarrow ^3F_4$		是	UC, ST
≈480	Tm^{3+}	$^1G_4 \rightarrow ^3H_6$	是	是	UC, 3L
≈490	Pr^{3+}	$^3P_0 \rightarrow ^3H_6$		是	UC, 3L
≈520	Pr^{3+}	$^3P_1 \rightarrow ^3H_5$		是	UC, 4L
≈550	Ho^{3+}	$^5S_2, ^5F_4 \rightarrow ^5I_8$	否	是	UC, 3L
≈550	Er^{3+}	$^4S_{3/2} \rightarrow ^4I_{15/2}$	否	是	UC, 3L
601~618	Pr^{3+}	$^3P_0 \rightarrow ^3H_4$		是	UC, 4L
631~641	Pr^{3+}	$^3P_0 \rightarrow ^3F_2$		是	UC, 4L
≈651	Sm^{3+}	$^4G_{5/2} \rightarrow ^6H_{9/2}$	是		4L
707~725	Pr^{3+}	$^3P_0 \rightarrow ^3F_4$		是	UC, 4L
≈753	Ho^{3+}	$^5S_2, ^5F_4 \rightarrow ^5I_7$	否	是	UC, ST
803~825	Tm^{3+}	$^3H_4 \rightarrow ^3H_6$	否	是	3L
≈850	Er^{3+}	$^4S_{3/2} \rightarrow ^4I_{13/2}$	否	是	4L
880~886	Pr^{3+}	$^3P_1 \rightarrow ^1G_4$		是	4L
902~916	Pr^{3+}	$^3P_1 \rightarrow ^1G_4$		是	4L
900~950	Nd^{3+}	$^4F_{3/2} \rightarrow ^4I_{9/2}$	是		3L
970~1 040	Yb^{3+}	$^5F_{5/2} \rightarrow ^5F_{7/2}$	是		3L
980~1 000	Er^{3+}	$^4I_{11/12} \rightarrow ^4I_{15/2}$	否	是	3L
1 000~1 150	Nd^{3+}	$^4F_{3/2} \rightarrow ^4I_{11/2}$	是	是	4L
1 060~1 100	Pr^{3+}	$^1D_2 \rightarrow ^3F_4$	是		4L
1 260~1 350	Pr^{3+}	$^1G_4 \rightarrow ^3H_5$	否	是	4L
1 320~1 400	Nd^{3+}	$^4F_{3/2} \rightarrow ^4I_{13/2}$	是	是	4L
≈1 380	Ho^{3+}	$^5S_2, ^5F_4 \rightarrow ^5I_5$		是	4L
1 460~1 510	Tm^{3+}	$^3H_4 \rightarrow ^3F_4$	否	是	ST
≈1 510	Tm^{3+}	$^1D_2 \rightarrow ^1G_4$		是	UC, 4L
1 500~1 600	Er^{3+}	$^4I_{13/2} \rightarrow ^4I_{15/2}$	是	是	3L
≈1 660	Er^{3+}	$^2H_{11/2} \rightarrow ^4I_{9/2}$	否	是	4L
≈1 720	Er^{3+}	$^4S_{3/2} \rightarrow ^4I_{9/2}$	否	是	4L
1 700~2 015	Tm^{3+}	$^3F_4 \rightarrow ^3H_6$	是	是	3L
2 040~2 080	Ho^{3+}	$^5I_7 \rightarrow ^5I_8$	是	是	3L

续表

工作波长 /nm	掺杂物	转化	属性		转化类型①
			氧化物	氟化物	
2 250～2 400	Tm^{3+}	$^3H_4 \rightarrow ^3H_5$	否	是	4L
≈2 700	Er^{3+}	$^4I_{11/2} \rightarrow ^4I_{13/2}$	否	是	ST
≈2 900	Ho^{3+}	$^5I_6 \rightarrow ^5I_7$	否	是	ST

① 3L, 三电平；4L, 四电平；UC, 上变换；ST, 自终止

（7）可以使用和稀土离子吸收光谱相对应的相对廉价的短波长半导体激光二极管作为泵浦源，其成本较低、灵巧紧凑、效率高。

7.3.1.2　光纤激光器的分类

光纤激光器种类众多，我们可以从不同的角度对光纤激光器进行分类。根据目前光纤激光器技术的发展情况，现按不同的分类方法将光纤激光器分类汇总于表 7－3－2。

表 7－3－2　光纤激光器分类表

分类依据	光纤激光器
增益介质	稀土类掺杂光纤激光器、非线性效应光纤激光器、晶体光纤激光器、塑料光纤激光器
谐振腔结构	线形腔、环形腔、环路反射器光纤谐振腔、"8"字形腔、DFB 光纤激光器、DBR 光纤激光器
光纤结构	单包层光纤激光器、双包层光纤激光器、光子晶体光纤激光器、特种光纤激光器
工作机制	上转换光纤激光器、下转换光纤激光器
掺杂元素	掺铒（Er^{3+}）、钕（Nd^{3+}）、镨（Pr^{3+}）、铥（Tm^{3+}）、镱（Yb^{3+}）、钬（Ho^{3+}）等
输出波长	S 波段（1 280～1 350 nm）、C 波段（1 525～1 565 nm）、L 波段（1 565～1 620 nm）等
波长数目	单波长光纤激光器、双波长光纤激光器、多波长光纤激光器
时域特性	脉冲激光器、连续激光器

按增益介质的不同，光纤激光器可分为稀土掺杂光纤激光器、非线性效应光纤激光器、晶体光纤激光器、塑料光纤激光器等，以及受激散射光纤激光器。掺杂光纤激光器的增益介质主要是掺稀土光纤，激光产生机制是受激辐射。向光纤中掺杂稀土类元素离子（Nd^{3+}、Er^{3+}、Yb^{3+}、Tm^{3+}等，基质可以是石英玻璃、氟化锆玻璃、单晶）使之激活，最终制成稀土掺杂光纤。按所掺稀土元素的不同，光纤激光器可分为掺 Er^{3+} 光纤激光器、掺 Tm^{3+} 光纤激光器、掺 Ho^{3+} 光纤激光器、掺 Yb^{3+} 光纤激光器，以及 Er^{3+}/Yb^{3+} 共掺光纤激光器等。不同的掺杂光纤的发射波长不同，如掺 Er^{3+} 的光纤发射波长为 1.55 μm，在光纤通信领域有广泛应用。掺 Tm^{3+} 和 Ho^{3+} 光纤激光器输出波长在 2 μm 处，多用于生物医学领域。掺 Yb^{3+} 和掺 Nd^{3+} 的光纤激光器输出波长范围比较接近，在 1.06 μm 附近，可实现高功率输出。尤其是双包层掺 Yb^{3+} 光纤激光器，目前单模可实现 kW 级的输出（2013 年，美国 IPG 公司实现了 20 kW 的单模激光输出），是机械加工的理想激光光源。非线性效应光纤激光器主要指受激散射光纤激光器，其发光机制是非线性效应，主要是受激拉曼散射和受激布里渊散射。目前，受激拉曼散射是实现高功率激光输出的一个有效手段。

按激光器谐振腔腔型分，光纤激光器主要有环形腔结构和线形腔结构两类。在线形腔光纤激光器中，又以 F-P 腔为主。

线形腔具有结构简单、成本低、易于实现等优点。普通 F-P 腔纵模间隔可以通过缩短腔长的方法来增加，从而消除空间烧孔效应，并且实现单纵模输出。在线形腔光纤激光器中，应用激光直写光纤光栅的 DFB 光纤激光器和 DBR 光纤激光器最为典型，其具有激光输出波长可以精确控制、线宽窄、可宽带调谐、稳定性高等优点。

图 7-3-1 所示为典型的 DFB 光纤激光器结构示意图。DFB 光纤激光器是利用直接在稀土掺杂光纤写入的高反射光纤光栅来实现的，所写光栅一般是相移光纤光栅。反馈区和有源区同为一体，因而频率稳定性较好，边模抑制比高。

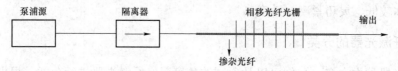

图 7-3-1   DFB 光纤激光器结构

DBR 光纤激光器基本结构如图 7-3-2 所示。DBR 光纤激光器将两个具有较高反射率的光纤光栅（光纤光栅1、光纤光栅2）作为反射镜置于稀土掺杂光纤的两端，构成线形激光谐振腔来增强模式选择。另外，也可以把光纤光栅熔接到掺杂光纤上，还可以直接把光纤光栅写到掺杂光纤两端。

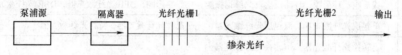

图 7-3-2   DBR 光纤激光器基本结构

DFB 和 DBR 光纤光栅激光器近年来发展迅速，未来研究方向是提高激光器的斜率效率和输出功率，减小线宽，增强稳定性，优化设计，降低成本，延长寿命等，使之达到实用化水平。

简单的光纤环形谐振腔的结构如图 7-3-3（a）所示。图 7-3-3（b）为等价的体形光器件，以便用来和激光技术中的环形腔进行比较。光纤环形谐振腔的关键器件是光纤耦合器，工作原理和制作方法详见第 5 章。环形腔的优点是可以不使用反射镜构成全光纤腔，最简单的设计是将耦合器中的两个臂［图 7-3-3（a）中的 3 和 4 臂］连接起来形成环形光纤回路，并将稀土掺杂光纤置入环形腔中。耦合器起到了"介质镜"的反馈作用，并形成了环形谐振腔，腔的精细度与耦合器的分束比有关。要求精细度高则选择低的分束比，精细度越高，腔内储能也越高。

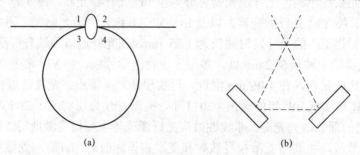

图 7-3-3   光纤环形谐振腔和与之等价的体形光器件结构

环形谐振腔由于具有较长的腔长，能够获得较窄的线宽和较高的输出功率。然而，增益介质中驻波的存在会导致烧孔效应，影响激光相干性。为了避免烧孔效应，通常在光纤激光器的环形腔里插入若干个隔离器以强迫激光运行在行波状态，保证激光的单向运行。

按光纤结构，光纤激光器可分为单包层光纤激光器、双包层光纤激光器、光子晶体光纤激光器、特种光纤激光器。按波长或频域特性，光纤激光器可分为单波长光纤激光器、单纵模光纤激光器、多纵模光纤激光器及多波长光纤激光器等。按激光输出的时域特性，光纤激光器又可分为连续光纤激光器和脉冲光纤激光器。其中脉冲光纤激光器根据其脉冲形成原理，又可分为调 Q 光纤激光器（脉冲宽度为 ns 量级）和锁模光纤激光器。调 Q 技术是通过压缩脉冲宽度实现峰值功率提高几个数量级的技术，简称为 Q 开关。一般的实现方式是通过控制腔内各种损耗，比如反射损耗、透射损耗或吸收损耗来改变腔内 Q 值，获得窄脉冲输出。调 Q 技术分为主动调 Q 和被动调 Q，主动调 Q 是人为利用某些器件的物理效应来控制腔内 Q 值；被动调 Q 是依据元件固有特性实现腔内 Q 值的改变。调 Q 光纤激光器的脉冲宽度一般为 ns 量级。锁模技术可分为主动锁模和被动锁模两种。另外还有高功率光纤激光器、窄线宽光纤激光器、随机光纤激光器等。对不同类型的光纤激光器，选用时应要求阈值越低越好，输出功率与泵浦功率比线性度高，另外也需要关注输出波长、偏振态、模式和转换效率等。

7.3.2 光纤激光器的工作原理和基本结构

7.1 节已经对激光器的物理基础及基本原理等做了详细的介绍。下面以稀土掺杂光纤激光器为例阐述光纤激光器的工作原理和基本结构。

7.3.2.1 工作原理

当光通过含有稀土离子的有源掺杂光纤时，将由于介质的吸收而受到衰减。另外，入射光子所携带的能量将使光纤介质中的电子被激发到高能级。当一个电子处于高能级时，它通过弛豫返回低能级，并通过辐射和非辐射跃迁释放出能量。从高能级到低能级的辐射跃迁包括两种形式：自发辐射和受激辐射。在这两种形式下都有光子被辐射，当电子处于激发态时总会有自发辐射产生。一个能量和上下能级差相等的光子入射到介质中时，就会诱发受激辐射，产生一个与入射光子同频、同相、同偏振的光子。受激辐射所产生的光子继续诱发受激辐射，使受激辐射光不断增强。当增益大于损耗时，就会实现光放大和激光激射。稀土掺杂光纤即为激活介质。

7.3.2.2 基本结构

光纤激光器和其他激光器类似，若要形成激光振荡，则必须满足两个条件：粒子数反转和反馈回路。结构也主要由三部分组成：能产生光子的增益介质，使光子得到反馈并在增益介质中进行谐振放大的光学谐振腔和可使激光介质处于受激状态的泵浦源装置。稀土掺杂光纤激光器的增益介质为掺杂光纤，反馈谐振腔以光纤光栅、光纤环形镜或光纤端面等作为反射镜，泵浦方式一般为光泵浦。

典型光纤激光器的原理结构图如图 7-3-4 所示。将一段稀土掺杂光纤放置在两腔镜之间，泵浦光从左面腔镜耦合进入光纤。左面腔镜可使泵浦光全部透射，并使激射光全反射，以便有效利用泵浦光和防止泵浦光产生谐振而造成输出光不稳定。右面腔镜可使激射光部分透射，以实现激射光子的反馈和获得激光输出。

图 7-3-4　光纤激光器原理结构图

1. 泵浦源

光纤激光器普遍采用光泵浦，即泵浦源也是一个激光器，因此光纤激光器实质上可看作是一个波长转换器，通过它可以将泵浦波长转换为特定的激光波长。泵浦源作为激光产生的基本条件之一，它的选择有着重要的作用。从物理学观点可知，产生激光或激光放大过程的原则是，在其吸收的波长上有效地提供泵浦，以促使激光介质充分获取能量被激活，并在其荧光波长上提供形成激光放大或振荡的条件。对于稀土掺杂光纤激光器而言，不同掺杂材料的吸收波长和荧光波长也不一样。因而光纤激光器中掺杂光纤中的掺杂物质不同，对泵浦光的要求就不同。例如，对于掺铒光纤，一般使用 980 nm、1 480 nm 等波长的光作为泵浦光，用于产生 C 波段或 L 波段的激光。光纤激光器的泵浦源一般是半导体激光器。光纤激光器对泵浦源的性能有很大的依赖性，泵浦源的泵浦效率、寿命、尺寸和价格都会直接影响光纤激光器性能和实际应用。

在研究大功率包层泵浦光纤激光器时，多由高功率多模单芯结二极管激光模块或二极管阵列模块通过一条带包层的单模光纤纤芯进行泵浦。二极管阵列可以用于激发光纤激光器，常用的是端面泵浦，并使用相应的光学聚焦系统将泵浦光源注入光纤包层。目前高功率的二极管阵列可以产生较高功率的激光及较好的光束质量，平均运行时间可达到一万 h 以上。

2. 谐振腔

光纤激光器的谐振腔在 7.3.1 节已做了介绍，图 7-3-5 为一个典型的环形腔掺铒光纤激光器结构。除此之外，光纤激光器的谐振腔可以表现出更复杂的形式，比如用两个光纤环串

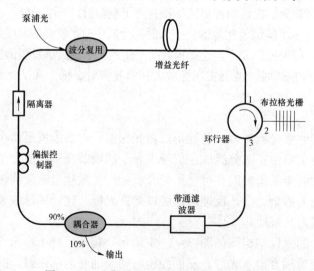

图 7-3-5　典型环形腔掺铒光纤激光器结构

联起来可形成一个谐振腔，用这种谐振腔构成的全光纤激光器如图 7-3-6（a）所示，还有由两个光纤环形谐振腔组成的光纤复合环形腔，其结构如图 7-3-6（b）所示。

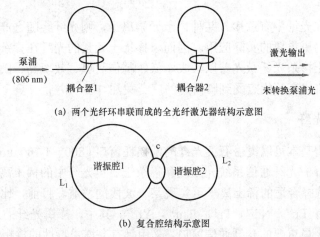

(a) 两个光纤环串联而成的全光纤激光器结构示意图

(b) 复合腔结构示意图

图 7-3-6　光纤激光器谐振腔的两种复杂形式

3. 增益介质

稀土掺杂光纤激光器的增益介质为稀土掺杂光纤，又称有源光纤。受激散射光纤激光器的发光机制是非线性效应，所以其增益介质为非线性光纤。近年来，双包层掺杂光纤激光器利用包层泵浦技术，使输出功率获得极大提高，成为激光器的又一研究热点。双包层光纤增益介质为双包层稀土掺杂光纤。双包层光纤由纤芯、内包层、外包层三部分组成。其中，纤芯由掺稀土元素的石英组成，作为激光振荡的传输通道，在激射波长处为单模以保证输出激光是基横模。内包层的横向尺寸和数控孔径比纤芯大得多，而折射率比纤芯略小，是泵浦光通道，而泵浦光工作在多模状态。合理设计内包层的形状，以确保被耦合进内包层的泵浦光被纤芯高效吸收。目前报道的内包层形状常见的有圆形、D 形、星形、六边形、方形、矩形、椭圆形、梅花形等。一般地，为高功率运转，多设计具有大尺寸和数值孔径的内包层，以提升泵浦光的收集能力。包层泵浦技术特性决定了光纤激光器具有高功率、宽泵浦波长范围、高效率、高可靠性等优势。Offerhaus 等在 2001 年报道了利用包层泵浦结构，能产生高达 2.3 mJ 的脉冲调 Q 双包层掺镱光纤激光器，使用的是单模或模式数较少的低数值孔径的大有效模式面积（LMA）光纤，光纤纤芯的有效面积是 1 300 μm^2，是普通的掺镱单模光纤的 50 多倍。

稀土掺杂光纤掺杂物的浓度对掺杂光纤的性能有显著的影响。随着光纤器件不断向小型化、集成化方向发展，要求光纤激光器所用增益介质越短越好。但只有几厘米的掺杂光纤通常不能实现充分的泵浦吸收，造成泵浦效率不高，影响光纤激光器的输出功率。对于掺杂光纤放大器和激光器来说，存在一个最佳掺杂浓度，浓度过高或过低均不利于形成激光放大。若浓度过低，掺杂离子的总有效数目少于入射光子数，激发态有可能被耗尽，于是光信号的放大将受限于可被利用的有限的离子数。反之，若掺杂过多，则会出现两种情况：一是浓度抑制问题，即高掺杂时相邻系统离子之间会出现一种非辐射交叉弛豫过程，该过程将导致激光上能级的有效粒子数减少；二是高掺杂会导致石英玻璃基质中产生结晶效应，这对激光的形成也是不利的。所以，要对掺杂物的浓度进行优化设计。

7.3.3 稀土掺杂光纤激光器

人们发现，若在光纤中有意掺入某种稀土元素离子，则光纤会随之产生某种活性或有源性，进而拥有了新的更重要的实际应用。因而，掺稀土元素的光纤在掺杂光纤中占有特殊的地位。近年来，稀土掺杂光纤激光器以其成本低、制作简单、效率高、阈值低、线宽窄、可调谐、体积小和性价比高等优点受到国内外的广泛关注。

7.3.3.1 稀土掺杂光纤

稀土离子发射谱基本可以覆盖石英光纤的低损耗窗口（800~1 700 nm），图 7-3-7 所示为 ITU-T 组织划分的光纤通信系统光波段和掺杂于石英光纤中的稀土离子的发射谱覆盖范围。可以看出通过选择合适的稀土离子可实现某一波段的增益。目前，比较成熟的有源光纤中掺入的稀土离子有 Er^{3+}，Nd^{3+}，Pr^{3+}，Tm^{3+}，Yb^{3+}。其中，掺铒光纤的发射谱可以覆盖 C 波段和 L 波段这两个最重要的光纤通信窗口。采用具有高增益特性的掺铒光纤来制作 L 波段掺铒光纤放大器可以缩短掺铒光纤的使用长度，避免由于掺铒光纤过长而引入的偏振模色散和非线性效应；高增益掺铒光纤还可以实现 C 波段光纤放大器和激光器的紧凑化和小型化，满足单纵模光纤激光器对短腔的要求。掺镱光纤激光器是 1.0~1.2 μm 波长的通用源，Yb^{3+} 具有相当宽的吸收带（800~1 064 nm）以及相当宽的激发带（970~1 200 nm），故泵浦源选择非常广泛，且泵浦源和激光都没有受激态吸收。掺铥光纤放大器可以实现 S 波段（1 460~1 530 nm）的增益放大，掺铥/钬（Ho^{3+}）光纤激光器能够实现对人眼安全的 2 μm 波段的激光输出，且水分子在 2.0 μm 附近有很强的中红外吸收峰，对邻近组织的热损伤小，止血性好，在医学、生物学、激光雷达、光谱分析等方面有着广泛的应用。

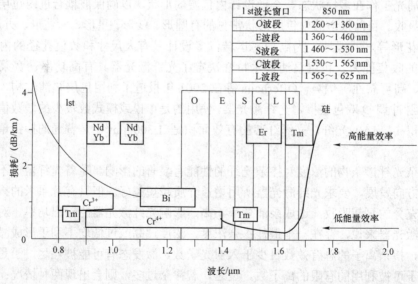

1st波长窗口	850 nm
O波段	1 260~1 360 nm
E波段	1 360~1 460 nm
S波段	1 460~1 530 nm
C波段	1 530~1 565 nm
L波段	1 565~1 625 nm

图 7-3-7　掺杂于石英光纤中的稀土离子的发射谱覆盖范围

掺杂光纤是稀土掺杂光纤激光器的增益介质，因此其特性直接决定光纤激光器的性能。

尽管掺杂光纤的光学特性主要受稀土离子的控制，但玻璃基质对其光学特性也有着重要的影响。石英基质具有化学性能稳定，抗老化性能好，与单模传输光纤兼容等优点，是通信用稀土掺杂光纤的首选基质。掺杂光纤需要在纤芯中以一定的浓度和分布掺入稀土离子，目前稀土掺杂的方法有干法掺杂（气相法）、溶液掺杂法（液相掺杂）、溶胶凝胶法（Sol – gel）和直接纳米粒子沉积法（direct nanoparticle deposition，DND）等。

干法掺杂是一种早期的稀土掺杂光纤制作技术，1985 年，S. B. Poole 等人利用干法掺杂装置首次研制出了低损耗的稀土掺杂光纤。干法掺杂装置与标准 MCVD 法的不同在于它包含一个附加的掺杂承载腔和一个固定的第二喷灯，在沉积掺杂纤芯时，存放在掺杂承载腔内的稀土掺杂物质在第二喷灯的加热作用下气化，进入沉积区发生化学反应并沉积在石英管内表面。因为可以实现的掺杂浓度较低，干法掺杂技术目前已经很少使用。

溶液掺杂法也称为湿法掺杂或者液相掺杂，在沉积用于掺杂的纤芯层时适当降低反应温度，使生成的 SiO_2 为疏松层的形式，将疏松层浸在含有稀土离子的溶液中，使稀土离子吸附在疏松层的小孔内，再经过除水、熔化等过程将疏松层熔化为玻璃，从而实现稀土离子的掺杂。MCVD 法反应生成的 SiO_2 颗粒尺寸小于 OVD 法和 VAD 法水解生成的 SiO_2 颗粒。MCVD 法结合溶液掺杂技术制备的稀土掺杂光纤具有更好的掺杂均匀性。MCVD 法结合溶液掺杂技术可以有效地提高稀土离子的掺杂浓度，并且可以很方便地进行多种离子共同掺杂，以提高稀土掺杂光纤的性能。

溶胶凝胶法制作光纤预制棒是由 K. Susa 等人在 1982 年发明的，制作过程分为三个部分：首先是对反应物进行水解反应，生成将要作为包层或芯层的溶胶；其次是对溶胶进行脱水处理，使之变成干燥的凝胶；最后高温烧结形成由无泡透明玻璃构成的光纤预制棒。

直接纳米粒子沉积法是近年来由 Liekki 公司发明的，并一直被 Liekki 公司垄断。该方法在沉积 SiO_2 的同时，直接将改变折射率的 GeO_2 和稀土离子掺杂进生成的疏松层中，然后再烧结成玻璃。直接纳米粒子沉积法沉积的 SiO_2 粒子及其他掺杂物质的粒子尺寸为 10～100 nm，可以灵活地控制预制棒折射率和掺杂浓度的分布。

稀土掺杂光纤激光器的结构和原理是类似的，目前以掺杂铒离子（Er^{3+}）的 1.55 μm 光纤激光器、增益离子为铥离子（Tm^{3+}）的 2 μm 光纤激光器和掺杂镱离子（Yb^{3+}）的 1.064 μm 光纤激光器为典型代表，掺镱光纤激光器主要表现在高功率方面的优势（将在 7.3.4 节阐述），下面分别介绍掺铒光纤激光器和掺铥光纤激光器。

7.3.3.2 掺铒光纤激光器

掺铒光纤是目前最常用和最成熟的稀土掺杂光纤，基于其制作的掺铒光纤放大器和激光器在光通信系统中得到了极大的发展和广泛的应用。掺铒光纤激光器具有成本低、工艺成熟等优点，工作在 1 550 nm 波段。但是因为 Er^{3+} 对泵浦光的吸收有限，造成了掺铒光纤激光器功率不高、斜率效率不高的缺点。随着人们对信息量需求的不断增大，光纤通信系统通信波段已经从最初的 C 波段拓展到 L 波段。L 波段光纤放大器和激光器可以通过在 C 波段掺铒光纤放大器的基础上进行增益位移来实现。将增益波段从 C 波段位移到 L 波段的关键是降低掺铒光纤放大器中的平均粒子反转率，不同的平均粒子反转率将导致不同的增益谱形状，当平均粒子反转率较高时获得 C 波段增益，当平均粒子反转率较低时获得平坦的 L 波段增益。在泵浦光和信号光给定的情况下，增加掺铒光纤长度可以提供更多的 Er^{3+}，以此来降低掺铒光纤放大器的平均粒子反转率。早期掺铒光纤的掺杂浓度较低，需要使用数百米的掺铒光纤来实现 L 波段的增益放大。掺铒光纤过长会引入不必要的非线性效应和偏振模色散。高增益掺铒光纤在单位长度内有更多的 Er^{3+} 来提供增益，可以在提供相同增益的情况下减小掺铒光纤的使用长度。另外，对于 C 波段的掺铒光纤放大器和激光器来说，高增益的掺铒光纤可以进一步实现器件的小型化。此外，具有高增益系数的掺铒光纤可以使光纤激光器的谐振腔足够短，从而实现单纵模激光输出。因此，具有更高增益特性的掺铒光纤一直是研究的热点。近年来，国际上报道的掺铒光纤激光器大多采用高增益掺铒光纤。国外对高增益掺铒光纤的研究开始较早，都是通过增大 Er^{3+} 的掺杂浓度来提高掺铒光纤的增益特性。在 1997 年，P. Myslinski 等人就报道了几种高增益石英基掺铒光纤，其在 1 530 nm 处的吸收系数最高可达到 62 dB/m。目前，加拿大的 CorActive 公司可以提供在 1 530 nm 处吸收系数大于 40 dB/m 的掺铒光纤；美国的 Nufern 公司可以提供在 1 530 nm 处吸收系数为 55 dB/m 的高增益掺铒光纤；美国的 nLight 公司采用 DND 技术可以制成在 1 530 nm 处吸收系数达到 110 dB/m 的高增益掺铒光纤。目前国内使用的高增益掺铒光纤多依赖进口，国内还没有研制出商品化的高增益掺铒光纤出现。然而，高增益掺铒光纤仍不足以在厘米级光纤上提供足够的泵浦吸收，使得激光器斜率效率低于 1%，最高输出功率被限制在 $-20\sim-10$ dBm。为提高输出功率，往往需要级联一级光纤放大器，这就是所谓的主振荡功率放大器（MOPA）结构。另外，高增益掺铒光纤固有的离子聚集效应既降低了掺铒光纤光栅激光器的量子效率，又引起了激光输出的自脉冲。尽管这种输出功率的不稳定可以通过泵浦光的反馈调制的方法加以克服，但是整个主振荡功率放大结构的掺铒光纤光栅激光器就显得更为复杂。引起这些不利因素的主要原因是掺铒光纤的低泵浦吸收效率。

掺铒光纤激光器系统中，泵浦源的选择也是需要考虑的因素之一。980 nm 波长和 1 480 nm 波长的泵浦源是最为广泛的泵浦源。就效率、固有噪声系数、泵浦激光功率和寿命方面而言，它们各有优缺点。为了改善对泵浦波长的限制，双掺光纤是一个很不错的选择，因为它含有的敏化元素具有宽的吸收带。在敏化元素方面，Yb^{3+} 是很不错的，因为它在 800$\sim$1 080 nm 波段展示了很强的吸收特性，跨越了几个泵浦源波长区，用铒/镱共掺光纤构造的放大器、激光器已经有很多报道。同时研究发现，铒/镱共掺可以减少由泵浦光功率波动而造成的输出振荡光功率的波动，这在大功率半导体激光泵浦的光纤激光器中特别明显。

7.3.3.3 掺铥光纤激光器

与掺铒光纤激光器相比，掺铥光纤激光器的光谱可调谐范围更宽（1 400$\sim$2 200 nm）。由于铥离子（Tm^{3+}）具有丰富的能级结构，掺铥光纤既可以为 S 波段的光信号提供增益，也可以实现 2 μm 波段的掺铥光纤激光器，近年来得到了广泛关注。

铥元素的原子序数为 69，多以三价形态存在。铥元素的能级结构丰富，荧光谱线宽，加入合适的波长选择器件，可实现宽带可调谐输出。图 7-3-8 为 Tm^{3+} 的能级结构图，其基态能级为 $^3H_6$，激发态依次为 $^3F_4$、$^3H_5$、$^3H_4$、$^3F_3$、$^3F_2$、$^1G_4$、$^1D_2$。其中，$^3F_3$ 及 $^3F_2$ 能级的能量间隔较小，通常简并为 $^3F3, 2$。由 Tm^{3+} 的吸收谱及发射谱（图 7-3-9）可知，其有较宽的吸收带（355$\sim$1 800 nm）；同时，Tm^{3+} 的发射带宽也很宽，可实现大范围激光输出。

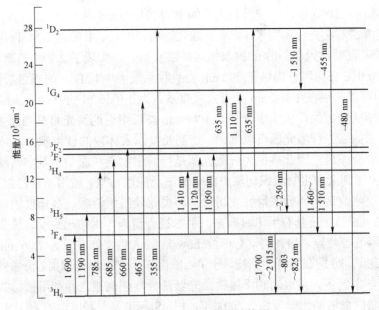

图 7-3-8　Tm³⁺的能级结构图

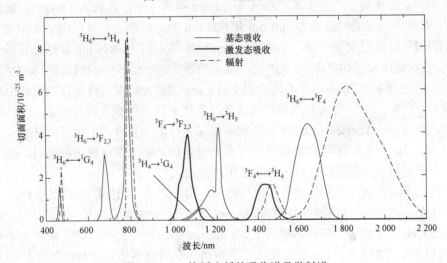

图 7-3-9　掺铥光纤的吸收谱及发射谱

2 μm 波段的激光对 OH⁻ 具有强烈的吸收效果，对人体组织切除和凝血的效果非常好，同时，掺铥光纤激光器体积小，可以通过光纤传输，是非常好的手术激光光源。此外，掺铥光纤激光器作为泵浦源，可以实现 3~5 μm 波段的激光输出，在空间光通信、激光雷达等方面应用广泛。该波段还包含几个大气窗口及特殊气体的吸收峰，在遥感和气体检测等领域也有着重要的应用前景。另外，与处于人眼安全波段的掺铒或铒镱共掺 1 550 nm 激光器相比，掺铥光纤激光器的光光转换效率可达 60% 以上，且位于铥离子吸收带的 790 nm 半导体激光器技术成熟，可提供高功率泵浦源；此外，此波段泵浦时，量子转换效率为 200%。掺铥基质为石英光纤，也容易实现高功率输出。

国际上对掺铥光纤及激光器的研究发展迅速。1998 年，Stuart D. Jackson 和 Terence A. King 采用南安普顿大学制作的掺杂浓度为 1.85 wt.% 的双包层掺铥石英光纤在 2 μm 波段实现了

5.4 W 的激光输出；2000 年，南安普顿大学的 R. A. Hayward 等人采用自制的掺杂浓度为 2.2 wt.% 的双包层掺铥石英光纤实现了 14 W 的激光输出。2001 年 J. Xu 和 M. Prabhu 等人采用在 791 nm 处有效吸收系数为 2.5 dB/m 的双包层掺铥石英光纤实现了 2.7 W 的激光输出。目前，加拿大的 CorActive 公司可以提供在 790 nm 处吸收系数为 1.4 dB/m 的双包层掺铥光纤；美国的 Nufern 公司可以提供在 1 180 nm 处有效吸收系数为 1.0 dB/m 的双包层掺铥光纤。

在生物医学应用方面：由于水分子对 1.94 μm 波长附近的激光具有强烈吸收特性，使得工作在该波段的掺铥光纤激光器可以汽化、切割及凝固人体内的软组织。另外，2 μm 波段的激光处于人眼安全波段，因此掺铥光纤激光器是当前生物学和医学领域非常理想的激光医疗器械，在疼痛神经刺激和生物组织切除方面有着广泛应用前景，适用于良性前列腺增生切除，肿瘤切除，尿道疤痕切除，输尿管肿物切除，各类软硬组织消融，高精度眼科手术，碎石手术等。此外，2 μm 激光还具有手术时间短，手术视野清晰，术中出血少，恢复时间快，安全性高，治疗费用低等特点。1998 年，Lubatschowski 等人将工作波长为 2.06 μm 的掺铥激光器作为外科手术工具，分别在新鲜的猪皮、肝和心脏组织上进行激光辐射，消融效率相当于 CO_2 激光器。2002 年，医务人员成功利用掺铥激光器诱导疼痛刺激，并利用核磁共振来识别皮下区域受疼痛刺激的血液动力学反应。2003 年，El-Sherif 等人利用调 Q 和 CW 掺铥光纤激光器对软组织和硬组织进行消融手术。2005 年，Fried 报道了中心波长为 1.94 μm，输出功率为 40 W 的 CW 和脉冲光通过直径为 300 μm 和 600 μm 的光纤输出，可以用来实现前列腺汽化切除术和输尿管膀胱组织切开术。2008 年，Lemberg 等人利用 1.94 μm 掺铥光纤激光器进行组织消融，测量利用输出功率在 2～9 W 变化范围的激光进行组织消融的效果。2009 年，Szlauer 等人研究了输出功率为 70 W，中心波长为 2.013 μm 的激光，采用内窥镜的方式治疗良性的前列腺增生。同年，Scott 等人利用掺铥光纤激光器代替传统的激光碎石设备，进行尿路结石消融手术。2011 年，Theisen-Kunde 等人利用掺铥光纤激光器进行了猪活体肝脏部分切除实验。2013 年，Tunc 等人利用 CW 掺铥光纤激光器对绵羊脑组织进行切割实验，通过实时温控激光曝光剂量以最大限度降低对周边脑组织热损伤。

在气体检测、大气遥感和光通信等应用方面：由于 CO_2、CH_4 和 N_2O 等多种气体的吸收波段都落在 1.6～2.1 μm 这个波长范围内，Morse 等人于 1995 年验证了一种基于 2 μm 波段光纤激光器的 CO_2 气体探测系统。1997 年，Mcaleavey 等人利用设计的 CW 掺铥光纤激光器进行烃类气体检测。2012 年，Pal 等人设计了可调谐的窄线宽掺铥光纤激光器用于 CO_2 气体探测。同年，Zhou 等人利用工作波长位于 2.005 μm 附近的 Tm^{3+}/Ho^{3+} 共掺光纤激光器，建立了 CO_2 气体浓度监测系统。2 μm 左右的激光包含几个大气窗口可以穿透云层，且透过率较高，因此可以用于自由空间无线光通信，还可遥感空气污染物与浮尘等。2007 年在美国威斯康星州搭建了 2 μm 波段的相干差分吸收激光雷达用来测量大气边界层中 CO_2 湍流的垂直分布。2011 年，Spiers 等人展示了机载 2.05 μm 激光吸收光谱仪和测量大气中 CO_2 所用到的积分路径差分吸收方法，测得大气平流层 CO_2 的浓度约为 4 ppmv。Kadwani 等人验证了宽带掺铥光纤激光器可以用来对大气透射率进行探测。2012 年，美国国家航空航天局兰利研究中心研制开发了一种通过直接检测的方法对地面和空中大气中 CO_2 浓度进行测量的 2 μm 脉冲积分路径差分吸收激光雷达。2 μm 波段激光在光通信方面也进展显著。2 μm 波段存在低损耗和低延迟的光传输窗口。2009 年，Mccomb 等人验证了 2 μm 波段激光可以在大气中传输几千米。2013 年，Petrovich 首次演示了利用空芯光子带隙光纤（hollow core photonic band gap fiber,

HC–PBGF）传输 2 μm 波段的高速率信号，同年，Mac Suibhne 等人实现了 2 μm 波段 WDM 信号在 HC–PBGF 中的传输，并在 290 m 长的 HC–PBGF 中实现了 1×8.5 Gbit/s 和 3×2.5 Gbit/s 的不归零开关键控信号传输。2014 年，Zhang 等人同样用 1.15 km 长的 HC–PBGF 进行了 2 μm 波段传输实验，实现总容量 81 Gbit/s 的 4×12.5 Gbit/s 不归零开关键控外部调制和 4×7.7 Gbit/s Fast–OFDM 直接调制信号传输。

另外，掺铥光纤激光器在激光焊接、风速测定、测速、振动测量、激光成像、高功率光源等方面也取得了不同程度的进展，展现出了良好的应用前景和广阔的发展空间。

7.3.3.4　其他稀土掺杂光纤激光器

如前所述，目前比较成熟的有源光纤中掺入的稀土离子有铒（Er^{3+}）、钕（Nd^{3+}）、镨（Pr^{3+}）、铥（Tm^{3+}）、镱（Yb^{3+}）、钬（Ho^{3+}）、镝（Dy^{3+}）、铕（Eu^{3+}）、钐（Sm^{3+}）等，它们可以用在光纤放大器及光纤激光器之中。掺镨光纤激光器的激射波长为 1 310 nm，对准光纤的零色散波长，其结构及工作原理与掺铒光纤激光器十分相似，但有源介质为掺镨光纤，纤径为 1.7μm，数值孔径为 0.39，掺杂浓度约为 1 000 ppm，泵浦源为 1 000～1 200 nm 波长范围的量子阱激光器（MQW–LD）。掺镨光纤激光器泵浦效率比 EDFA 低很多，另外氟光纤与石英光纤间的熔点差为 600 ℃，因此，熔接十分困难，这大大增加了制造困难。

除以上单掺杂光纤激光器外，还可以采用双掺杂或多掺杂稀土光纤作为增益介质，从而改善光纤激光器性能。共掺稀土光纤将两种或两种以上稀土元素一起掺杂在光纤之中，利用两种掺稀土元素对泵浦源的吸收截面不同，以及两种距离很近的元素能级的相互作用，来实现一种掺稀土元素吸收泵浦功率，另一种元素受激放大的效果。比如铒镱共掺光纤、铥钬共掺光纤、铒铝共掺光纤、铒铋镓共掺光纤、铒铋镓铝共掺光纤、铒铝镧共掺光纤等，都有着广泛的应用。

7.3.4　光纤激光器的研究方向和应用前景

7.3.4.1　研究方向

目前，光纤激光器领域重点关注的研究方向除以上介绍的激光器外，还包括窄线宽光纤激光器、多波长光纤激光器、超短脉冲光纤激光器、拉曼光纤激光器和光子晶体光纤激光器等。

1. 窄线宽光纤激光器

单纵模窄线宽光纤激光器在高速光通信、光纤传感、激光雷达、光纤遥感、高精度光谱、太赫兹光源等领域具有广阔的应用前景。

窄线宽光纤激光器在光纤通信中的应用主要体现在 DWDM 系统和相干光通信系统两个方向。一方面，随着 DWDM 系统的复用波长不断减小，其对于多波长窄线宽光源的需求日益增大。另一方面，具有高灵敏度、高效率等优点的相干光通信系统利用了相干调制和外差解调的技术，其需要有良好相干特性的高性能激光器，线宽达到 kHz 甚至 Hz 量级的单纵模窄线宽光纤激光器可以很好地满足相干光通信系统的需求。

随着光纤传感技术的不断发展，基于光纤光栅的准分布式传感技术及光时域反射技术已经无法满足传感市场的需求。新型的长距离、高灵敏度、高精确度光纤传感器都要求单纵模窄线宽激光光源。例如，布里渊光时域反射计系统利用相干探测来实现相位或频率解调，选择的激光光源线宽越窄，其探测的灵敏度和精度越高；在光频域反射计系统中使用窄线宽激光器可以提高传感系统的动态范围、空间分辨率和信噪比。

窄线宽光纤激光器的早期研究工作主要集中在固定波长的窄线宽光纤激光器上，振荡波长由固定波长响应的滤波器控制，如 FBG。1991 年，Cowle 等人采用 DBR 作为反射滤波器搭建了一种新型的环形腔激光器，实现了线宽小于 10 kHz 的稳定单纵模窄线宽激光输出。1993 年，J. T. Kringlebotn 等人提出一个基于光纤光栅和反射镜的短线腔光纤激光器，得到了 7.6 mW 的稳定单纵模激光输出，线宽小于 1 MHz。1994 年，G. A. Ball 等人利用光纤光栅搭建线形腔光纤激光器并利用控制振荡器和泵浦放大来实现稳定低噪声的单纵模激光输出。同年，M. Horowitz 等人报道了线形腔光纤激光器引入未泵浦的掺铒光纤作为可饱和吸收体进行纵模抑制，从而实现了单纵模窄线宽激光输出，测量的线宽小于 5 kHz。1995 年，M. J. Guy 等人首次引入相移光纤光栅作为窄带滤波器，研制出单纵模窄线宽环形腔光纤激光器，测量得到输出激光线宽小于 2 kHz。1998 年，C. C. Lee 等人首次提出了复合腔结构的光纤激光器，采用延迟自外差法测出激光线宽约为 2 kHz。同年，W. H. Loh 等人提出了一种基于铒镱共掺光纤的单纵模窄线宽 DFB 光纤激光器，线宽约为 18 kHz。

2003 年，H. X. Chen 等人报道了一种宽带可调谐的环形腔掺铒光纤激光器，实现了 80 nm 的波长调谐范围及 60 dB 信噪比的单纵模激光输出。2005 年，H. C. Chien 等人报道了基于可饱和吸收体和可调谐 F-P 滤波器的高稳定性可调谐单纵模掺铒环形腔光纤激光器，波长可调谐范围为 1 482～1 512 nm。2006 年，M. Lee 等人利用两个光纤光栅构成 F-P 线形谐振腔并引入保偏掺铒光纤作为可饱和吸收体实现稳定的单纵模输出，线宽可达到 3 kHz。2007 年，X. Zhang 等人利用可调谐 F-P 滤波器搭建环形腔激光器，并加入反馈注入技术来稳定激光器的波长和功率，得到了线宽约为 1.4 kHz，可调谐范围为 1 527～1 562 nm 的稳定激光输出。2009 年，O. Xu 等人提出在一段掺铒光纤上直接制作三个相同参数的光纤光栅，组成不对称 F-P 谐振腔，搭建线形腔光纤激光器，实现了稳定的单纵模窄线宽输出，实验测量的激光输出线宽小于 5 kHz。2012 年，T. Kessler 等人提出用单晶硅来构成谐振腔和反射镜并封闭在 124 K 的恒温装置内以减小热噪声，实现了 1.55 μm 波段迄今为止最窄的激光输出线宽（小于 40 MHz）。2014 年，Z. H. Ou 等人利用 F-P 干涉仪和带有法拉第旋转镜的无芯光纤实现单纵模激光输出，然后采用一段 25 km 的单模光纤提供布里渊增益，得到了线宽约为 30 Hz 的布里渊窄线宽激光输出。2016 年，T. Zhu 等人基于瑞利散射提出一种可调谐双波长窄线宽随机激光器，得到了信噪比大于 60 dB、线宽约为 700 Hz 的稳定单纵模窄线宽激光输出。

现阶段，窄线宽光纤激光器的线宽已经达到 kHz 甚至是 Hz 量级的水平。另外，进一步提高单纵模窄线宽光纤激光器输出的功率、稳定性和信噪比也是未来重点关注的研究方向。

窄线宽光纤激光器常见的腔体结构有线形腔结构、环形腔结构和复合腔结构。线形腔光纤激光器主要包括 DFB 光纤激光器和 DBR 光纤激光器。线形腔结构简单、工作稳定，但是由于驻波场存在空间烧孔效应，不利于实现单频运转，常常把腔体变短，从而导致泵浦效率低，输出光功率有限，对掺杂光纤要求高。环形腔激光器则可以消除空间烧孔效应，并实现单频运转，但由于谐振腔腔长较长，需要在腔内加入一个窄带的滤波器件来实现单纵模运行。另外，环形腔光纤激光器的腔长较长，易受外界环境影响，因而其输出激光的稳定性较差。

复合腔光纤激光器一般是由多个谐振腔构成的光纤激光器。由于激光器输出的纵模间隔由所有谐振腔共同决定，因而该光纤激光器较容易实现单纵模工作状态，但该结构相对复杂，易受外界环境影响。

2. 多波长光纤激光器

多波长光纤激光器最初被用作光学测量中的多信道光源，随着信息化社会的不断发展，光通信网络的容量飞速增长，目前主要采用增大通信带宽和增加信道的方式提升通信容量，这就需要工作在 1.55 μm 波段的多波长激光器输出更多的波长。为扩展新的光通信波段，其他波段（比如 2 μm 波段）的多波长光纤激光器也开展了相关研究。多波长光纤激光器除应用于光通信外，在光纤传感、光学测量、光谱学等方面也具有广泛的应用前景。其中，工作波长在光纤通信波段的有多波长拉曼光纤激光器和多波长掺铒光纤激光器。

在光纤中，SiO_2 的拉曼增益能覆盖其拉曼频移 13.2 THz 附近非常宽的范围，以前由于泵浦技术不够成熟而未能获得多波长拉曼激射。随着掺钕或掺镱光纤激光器的功率不断提升及拉曼泵浦技术的改进，拉曼光纤激光器已经可以实现多波长激光输出。只要有对应波长的泵浦源，多波长拉曼光纤激光器可以实现任意波长的激射；光纤拉曼增益属于非均匀增益，不需要抑制均匀加宽效应就可以实现稳定的多波长激光输出。但是受激拉曼散射具有较高的泵浦阈值，为实现有效的拉曼激射通常需要较高的泵浦功率。

掺铒光纤具有增益谱宽、增益系数大、阈值低等优点，掺铒光纤放大器可以实现 C+L 波段的平坦增益。因此，为实现通信波段（C+L 波段）的多波长激光输出，多波长掺铒光纤激光器成为首选。1987 年，Masataka Nakazawa 等人首次报道了利用石英掺铒光纤和掺钕光纤组建 3 波长光纤激光器。1992 年，Namkyoo Park 等人实现了 6 波长的光纤激光器。1993年，Uri Ghera 等人利用在非偏振线型光纤激光器中加入双折射光纤实现了 8 波长激光输出。1994 年，Alistair 等人利用单模光纤–少模光纤–单模光纤的梳状滤波器和掺铒光纤（或掺钕光纤）组建了多波长光纤激光器，实现了多波长激光输出。1996 年，Jong Chow 等人利用 F–P 梳状滤波器和取样布拉格光栅实现了多波长光纤激光器，利用液氮冷却增益光纤实现了抑制光谱均匀展宽（homogeneous line broadening，HLB），使得多波长激光可以稳定输出。1996年，Namkyoo Park 等人在环形光纤激光器中加入保偏光纤（PMF）并利用液氮冷却掺铒光纤实现了 24 通道的多波长激光输出，各个波长的激光功率峰值差小于 3 dB，线宽小于 0.15 nm，而且具有较好的稳定性。1997 年 Shinji Yamashita 等人利用微型铒镱共掺光纤 F–P 波长滤波器实现了 29 个波长的多波长激光输出，比较了增益光纤在不同温度下的激光输出光谱特性，得出低温可以抑制光谱均匀展宽效应，实现好的多波长激光输出特性。2001 年，Talaverano等人利用并联多个 FBG 或串联多个 FBG 实现了多波长激光输出。

以上多波长光纤激光器主要是利用了低温、多谐振腔等方案实现稳定的多波长输出，而低温需要液氮冷却，多谐振腔也增加了激光器结构复杂度，不利于应用。主要是因为在室温条件下，掺铒光纤在波长 1 530 nm 附近的 HLB 较大，3～4 nm，各纵模间存在模式竞争，难以形成稳定的多波长激光输出。所以，常温下实现输出波长可调，波长间隔可调和通道可调一直是多波长光纤激光技术领域的研究重点。国内外研究者已经提出了多种有效技术来抑制掺铒光纤的均匀增益效应，包括利用移频器、相位调制器、偏振烧孔效应、SOA、FWM、SBS、NPR、NOLM、NALM 等。

1996 年，Graydon 等人利用双芯掺铒光纤作为增益介质，实现了稳定的多波长激光输出。

2000 年，Antoine Bellemare 等人利用在环形光纤激光器中加入移频器和梳状滤波器实现了室温下稳定的多波长激光输出。2002 年，Gaumm Das 等人利用保偏掺铒光纤作为增益介质，利用偏振烧孔效应（PHB）实现了室温下稳定的多波长输出。2003 年，Zhou Kejiang 等人利用正弦相位调制器实现了室温下稳定的多波长环形光纤激光器。2003 年，Wang Dongning 等人利用半导体光放大器（semiconductor optical amplifier，SOA）抑制非均匀展宽的特性，在环形光纤掺铒激光器中加入 SOA 实现了 24 个波长的激光输出。2006 年，MP Fok 等人利用受激布里渊散射实现了室温下稳定的 49 波长的高消光比激光输出。同年，Feng Xinhuan 等人利用在环形光纤激光器中加入起偏器和长单模光纤，使得环形光纤激光器中产生非线性偏振旋转（non-linear polarization rotation，NPR）效应，在室温下得到了稳定的 28 波长的激光输出。另外，他们利用非线性光学环镜（non-linear optical loop mirror，NOLM）效应，实现了室温下稳定 50 个激射波长输出的环形光纤激光器。2012 年，Liu Xuesong 等人利用非线性光纤放大环镜（non-linear amplifying loop mirror，NALM）效应实现了室温下 62 个波长的激光输出。近年来，北京交通大学光波所利用自制保偏掺铒光纤、双芯掺铒光纤也先后实现了双波长和多波长稳定激光输出，波长调谐范围达 40 nm，并在 2016 年基于 NPR 效应和 Lyot 滤波器报道了一种多波长掺铥光纤激光器结构，在 1 982～1 998 nm 波段实现了 17 个波长稳定激射。

总之，增益介质和激光腔的设计仍是制作高性能、低成本多波长光纤激光器的关键，为了实现稳定的多波长光纤激光器，如何抑制 HLB，改善目前多波长光纤激光器中有源光纤过长而产生的对环境敏感，以及如何使得输出波长更加稳定且易于调节，是今后多波长光纤激光器的研究方向。

3. 超短脉冲光纤激光器

脉冲激光器一直是激光领域的一个重要研究方向，1964 年就出现了第一台基于锁模的脉冲激光器。超短脉冲光纤激光器一般是指输出脉宽在飞秒、皮秒量级的光纤激光器，其具有简单紧凑的结构、高效的散热性、超快的作用时间、极好的光束质量和极高的峰值功率，在工业加工、非线性光学、军事国防、光纤传感、太赫兹、超连续谱、光谱学和光通信等领域有着广阔的应用空间，更是为生物医学诊断领域开辟了一个全新的技术途径。超短脉冲光纤激光器在生物医学诊断的应用主要包括医学诊断成像、外科手术工具、细胞分类标定等，如基于脉冲光纤激光器的光学相干断层扫描（optical coherence tomography，OCT）。另外，传统的外科手术伤口创面大，若不采用附加的防护措施可能会造成大量的出血，利用激光的热效应代替传统的手术刀，在切开组织的同时对组织切面产生凝固作用，可及时止血。超短脉冲光纤激光器（尤其是 2 μm 波段的光纤激光器）可实现高稳定、高重复频率和超短脉冲激光输出，从而为人体软组织切割、肌体内部病变组织的非接触切除等外科手术带来光明的前景。

超短脉冲光纤激光器主要是基于锁模技术实现激光输出的。所谓锁模，即是将这些纵模的相位锁定，使各个纵模实现相干输出，以获得时域上周期性的超短脉冲。根据锁模机理，激光器可分为主动锁模光纤激光器和被动锁模光纤激光器。主动锁模是指利用电光晶体实现锁模，但由于主动锁模受调制带宽限制，脉冲宽度通常为皮秒量级。实现被动锁模的方法则主要有两种：一是利用光纤中的非线性效应在腔内形成等效饱和吸收体，如非线性偏振旋转；另一种则是引入自然饱和吸收体，如半导体可饱和吸收体、碳纳米管可饱和吸收体、石墨烯及氧化石墨烯可饱和吸收体等。被动锁模结构简单，一般不需要插入调制器件就可以实现自启动锁模，成本低廉且容易获得超短脉冲，但重复频率不易控制。

1990 年，Keller 等人首先利用半导体可饱和吸收体来实现被动锁模，并引起广大研究人员的重视。1991 年，Richardson 等人首次将非线性放大环镜用于光纤激光器的被动锁模，实现了 320 fs 的超短脉冲。非线性光纤环镜的使用有利于全光纤结构激光器的实现。1992 年，Matsas 则报道了一种基于非线性偏振旋转技术的锁模光纤激光器。同年，Tamura 等人利用非线性偏振旋转技术在环形光纤激光器中实现了稳定的自启动超短脉冲输出，脉冲宽度为 452 fs，重复频率为 42 MHz。随着新型锁模器件和锁模技术的发展，近年来超短脉冲光纤激光器的性能在高功率、fs 超短脉冲、调谐特性等方面都获得了飞速发展。2012 年，Kharenko 等人利用非线性偏振旋转的方式实现了脉冲能量 20 nJ 的输出，脉冲宽度达 200 fs。2013 年，天津大学报道了输出脉冲宽度为 25 fs 的掺镱超短脉冲光纤激光器。可以看出，超短脉冲光纤激光器正步入快速发展的轨道，预期未来将取得更多令人振奋的成果。

7.3.4.2　应用前景

光纤激光器应用范围非常广泛，如光纤通信、工业加工、军事国防、生物医学、光纤传感等。随着对光纤激光器研究的不断深入，其应用的范围不断扩展，实用化的步伐不断加快，其中在军事、工业、生物医学和通信领域的应用尤为突出。

1. 军事领域

高功率光纤激光器一直是军事领域防御和进攻武器的重要研究目标。高功率光纤激光器因其具有高亮度、小照射面积、小体积等优点，近年来是战术激光武器优先发展的技术方向之一。2013 年，德国莱茵金属公司演示了一种 50 kW 高能光纤激光武器，可摧毁静态目标或跟踪摧毁动态目标。2014 年美国洛克希德·马丁公司基于频谱合束技术实现了输出功率为 30 kW 的光纤激光器，标志着以高功率光纤激光器为核心的激光武器系统能广泛适用于陆海空军事平台。

窄线宽光纤激光器在军事国防领域也有广泛应用。在许多国防军事应用领域，如超高精度激光雷达、船舶水听器等，光源的线宽直接影响着远程定位、远程遥感等系统的整体性能，因而对光源的线宽性能要求非常高。高功率、窄线宽光纤激光器有望是未来军用激光技术的首选。

2. 工业领域

高功率光纤激光器在工业方面的应用最引人注目的是材料处理，包括金属和非金属精密切割、加工与处理、激光打标、激光焊接、精密打孔和激光测量。光纤激光器现广泛应用于汽车和船舶等制造行业中的焊接、切割、打孔等工艺操作。在欧美发达国家中，有 50% 到 70% 的汽车零部件采用激光加工。为使船舶平板满足海洋流体力学要求，一般将其设计成三维曲率形状，而只有利用光纤激光器加工才能实现这一要求。日本长崎造船厂利用美国 IPG 公司生产的 10 kW 光纤激光器和电弧进行复合焊接，显著改进了焊接质量，提升了经济效益。

3. 生物医学领域

光纤激光器在生物医学领域中也得到了广泛的应用，如光学相干断层扫描、外科手术、皮肤美容等。在外科手术中，光纤激光器的高功率、小型化、高质量等特性，使其成为激光手术刀的有力候选。尤其是 2 μm 波段掺铥光纤激光器处于人眼安全波段，可以汽化、切割及凝固任何人体内的软组织，是生物学和医学领域理想的激光医疗器械。

4. 通信领域

密集波分复用技术和相干光通信技术的发展，对光纤通信系统用光源提出了更高的要求，而多波长光纤激光器或光学频率梳、窄线宽光纤激光器作为光源则可以满足未来光纤通信向超高速、超大容量和超长距离发展的需求，从而为实现全光通信网络提供关键器件支撑。

习　题

1. 简述能级的概念，并解释基态和激发态的含义。
2. 简述自发辐射、受激辐射和受激吸收的概念，并比较三者的不同之处。
3. 二能级系统能否采用泵浦方法在稳态下实现粒子数反转分布？解释原因。
4. 什么叫激光器的阈值条件？为什么三能级系统所需的阈值要比四能级系统大？
5. 简述激光器的基本组成和产生激光的三个条件。
6. 简述直接带隙材料和间接带隙材料在能带结构和光电子学特性方面的特点。
7. 在半导体光电子和微电子领域应用较为广泛的半导体材料有哪些？并说明它们是属于直接带隙材料还是间接带隙材料。
8. 与同质结相比，简述双异质结的结构和主要优点。
9. 简述半导体 PN 结电致发光的基本原理。
10. 半导体激光器与其他类型的激光器（如固体、气体激光器）相比其工作原理、有源介质、谐振腔结构和泵浦方式有何异同？
11. 简述在高速直接调制长距离光纤通信系统中需要采用动态单纵模激光器的原因。
12. 简述 DFB 光纤激光器、DBR 光纤激光器和垂直腔面发射激光器的主要特点和优势。
13. 简述光纤激光器的特点和工作原理。
14. 光纤激光器包括哪些种类？
15. 常用的稀土掺杂光纤有哪些？并简述它们各自的特点。
16. 简述高功率双包层光纤激光器的特点和优势。

第8章　电光调制器与光探测器

8.1　电光调制器

光通信中采用激光作为承载信号的载体。从波动学角度考虑，激光是一种频率超高（$10^{13} \sim 10^{15}$ Hz）的电磁波，它具有很好的相干性，激光也像以往电磁波（收音机、电视等）一样可以用来作为传递信息的载波。由激光"携带"的信息（包括语言、文字、图像、符号等）通过一定的传输通道（大气、光纤等）被送到接收器，再由光接收器鉴别接收信息并将之还原成原来的信息。在这一过程中，将信息加载到激光上的过程称为调制，完成这一过程的装置是调制器。通常情况下，在区分载波和调制信号时，主要标准是频率的高低，一般频率高者为载波，低者为调制信号，因此激光调制中，激光为载波，起控制作用的低频信号称为调制信号。假设，激光光波的场表示为

$$E_0(t) = A_0 \exp\ (j\omega_0 t + j\varphi_0) \tag{8-1-1}$$

其中 A_0 为振幅，ω_0 为角频率，φ_0 为相位。从式（8-1-1）可以看出激光与微波信号类似，具有幅度、频率、相位等参量指标（表达式中并未给出偏振这一指标，实际上在光通信中偏振信息已经作为携带信息的一种新的维度，在大容量光通信领域，偏振态复用可以用于提高通信容量），如使其中某一参量按调制信号的规律变化，则激光将受到电信号的调制，达到运载信息的目的。依据调制器与激光器的相对关系，可以将激光调制划分为内调制与外调制。二者区别的关键在于调制信号是否在激光振荡过程中进行。内调制以调制信号来改变激光器的振荡参数，从而改变激光输出特性，实现调制。代表技术是注入式半导体激光器，它利用调制信号直接改变它的泵浦驱动电流，使输出的激光强度受到调制，也称直接调制。直接调制一般集成度较高，但是工作带宽十分受限。外调制是指在激光器外部光路上配置调制器，利用调制器改变通过激光的某些参量的过程。相比于内调制，外调制更为方便，且比内调制的调制速率高（约一个数量级），调制器的选择也更多，目前是业内普遍采用的调制方式。有别于传统的数字通信系统，对激光的外调制最直接的实现方式是光相位调制，即通过电信号的变化影响光波的相位，其他调制格式则是在光相位调制的基础上结合干涉原理来实现的，需要涉及不同的电光调制器，包括铌酸锂调制器、半导体调制器和聚合物调制器等。下面将总结目前铌酸锂调制技术普遍采用的调制器类型，并针对其各自特点进行简要介绍。

20 世纪 60 年代，随着单晶生长的柴可拉斯基法被业内普遍认可，人们开始了铌酸锂（LiNbO$_3$）光调制器的研究。LiNbO$_3$ 晶体是 3 m 点群对称的三角晶体结构，它的电光系数比非铁氧化物材料高，具有极大的电光转换效率和极低的损耗特性，是制作高速电光调制器的首选材料。最为常见的调制器结构为脊型结构，如图 8-1-1（a）所示，它将铌酸锂晶体埋于两条金属电极之间，并在两金属电极之间施加电场。在外加电场作用下，LiNbO$_3$ 晶体受自身的线性电光效应的影响，晶体的折射率发生变化，当有光通过晶体

时，其输出相位会随之发生变化，利用这一特性可制作相位调制器，而强度型调制器则是在 LiNbO$_3$ 晶片上制作具有马赫－曾德尔（Mach－Zehnder）干涉型结构的光波导来实现的，如图 8－1－1（b）所示。

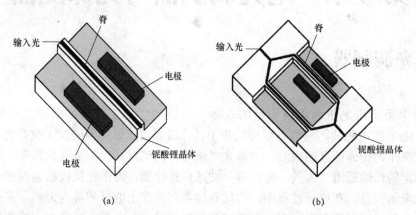

(a)　　　　　　　　　　　　　　　　(b)

图 8－1－1　铌酸锂脊型波导相位调制器（左）和 MZ 强度调制器（右）结构原理图

在设计高速通信系统中使用 LiNbO$_3$ 光调制器时，需要考虑的因素有很多，包括驱动电压、光电信号速度匹配、特性阻抗、电信号衰减、调制带宽、波长啁啾量和插入损耗等。这里将针对单晶铌酸锂的线性电光特性及几种常用的铌酸锂调制器进行简要介绍。

8.1.1　单晶铌酸锂线性电光特性

电光调制的物理基础是电光效应。当电场施加在光传输的介质时，会引起折射率变化，进而引起光相位的变化，产生的效应称为电光效应。具体来讲，光波在介质中的传播规律受到介质折射率分布的制约，而折射率的分布又与其介电常数（电容率）密切相关。晶体折射率可用施加电场 E 的幂级数表示，即

$$n = n_0 + \gamma E + bE^2 + \cdots \qquad (8-1-2)$$

式（8－1－2）中，γE 是一次项，该项的折射率变化与外加电场变化成线性关系，称为线性电光效应（或 Pokels 效应）；由二次项 bE^2 引起的折射率变化与外加电场的二次方成比例，称为二阶电光效应（或 Kerr 效应）。通常情况下，LiNbO$_3$ 晶体的线性电光效应要比二次效应明显得多，式（8－1－2）的更高阶项由于影响太低，可略去。因此实际应用中利用的是 LiNbO$_3$ 调制器的线性电光效应。本节主要讨论线性电光效应。

平面波在介质中的传播速度为

$$v = \frac{c}{n} \qquad (8-1-3)$$

其中，c 是光在真空中的速度，n 为介质的折射率。可以发现，介质折射率的变化可以引起平面波的传播速度变化；如果折射率的变化随外加电场的变化而变化，此时平面波的传播速度也会发生相应的改变，而如果外加电场已经携带数据，那么变化将具体体现在频率波的传播速率上，同样可以理解为光波的相位发生变化。

对电光效应的分析和描述有两种方法：一种是电磁理论方法，但是其数学推导相当繁复；另

一种是用几何图形（折射率椭球体）的方法，这种方法直观、方便。本节讨论后者。在光学各向异性晶体中，光波的传播速度与其所处的偏振态有关，该晶体各向异性的标准折射率椭球方程可写为

$$\frac{x^2}{n_1^2}+\frac{y^2}{n_2^2}+\frac{z^2}{n_3^2}+\frac{2yz}{n_4^2}+\frac{2zx}{n_5^2}+\frac{2xy}{n_6^2}=1 \qquad (8-1-4)$$

式（8-1-4）中，x，y，z 为介质的主轴方向并组成一个坐标系，当无外加电场时，有

$$\frac{1}{n_1^2}=\frac{1}{n_x^2}, \ \frac{1}{n_2^2}=\frac{1}{n_y^2}, \ \frac{1}{n_3^2}=\frac{1}{n_z^2}, \ \frac{1}{n_4^2}=\frac{1}{n_5^2}=\frac{1}{n_6^2}=0 \qquad (8-1-5)$$

其中 n_x，n_y，n_z 为折射率椭球的主折射率。当晶体施加电场后，其折射率椭球发生"变形"，六个折射率系数发生相应的变化，为了得到变化后的折射率系数，需考虑 LiNbO$_3$ 晶体的线性电光效应。当外加电场为 E 时，晶体的折射率变化 $\Delta(1/n_i^2)$ 可由式（8-1-6）计算

$$\Delta\frac{1}{n_i^2}=r_{ij}\begin{bmatrix}E_x\\E_y\\E_z\end{bmatrix} \qquad (8-1-6)$$

其中 $i=1$，2，$\cdots$，6，$j=1$，2，3，r_{ij} 为 LiNbO$_3$ 晶体对应的电光张量，为一个 6×3 的矩阵

$$r_{ij}=\begin{bmatrix}0 & -r_{22} & r_{13}\\0 & r_{22} & r_{13}\\0 & 0 & r_{33}\\0 & r_{51} & 0\\r_{51} & 0 & 0\\-r_{22} & 0 & 0\end{bmatrix} \qquad (8-1-7)$$

上面的电光张量中，系数 r_{33} 最大。为保证最大光电转换效率，外加电场方向和入射光偏振方向都要沿着 z 轴方向，即 $E_x=E_y=0$。上述条件下，由电光张量关系可知，仍然有 $\Delta(1/n_4^2)=\Delta(1/n_5^2)=\Delta(1/n_6^2)=0$。除此之外，由于 LiNbO$_3$ 是一种单轴各向异性晶体，因此光波在其中传播时发生双折射现象后，o 光与 e 光偏振方向互相垂直，在分析时，通常将 e 光的偏振方向的对应轴选择为晶体折射率椭球所处的 z 轴方向，因此有

$$n_x=n_y=n_o \text{ 且 } n_z=n_e \qquad (8-1-8)$$

将式（8-1-6）代入式（8-1-7），可得加载电场后对应介质 x，y，z 三个方向上折射率分别为 $n_1=n_2=1/\sqrt{\sqrt{\frac{1}{n_o^2}+\gamma_{13}E_z}}\approx n_o-\frac{1}{2}n_o^3\gamma_{13}E_z$，$n_3=1/\sqrt{\sqrt{\frac{1}{n_e^2}+\gamma_{33}E_z}}\approx n_e-\frac{1}{2}n_e^3\gamma_{33}E_z$

可得介质 x，y，z 方向对应 n_x，n_y，n_z 的变化量分别为

$$\Delta n_x=\Delta n_y=-\frac{1}{2}n_o^3\gamma_{13}E_z \qquad (8-1-9)$$

$$\Delta n_z=-\frac{1}{2}n_e^3\gamma_{33}E_z \qquad (8-1-10)$$

考虑到 γ_{33} 远大于 γ_{13}，铌酸锂调制器在 z 方向上折射率随外加电场变化最大，可以认为此时的调制效率最高，说明铌酸锂调制器是一款偏振敏感型元件。在实际使用调制器的过程中，为了保证最大调制效率，需要调整入射光偏振态，使之与铌酸锂晶体 z 轴方向一致。

8.1.2 电光相位调制器

前面提到了铌酸锂晶体自身线性电光效应的利用，折射率变化与外加电场变化呈现出相对固定关系，当加电压驱动时，可以改变铌酸锂晶体的折射率，从而使相位得到调制，为了更方便地说明这一问题，式（8-1-11）给出了由外加驱动电压 $V(t)$ 引起的相位变化的公式

$$\Delta\Phi = \frac{2\pi\Delta nL}{\lambda} = \frac{\pi n_e^3 \gamma_{33} L}{\lambda} V(t) \tag{8-1-11}$$

式（8-1-11）中 λ 为入射光波长，L 为光波与微波相互作用的有效长度。可将式（8-1-11）进一步简化为

$$\Delta\Phi = \pi\frac{V(t)}{V_\pi}, \quad V_\pi = \frac{\lambda}{n_e^3 \gamma_{33} L} \tag{8-1-12}$$

其中 V_π 可定义为由铌酸锂晶体自身决定的使光相位改变 π 所需要施加的电压值，或称为调制器的半波电压。考虑入射光信号电场表达式

$$E_{in}(t) = E_0 \exp(j\omega_0 t + j\varphi) \tag{8-1-13}$$

其中 E_0 为光信号幅度，ω_0 为光信号角频率，φ 为光信号噪声项（包括相位噪声和振幅噪声）。在驱动电压 $V(t)$ 影响下输出光信号的电场表达式可写为

$$E_{out}(t) = E_0 \exp\left(j\omega_0 t + j\pi\frac{V(t)}{V_\pi} + j\varphi \right) \tag{8-1-14}$$

由式（8-1-14）可得，输出光相对于输入光相位发生了变化。当 $V(t)$ 为恒定值时，相位亦为恒定值，而当 $V(t)$ 为微波信号典型的正弦表示（$V(t) = V_0 \sin(\Omega t)$，其中 V_0 和 Ω 为驱动信号的幅度和角频率），利用 Jacobi-Auger 展开，可得式（8-1-15）

$$E_{out}(t) = E_0 \sum_n J_n\left(\pi\frac{V_0}{V_\pi} \right) \exp(j\omega_0 t + jn\Omega t + j\varphi) \tag{8-1-15}$$

$E_{out}(t)$ 中含有 Ω 的各次谐波成分，n 取不同的值均代表不同的谐波项，光谱示意图如图 8-1-2（a）所示，图中高阶边带取决于调制系数 $\pi V_0/V_\pi$ 的大小，由于相位调制不影响强度，因此，光强度为恒定值，如图 8-1-2（b）所示。

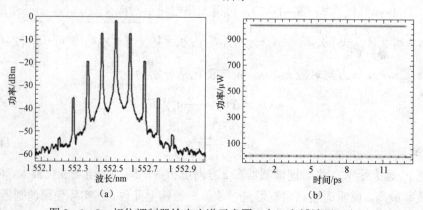

图 8-1-2　相位调制器输出光谱示意图（左）和域波形（右）

利用上述特性制作的调制器为电光相位调制器。电光相位调制器是一类最常用的调制器，目前商用的产品很多。图 8-1-3 所示为一款 10 GHz 相位调制器，该调制器结构简单，两端分别为光输入和光输出跳线，调制器波导模型只带有一个 SMA 型连接头，用来连接高频微波信号。实验条件下，通常需要依据所使用的环境选择不同类型的调制器，以及确定所需的实验参数。

图 8-1-3　典型电光相位调制器

8.1.3　马赫-曾德尔调制器

具有马赫-曾德尔干涉结构的调制器是一种强度调制器，它与 8.1.2 节所描述的电光相位调制器的根本区别是它会影响光信号的强度，因而其输出光强度必定不恒定。马赫-曾德尔调制器是目前商用化程度非常高的一种铌酸锂调制器，根据不同的设计结构可以分为单电极马赫-曾德尔调制器、双电极马赫-曾德尔调制器和双平行马赫-曾德尔调制器，下面就这三种调制器进行简要介绍。

1. 单电极马赫-曾德尔调制器

单电极，顾名思义是只具有一个电极的结构，结构示意图如图 8-1-4 所示。单电极马赫-曾德尔调制器（SE-MZM）相当于将一个相位调制单元置于干涉仪结构内，图 8-1-4 所示为一个理想无损状态下的调制器示意图，图 8-1-4 中耦合器分光比为 50:50，L_1 和 L_2 为臂长，二者的差决定了干涉特性。相对于图 8-1-4 中的无损状态，有损状态则是指耦合器分光比不满足 50:50 关系的类型。

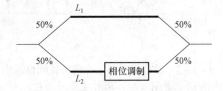

图 8-1-4　典型单电极马赫-曾德尔调制器结构示意图

输入连续光先经耦合器分路以 3 dB 衰减分别进入干涉仪的上下两干涉臂，其中下臂光波电信号进行相位调制后，与上臂光波的输出端发生干涉。考虑到耦合器的分光比，可以将调制器输出光的电场表示为

$$E_{\text{out}}(t) = E_0 \left\{ \gamma_1 \exp\left[j\omega_0 t + j\Phi_1(L_1) \right] + \gamma_2 \exp\left[j\omega_0 t + j\pi\frac{V(t)}{V_\pi} + j\Phi_2(L_2) \right] \right\} \quad (8-1-16)$$

式（8-1-16）中 γ_1 和 γ_2 与耦合器耦合比有关，当耦合器分光比为 50:50 时，$\gamma_1 = \gamma_2 = 0.5$，除此之外，式（8-1-16）中 $\Phi_1(L_1)$ 和 $\Phi_2(L_2)$ 为干涉仪臂长不同带来的初始相位，通常情况下

调制器制作之初，上述值已经固定，如果需要进一步调整，则需要在调制信号上做文章。通常情况下，射频信号加载到调制器之前需要通过一个偏置器（Bias Tee）加偏置，可以理解为式（8-1-16）中 $V(t) = V_0 \sin(\Omega t) + V_{\text{bias}}$。偏置器的作用即是在干涉仪两臂添加一个可控的相位，与干涉仪初始相位不同，这个值是可以人为控制并加以利用的，比如，当控制上、下两臂相位差为 π 时，光信号中载波最弱；当控制上、下两臂相位差为 0 时，光信号中载波最强。单电极马赫-曾德尔调制器输出光谱示意图和时域波形如图 8-1-5 所示。

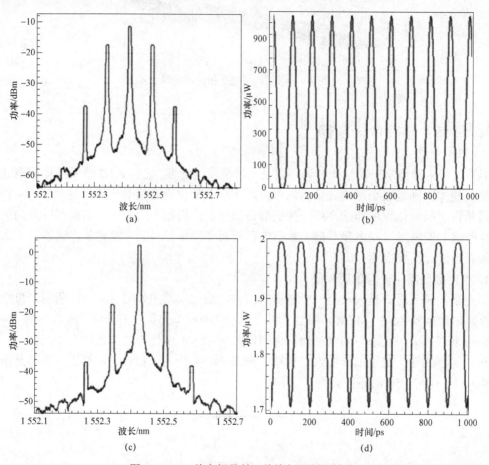

图 8-1-5　单电极马赫-曾德尔调制器输出
光谱示意图（左）和时域波形（右）

时域波形如图 8-1-5（b）和图 8-1-5（d）所示，有别于电光相位调制器，强度调制器其输出光信号强度在时域上不恒定，而图 8-1-5（b）和图 8-1-5（d）的区别在于，光载波最弱时其时域基底最小，相反，光载波最强时其时域基底最大。目前单电极马赫-曾德尔调制器产品不多，应用最多的还是双电极马赫-曾德尔调制器。

2. 双电极马赫-曾德尔调制器

前面提到的单电极马赫-曾德尔调制器，射频信号只加载到单臂电极上，这种结构会伴随着一定的啁啾现象，即在进行强度调制的同时仍有一定的相位调制，啁啾现象的存在将严重影响长距离、大带宽光纤传输，且工程中使用不多。在实际应用中，使用更多的是改进型双电极马赫－曾德尔调制器（DE－MZM），理论上当其工作于推挽模式时，可实现零啁啾工作，即无相位调制项。双电极马赫－曾德尔调制器是一种典型的干涉型波导电光调制器件，从结构上看，其具有马赫－曾德尔干涉结构的上下两"臂"，由于构成两"臂"的光波导介质均采用了铌酸锂晶体，外加电信号的变化导致介质材料折射率发生相应的变化，从而改变了输出光信号的相位，合并后得到一个干涉信号。相对于单电极马赫－曾德尔调制器，双电极结构具有更高的灵活性，而且完全可替代单电极调制器，因此是目前应用较广的一种类型强度调制器。

图 8－1－6 为一个双电极马赫－曾德尔调制器结构示意图。上下臂分别为相位调制单元，偏置电压控制两臂的相位差，设定输入光场为 $E_{\text{in}}(t) = E_0 \exp\left(j\omega_0 t + j\varphi\right)$，则调制器输出光场可以表示为

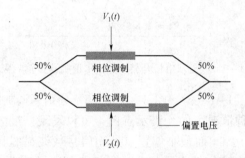

图 8－1－6　典型双电极马赫－曾德尔调制器结构示意图

$$E_{\text{out}}(t) = E_{\text{in}}(t)\left\{\exp\left[j\varphi_1(t)\right] + \exp\left[j\varphi_2(t) + j\varphi_{\text{bias}}\right]\right\}$$

$$= E_{\text{in}}(t)\cos\left[\frac{\varphi_1(t) - \varphi_2(t) - \varphi_{\text{bias}}}{2}\right]\exp\left[j\frac{\varphi_1(t) + \varphi_2(t) + \varphi_{\text{bias}}}{2}\right] \quad (8-1-17)$$

设两调制臂输入电压信号为 $V_1(t)$ 和 $V_2(t)$，所得相位信息为 $\varphi_1(t) = \pi\dfrac{V_1 \cos\Omega t}{V_\pi}$ 和

$\varphi_2(t) = \pi\dfrac{V_2 \cos\Omega t}{V_\pi}$，而 φ_{bias} 为偏置电压影响下的上下两臂相位差，输出光信号的功率为

$$I_{\text{out}}(t) \propto \left|E_{\text{out}}(t)\right|^2 = \left|E_{\text{in}}(t)\right|^2 \cos^2\left[\frac{\varphi_1(t) - \varphi_2(t) - \varphi_{\text{bias}}}{2}\right] \quad (8-1-18)$$

故双电极马赫－曾德尔调制器的强度传输响应为

$$T = \frac{\left|E_{\text{out}}(t)\right|^2}{\left|E_{\text{in}}(t)\right|^2} = \cos^2\left[\frac{\varphi_1(t) - \varphi_2(t) - \varphi_{\text{bias}}}{2}\right] = \frac{\left\{\cos\left[\varphi_1(t) - \varphi_2(t) - \varphi_{\text{bias}}\right] + 1\right\}}{2} \quad (8-1-19)$$

传输响应曲线如图 8－1－7 所示，横轴对应上下臂相位差 $\varphi_1(t) - \varphi_2(t)$，起始点则由偏置电压所致的初始相位 φ_{bias} 所决定；传输响应函数表现为余弦函数特性，从中可以确定调制器的三个特殊偏置点，即正交传输点、最小传输点和最大传输点，不同的偏置点上，调制器工作特性也有所区别。

在讨论调制器工作特性之前，我们首先要了解其啁啾特性，一个调制器是否零啁啾，可从其光场 $E_{\text{out}}(t)$ 表达式中进行判定，如式（8－1－17）所述，此时调制器存在啁啾，即强度调制的同时亦伴随着相位调制。为了实现零啁啾，数学上只需要满足 $\varphi_1(t) + \varphi_2(t) = 0$ 或

$\varphi_1(t) = -\varphi_2(t)$ 即可，调制器这样的一种驱动模式称作推挽模式，在该驱动模式下，调制器输出光场只含有强度调制而无相位调制，即实现了零啁啾。频率啁啾是数字或模拟光纤传输链路须重点考量的指标，其大小决定了最终的传输长度和性能。理论上零啁啾可以最大限度提升光链路传输性能，因此推挽模式下的马赫-曾德尔调制器在实际应用中有更多的应用空间，讨论调制器工作特性便更有参考意义。

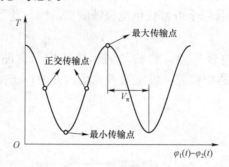

图 8-1-7　典型双电极马赫-曾德尔调制器传输响应曲线

图 8-1-8（a）、图 8-1-8（c）、图 8-1-8（e）分别为调制器偏置于最大偏置点、正交偏置点和最小偏置点 3 种情况下的光谱示意图。可以发现，最大偏置点处光信号载波最强且频谱内只含有偶数阶边带，而最小偏置点处光信号载波最弱且频谱内只含有奇数阶边带，说明此时调制器工作在非线性电压部分，调制光发生了畸变，最后正交偏置点处光谱介于二者中间，此时调制器工作在线性电压部分。对比时域图形，可以清楚看到，图 8-1-8（d）和图 8-1-8（f）相比图 8-1-8（b），所得时域波形的周期为调制频率的 2 倍。此外，最大偏置点处由于载波最强，因此时域基底最大（如图 8-1-8（b）所示），最小偏置点处由于载波最弱，因此时域基底最小（如图 8-1-8（f）所示）。对比观察正交偏置点处的时域波形（如图 8-1-8（d）所示），此时波形重复周期与调制信号周期一致，且直流基底介于最大与最小偏置点之间。

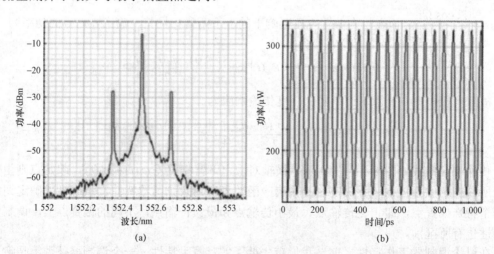

图 8-1-8　单电极马赫-曾德尔调制器输出光谱示意图（左）和时域波形（右）

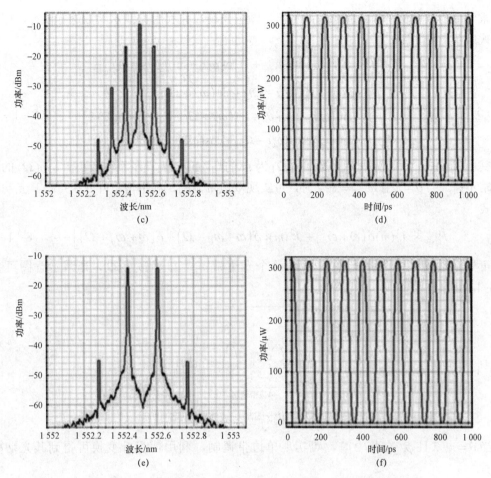

图 8-1-8　单电极马赫－曾德尔调制器输出光谱示意图（左）和时域波形（右）（续）

　　不同的偏置点所对应的调制方式略有不同，通常情况下双电极马赫－曾德尔调制器具有三种典型的调制方式，分别为双边带（DSB）、单边带（SSB）和光载波抑制（OCS）。下面利用一个双驱动双电极马赫－曾德尔调制器对上述三种调制方式进行简要介绍。调制器结构如图 8-1-9 所示，图中射频信号（$V(t) = V_0 \sin(\Omega t)$）被一个 50:50 电桥分为两路，分别驱动双电极马赫－曾德尔调制器的上、下相位调制单元，除此之外，下支路还需引入一个固定相位 θ，偏置电压则决定调制器的工作点。

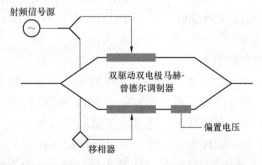

图 8-1-9　双驱动双电极马赫－曾德尔调制器结构示意图

求解驱动双电极马赫–曾德尔调制器的输出光场，并利用贝塞尔函数进行展开，可以得到下式所示光场

$$E_{out}(t) \propto J_0(m)\left[(\cos\varphi_{bias}+1)\cos\omega_0 t - \sin\varphi_{bias}\sin\omega_0 t\right]-$$

$$J_1(m)\begin{cases}\cos\varphi_{bias}\left[\sin(\omega_0 t-\Omega t)+\sin(\omega_0 t+\Omega t)\right]\\+\sin(\omega_0 t-\Omega t-\theta)-\sin(\omega_0 t+\Omega t+\theta)\\+\sin\varphi_{bias}\left[\cos(\omega_0 t-\Omega t)+\cos(\omega_0 t+\Omega t)\right]\end{cases}+o(\Omega) \qquad (8-1-20)$$

其中，$m=\pi V_0/V_\pi$ 为调制系数，$o(\Omega)$ 为 Ω 的高阶项，当调制系数较小时，$o(\Omega)$ 的影响可忽略不计。当 $\theta=\pi$ 且 $\varphi_{bias}=\pi/2$ 时，可实现双边带调制，利用傅里叶变换可得其光功率谱表达式

$$P_{DSB} \propto J_0^2(m)\delta(\omega+\omega_0)+J_1^2(m)\left[\delta(\omega+\omega_0-\Omega)+\delta(\omega+\omega_0+\Omega)\right]+\cdots \qquad (8-1-21)$$

可知双边带调制包括光载波 ω_0 和两个光边带 $\omega_0-\Omega$、$\omega_0+\Omega$，光谱示意图可参考图 8–1–10。

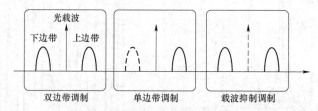

图 8–1–10　双边带调制、单边带调制和载波抑制调制所对应的光谱示意图

当 $\theta=\pi/2$ 且 $\varphi_{bias}=\pi/2$ 时，可实现单边带调制，利用傅里叶变换可得到其光功率谱表达式

$$P_{SSB} \propto J_0^2(m)\delta(\omega+\omega_0)+J_1^2(m)\delta(\omega+\omega_0-\Omega)+\cdots \qquad (8-1-22)$$

单边带调制原理与双边带调制相似，只是加载在两臂上的射频信号相位差不同。在单边带调制系统中，调制器偏置电压所致相位 $\varphi_{bias}=\pi/2$，输入调制器两臂的射频信号相位差同为 $\pi/2$，此时光谱仅包括光载波 ω_0 和光上边带 $\omega_0+\Omega$，如图 8–1–10 所示，如果偏置电压所致相位 $\varphi_{bias}=-\pi/2$ 时，光谱中可保留光载波 ω_0 和光下边带 $\omega_0-\Omega$。

当 $\theta=\pi$ 且 $\varphi_{bias}=\pi$ 时，可实现载波抑制调制，利用傅里叶变换可得其光功率谱表达式

$$P_{CS} \propto J_1^2(m)\left[\delta(\omega+\omega_0-\Omega)+\delta(\omega+\omega_0+\Omega)\right]+\cdots \qquad (8-1-23)$$

式（8–1–23）表示载波抑制调制下，光谱中只含有 $\omega_0-\Omega$ 和 $\omega_0+\Omega$ 两个边带，相应光谱示意图如图 8–1–10 所示。

3. 双平行马赫–曾德尔调制器

双平行马赫–曾德尔调制器（DP–MZM）可视为一个由三个独立调制单元集成起来的集成调制器，其上下"臂"平行搭载了两个具有独立 MZ 干涉结构的电光调制单元；同时，主MZ 干涉结构亦具有电光移相器的功能，通过改变驱动干涉仪的偏置电压，可以调整上下两干涉"臂"之间的光相位差；构成干涉"臂"的电光调制单元和干涉仪具有各自独立的偏置控制，能够将调制器置于多个不同的调制区域。双平行马赫–曾德尔调制器结构如图 8–1–11

所示，其上下两"臂"的子调制器 MZ-a 和 MZ-b 均处于推挽模式下。如图 8-1-11 所示，DP-MZM 可以视为由 MZ-a 和 MZ-b 两个子调制器，以及 MZ-c 主调制器构成的集成调制器，其中 MZ-a 和 MZ-b 分别位于 MZ-c 的两个干涉"臂"上，且各子调制器都具有独立的偏置电压，正是由于这种情况，使得 DP-MZM 具有更为复杂的调制模式和灵活多变的调制方式。

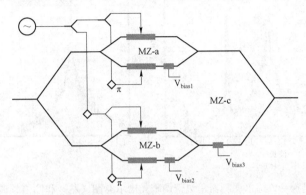

图 8-1-11　典型双平行马赫-曾德尔调制器结构示意图

仅考虑 DP-MZM 上下臂子调制器 MZM-a 和 MZM-b 均处于推挽模式下的情况，可以得到 DP-MZM 输出光信号的光场表达式为

$$E_{\text{out}}(t) = \frac{E_{\text{in}}(t)}{2} \left\{ \begin{array}{l} \exp[jm\sin(\Omega t)] + \\ \exp[-jm\sin(\Omega t) + j\varphi_{\text{bias1}}] + \\ \exp[jm\sin(\Omega t + \theta) + j\varphi_{\text{bias3}}] + \\ \exp[-jm\sin(\Omega t + \theta) + j\varphi_{\text{bias2}} + j\varphi_{\text{bias3}}] \end{array} \right\} \quad (8\text{-}1\text{-}24)$$

其中 θ 为驱动上下子调制器的射频信号相位差，而 φ_{bias1}、φ_{bias2} 和 φ_{bias3} 为三个偏置电压所致的偏置相位，利用 Jacobi-Auger 展开对式（8-1-24）进行展开可得

$$E_{\text{out}}(t) = \frac{E_{\text{in}}(t)}{2} \sum_{n=-\infty}^{\infty} \left[\begin{array}{l} 1 + (-1)^n \exp(j\varphi_{\text{bias1}}) + \\ \exp(j\varphi_{\text{bias3}} + jn\theta) + \\ (-1)^n \exp[j\varphi_{\text{bias2}} + j\varphi_{\text{bias3}} + jn\theta] \end{array} \right] J_n(m)\exp(jn\Omega t) \quad (8\text{-}1\text{-}25)$$

在光载无线（radio orer fiber，RoF）系统中，射频信号的调制成了研究重点，DP-MZM 可以产生单边带调制信号，从而减少光纤中色散对信号传输的影响。当 $\theta = \pi/2$，$\varphi_{\text{bias1}} = \varphi_{\text{bias2}} = \varphi_{\text{bias3}} = \pi/2$ 时，利用傅里叶变换可得到单边带调制光功率谱表达式

$$P_{\text{SSB}} \propto J_0^2(m)\delta(\omega + \omega_0) + J_1^2(m)\delta(\omega + \omega_0 - \Omega) + \cdots \quad (8\text{-}1\text{-}26)$$

式（8-1-26）表示在载波抑制调制下，光谱包括光载波 ω_0 和光上边带 $\omega_0 + \Omega$，其光谱示意图如图 8-1-12（a）所示。

当 $\theta = \pi/2$，$\varphi_{\text{bias1}} = \varphi_{\text{bias2}} = 0$，$\varphi_{\text{bias3}} = \pi$ 时，利用傅里叶变换可得到四倍频调制光功率谱表达式

$$P_{\text{4-times}} \propto J_2^2(m)\left[\delta(\omega + \omega_0 - 2\Omega) + \delta(\omega + \omega_0 + 2\Omega) \right] + \cdots \quad (8\text{-}1\text{-}27)$$

式（8-1-27）表示在载波抑制调制下，光谱包括二阶调制光边带 $\omega_0 - 2\Omega$ 和 $\omega_0 + 2\Omega$，

其光谱示意图如图 8-1-12（b）所示。

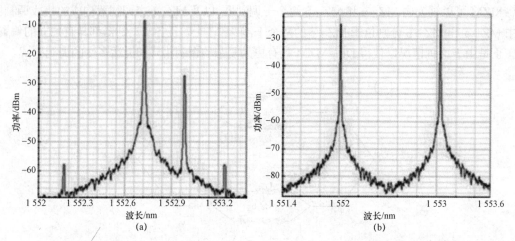

图 8-1-12　双平行马赫-曾德尔调制器单边带调制光谱示意图（左）和四倍频调制光谱示意图（右）

　　双平行马赫-曾德尔调制器是目前除双电极马赫-曾德尔调制器之外使用最广的调制器。此外，双平行马赫-曾德尔调制器在相干光通信中也有相当重要的作用，包括用于新型调制码的产生，如 FSK 调制码、DQPSK 调制码、QAM 调制码等。图 8-1-13 为利用产生 DP-QPSK 信号的原理图，图中上下子调制器分别产生一个 QPSK 调制信号，星座图上显示为四个相位，然后将下支路的相位旋转 90°，合路后获得 DP-QPSK 信号。随着通信业务容量的急剧增加，以及通信业务类型的多样化，这种特殊结构的调制器必将发挥越来越大的作用。

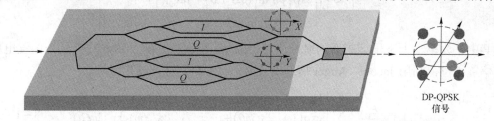

图 8-1-13　利用双平行马赫-曾德尔调制器产生 DP-QPSK 信号原理图

8.1.4　高速电光调制器的设计

　　本节主要介绍影响调制器带宽的因素。前面介绍过铌酸锂调制器是将铌酸锂晶体埋于两条金属电极之间，通过在两金属电极之间施加电场，在外加电场作用下晶体受自身的线性电光效应的影响，其折射率会发生变化，进而改变晶体中传导的光相位，实现调制。电光调制器既可视为光波导元件，又可视为带电极的微波元件，因此电光调制器的带宽同时受制于铌酸锂晶体和微波电极的工作特性。其中，铌酸锂晶体作为一种光电转换效应极强的电光材料，已然被广泛应用于高速电光调制器的设计制造中。决定调制器带宽的另一因素则来自调制器的电极设计，不同的电极形式所适用的情况亦不同，目前电极设计中一般有两种方式：一种是集总式电极，另一种是行波式电极。下面分别对两种电极调制器进行介绍。

1. 集总式电极

图 8－1－14 为集总式电极调制器的结构图。电场通过两个电极直接加载到光波导上，当电极尺寸远远小于加载电场的波长时，此时两片电极可等效于一个集总式电容元件，光波则在电场作用下的光波导中进行传输。输入电阻可实现射频源特性阻抗与电极之间的阻抗匹配。在具有集总式电极的调制器结构中，调制器的带宽是由电容的充放电时间来决定的，类似于电路系统中的 RC 本振回路，电容的充放电时间与极间电容 C 和负载电阻 R 有关，还与电极的有效折射率 n_m 和电极的具体尺寸有关，经过研究，具有集总式电极的调制器带宽 Δf 可以表示为

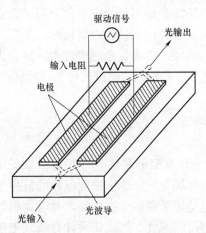

图 8－1－14　集总式电极调制器结构图

$$\Delta f = \frac{1}{\pi RC} = \frac{1}{n_m^2 C_0 RL} \qquad (8-1-28)$$

其中 n_m 为电极的有效折射率，C_0 为单位电极长度上对应的电容，L 为电极长度。由此可知，在电极尺寸固定的前提下，调制器带宽相对固定，而且还需要满足电极尺寸远小于加载电场波长的要求，这使得集总式电极通常只适用于低速调制器的设计。

2. 行波式电极

为了能工作在更高的调制速度下，可以采用行波式电极，图 8－1－15 为行波式电极调制器的结构图。行波式电极调制器与集总式电极调制器结构的区别在于电极馈电方式和终端负

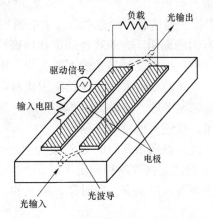

图 8－1－15　行波式电极调制器结构图

载的不同，行波调制器的电极处于分布参数状态，所以必须使终端负载和驱动信号源的阻抗等于电极的特性阻抗，这种结构实际上是一种传输线结构，以电极作为共面微带传输线，让光波与微波沿共面电极的同一方向传播，且信号以行波的形式加到晶体上使高频电场以行波形式与光波充分相互作用，从而获得更大的带宽。

理想情况下，高频电场在金属电极中传输，而光场在光波导中传输，当它们速度一致时，二者的波前同时输入且同时输出，此时，电场的变化可以完全作用到光场中，如果不考虑电极自身的频率响应损耗，则调制器的带宽仅仅受制于铌酸锂晶体的工作特性，而与电极特性无关。但是，实际情况下，电场与光场不仅介电常数不同，在介质中的有效折射率亦是不同的，因此它们的速度不可能完全一致。在波导中传输时，光场与电场的波前会存在一定程度的走离，并且随着调制长度的增加，走离量会越来越大，这会大大降低电光调制效率而且会限制调制器的带宽，通常将这种现象称为"速度失配"。经过研究，行波式电极调制器带宽可以表示为

$$\Delta f = \frac{1.9c}{\pi |n_m - n_0| L} \qquad (8-1-29)$$

其中 L 为电极长度，c 为光在真空中速度，n_m 和 n_0 分别是电场和光场波导中的有效折射率。由此可知，在不考虑改善电场与光场速度失配问题的前提下，为了提高调制带宽，可以通过降低电极长度来实现，但是如果调制长度过短，此时调制效率会很低，换言之，需要更高的驱动电压才能产生足够的调制深度。因此在设计行波式电极调制器时，需要综合考虑调制带宽和调制电压之间的关系。为了实现光波与微波之间的速率匹配，已提出多种结构，如磁畴反转电极结构、厚电极结构、短电极结构、倒相电极结构、悬浮电极结构、超导材料电极结构、埋藏式电极结构、屏蔽式电极结构、间断性作用电极结构等。这些新结构的横截面形状越来越复杂，制作工艺也很复杂，而且其中一些电极结构只能被用于带通调制。这些结构的提出仍未能彻底解决调制器相速匹配问题，或者只能在较窄的频带内实现良好的速度匹配，但同时会带来阻抗不匹配。

8.2 光探测器

以光作为载体，能够提供极快的信息传输速率和极大的通信容量，这一点不仅在实验室，而且在实际应用中已得到了有力的证明。光的高速通信和精确传感技术自从产生以来，就与电域的处理和利用密不可分。然而随着光域技术的不断进步，电域技术的短板逐渐显露。以高速光通信系统为例，光电-电光的中继方式曾经长期困扰科研人员，这种类似高速公路收费站造成的拥堵，成为信息传输速率进一步提高的"绊脚石"。除此以外，接收端对光信息的直接检测利用，也是光域技术发展遇到的重要难题。

光是一种频率甚高的电磁波。以通信常用的 C 波段为例，光的波长处于 μm 量级，频率在 10^{14} Hz 量级，目前尚没有成熟的直接检测和利用手段，能够对如此高频的电磁波产生实时有效的响应。从技术发展情况来看，在未来一段时期，电域的检测利用仍将是接收端光信息检测利用的主流手段。

要克服电域短板对光信息传输利用的限制，大致有两个努力方向。一个努力方向是发展全光技术。在高速光传输领域，以全光技术取代电技术，避免光电－电光转换及电域处理，从而提高信息在整个信道中的传输速度；在接收端，以能够直接利用光信号的设备替换电域设备，取消接收端的电域制约。另一个努力方向是提高电域技术。以新技术、新材料、新方法提升电域技术的性能，从而弥补电域短板，降低电域对光信息的限制。

长远来看，发展全光技术将是彻底解决这一问题的办法，然而以目前的技术水平而言，尤其在接收端的光信号利用上，这条路仍然需要长期努力，远非一朝一夕之功可以达成。在现有电域技术的基础上提升性能，则是一条相对兼容性更好、见效更快的道路。如何进一步提高电子器件的灵敏度、响应速度等性能，减小和降低器件的尺寸和功耗，提高加工速度，降低加工成本，甚至开发对资源和环境更加友好的制造方法，都是科研技术人员仍然在不断攻克的问题。对于相关专业的学生和从业人员，了解掌握现有技术的原理和实施方法，也是十分必要的。

8.2.1　概述

光探测器是光通信及传感系统的关键光电子器件之一，它的作用是把光载波携带的信号转换为电信号，光传输过程中的光电变换及接收端进行电处理之前，都需要用到这类元件。

光探测器可以按照器件的物理效应分为两类：一类利用光电效应，入射光的光子与物质中的电子直接作用，改变电子的运动状态，产生载流子，称为光电探测器；另一类利用光热效应，光子不直接与电子起作用，而是能量被固体晶格振动吸收，引起固体的温度升高，导致固体电学性质发生改变，称为光热探测器。光热探测器虽然涉及温度变化，但通常仍会将温度变化转化为电量进行测量，所以广义来讲，研究者通常也将光热探测器归于光电探测器名下。由于温度升高时热积累的作用，所以光热探测器的响应速度一般较慢，并且容易受环境温度变化的影响。本章将主要以几类利用光电效应的典型半导体光电探测器为例，说明光电探测器的工作原理和结构特征。

目前光电探测器的常见材料主要包括Ⅲ－Ⅴ族、Ⅱ－Ⅳ族、Ⅳ－Ⅵ族、Ⅳ－Ⅳ族化合物半导体材料、硅元素半导体材料，有机物半导体等新型材料近年来也吸引了大量研究者的关注。除此以外，新兴的石墨烯半导体材料也为光探测器"家族"增添了新的"成员"。

8.2.2　光探测器的基础理论

光的紫外、可见和红外波段的探测，对探测器的材料都有不同要求，这是因为光电特性的一些重要参数与材料密切相关。

半导体中光与电子的相互作用有三种典型方式：自发辐射、受激辐射、受激吸收。对应的典型器件分别为发光二极管、激光器、光探测器。

简单来说，半导体中光电效应发生的过程，就是价带（基态）上的电子在入射光作用下吸收光子能量，从价带越过禁带到达导带（激发态），产生光电流的过程，这也被称为半导体的受激吸收。在半导体材料上，当入射光子能量 hv 超过带隙能量时，每当一个光子被半导体吸收就产生一个电子－空穴对，在外加电压建立的电场作用下，电子和空穴就可能在半导体中渡越并形成电流流动，称为光电流。当入射光变化时，光生电流随之发生变化，从而把光信号转换成电信号。需要注意的是，均匀半导体材料通常不能直接构成有效的光电检测器件，而必须结合合理的器件结构设计，以使光生载流子在外电场作用下形成的光电流能够准确有效地反映入射光场的变化情况。

在半导体内发生光电效应，要求被吸收的光子能量 $h\nu$ 不能小于吸收材料的带隙能量 E_g，即

$$h\nu \geqslant E_g \tag{8-2-1}$$

这个关系也可以通过另外一种形式进行表达。将临界波长记为 λ_g，由式（8-2-1）可以得到

$$\lambda_g[\mu m] = \frac{1.24}{E_g[eV]} \quad \lambda_g[\mu m] = \frac{1.24}{E_g[eV]} \tag{8-2-2}$$

对于给定材料的半导体，λ_g 是其中发生光子吸收的最大波长，只有波长小于 λ_g 的光才能被这种材料吸收，从而引发光电效应。因此，不同的材料首先对半导体的适用范围就做出了限制。

光纤通信对光探测器的要求主要有以下几点：

（1）光电转换效率高，即对一定的入射光功率，能够输出尽可能大的光电流；

（2）响应速度快；

（3）频带宽，信号失真尽量小；

（4）噪声小，器件本身对信号的影响小；

（5）体积小，工作电压低，对温度等环境参量变化不敏感，寿命长，可靠性高，价格合理等。

相应地，考量光电探测器的性能主要包括以下几个指标。

（1）量子效率。在偏置电压的电场影响下，电子与空穴复合并产生光电流。外部量子效率 η 用来表征光探测器把光转变为电流的能力，被定义为每个入射光子生成的载流子对数

$$\eta = \frac{I_p}{q}\frac{h\nu}{P_{in}} \tag{8-2-3}$$

其中 I_p 是吸收了频率为 ν 的入射光功率（P_{in}）产生的光电流，q 是一个电子的电量。在理想情况下，每个入射光子产生一个载流子对，对应理想量子效率 $\eta=1$。但是，在吸收层厚度、载流子复合、光反射、耦合损耗等因素的影响下，实际量子效率通常为 $\eta<1$。

（2）响应度。响应度定义为一定波长光照下，光探测器平均输出电流 I_p 与入射平均光功率 P_{in} 之比

$$R_p = \frac{I_p}{P_{in}} = \frac{\eta\lambda[\mu m]}{1.24}\frac{A}{W} \tag{8-2-4}$$

在理想情况下 $\eta=1$，由式（8-2-4）可以得到当 $\lambda=1.55\,\mu m$ 时，能达到的最大响应度就是该波长下理想情况的响应度 $R_{ideal}=1.25\,A/W$。图 8-2-1 列出了几种常见半导体材料的响应度和量子效率随波长变化的情况。

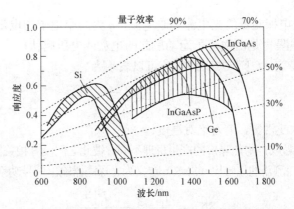

图 8-2-1　常见半导体材料的响应度、量子效率与波长的关系

（3）偏振相关损耗。对于入射光偏振敏感的光探测器，定义偏振相关损耗（PDL）很有必要。令 R_p^{max}、R_p^{min} 分别表示所有偏振态对应 R_p 的最大值和最小值，则 PDL 可以被表示为

$$PDL = 10\lg\left(\frac{R_p^{max}}{R_p^{min}}\right)[dB] \qquad (8-2-5)$$

（4）响应时间。响应时间是描述光探测器对入射光响应快慢的参数。探测器受到照射时输出不会立即达到稳定值，停止照射输出也不会立即降为零，这种延迟现象用响应时间 τ 来表示。当用一个光脉冲照射光探测器时，如果这个脉冲的上升和下降时间很短，则光探测器造成的输出延迟可能会影响探测结果的正确性。量子效率从 10% 上升到 90% 峰值处所需的时间称为探测器的上升时间；量子效率从 90% 下降到 10% 峰值处所需的时间称为探测器的下降时间。

（5）频率响应。频率响应是指光探测器的响应随入射光调制频率变化的特性，定义为

$$R_d(f) = \frac{R_d(0)}{\left[1 + [2\pi f\tau]^2\right]^{1/2}} \qquad (8-2-6)$$

其中 $R_d(f)$ 为频率为 f 时光探测器的响应度，τ 为光探测器的响应时间。一般规定 $R_d(f)$ 下降到其最大值的 $1/\sqrt{2}$ 时的频率 f_c 为光探测器的截止频率。由式（8-2-6）可得

$$f_c = \frac{1}{2\pi\tau} = \frac{1}{2\pi RC} \qquad (8-2-7)$$

噪声是光探测器性能评价的一项重要指标。光电流和暗电流产生的散粒噪声与热噪声是降低光探测器灵敏度的重要原因。其中，暗电流是指在没有入射光的情况下，工作在反向偏压下的探测器产生的电流。由于噪声是一种随机信号，在任何时刻都不能预知其精确大小。用数学语言描述，噪声是一种连续型随机变量，即它在某一时刻可能出现各种可能数值。以下噪声的数学表达以各自的均方电流形式给出。

（6）散粒噪声。光电发射材料表面光电子的随机发射或半导体内光载流子的随机产生和流动，会引起探测器输出电流的起伏，这种由光激发载流子的本征扰动产生的电流起伏称为散粒噪声，又称为量子噪声。这是许多光电探测器，特别是光电倍增管和光电二极管中的主要噪声源。散粒噪声的表达式为

$$\langle i_{shot}^2\rangle = 2q\left(I_p + I_d\right)\Delta f \qquad (8-2-8)$$

其中 I_p、I_d 分别为光电探测器的光电流和暗电流，q 为一个电子的电量，Δf 为测量带宽。

（7）热噪声。热噪声是由载流子运动引起的电流或电压起伏，它存在于任何导体和半导体中。在电阻 R 和带宽 Δf 下，热噪声电流可以表示为

$$\langle i_{th}^2 \rangle = \frac{4kT\Delta f}{R} \tag{8-2-9}$$

其中 k 为玻尔兹曼常数，T 为绝对温度。

（8）信噪比。散粒噪声与热噪声的产生机理不同，彼此之间没有相关性，因此总的噪声可以用它们的加和表示。光探测器的信噪比（SNR）定义为光探测器输出信号功率与噪声功率之比，有

$$SNR = \frac{I_p^2}{i_{noise}^2} \approx \frac{I_p^2}{\langle i_{shot}^2 \rangle + \langle i_{th}^2 \rangle} \tag{8-2-10}$$

8.2.3 光探测器的材料体系

光探测器使用的材料体系在很大程度上是由应用提出的性能要求决定的，不同的使用波长、带宽、噪声等性能，决定了相应光探测器能够使用的材料特征。

对于长距离高速光通信应用，石英光纤的损耗特性限定了使用波长通常在 1.3 μm 和 1.55 μm 两个低损耗窗口，光探测器可选材料主要集中在 InGaAs、Ge 及具有相似带隙的吸收材料。Ⅲ－Ⅴ族直接带隙半导体 InP 和与它晶格匹配的化合物半导体 InGaAs、InGaAsP、InGaAlAs，目前被认为可能是最适合用于制造高性能光探测器的材料。化合物半导体可以通过调整成分配比来调整带隙，以此调整适用波长，已有报道组成为 $In_{0.53}Ga_{0.47}As$ 的化合物半导体在 1.55 μm 的吸收系数达到 7 000 cm^{-1}。该类材料同时还具有良好的饱和漂移速度，这对光探测器的响应速度非常重要。除此以外，InP 还是制造光子集成电路（PIC）和光电集成电路（OEIC）的优质平台，InP 材料体系在大型集成电路上的应用潜力也是该材料获得期望的一个原因。

InGaAs 的可用波段为 0.9～1.75 μm，因此无法直接用于紫外光探测。目前紫外波段光电探测器的主要材料包括 Si、Ge、GaAs、GaP、SiC、GaN、ZnO 等。其中，Si 材料主要用于 0.3～0.9/1.1 μm 波段，这种材料技术成熟，使用比较广泛。GaN 是第三代半导体材料的典型代表，属于Ⅲ－Ⅴ族氮化物直接带隙半导体，它主要用于 0.25～0.4 μm 波段，是制作紫外波段大功率高温光探测器的理想材料。

8.3 光电二极管的典型结构

8.3.1 PIN 光电二极管

要构成有效的光电检测器件，必须对器件结构进行合理设计，使探测器产生的电信号能够准确反映入射光的变化情况。在半导体材料的一部分进行施主掺杂（N 型），另一部分进行受主掺杂（P 型），在两个区域的分界面上即可形成一种典型的微电子及光电子器件基本技术

要素——PN 结。工作在正向偏压下的半导体 PN 结能够提供电致发光特性，可用于半导体激光器的构成；工作在反向偏压下的半导体 PN 结则可以提供对入射光场的良好响应，可用于光探测器的构成。

半导体 PN 结型光电二极管的基本结构非常简单（如图 8-3-1（a）所示），而实际使用的 PN 结型光电二极管除了相互接触的 P 型和 N 型半导体外，通常还包括 N 侧电极、P 侧环状电极和被环状电极围出的透明窗。半导体 PN 结型光电二极管工作在反向偏压下，在无光照时电路中没有定向移动的自由载流子，不形成电流。当有光从透明窗射入 PN 结时，若单个光子携带的能量高于带隙能量 E_g，一个入射光子能够被吸收并激励价带上的一个电子跃迁到导带，产生出一组电子-空穴对，这种由于吸收入射光子的能量而产生的电子和空穴被称为光生载流子。如图 8-3-1（b）所示，在外加电场作用下，耗尽区（depletion region）的两类光生载流子相互分离并向相反方向迁移，从而在外电路中形成电流，实现光电转换功能。

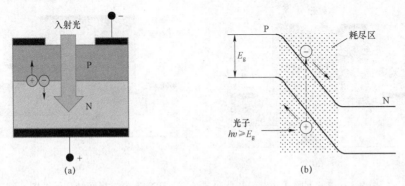

图 8-3-1　半导体 PN 结型光电二极管的结构简图（左）和能带简图（右）

半导体 PN 结型光电二极管在光电探测器中得到了广泛应用，但这类器件存在两个显著缺点：其一，PN 结型光电二极管的耗尽区只有数微米厚度，在入射光波长较长时，趋肤深度可能大于耗尽区厚度，影响器件的量子效率；其二，PN 结型光电二极管的结电容较大，无法对高频调制信号产生及时响应。以常规 PN 结半导体制作的 PN 结型光电二极管响应时间只能达到 10^{-7} s，满足不了高速光通信系统 10^{-8} s 或更短的响应时间要求。这些问题在 PIN 结型光电二极管中都可以获得大幅改善。

PIN 光电二极管的结构特征是：在掺杂浓度很高的 N 型和 P 型半导体之间，存在一层掺杂浓度极低的本征材料，被称为 I 层，即本征层。PIN 光电二极管的本征层厚度远大于掺杂区厚度，实际应用中 I 层的典型厚度为 5～50 μm。正常工作时，在足够大的反向偏置电压作用下，I 层的载流子可以被完全耗尽，形成很宽的耗尽区。PIN 光电二极管的 I 层吸收系数很小，厚度大，入射光可以很容易地进入材料内部被充分吸收而产生大量的电子-空穴对，因此大幅提高了光电转换效率。另外，I 层两侧的 P 层、N 层很薄，光生载流子的漂移时间很短，大大提高了器件的响应速度。然而需要注意的是，PIN 光电二极管本征层厚，载流子的漂移时间长，这又可能降低它的响应速度。

在量子效率和带宽性能之间寻找平衡点以确定适宜的吸收区宽度，是 PIN 光电二极管的研究重点。较厚的吸收层能够提供更高的量子效率，但同时也会导致较长的载流子漂移时间及较窄的带宽。为了获得更好的性能，目前主要解决方法有 3 个：一是改变辐照方式，由传统的上照式改变为背照式（如图 8-3-2 所示），入射光穿过 I 层发生吸收后，到达顶部的剩余能量发生反射并再次经过 I 层发生第二次吸收，该结构能够允许吸收层厚度的大幅降低，从而提高响应速度；二是改变所用半导体材料，以传统间接带隙材料 Si 为基础的 PIN 吸收层厚度在 40 μm 左右，改用直接带隙材料 InGaAs 为基础，PIN 吸收层厚度可以降低到 4 μm 或更低，能够明显提高响应速度，增加带宽；三是改变材料体系，把 PIN 从同种基质材料构成的同质结构改变为异种基质材料构成的双异质结构，选择对入射光透明的材料作为 P 区和 N 区，入射光仅在 I 区产生吸收，以此在提高量子效率的同时一定程度上降低吸收层厚度，从而提高响应速度，增加带宽。在光纤通信系统所用的高速光探测器中，常采用 InGaAs 材料作为 I 层，InP 材料作为 P 层及 N 层。InP 的带隙能量为 1.35 eV，无法吸收波长大于 0.92 μm 的光照能量，对光通信波段表现为透明材料；InGaAs 的带隙能量为 0.75 eV，对应截至波长为 1.65 μm，在光通信波段表现为强吸收，可以仅用数微米的厚度获得很高的响应度。

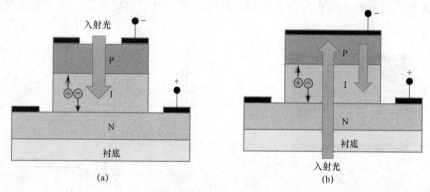

图 8-3-2　上照式（左）和背照式（右）PIN 光电二极管结构示意图

半导体 PIN 光电二极管的主要性能特点是由添加的 I 层结构带来的，具体如下。

（1）I 层较厚，PN 结内电场基本上集中于 I 层上，强场对少数载流子起加速作用，其渡越时间相对变短了，因此响应速度有所提高。

（2）随着反向偏压增加，光生载流子加速，结电容更小，从而提高了 PIN 频率响应。

（3）耗尽层宽度即 I 层宽度，耗尽层变宽，扩宽了光电转换的有效工作范围，增加了吸收层厚度，增加了对长波的吸收，同时也提高了量子效率。

PIN 充电二极管的上述优点，使它在光通信、光雷达，以及其他要求快速光电控制的系统中得到非常广泛的应用。

8.3.2　MSM 光探测器

MSM 光探测器（metal-semiconductor-metal photo-detector, MSM PD）是由无掺杂半导体吸收层及其上沉积的叉指状电极构成的。如图 8-3-3 所示，MSM 光探测器可以被看作两个背靠背的肖特基光电二极管，叉指状电极被制备在探测器的有源光吸收层上，用叉指做电极，叉指间隙做光敏面，它的提出改善了传统肖特基光电二极管的性能。

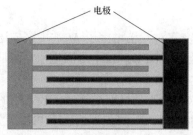
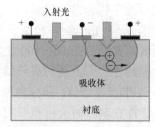

图 8-3-3　MSM 光探测器结构示意图

MSM 光探测器工艺简单，除了通常的晶体生长之外，只需要通过蚀刻、蒸发和剥离等技术将电极制成叉指状即可。因 MSM 光探测器具有制作容易、电容低、暗电流低、带宽灵敏度积大，以及从晶体生长到器件制作的整个过程与场效应管完全兼容等特点，已成为光电集成电路（OEIC）、高速光通信接收器及高速光控数字集成电路中的重要元件。特别地，基于 Si 基底的 MSM 探测器因其可以工作于 850 nm 波长这一光通信窗口，同时又可以在制作上利用现有成熟的 Si 基集成电路工艺，便于与集成电路芯片实现单片集成，得到了人们的普遍关注。目前已有基于 lnP 材料的 MSM 光探测器工作于 1 550 nm 波长，能够实现的传输速率超过 78 GHz。为了解决 MSM 光探测器有源吸收层半导体材料中电场强度较弱且分布不均匀的问题，可以采用以下方法：通过对 MSM 光探测器表面进行刻蚀，并将叉指电极制作在刻蚀形成的表面凹槽内，以增强凹槽电极之间的半导体有源吸收层内的电场强度和均匀度。上述方法可以有效提高基于 Si 材料和基于Ⅲ-Ⅴ族半导体材料的 MSM 光探测器的响应率，也降低了探测器的响应时间。

8.3.3　APD 光电二极管

在长途光纤通信系统中，如果从光发射机进入光纤的光功率仅为 mW 量级，经过几十 km 光纤的传输衰减，到达接收机时光信号将变得十分微弱，导致光电二极管输出的光电流仅有几 nA。这样，数字光接收机的判决电路要正常工作，就须采用多级放大。但放大器会放大光电二极管的输出噪声并同时引入新的噪声，使光接收机的信噪比降低，从而导致光接收机灵敏度随之降低。如果能使电信号在进入放大器之前，先在光探测器内部进行放大，就有可能缓解上述问题，提高系统表现。雪崩光电二极管（avalanche photodiode，APD）就是能实现这种功能的光电探测器件。

APD 能够在检测光信号的同时放大光电流，这与 APD 的特殊结构和使用环境都有关系。APD 与 PIN 光电二极管在结构上最明显的差异在于 APD 增加了一个重掺杂的附加层，以实现碰撞电离产生二次电子-空穴对。APD 的 I 层可以厚至数百微米，这也使 APD 能够耐受更高的反向偏压。APD 外加的反向偏压（100~150 V）比 PIN 高得多，在高阻的 PN 结附近电场强度可高达 10^5 V/m，电压几乎全部加在 PN 结上。反向偏压是 APD 性能的重要影响因素，在偏置电压较低时，探测器中不发生雪崩过程；随着偏置电压的逐渐升高，倍增电流快速增大，这个电压范围被称为雪崩倍增区，在该区域，载流子在强电场作用下通过碰撞电离将其他价带束缚电子激发至导带形成次级电子-空穴对，引发雪崩增益效应；当偏压增加到一定限度后，探测器将发生雪崩击穿，噪声显著增加，甚至损伤探测器。在实际使用中不仅要求 APD 工作于雪崩倍增区，一般还要求 APD 工作在最佳工作点附近，即输出信噪比达到最大处，此时的倍增因子称为最佳倍增。

在 APD 中，一个光子能够产生多个电子–空穴对。倍增因子 M 被用来描述这种光电流不断增强的程度，典型值在 10～100 之间。对给定的 APD，M 不是固定值，而是随反向偏压发生变化的，因此才会有上述的最佳增益。

保护环型 APD（GAPD）和拉通型 APD（RAPD）是目前光纤通信较常用的两种雪崩光电二极管。GAPD 在制作时会沉积一层环形 N 型材料，以防止高偏压下 PN 结边缘产生雪崩击穿。这类 APD 的击穿电压对温度变化十分敏感，为使 APD 在环境温度变化时能维持稳定的增益，就要控制它的反向偏压。图 8–3–4 给出了 RAPD 的结构示意图，RAPD 采用 P^+IPN^+ 结构，I 区为很宽的低掺杂区，当偏压加大到一定程度后，耗尽区将被拉通到 I 层，一直抵达 P^+ 层；如果偏压继续增大，电场增量就在 P 区和 I 区分布，使高场区的电场随偏压缓慢变化，从而使 RAPD 的倍增因子随偏压的变化也相对缓慢。

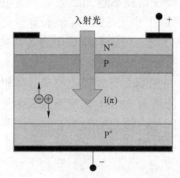

图 8–3–4　RAPD 结构示意图

8.4　高速光探测器

随着光通信和微波光子应用的发展和进步，高速信息传输技术正在不断刷新更高的传输速率，这类先进技术的应用必须要有相应的、新的光探测器来匹配。本节将重点介绍其中的单行载流子光电二极管、边入射及倏逝耦合波导光电二极管、行波光探测器。

8.4.1　单行载流子光电二极管

1997 年，日本 NTT 光子实验室的 T. Ishibashi 等人首次提出了单行载流子光电二极管（uni–traveling carrier photodiode，UTC–PD）结构，通过提高载流子的漂移速度来降低空间电荷密度。UTC–PD 只允许高速的电子作为有源载流子，极大地缩短了载流子渡越时间，有效地削弱了空间电荷效应，使得 UTC–PD 具有更快的响应速度和更高的饱和电流。

UTC–PD 的结构是基于普通 PIN 探测器存在的问题而进行的改进。PIN 探测器中，光子在耗尽区中被吸收，产生空穴和电子两种载流子，并分别向正负电极传输。由于空穴的迁移率和饱和速度都比电子低一个量级，因此最终器件的速度将被空穴的迁移速度限制。

UTC–PD 结构上最大的特点就是它包含一个 P 型 InGaAs 光吸收层和一个宽带隙载流子

集结层，将吸收和载流子传输区分开。吸收区在 P 型重掺杂区，光子被吸收后产生空穴和电子，空穴属于多数载流子，会以非常快的介电弛豫速度运动，只有电子需要穿过整个器件，因此器件的速度由电子的传输速度决定。电子在集结层的过冲速度非常快，还减少了空间电荷，从而使 UTC-PD 结构较普通 PIN 光探测器具有更高的工作电流密度，最终同时实现高速和高饱和输出性能。

关于 UTC-PD 的研究工作仍在进展之中。2013 年，美国弗吉尼亚大学的 Beling 等人提出了一种改进型 UTC-PD 结构如图 8-4-1 所示，该光探测器由绝缘体上硅（silicon on insulator，SOI）光波导和 InGaAsP/InP UTC-PD 组成，具有高饱和电流和高线性度，单个探测器的高速响应达到 30 GHz。

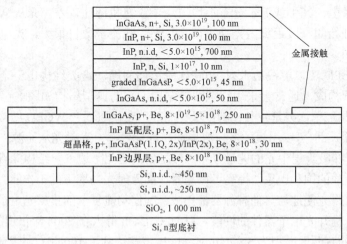

图 8-4-1　硅基 UTC-PD 层叠结构示意图。掺杂浓度单位 cm^{-3}

8.4.2　边入射及倏逝耦合波导光电二极管

边入射（side-illuminated）波导光电二极管（waveguide photodiode, WGPD）能够克服垂直入射光探测器的缺点，在保持高响应度的同时提高光探测器的带宽，这种结构可以与 PIN、MSM、APD、UTC 等类型的光电二极管结构相结合，用以提升器件性能。

边入射 WGPD 的典型结构如图 8-4-2（a）所示。这类光探测器具有一个多模吸收层，位于两个具有更高带隙的包层之间，从侧面注入的光通过锥形透镜光纤直接耦合进吸收层。

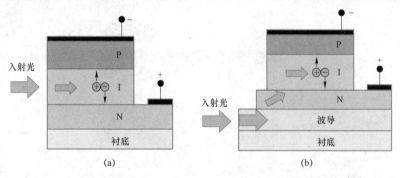

图 8-4-2　边入射（左）及倏逝耦合波导光电二极管结构示意图

在边入射波导结构探测器中，光入射方向为水平方向，载流子传播方向为垂直方向，两者不再沿同一方向，避免了垂直入射结构探测器的带宽–效率限制，因而减小吸收层厚度即可缩短载流子输运时间、提高带宽，同时增加器件长度即可提高响应度。

1986 年，J. E. Bowers 等人首次提出高速边入射 WGPD，它的带宽达到 28 GHz，量子效率为 25%。由于光纤和 WGPD 模场失配严重，该器件入射光纤与探测器的耦合效率很低，须使用模场转换器来提高耦合效率。为了提高入射光纤与波导型探测器的耦合效率，一种双芯波导的波导探测器结构被提出，通过在吸收层周围增加一层透明掺杂的多模波导层，使光纤与探测器的耦合效率达到 80%，光探测器的带宽效率积达到 20 GHz。

边入射 WGPD 的缺点主要有两个方面：一是与光纤耦合时对准误差较大，耦合效率不高；二是在光传输路径上，光生载流子分布不均匀，导致饱和特性较差。光从 WGPD 侧面入射，在进入波导后最开始的一段距离内光功率很高，光生载流子数目很大，光电流密度过高，使得器件很容易饱和。

倏逝耦合 WGPD 可以解决边入射 WGPD 的上述问题。这类结构由一个无源波导和位于其上的光电二极管构成，通常会采用脊型波导结构，它的典型结构如图 8–4–2（b）所示。倏逝耦合 WGPD 只需单次外延生长，制作过程简单。在倏逝耦合 WGPD 结构中，入射端可以是单模波导（光纤），也可以用短的多模波导提高耦合效率。入射光从无源光波导倏逝耦合到光探测器吸收层，在吸收层中光的能量分布比较均匀，避免了边入射结构探测器中由于探测器前端光功率过高造成的饱和现象，提高了探测器在高入射光功率下的工作能力。此外，倏逝耦合结构探测器也可以方便地与其他有源器件集成，制作功能复杂的集成光电子器件。因此这类结构非常适合用于提升光电子器件的性能。以 H. G. Bach 等人在 2004 年报道的研究成果为例，倏逝耦合 WGPD 的有源区面积为 $5 \times 20 \ \mu m^2$，3 dB 带宽达到了 100 GHz，带宽效率积 53 GHz。

8.4.3　行波光探测器

对于传统的集总式光探测器，电阻、电容、电感是决定带宽的重要因素。对这类器件而言，在降低器件尺寸以减小电容的同时，维持低的串联和接触电阻十分必要。虽然目前已经能够通过这种途径实现 100 GHz 以上带宽的光探测器件，但是响应度和对准公差都对器件的参数设计设置了诸多要求。

提高光探测器带宽而同时保持高响应度的另一种方案，是将波导探测器设计成如图 8–4–3 所示的行波探测器。与前面介绍的集总式探测器不同，行波探测器是一种分布式

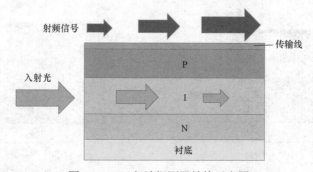

图 8–4–3　行波探测器结构示意图

结构，将探测器设计成支持微波信号传输的传输线，光与光生电流同时沿该器件传播。入射光在吸收层中传播，不断产生电信号，电信号在传播过程中又不断被光信号产生的新的电信号加强。当光信号在波导中的速度与由探测器同步产生的电信号速度相等时，探测器将获得最大的输出功率。

行波探测器的设计重点是通过设计探测器的宽度、传输线的结构，使得光在波导中的速度与由探测器同步产生的在传输线上传播的电信号速度相等，同时特征阻抗为 50 Ω。行波探测器的 RC 等电参数均匀地分布于整个传输线上，消除了集总式探测器中的 RC 受限制的带宽，探测器的带宽将由吸收层中载流子的输运时间和电信号与光信号速度失配程度决定。K. S. Giboney 等人曾于 1995 年报道了其制作的 $2 \times 9 \ \mu m^2$ 行波探测器，量子效率达 49%（响应度 0.6 A/W），带宽为 118 GHz，带宽效率积为 57 GHz。

8.5　光探测器新材料

科研工作者们对光探测器新材料、新结构的探索从未停止过。Ⅲ－Ⅴ族化合物 InGaAs 家族曾经给高速光通信系统探测器研究带来了希望。自从 InGaAs 材料光探测器在红外波段的应用潜力被发现以来，仅仅经过数十年时间，就已经实现了大面积商业化应用，成为实用高速光传输系统不可或缺的重要部分。与此同时，新材料的探索仍然在大步前进。

继 Si 基、Ⅲ－Ⅴ族化合物、有机半导体材料等材料家族之后，Ⅲ族氮化物和石墨烯快步走进了研究者们的视线。Ⅲ族氮化物给紫外光探测器研究和实用化注入了新的活力，成为光探测器的一个研究热点；石墨烯作为新材料界一颗闪亮的新星，以它独特的优良光电子特性，赢得了大量的关注和研究，目前已经在从可见光探测器到太赫兹波段的光探测器研究上获得了可喜的成果。

石墨烯在实验发现之后短短 10 年左右的时间里，就迅速在相关的各领域掀起了研究热潮，并获得了持续的关注和期许。下面将以石墨烯材料为对象，介绍新材料在光探测器研究中的新思路和新进展。

8.5.1　石墨烯光探测器

传统观念认为，由于热力学上的不稳定性，严格的二维晶体是无法存在的。大量的实验也证明了薄膜材料的熔点会随着层数的减少快速下降，而薄膜在厚度降低到 10 层原子左右时就会变得极不稳定。当时的人们认为二维晶体是无法离开三维结构基础而独立存在的，直到 2004 年实验发现了石墨烯和其他的二维原子晶体。

理想的石墨烯仅由一层碳原子构成，如图 8－5－1 所示，是六角形晶体结构的二维零带隙材料，是碳的二维同素异形体。二维原子晶体石墨烯可以被看作是所有石墨形式的基础，它可以包覆成零维的富勒烯，卷曲成一维的碳纳米管，也可以堆叠成三维的石墨。

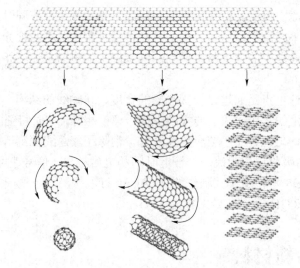

图 8-5-1　石墨烯——所有石墨组成形式的基础

　　尽管在理论上石墨烯很早就被关注，但真正意义上对它的广泛研究始于 2004 年（2004 年英国曼彻斯特大学的 Geim 等人利用简单的胶带粘揭方法获取了独立存在的二维石墨烯晶体）。Geim 因对石墨烯研究的突出贡献获得了 2010 年的诺贝尔物理学奖。

　　理想的石墨烯能带结构是完全对称的锥形，价带和导带对称地分布在费米能级上下。这种特殊的能带结构使得石墨烯和其他绝大多数二维材料不同，是一个零带隙半导体。此外，整个石墨烯分子结构中的键相互共轭形成了巨大的共轭大 π 键，电子或空穴在如此巨大的共轭体系中能以很高的费米速率移动，表现出零质量行为。因此石墨烯中的载流子具有非常特殊的传输性能，比如：石墨烯中的载流子能够以接近光速的速度移动，石墨烯具有很高的电荷迁移率 $[2 \times 10^5 \, cm^2/(V \cdot s)]$；石墨烯中载流子迁移率基本不受温度影响；石墨烯电阻率很低，为目前已知物质中室温条件下电阻率最低的材料；石墨烯吸收光的波长范围很广，覆盖了可见和红外光，并在 300～25 00 nm 波段的超宽范围内具有吸收光谱平坦的性能。然而相应地，单层石墨烯对光的透过性很好，对垂直入射光的吸收率仅为 2.3% 左右，这一特性在石墨烯用于光探测器时，必然会影响器件的响应率。如何通过结构或材料的进一步设计，在利用石墨烯构成光探测器的过程中扬长避短，就成了研究的重点。

　　2009 年第一支石墨烯光探测器宣告诞生，其后在短短不到十年的时间内，石墨烯光探测器的研究就已经结出了大量硕果。研究者们从增加吸收路径，提高吸收率，增大光电流等角度出发，为提升石墨烯光探测器的性能做出了大量工作。

　　通过采用谐振腔结构，增强石墨烯对谐振波长的吸收率，进而提高器件的光电流，实现石墨烯光探测器高响应率的探测；通过与金属光栅相结合，提高石墨烯的光吸收，石墨烯光探测器会由于金属光栅的磁性谐振产生局域强电场，使单原子层厚度的石墨烯光吸收率显著提高到 70% 左右，同时还能保证金属光栅的谐振频率基本不受石墨烯的影响。目前石墨烯光探测器已经基本实现了近红外以上波段的全覆盖。

　　对于金属电极的石墨烯探测器而言，光电流仅产生在金属/石墨烯界面处，增加界面面积是增大光电流的可行方法。2010 年，Mueller 等通过设计 Ti、Pd 叉指金属电极（指间距为 1 mm，指宽为 250 nm），使得石墨烯探测器对光纤通信 C 波段 1.55 μm 的光响应率达到 6.1 mA/W。

在这个结构（如图 8-5-2 所示）中，一方面叉指金属电极有效提高了探测器的光敏面积，使光响应率有所提高；另一方面，采用 Ti、Pd 两种不同金属作为电极，打破了传统的金属-石墨烯-金属探测器结构中使用同一种金属电极时产生的内建电场的镜面对称性，进一步增强了内建电场对载流子的分离作用，增大了光电流。但对于实际应用而言，该器件的光响应率仍然偏低，需要借助其他手段进一步提高探测器的光响应率。

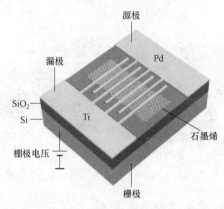

图 8-5-2　Ti、Pd 叉指金属电极的石墨烯探测器

为了进一步提高响应率，研究者们还开发出了芯片波导集成的石墨烯光探测器。图 8-5-3 所示的光探测器结构是把石墨烯放置在 SiO_2 基的 SOI 上，并在两侧放置非对称的金电极。在外加偏压 1 V 时，波导集成的石墨烯光探测器光响应率超过 0.1 A/W，同时能提供大于 20 GHz 的响应速率，表现出了在未来高速光通信领域的应用潜力。

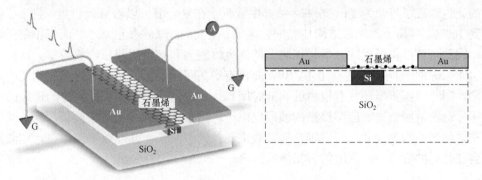

图 8-5-3　波导集成的石墨烯光探测器

为了克服石墨烯零带隙特征引起的低响应率和低光电增益问题，研究者们一方面通过破坏双层石墨烯对称性、剪切石墨烯成为纳米带等手段打开石墨烯的带隙，另一方面，将石墨烯和具有带隙的 PbS 或过渡金属硫化物组成异质结来提高探测器的光响应率。最近的研究发现，具有窄带隙的拓扑绝缘体纳米片与石墨烯形成异质结后，可显著提高石墨烯的光响应率。2015 年，Qiao 等发现六边形结构的 Bi_2Te_3 与石墨烯之间仅有极小的晶格失配，使得 Bi_2Te_3 可以在石墨烯上大面积外延生长，与石墨烯形成单原子无间隙的范德华异质结，如图 8-5-4 所示。其中，Bi_2Te_3 的窄带隙利于实现对近红外和短波红外的高响应率探测。同时，石墨烯-Bi_2Te_3 范德华异质结兼有石墨烯超高载流子迁移率，以及 Bi_2Te_3 增强光与物质的相互作

用、减小光生载流子复合的优点，利于光生载流子的有效传输和分离。利用 Bi_2Te_3 纳米片与石墨烯构建的探测器光电增益最高达 83，在不同波长（532 nm、980 nm 和 1 550 nm）的响应率均可达到 A/W 量级，其光响应率是仅使用单分子层石墨烯时的 1 000 倍。

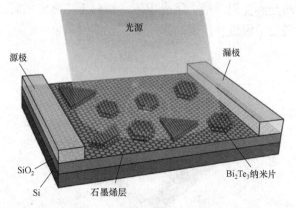

图 8-5-4　石墨烯 - Bi_2Te_3 异质结结构示意图

其他领域的新技术也已经被用于石墨烯光探测器研究并取得了良好效果。2014 年，Yao 等把表面等离子体谐振（SPR）引入石墨烯光探测器，在石墨烯表面排布有序排列的端对端耦合金等离子体纳米结构，如图 8-5-5 所示。通过金的 SPR 效应可以将吸收的光能转化为等离子体谐振，增强局域电场，大幅增强光与石墨烯的相互作用，促进石墨烯内部光生载流子的产生。这些等离子体纳米结构类似纳米电极，可以有效收集在等离子体纳米结构间隙处产生的光生载流子，光生载流子在纳米电极之间的传输时间可以缩短到亚皮秒级。考虑到石墨烯的光生载流子寿命为 1 ps 左右，故光生载流子在复合前可以被有效收集，载流子收集效率达到 100%。等离子体纳米结构使光增强区域、主要的光子产生区域、载流子收集区域有效重叠，因此，该结构可以同时增强探测器的光吸收能力和光生载流子收集效率。该探测器在波长 4.45 μm 处光响应率达到 0.4 V/W，是没有等离子体纳米结构的石墨烯探测器响应率的200 倍，同时该探测器还具有很短的响应时间和恢复时间。由于该类探测器的性能改进源于等离子体谐振效应，光响应率提高的波段仅限于等离子体纳米结构谐振波长，因此通过改变等离子体纳米结构的尺寸、厚度等几何参数来调控谐振波长，就能获得工作在特定波段（可见光到红外）的高速、高灵敏的石墨烯探测器。

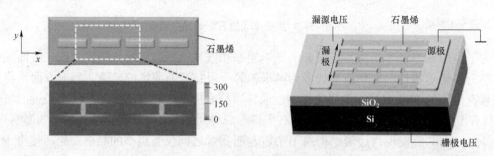

图 8-5-5　引入 SPR 的石墨烯光探测器

在光探测器的研究过程中，对新材料和新结构的探索并非两条相互平行的道路，而是在交融中相互促进，共同推动着光探测器的发展。在新材料的应用研究中，可以借鉴已有的光探测器结构，也可以基于需要开发新结构，进而给其他材料的应用研究提供借鉴。

不同领域的技术相互融合也是各领域技术发展的必然趋势。如同拓扑绝缘体、SPR 的引入给石墨烯光探测器带来了全新的解决思路，在目前和未来各领域的研究、开发过程中，交叉领域，甚至交叉学科的交流融合，必然是引发新思想的一个重要方式。

8.5.2　小结

当今世界，用日新月异已经不足以形容技术进步的速度。在通信领域，人们不断在追求更快的通信速度、更大的通信容量、更好的通信体验，目前看来光通信是实现这些目标的最好选择。

理想光通信的实现需要大量器件和系统的技术配合，任何一块短板都会严重影响整个系统的最终表现，电域处理速度与光域传输速度的不匹配是研究者们多年来一直要解决的重要问题。这个问题一方面激励着研究者们开发覆盖更全面的全光技术，另一方面也激励着光电子及相关领域的研究者们给出匹配更好、速度更快的解决方案。

在近二十年的时间内，随着光通信的普及，用户对传输速度的要求不断增长，与此同时高速增长的还有以激光器、光探测器等为代表的光电子器件的研究和推广速度。10 Gbit/s、40 Gbit/s 的光接收机已经实现商用化，甚至高达 400 Gbit/s 的光探测亦将不仅仅是梦想。这个过程不仅推动了光电子领域的快速发展，也推动了其他领域新材料、新技术的快速发展。

习　题

1. 利用贝塞尔函数对式（8-1-20）进行展开，推导光载波抑制和光单边带调制所对应的电场表达式。

2. 试分析双电极马赫-曾德尔调制器在推挽模式下的工作特性，并具体说明三种特殊传输点情况下，驱动信号与光强度直接的映射关系。

3. 试分析几种马赫-曾德尔调制器的优缺点。

4. 试分析限制铌酸锂调制器带宽的因素。

5. 光探测器按照物理效应的不同可以分为哪两大类？简述它们各自利用的物理效应。这两类探测器在波长选择性和响应速度方面分别有何特点？

6. 光探测器在光纤通信系统中用于完成什么功能？通常位于系统的什么位置？

7. 简述光与物质相互作用的三种物理过程，并说明其各自对应的典型器件。

8. GaN 是一种宽禁带（E_g=3.39 eV）的直接带隙半导体材料，这种材料的临界波长 λ_g 是多少？在紫外、可见、红外三个波段中，该材料可能用于制作哪个波段的光探测器？GaN 在该波段还有何特殊应用？

9. 已知某光探测器在 λ=1.55 μm 处的响应度 R_p=1 A/W，求该光探测器的量子效率。若该光探测器在 λ=1.3 μm 处的量子效率为在 λ=1.55 μm 处的一半，则它在 λ=1.3 μm 处的响应度为多少？

10. InGaAs 和 ZnO 分别适用于制作什么波段（紫外、可见、红外）的光探测器？简述理由。

11. PN 结光电二极管的两类主要改进型是什么？它们各采用了什么关键结构特征？分别有什么优缺点？

12. 简述 MSM 光探测器的典型结构和性能特点。

13. UTC-PD 是什么？为什么这类光探测器能同时实现高速和高饱和输出特性？

14. 边入射 WGPD 有什么优缺点？为什么这类光探测器存在耦合效率不高的问题？倏逝耦合 WGPD 是如何解决这一问题的？

15. 为什么说石墨烯是二维零带隙材料？为什么一些文献会把石墨烯称为"semi-metal"，而非简单的导体或半导体？

16. 请就光探测器的下一步发展谈谈自己的看法，可关于但不仅限于以下问题：

（a）某一类型光探测器可能的结构改进方向；

（b）可能用于光探测器或某类型光探测器的新材料；

（c）可能对光探测器性能提高起到启发作用的其他领域成果；

（d）光探测器可能具备的新功能；

（e）光探测器在未来高速光通信或高灵敏度传感系统中的角色。

第 9 章　光纤放大器及其应用

9.1　使用光纤放大器的必要性

众所周知，任何通信系统的传输距离都受损耗的限制。虽然单模光纤的损耗可以降低到 0.2 dB/km 以下，但是经过长距离传输后，光信号仍然会有很大衰减。因此，长途光纤传输系统需要每隔一定的距离就增加一个再生中继器，以便保证信号的质量。

早期的再生中继器的基本功能是进行光—电—光转换，即在光信号转变为电信号时进行再生、整形和定时处理（3R），恢复信号形状和幅度，然后电信号再转换成光信号，沿光纤线路继续传输。但是，这种方式有许多缺点：光—电—光转换设备复杂，系统的稳定性和可靠性不高；更重要的是，它的带宽受到很大的限制，特别是在多信道光纤通信系统中更为突出，如图 9–1–1 所示，每个信道均需要进行解复用，然后进行光—电—光变换，经波分复用后再送回光纤信道传输，所需设备更复杂，费用更昂贵。

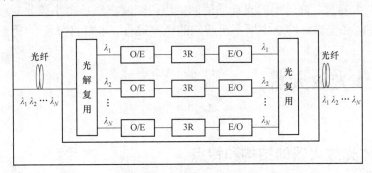

图 9–1–1　光—电—光再生中继器的基本结构图

为了克服光纤引起的损耗，增大无电中继的传输距离，20 世纪 80 年代，人们开始大量研究相干光通信。它是通过调制载波的频率或相位传输信息，利用零差或外差技术检测传输信号。由于光载波的相干性在这种方案的实现中起着重要的作用，故称为相干光波通信技术，基于这种技术的光纤通信系统称为相干光波系统。图 9–1–2 给出了相干检测系统的框图。

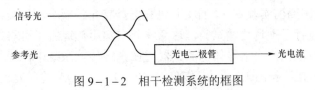

图 9–1–2　相干检测系统的框图

来自光波系统的信号光 $S = A_S \mathrm{e}^{\mathrm{j}\varphi_S} \mathrm{e}^{\mathrm{j}\omega_s t}$ 与另一个来自称为本振的窄谱线激光器发出的光波 $R = A_R \mathrm{e}^{\mathrm{j}\varphi_R} \mathrm{e}^{\mathrm{j}\omega_R t}$ 混合，其中 A_S 和 A_R 分别为信号光和本振光的幅度，ω_s 和 ω_R 分别为信号光和本振光的频率，φ_s 和 φ_R 分别为信号光和本振光的相位。根据光的叠加原理，相干光信号可以表

示为

$$I = A_S^2 + A_R^2 + 2A_S A_R \cos(\Delta\varphi + \Delta\omega t) \qquad (9-1-1)$$

其中，$\Delta\varphi = \varphi_s - \varphi_R$，$\Delta\omega = \omega_s - \omega_R$。信号从光载频变到微波载频，随后经过光电探测器检测到差频信号 $2A_S A_R \cos(\Delta\varphi + \Delta\omega t)$，再经过信号处理系统后得到基带信号输出。由于检测到的是信号光与本振光混频后的结果，因此，当信号光的功率 A_S^2 很小而本振光的功率 A_R^2 较大时，经过混频后的差频信号 $2A_S A_R \cos(\Delta\varphi + \Delta\omega t)$ 将远大于原始信号光的功率，能有效提高接收机的灵敏度。与强度调制/直接检测的光波系统相比，相干光波系统的光接收机的灵敏度高，比直接检测提高了 10～25 dB，可延长传输距离（在 1 550 nm 波长处可延长至 100 km）。但是，由于差频信号包含 $\cos(\Delta\varphi + \Delta\omega t)$，必须要有一个频率极其稳定的窄谱线激光器作为本振光源，而早期的半导体激光器无法达到这种要求，这是导致当时的相干光通信系统不能成功的主要因素。此外，前些年缺乏高速的数模转换（ADC）和数字信号处理系统，也制约着相干光通信系统的发展。因此，相干光通信一直到近几年才得到广泛的应用。

与此同时，人们一直在探索能否直接在光路上对信号进行放大，然后再传输，即用一种全光传输中继器代替目前的这种光—电—光再生中继器。经过多年的努力，科学家们已经发明了多种光放大器，其中半导体光放大器（SOA）、掺铒光纤放大器（EDFA）和拉曼光纤放大器（RFA）技术已经成熟，特别是 EDFA 的发明是光纤通信领域的一项重大突破。EDFA促使了长距离、大容量、高速率的光纤通信的实现，同时它也是密集波分复用（DWDM）系统、未来高速系统和全光纤网络中所不可或缺的重要器件。本章将分别介绍这三种光放大器。

9.2 半导体光放大器

9.2.1 半导体光放大器的结构和特点

光—电—光的中继方式明显增加了设备成本，同时，这种中继方式只能针对某一特定的数据传输速率和工作波长。用光放大器取代"光—电—光"的中继方式，经光纤传输而衰减的光信号直接放大的构想应运而生。最早想到的是与半导体激光器有相同增益介质的半导体光放大器。20 世纪 80 年代，在光纤通信中使用光放大器的强烈需求的拉动下，人们曾对体积小、功耗低和价廉的半导体光放大器寄予厚望。SOA 曾成为研究热点，且不断取得进展。1986 年，当时的英国通信实验室（BTRL）研究出具有光纤耦合的封装结构的半导体光放大器，并用这种器件进行了现场传输试验，这意味其向实用化迈进了可喜的一步。美国贝尔实验室和日本 NTT 也在积极将半导体光放大器向在光纤传输系统中作线路放大器的实际应用推进。随着光纤低损耗波长由 1 310 nm 移向 1 550 nm，对 SOA 的研究也相应地扩大了范围。

从光与物质的相互作用可以知道，在发生受激辐射的时候会产生与输入光子完全相同的光子，即可以对输入光进行放大。光放大器可以通过处于粒子数反转状态的增益介质的受激辐射来实现。可以认为 SOA 是一个没有反馈的激光器，其核心是当放大器被光或电泵浦时，可使粒子数反转获得光增益，这与半导体激光器实现粒子数反转产生光增益的原理是完全一致的。光放大器相当于没有镜面反射的激光器（也就是工作在行波状态的激光放大器），它仅能产生光增益，却没有反馈和选频的特性。光放大器也可以在有镜面反射的条件下工作，但是必须工作在阈值以下（这就是法布里–珀罗谐振式激光放大器）。半导体激光器在达到阈值之前都起着光放大器的作用。SOA 的两种主要类型为谐振式的法布里–珀罗放大器（FPA）和非谐振的行波放大器（TWA）。这两种半导体光放大器的结构如图 9-2-1（a）和图 9-2-1（b）所示。

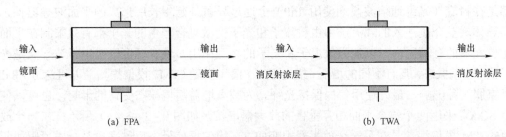

(a) FPA　　　　　　　　　　(b) TWA

图 9-2-1　两种半导体光放大器的结构

在 FPA 中，半导体晶体的两个解理面作为形成法布里–珀罗（F–P）腔的部分反射端面镜。由于半导体材料的折射率较大，因此 FPA 端面的自然反射率接近于 32%。当光信号进入 FPA 时，光信号在两个镜面间来回反射并得到放大，直到以较高的强度发射出去。尽管 FPA 很容易制作，但光信号增益对放大器温度及入射光频率的变化都很敏感，因此 FPA 要求温度和注入电流有较强的稳定性。

TWA 在结构上与 FPA 相同，但其端面上有增透膜或者有切面角度，因此不会发生内反射。入射光信号只要通过一次 TWA 就会得到放大。为了减小反射率，人们已经开发出了几种技术方法。一种方法是条状有源区与正常的解理面倾斜，如图 9-2-2（a）所示，这种结构叫作角度解理面或有源区倾斜结构。在解理面处的反射光束，因角度解理面的缘故已与前向光束分开。在大多数情况下，使用增透膜，并使有源区倾斜，可以减小反射率。减小反射率的另外一种方法是，在有源层端面和解理面之间插入透明窗口区，如图 9-2-2（b）所示。光束在到达半导体和空气界面前，在该窗口区已发散，经界面反射的光束进一步发散，只有极小部分光耦合进薄的有源层。称这种结构为掩埋解理面或窗口解理面结构，可以与抗反射膜一起使用。因此 TWA 的光带宽较宽，饱和功率高且偏振灵敏度低，所以 TWA 比 FPA 使用得更为广泛。又因为 TWA 的 3 dB 带宽比 FPA 大三个数量级，所以在网络应用中选择 TWA 作为 SOA。要特别注意的是，TWA 在 1 300 nm 窗口被用做放大器，在 1 550 nm 窗口则被用做波长变换器。

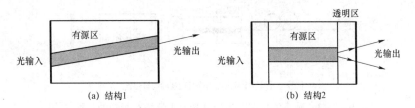

(a) 结构1　　　　　　　　　　(b) 结构2

图 9-2-2　减小反射率的近似行波的半导体光放大器结构

FPA 和 TWA 还存在的一个技术问题是如何将来自光纤的光信号有效耦合进有源层截面

面积仅为 0.15 μm×(4～5)μm 的非圆对称的 SOA 芯片中，同时又如何将输出光有效耦合到芯径仅为 8～9 μm 且圆对称的单模光纤中。在研究初期，采用分立的透镜来进行这种耦合，既复杂，效果又不好。后来采取对光纤的端面进行微透镜处理的方法，取得了好的效果。然而，用这种方法也只能使光纤与 SOA 芯片的单端耦合损耗达到 3 dB 或更高。因此，如何降低光纤与 SOA 之间的耦合损耗仍是至今需要研究和解决的问题。

　　SOA 的另一个缺点是它对偏振态非常敏感。和半导体激光器一样，半导体光放大器的芯片都是在衬底（光纤通信波段均使用 InP）上通过异质外延生长所形成的平面波导器件，使向半导体增益介质注入的载流子和由载流子和光子受激复合产生的光子都有效限制在平面导体光放大器的有源区内，以加强载流子和光子的相互作用，使有源区既是电子波导又是光波导。不同的偏振态，具有不同的增益。横电（TE）模和横磁（TM）模偏振增益差可达 6～8 dB。为了克服这种影响，最好使用偏振保持光纤。为减小增益随偏振态变化的影响，也可以使用两个 SOA，采用两个结合平面相互垂直的放大器串接，如图 9-2-3（a）所示。在一个放大器中的 TM 模偏振信号在另一个放大器中变成 TE 模偏振信号，反过来也是一样。假如两个放大器具有完全相同的增益特性，那么此时可提供与信号极化无关的信号增益。这种串联结构的缺点是，剩余解理面反射率会导致在两个放大器之间发生相互耦合。在图 9-2-3（b）中偏振分光器被分解成两个正交的并行结构，被各自的放大器分别放大，最后放大后的信号和信号混合，从而产生与输入光束极化状态完全相同的放大信号。图 9-2-3（c）表示信号通过同一个放大器两次，但是两次间的极化发生了旋转，使得总增益与偏振态无关。因为放大后信号的传输方向与放大前的相反，所以需要一个光纤耦合器，以便使输出信号与输入信号分开。尽管光纤耦合器产生了 6 dB 的损耗（输入信号和放大后的信号各 3 dB），但是该结构提供了较高的增益，因为同一个放大器提供了通过两次的增益。

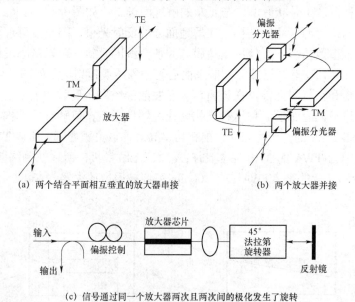

(a) 两个结合平面相互垂直的放大器串接　　　　　　(b) 两个放大器并接

(c) 信号通过同一个放大器两次且两次间的极化发生了旋转

图 9-2-3　减小偏振态对半导体光放大器增益影响的三种结构

　　总之，作为光纤通信系统中的中继放大器，半导体光放大器的缺点是非常显著的，主要缺点如下。① 由于半导体解理面有较大的反射，会引入较大的噪声，虽然有多种方法能够减小解理面的反射，但很难完全消除。② 光纤与 SOA 芯片的单端耦合损耗达到 3 dB 或更多，这意味 SOA 的净增益将损失 6 dB 以上，这是非常可惜的。对于输入与输出端均需与光纤耦合的半导体光放大器来说，低耦合效率直接影响着光信号所需获得的高净增益等特性。③ 由于 SOA 是平面波导器件，对入射光的偏振态敏感，需要进行偏振控制。④ SOA 所能提供的增益较小。因此，随着另一种类型的光放大器——EDFA 的成熟，半导体光放大器逐渐让位于这种增益大，与输入光偏振态的相关性很小，噪声指数低且易于耦合的光纤放大器。然而，相对光纤放大器 EDFA，半导体光放大器有它自身的一些优点，具体表现为直接电注入而不是像光纤放大器那样需要依靠光泵浦产生增益，因而半导体光放大器的功耗比光纤放大器低得多。至于它的体积、重量和成本也有光纤放大器无法比拟的优势。此外，半导体光放大器在应用上的广泛性还表现在用它的非线性能开拓出许多新的应用，特别是在光纤通信网络中的全光信号处理方面。

9.2.2 半导体光放大器的主要性能参数

光放大器与激光器的过程一样，都是通过受激辐射完成的。因此，可以用与激光器类似的方法来讨论 SOA 的主要性能参数。本节主要讨论 SOA 的增益、噪声和带宽特性。

放大器最重要的参数之一是信号增益即放大器增益 G，其定义为

$$G = \frac{P_{s,out}}{P_{s,in}} \tag{9-2-1}$$

式（9−2−1）中 $P_{s,out}$ 和 $P_{s,in}$ 分别是放大的光信号的输入功率和输出功率。当光子能量为 $h\nu$ 时，辐射强度与穿过发射激光腔的距离呈指数规律变化。因此，可以得到 SOA 激活介质中的单程增益为

$$G = \exp[\Gamma(g_n - \alpha)L] = \exp[g(z)L] \tag{9-2-2}$$

式（9−2−2）中，G 是激光腔中光限制因子，g_n 是材料增益系数，α 是光路中材料的有效吸收系数，L 是放大器长度，$g(z)$ 是单位长度上的总增益。

一般来说，SOA 的增益较小。SOA 的增益介质具有快的增益动力学特性，带间辐射复合寿命在纳秒量级，带内因复合所消耗的载流子需要快速的松弛来补充，以达到高的增益系数。虽然可通过加大注入电流密度来增加增益，但这又会受到俄歇非辐射复合带来的不利影响。还可以通过增加增益介质长度来增加增益，但增加半导体增益介质芯片长度还远没有光纤放大器增加有源光纤来得容易，在过长芯片的后半部分将会因产生饱和而带来损耗。另外，并非光放大器的增益越高越好，和晶体管过高增益易产生自激振荡类似，半导体光放大器增益过高时也会因端面剩余反射而易引起谐振。

由式（9−2−2）可以看出，放大器的增益随着其长度的增加而增加。然而，放大器的内部增益会受到增益饱和的限制，这是因为放大器增益区中的载流子浓度与输入光的强度有关。当输入信号增强时，有源区中激活的载流子（电子−空穴对）逐渐减少。由于没有足够的激活载流子来产生受激辐射，因此当输入信号功率足够大时，再增加输入信号功率，输出信号就不会再发生明显的变化。注意，放大器腔内 z 点的载流子浓度与该点的信号功率 $P_s(z)$ 有关，特别是当靠近输入点时 z 值很小，放大器在输入端的增长可能不会与器件后面一部分的增长

同时达到饱和，这是因为后面一部分可能由于较高的 $P_s(z)$ 值而先达到饱和。

光的受激辐射涉及有源层中光子与电子间的相互作用。高密度的载流子注入或高强度的光输入都将引起半导体增益介质内的增益饱和，表现为当高强度的电子或光子注入时，增益系数偏离线性增长而变得增长很慢乃至负增长。随着注入电子密度的增大，载流子对光场的屏蔽作用也相应加大，减弱了光子引起的受激辐射复合；在强的输入光强下，伴随着能带中大量的载流子消耗和及时补充之间的失衡，增益的增长受到抑制。

增益饱和特性可以通过下面的方法进行分析。先考虑端面反射为零的情况，这时增益 G 等于信号光通过 SOA 一次所获得的单程增益 G_s，它是关于输入信号功率的函数，它的表达式可以通过考查式（9-2-2）中的增益参数 $g(z)$ 得到，$g(z)$ 与载流子浓度、信号波长有关。距输入端距离为 z 时，$g(z)$ 的表达式为

$$g(z) = \frac{g_0}{1 + \dfrac{P_s(z)}{P_{\text{amp,sat}}}} \qquad (9-2-3)$$

式（9-2-3）中，g_0 是没有输入信号时单位长度上的非饱和介质增益，$P_s(z)$ 是 z 点的内部信号功率，$P_{\text{amp,sat}}$ 是放大器的饱和功率，其定义为单位长度增益降至一半时的内部功率。因此，增益随着信号功率的增加而减小，特别是当内部信号功率等于放大器饱和功率时，式（9-2-3）中的增益系数就会减小一半。

假设 $g(z)$ 是单位长度增益，当长度增加 dz 时，光功率增加

$$dP = g(z)P_s(z)dz \qquad (9-2-4)$$

将式（9-2-3）代入式（9-2-4）并整理得到

$$g_0(zg)dz = \left(\frac{1}{P_s(z)} + \frac{1}{P_{\text{amp,sat}}}\right)dP \qquad (9-2-5)$$

对式（9-2-5）从 $z=0$ 到 $z=L$ 积分，得到

$$\int_0^L g_0 dz = \int_{P_{s,\text{in}}}^{P_{s,\text{out}}} \left(\frac{1}{P_s(z)} + \frac{1}{P_{\text{amp,sat}}}\right)dP \qquad (9-2-6)$$

定义无输入信号光时的单程增益为 $G_0 = \exp(g_0 L)$，利用式（9-2-1）得到

$$G = 1 + \frac{P_{\text{amp,sat}}}{P_{s,\text{in}}} \ln\left(\frac{G_0}{G}\right) \qquad (9-2-7)$$

图 9-2-4（a）描述了增益对输入信号功率的依存关系，图中零信号增益（或小信号增益）为 $G_0 = 30$ dB，增益因子为 1 000。从图 9-2-4（a）的曲线中可以看到，当输入信号功率增加时，增益先保持在小信号增益值附近，后来开始下降，在增益饱和区线性减小。当输入功率很大时，增益趋于 0 dB（单位增益），图中还给出了饱和输出功率，它对应着增益值降低 3 dB 的点。图 9-2-4（b）描述了增益对输出功率的依存关系，随着输出功率的增加，增益先保持在小信号增益值附近，后来开始下降；当输出功率很大时，增益趋于 0 dB。

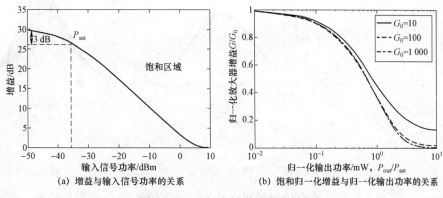

图 9-2-4　SOA 的增益饱和曲线

　　由于式（9-2-7）的推导过程与半导体放大器的具体特性关系不大，因此图 9-2-4 的计算结果不仅适用于半导体光放大器，其他种类的放大器（如 EDFA）也存在类似的特点。和电子放大器类似，包括半导体光放大器在内的所有光放大器均存在增益饱和。尽管各种光放大器引起增益饱和的机制不尽相同，但都是量变—质变、作用—反作用这些普适规律的反映。半导体光放大器有源层内大于透明载流子浓度的电子注入将产生净增益，随着注入电流和相应注入载流子浓度的增加，半导体光放大器的增益也相应增加。在某一直流偏置下，光放大器有恒定的增益 G，此时放大器的输出功率随输入信号功率线性增长，且称这种使输出-输入成线性关系的增益为小信号增益。在半导体光放大器中过高注入载流子浓度或过高输入光强都将引起光放大器的增益饱和，即达到增益的阈值 G 之后，光放大器的增益随着注入载流子浓度的增加而减小。

　　半导体解理面有较大的反射，会引入较大的噪声。即使是镀制增透膜之后，仍有 $10^{-5}\sim10^{-4}$ 的剩余反射率，所以实际的行波半导体光放大器是准行波的，光子仍会有弱的谐振，会产生法布里-珀罗效应（见 7.2.2 节），因此，会产生较大的噪声。按照图 7-2-14 所示，当光在腔内发生谐振时，每次在输出端发生反射，都会有一部分光透射出去。将各次输出的结果相叠加，最终由后端面输出的信号光可以表示为

$$E_{\text{out}} = \frac{\sqrt{1-R_1}\sqrt{1-R_2}\,G_s E_0 \mathrm{e}^{-\mathrm{j}\beta_z L}}{1-G_s\sqrt{R_1 R_2}\,\mathrm{e}^{-\mathrm{j}\beta_z L}} \qquad (9-2-8)$$

G_s 为信号光通过 SOA 一次所获得的单程增益。最后，考虑端面反射的增益为

$$G_r = \frac{1+G_s\sqrt{R_1 R_2}}{1-G_s\sqrt{R_1 R_2}} \qquad (9-2-9)$$

　　例如，一个 SOA 如果不考虑端面反射（$R_1=R_2=0$）的理想情况，器件的增益谱即为单程增益谱，如图 9-2-5（a）所示。当端面残留的反射率分别为 10^{-4} 和 10^{-3}，且 SOA 的长度为 400 μm 时，其增益谱如图 9-2-5（b）和图 9-2-5（c）所示。

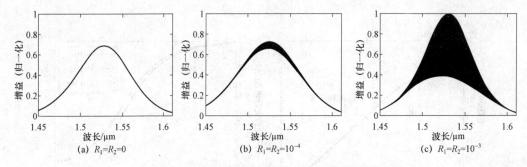

(a) $R_1 = R_2 = 0$　　(b) $R_1 = R_2 = 10^{-4}$　　(c) $R_1 = R_2 = 10^{-3}$

图 9-2-5　不同端面反射率的 SOA 的增益谱

由图 9-2-5 可知，端面的残留反射使器件增益谱上出现增益起伏纹波。波峰出现在谐振频率处时 $w = \dfrac{m\pi c}{n_e L}$，其中 n_e 为有效折射率，L 为有源区的长度，m 为正整数。如果单纯考虑增益纹波随端面反射率的变化，可以通过计算得到如图 9-2-6 所示的结果。

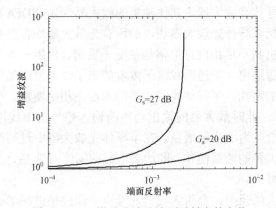

图 9-2-6　增益纹波随端面反射率的变化

由图 9-2-6 可知，增益纹波随着 SOA 增益和端面反射率的增大而增大。可见端面反射的抑制对 SOA 增益平坦性意义重大。

对理想的行波半导体光放大器（$R_1 = R_2 = 0$），光子在增益介质内不会产生谐振放大，但因其须满足粒子数反转条件，因而即使是行波半导体光放大器，光子的发射谱也不同于自发发射谱，而是满足洛伦兹线性函数的增益谱。对于在 WDM 光纤通信中应用的光放大器，除要求有高的增益外，还要求有平坦且宽的增益谱曲线，以保证在 WDM 系统中参与复用的各信道能获得近似相同增益。然而由于不同增益介质的增益机制和分布函数的差异，以及受激辐射光子能量存在一定的分散性，不同的光放大器的增益谱形状和增益谱宽有明显差别，但都不可能得到完全"平顶"的增益谱。对半导体增益介质而言，它的增益峰值波长由半导体增益介质的带隙波长决定，其增益谱呈洛伦兹分布，如图 9-2-5（a）所示，其增益谱的半高全宽（FWHM）或常称的 3 dB 增益谱宽（对应增益峰值以下 3 dB 处的谱宽）由半导体光放大器的增益色散关系决定。

因通常镀制增透膜仍有 $10^{-5} \sim 10^{-4}$ 的剩余反射率，所以实际的行波半导体光放大器是准行波的，光子仍会有弱的谐振，因而其增益谱并非光滑的谱线，而是有剩余谐振的痕迹。随着剩余反射率的降低，这种谐振峰变小，如图 9-2-5（b）和图 9-2-5（c）所示。可以从行波半导体光放大器剩余谐振峰的强弱反映出其对半导体光放大器芯片端面增透的程度，还可通过由增益谱中心波长处剩余谐振峰的峰值与谷值所得的调制深度近似计算剩余反射率。

偏移增益谱中心频率 γ_0 的光所获得的增益很小，这是因为外来光子在谐振腔中谐振放大，其增益谱是一个主谐振模式的激射谱，谱宽很窄，对体材料而言，3 dB 谱线宽度也只有数纳米。只有当入射光频率严格匹配于 FPA 谱中心频率 γ_0 时才能获得最大的增益，二者的微小失配将导致增益的显著下降。由于体材料半导体的特征温度相对较小，这意味着其带隙或所对应的波长对温度的变化较敏感，这就要求作为信号源的半导体激光器和 FPA 芯片均须有优于 $\pm 0.005\,℃$ 左右精度的温控，才能得到稳定的工作状态。因此，除非在海底那样的恒温环境，否则 FPA 很难奏效，并且温控成本很高，即使现在的低维（量子阱、量子点）量子材料有比体材料高数倍的特征温度，对 FPA 仍需有好的温控。另外 FPA 的光子谐振放大容易饱和，即饱和输出功率低。这些问题使 FPA 即使在当时的单波长通信系统中也不可能获得应用。

9.2.3　半导体光放大器的应用

在光学与光电子领域中，"非线性"一词往往与"强光"概念相联系。一些光学效应与光强的二次方或高次方成正比，即偏离了线性，其中最常见的有克尔效应。表征光学材料重要光学常数的折射率也是与光强相关的比率常数，一般用非线性折射率来表示。这种函数之间偏离线性关系的现象在自然界中经常遇到，对这些现象有时需要防止，但有时又可利用。在半导体增益介质中，常用的非线性效应包括交叉增益调制效应、交叉相位调制效应和四波混频效应。

交叉增益调制效应是基于 SOA 增益饱和效应实现的，是 SOA 特有的一种非线性效应。如图 9-2-7 所示，出现增益饱和现象后，增益将出现与注入光信号相反的调制作用。若此时有另一束功率较小的连续探测光注入 SOA，那么呈反向调制的增益就会对探测光进行调制，从而使探测光能够探测到 SOA 增益随信号的变化。SOA 中的交叉调制效应是一种很强的非线性效应，被广泛应用在全光信号处理的研究中，但其工作速度受到载流子恢复时间的限制。

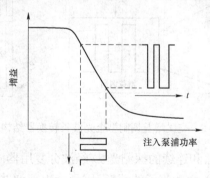

图 9-2-7　交叉增益调制效应原理图

9.2.3.1　交叉增益调制型全光波长转换器

本节主要介绍基于交叉增益调制效应的波长转换技术。20 世纪 90 年代中期，波分复用在光纤通信中的成功应用与发展使传输容量得以呈指数形式增长。人们预计在光纤通信网络中信息业务的阻塞可能出现在网络结点上。如果在网络结点上仍沿用目前的光—电—光的信息交换方式（在结点上将传输来的光信号变成电信号，在电域内完成信号的交换后再变成光信号往下一个结点传送），其信号处理速度或信号交换容量可能受到微电子信号处理器件的处理速度逐渐逼近其物理极限和难以容忍的大功耗所限。这种微电子的"瓶颈"效应将会随着信息传输容量的增加而在网络交换结点上凸现，而且这种交换容量失配于传输容量的日益增加，因此在网络结点上信息业务的阻塞也在预料之中。

应用在波分复用系统中的波长转换器，通常要求具有以下性能：高可靠性，低功率消耗，数据传输速率透明（与数据传输速率无关），无消光比退化现象，输出信号信噪比高以便于波长转换器的级联，大的输入功率范围和小的输出功率范围，大的波长转换范围，可实现同波长转换，啁啾小，对输入信号偏振不灵敏，结构简单和具备集成功能。

目前在光纤通信网络中所用的光—电—光型波长转换器从功耗、体积和日益显现的电子瓶颈等方面都很难适用于当今的高速大容量的要求。全光波长转换器实现信息在波长之间的切换完全在光的频域内完成，满足全光通信网络的要求，因而具有更好的发展前景。迄今已对全光波长转换器进行了广泛的探索，如：基于 SOA 的交叉增益调制型、交叉相位调制型和四波混频型；基于光纤中的四波混频效应；基于 LiNbO$_3$ 和 GaAlAs 波导中准相位匹配产生的差频；基于分布布拉格反射激光器中的饱和吸收；基于分布布拉格反射或分布反馈激光器中的载流子消耗；基于 Y 型激光器中的注入锁定；基于行波激光放大器与掺铒光纤相结合组成的环形腔结构；基于电吸收调制器中的交叉吸收调制等。在这些波长转换的实现方案中，SOA 具有多种非线性效应，所需信号输入功率较小，体积小和便于集成等多方面的特点，因而基于 SOA 的全光波长转换器得到了最广泛的关注。基于 SOA 的交叉增益调制型波长转换器具有结构简单，容易实现，转换效率高和输入功率动态范围大等多方面的优点，其结构如图 9-2-8 所示。

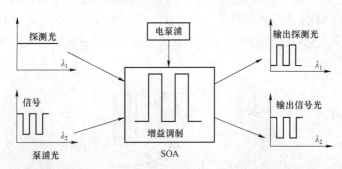

图 9-2-8　交叉增益调制型全光波长转换器结构示意图

带有调制信息的泵浦光 λ_p 和连续的探测光 λ_C 经波分复用器同时耦合进 SOA 中。由于在放大光信号的同时将引起 SOA 中载流子的消耗，因而会出现增益随注入光功率增大而减小的现象，即增益饱和，如图 9-2-7 所示。出现增益饱和现象后，增益将出现与注入泵浦光相反的调制作用，呈反向调制的增益又对连续的探测光进行调制，从而使探测光波长上携带上了泵浦光波长上的调制信息，即实现了调制信息在波长之间的转换。由图 9-2-8 可以看出，转换后的信号与原信号是反相的，这在一定程度上增加了信号处理的难度，提高了系统的成本。即使输入的泵浦光信号消光比为无穷大（0 信号功率为零），输出信号的消光比也是有限的，即存在输出消光比特性退化，尤其是波长上转换消光比退化会更严重。

按照探测光注入方式的不同，交叉增益调制型转换器可以采取相向和同向两种工作方式。若探测光和泵浦光从放大器的同一端相合进入放大器中，则为同向工作方式，如图 9-2-9（a）所示；若探测光和泵浦光分别从放大器的两端相合进入放大器中，则为相向工作方式，如图 9-2-9（b）所示。K. Obermann 等报道了对两种工作方式的理论分析，并认为相向方式不需要滤波器，结构更加简单，并且可实现同波长转换。但实验和理论计算结果表明，相向工作方式对自发辐射噪声要大于同向工作方式。

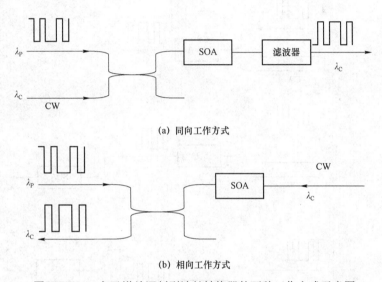

(a) 同向工作方式

(b) 相向工作方式

图 9-2-9　交叉增益调制型波长转换器的两种工作方式示意图

交叉增益调制型波长转换的输出消光比和转换效率与工作条件密切相关。一定的工作条件下，探测光功率增大，转换效率增大，但输出消光比减小；相应地，泵浦光功率增大，增益调制程度增大，输出消光比增大，但由于 SOA 饱和程度加剧，转换效率降低。因此，在消光比和转换效率之间存在一个相互制约的关系，存在最佳的输入泵浦光功率和探测光功率。另外，探测光功率和泵浦光功率也影响转换输出的噪声大小，泵浦光功率增大，SOA 中的 ASE 噪声得到抑制，而当探测光功率较大时，转换输出的信号上的噪声也较小。

消光比退化的问题是交叉增益调制型波长转换器存在的问题之一，可以采用增加 SOA 有源区长度或者级联 SOA 和单端 SOA 的方法来改善输出消光比。波长转换的输出消光比取决于探测光获得的增益差，获得的增益差越大，输出消光比越大。

SOA 的交叉增益调制型波长转换在应用到 40 Gbit/s 及以上的高速通信系统中引入一定的功率损耗，减小了增益饱和引起的增益降低的影响。SOA 相对较长的增益恢复时间（或者说载流子寿命）引起的码型效应是它面临的大问题。SOA 的载流子恢复时间一般是几十到几百皮秒，这就意味着对于传输速率高于 40 Gbit/s 的高速光信号，增益（载流子浓度）显然没有来得及恢复到初始的水平，导致转换后的结果为 1 码的光功率极小，即所谓的码型效应。

9.2.3.2　光逻辑门

基于 SOA 的交叉增益调制型波长转换器具有结构简单、容易实现、转换效率高和转换范围宽等方面的优点。反相的交叉增益调制型波长转换过程本身就是一个实现数据信号非门的过程，同相的交叉增益调制型波长转换则可以看成数据信号与连续光信号的与（AND）门的逻辑过程。基于这些基本的逻辑门，还可以实现更复杂的逻辑运算功能。图 9-2-10 列举了基于 SOA 中交叉增益调制型效应的各种逻辑运算功能。

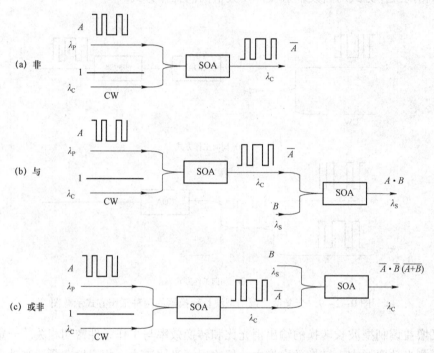

图 9-2-10　基于 SOA 中交叉增益调制效应的逻辑运算功能

图 9-2-10（a）为一路数据光 A 和一路连续光同时耦合进入 SOA 中，产生交叉增益调制型波长转换。在 SOA 的输出中，对应连续光的输出波长，可以得到数据 A 的逻辑非门运算结果。

图 9-2-10（b）为两个 SOA 通过级联来实现全光逻辑 AND 门。数据 A 经过第一级 SOA 之后，对应连续光波长将得到数据 A 的非信号。经过第二级 SOA 之前，信号 1 的功率远大于数据 B 的功率，SOA 的增益饱和效应主要由数据 A 引起。当 A 为数据"1"时，SOA 的增益受到抑制，无论数据 B 为"1"或"0"，输出都为零。当 A 为数据"0"时，输出结果与数据 B 相同。因此第二个 SOA 的输出中，对应数据 B 的波长得到的逻辑运算结果是 $b=A \cdot B$，即逻辑与门的结果。

图 9-2-10（c）的结构与图 9-2-10（b）不同之处在于，其经过第一级 SOA 之后数据 B 的功率远大于信号 1 的功率，因此在最终的输出中，信号波长为连续光波长，运算结果是 $\overline{A} \cdot \overline{B}(\overline{A+B})$，即逻辑或非（NOR）门的运算结果。

9.3　掺铒光纤放大器

9.3.1　掺铒光纤放大器的发明和历史意义

使用铒离子作为增益介质的光纤放大器称为掺铒光纤放大器（EDFA）。这些离子在光纤制作过程中被掺入光纤纤芯中，使用泵浦光直接对光信号放大，提供光增益。EDFA 因为工作波长靠近光纤损耗最小的 1 550 nm 波长区，它比其他光放大器更引人注意。虽然 EDFA 早在 1964 年就有研究，但是直到 1985 年英国南安普顿大学才首次研制成功。1988 年，低损耗掺铒光纤技术已相当成熟，其性能相当优良，已可以提供实际使用。1996 年，基于光放大器的越洋通信系统就产生了，成功将 5 Gbit/s 的信号传输了 11 300 km。此后形成了 WDM 与 EDFA 相互促进、蓬勃发展的态势，不仅使光纤传输系统摆脱了电中继技术的束缚，实现了信号传输的全光化，同时使光纤的通信容量获得了成百倍的提高，使 EDFA 确立了迄今为止在石英光纤低损耗的 C（1 530～1 565 nm）和 L（1 565～1 625 nm）波分复用系统应用中难以动摇的地位。

EDFA 具有以下显著特点：① 可以达到很高的模式增益和饱和输出功率，以及极低的放大器噪声；② 在 1.55 μm 处的增益带宽约为 35 nm，可以在 1.55 μm 窗口对很多个不同的波长通道同时进行放大；③ 与光纤系统完全匹配，因而具有极低的插入损耗（约 0.1 dB）；④ 增益与入射光的偏振特性无关；⑤ 具有很低的非线性响应速度，因而在进行多波长信号放大时，不会发生四波混频等非线性效应导致的通道间串扰。这些特点使得 EDFA 成为长途光纤通信系统中近乎理想的光学放大器，并给光纤通信系统带来了多方面的巨大变革。EDFA+WDM 的组合极大地促进了光纤通信信道带宽和传输距离的增加，使光纤通信发生了革命性的变化，给人类提供了一条真正的信息高速公路，为互联网和信息时代的来临打下了坚实的基础。

9.3.2　掺铒光纤放大器的基本理论基础

半导体光放大器利用外部注入电流来激活电子，使之到达较高能级，而光纤放大器则使用光泵浦来达到这一目的。在光泵浦过程中，光子直接激励电子以使其达到激发态。光泵浦过程需要使用两个能级，将电子泵浦到顶层能级，顶层能级一定要在受激辐射能级之上；电子到达激发态后，会释放一些能量而降到受激辐射能级，在这个能级上，信号光子触发电子产生受激辐射，并以产生新光子的形式释放剩余的能量。新光子的波长等于信号光的波长，由于泵浦光能量高于信号光能量，所以泵浦光波长比信号波长短一些。

稀土离子的能级结构使得其在适当的泵浦条件下能够在光纤的低损耗窗口上形成受激辐射，从而为通信波段上的光信号提供增益。通过在光纤中掺入稀土族元素制成稀土掺杂光纤，并采用适当的泵浦方式使其中的稀土离子实现离子数反转，即可为光纤中传输的光信号提供增益。在稀土掺杂光纤中，铒离子掺杂光纤具有特别重要的意义。这是因为其第一激发态与基态之间的辐射跃迁恰好位于 1.55 μm 波段的光纤最低损耗窗口处，当采用 980 nm 泵浦时，掺铒光纤相当于一个三能级系统，见第 7.1.3.4 节。处于基态的铒离子在吸收泵浦光子后被激发至 E_3 能级，这一能级通过非辐射跃迁衰变到 E_2 的速率远大于其通过其他过程衰变的速率。E_3 到 E_2 的热弛豫时间常数仅为几纳秒（ns），很容易造成亚稳能级 E_2 上粒子数的积累并形成粒子数反转分布。由于避免了上能级粒子数的受激态吸收，与 1 480 nm 相比，采用 980 nm 泵浦的 EDFA 具有更好的泵浦效率和噪声特性。

9.3.2.1　掺铒光纤放大器的行波速率方程理论

考虑由单一泵浦源从正向对掺铒光纤提供泵浦，输入信号包含中心频率分别为 ν_1，ν_2，…，ν_n 的 n 种不同波长信道，并且所使用的光纤在泵浦和信号波长上均满足单模传输条件的情况，掺铒光纤内光与 Er^{3+} 的相互作用主要包括以下几个方面。

（1）泵浦光和信号光的受激吸收过程。基态 Er^{3+} 吸收 980 nm 泵浦光子后跃迁至 E_3 并立即热弛豫至 E_2，对于信号光和 1 480 nm 的泵浦光，Er^{3+} 离子将通过吸收光子从基态直接跃迁至 E_2。这一受激吸收过程所考察点处造成的 E_2 上粒子数密度 N_2 增加的速率正比于该点处泵浦光或信号光强度与基态 Er^{3+} 离子浓度 N_1 之积，该过程同时导致泵浦光和信号光功率的减少。

（2）泵浦光和信号光的受激辐射过程。处于亚稳态能级 E_2 上的粒子在泵浦和信号光子的作用下通过受激辐射返回基态，其结果是引起 N_2 的降低及泵浦或信号光功率的增加。这一过程发生的概率正比于所考察点处的泵浦光或信号光强度与上能级粒子数密度 N_2 之积。对于 980 nm 泵浦，E_2 上的粒子数几乎时刻为零，掺铒光纤内不存在由泵浦光所导致的受激辐射和泵浦波长上的自发辐射过程。即使对于 1 480 nm 的泵浦光，由于其对应的是上能级底部与下能级底部间的跃迁，而粒子在各能带内均服从各自的 Fermi-Dirac 统计分布，因此上能级顶部存在粒子及下能级底部为空的概率都很小，泵浦波长上的受激辐射和自发辐射过程也可忽略。

（3）自发辐射及其放大。处于 E_3 上的粒子可以通过自发辐射返回基态，其自发衰变的时间常数 $\tau_{sp} = 10^{-12}$ ms。这种自发辐射光子在传输过程中也将通过受激辐射过程得到放大，在 EDFA 的输出端形成放大的自发辐射噪声。

9.3.2.2　掺铒光纤放大器的速率方程

掺铒光纤内由于自发辐射所产生的噪声光场的情况较为复杂。噪声光场可在整个自发辐射带宽内所有频率的正反两个方向上随机产生，并在传输过程中通过受激辐射消耗上能级粒子数并得到放大，成为放大的自发辐射噪声。光纤内各点处上能级粒子数密度的增加速率为

$$\frac{dN_2}{dt} = \frac{\sigma_{p,a}\,|E_p|^2}{h\nu_p}N_1 - \sum_{j=1}^{N}(\sigma_{j,e}N_2 - \sigma_{j,a}N_1)\frac{|E_j|^2}{h\nu_j} - \int(\sigma_{\nu,e}N_2 - \sigma_{\nu,a}N_1)\frac{I_{ASE}^+(\nu)+I_{ASE}^-(\nu)}{h\nu}d\nu - \frac{N_2}{\tau}$$

$$（9-3-1）$$

式（9-3-1）中，$N_1(r,\phi,z) = N(r,\phi,z) - N_2(r,\phi,z)$ 为光纤内总的铒离子密度分布；τ 为上能级寿命；$\sigma_{j,e}$ 和 $\sigma_{j,a}$ 分别为信号光频率处铒离子的吸收与辐射截面。常见的铒离子的吸收与辐射截面如图 9-3-1 所示。

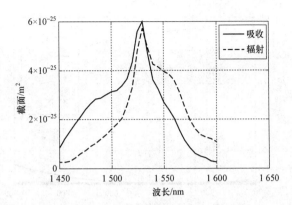

图 9-3-1　铒离子的吸收与辐射截面

式（9-3-1）等号右端各项具有明确的物理意义，第一项为泵浦所导致的粒子数增加速率，第二项和第三项分别为信号和噪声光场的受激放大过程中所消耗上能级粒子数的速率，第四项为由自发辐射和其他非辐射跃迁过程所引起的上能级粒子数减少的速率。如前所述，E_2 能级的自发衰变主要由自发辐射引起，因此有 $\tau = \tau_{sp}$。在 Er^{3+} 掺杂区域内光强变化不大的情况下，上下能级粒子数的分布可以近似为均匀分布。

考虑到 $dz = dt v_g$，泵浦光在光纤内的传输过程可由式（9-3-2）表示

$$\frac{dP_p(z)}{dz} = -\sigma_{p,a} n_{p1}(z) P_p(z) \tag{9-3-2}$$

其中，$P_p(z)$ 为光纤内各点上的泵浦功率，$\sigma_{p,a}$ 为泵浦光频率处铒离子的吸收截面。各频率信号光场的受激放大过程（自发辐射过程由噪声光场计算）为

$$\frac{dP_j(z)}{dz} = g_j(z) P_j(z) \tag{9-3-3}$$

式（9-3-3）中，$g_j(z) = \sigma_{j,e} n_{j2}(z) - \sigma_{j,a} n_{j1}(z)$ 为模式增益。频率 ν 附近单位频率间隔内的自发辐射功率满足

$$\pm \frac{dP_{ASE}^{\pm}(z,n)}{dz} = g_\nu(z)[P_{ASE}^{\pm}(z,n) + 2n_{sp}n] \tag{9-3-4}$$

其中，$P_{ASE}^{\pm}$ 表示正反向的噪声功率，掺铒光纤的粒子数反转因子可以表示为

$$n_{sp}(z) = \frac{N_2(z)}{(1+\eta)N_2(z) - \eta N} \tag{9-3-5}$$

其中，$\eta = \sigma_a / \sigma_e$。在粒子数完全反转的理想情况下，$N = N_2$，$n_{sp} = 1$。当非完全反转时，$n_{sp} > 1$。

式（9-3-2）～式（9-3-4）构成了能够对 EDFA 的各种特性进行分析的一组较为普遍的耦合方程，其各项的物理意义是十分明显的。根据 EDFA 的各种实际参数，通过对上述耦合方程组进行数值求解可以得到 EDFA 的各种工作特性。但在实际分析中，可以根据具体情况对上述方程进行合理的简化，以便较为深入地认识 EDFA 的工作机理和特性。

一个微小光信号在 EDFA 中传输时相应的泵浦光、信号光和 ASE 都可以使用上述方程进行计算，如图 9-3-2 所示。

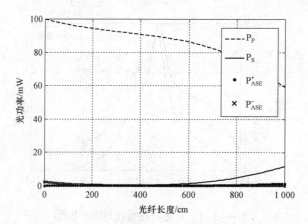

图 9-3-2　EDFA 中泵浦光、信号光和 ASE 的变化示意图

9.3.3　掺铒光纤放大器的基本结构

光纤放大器一般是由掺杂光纤、一个或多个泵浦激光器、无源波长耦合器、光隔离器及抽头耦合器组成。一个典型的 EDFA 的结构如图 9-3-3 所示。

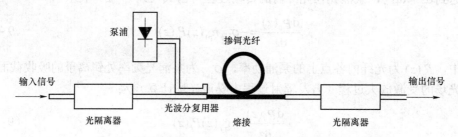

图 9-3-3　EDFA 的基本结构示意图

光波分复用器（两个波长的耦合器）能够运用 980/1 550 nm 或 1 480/1 550 nm 的波长组合，将泵浦光功率与信号光功率有效地耦合进光纤放大器。抽头耦合器不受波长影响，典型分光比值是从 99:1 到 95:5，通常应用于放大器的两侧。光隔离器用来防止放大的光信号反射回原器件，这种反射会增大放大器的噪声并减小放大效率。通常，泵浦光与信号光沿同一方向注入光放大器，称为同向泵浦；也可以沿相反方向注入，称为反向泵浦。EDFA 可以使用单泵浦或双泵浦结构，典型的增益值分别为 +17 dB 和 +35 dB。反向泵浦可以产生较高的增益，而同向泵浦的噪声性能较好。

EDFA 的主要组成部分的主要功能如下。

1. 掺铒光纤

光纤放大器能够产生光放大作用的关键是具有增益放大特性的掺铒光纤，因而使掺铒光纤的设计最佳化是主要的技术关键。EDFA 的增益与许多参数有关，如铒离子浓度、放大器长度、芯径及泵浦光功率等。

2. 泵浦源

对泵浦源的基本要求是高功率和长寿命，它们是保证光纤放大器性能的基本因素。掺铒光纤可以在几个波长上被有效地激励，最先突破的是采用 1 480 nm 的 InGaAs 多量子阱（MQW）激光源，其输出功率可达 100 mW，该波长的泵浦增益系数较高，而且 EDFA 的带宽与现有实用化的 InGaAs 激光器相匹配。980 nm 泵浦光源波长的泵浦效率高，噪声低，现已广泛使用。

3. 波分复用器

光纤放大器中的波分复用器的作用是使泵浦光与信号光进行复合。对它的要求是插入损耗低，因而适用的波分复用器主要有熔融拉锥形光纤耦合器和干涉滤波器。前者具有更低的插入损耗和制造成本，后者具有十分平坦的信号频带和出色的与极化无关的特性。两者均适用于光纤放大器。普通单模光纤的截止波长一般为 1 260 nm 或者更长，而现在普遍使用的泵浦光源波长为 980 nm，因此，在制作该波分复用器时需要使用 980 nm 的单模光纤。

4. 光隔离器

在输入、输出端插入光隔离器是为了抑制光路中的反射，从而使系统工作稳定可靠、噪声低。对隔离器的基本要求是插入损耗低、反向隔离度大。

按照泵浦光源的泵浦方式不同，EDFA 又包括三种不同的结构方式。

（1）同向泵浦结构。输入光信号与泵浦光源输出的光波以同一方向注入掺铒光纤，它的特点是具有好的噪声性能，如图 9－3－3 所示。

（2）反向泵浦结构。输入光信号与泵浦光源输出的光波以相反方向注入掺铒光纤，它的特点是具有大的输出功率。

（3）双向泵浦结构。它有两个泵浦光源，其中一个泵浦光源输出的光波和输入光信号以同一方向注入掺铒光纤，另一个泵浦光源输出的光波从相反方向注入掺铒光纤。它的输出功率比单泵浦光源高出 3 dB，而且放大特性与方向无关。

9.3.4　掺铒光纤放大器的主要特性参数

EDFA 的主要特性参数包括增益、波长、效率和噪声系数等。其中，最为重要的就是增益特性。式（9－2－3）～式（9－2－7）描述的是一般光放大器的增益特性，既适用于 SOA 也适用于 EDFA。由于 EDFA 中的亚稳态能级具有相当长的寿命，所以可以得到很高的饱和输出功率。EDFA 的增益饱和特性与图 9－2－4 基本一致。当输入信号功率增加时，增益先保持在小信号增益值附近，当信号增大且粒子数反转状态明显降低时，EDFA 的增益开始下降。在增益饱和区增益线性减小，当输入功率很大时，增益趋于 0 dB。对于输出功率来说，当输出功率较小时，增益开始保持在小信号增益值附近，后来开始下降；当输出功率很大时，增益趋于 0 dB。

除泵浦功率以外，增益还与光纤长度 L、光纤发射截面 σ_e、稀土元素的浓度 ρ 有关。三能级激光介质中的最大增益可表示为

$$G_{\max} \propto \exp(\rho \sigma_e L) \tag{9－3－6}$$

由式（9－3－6）可以知道，增大泵浦功率，增加光纤长度和提高掺杂浓度有利于增加光纤增益。但是，增大泵浦功率和增加光纤长度都只能够在一定范围内增大 EDFA 的增益。图 9－3－4 给出了随着泵浦功率的增加，不同长度掺杂光纤出现增益饱和的示意图。而且，在掺铒光纤的

长度一定时，由于泵浦没有足够的能量在放大器的后部产生粒子数反转，因此增益开始下降。在这种情况下，光纤非泵浦区域将吸收信号，导致这一部分信号出现损耗而不是放大。

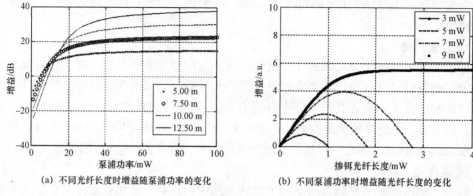

(a) 不同光纤长度时增益随泵浦功率的变化　　(b) 不同泵浦功率时增益随光纤长度的变化

图 9-3-4　EDFA 增益与泵浦功率和光纤长度的关系

过长的掺铒光纤还会增大背景损耗，降低泵浦效率，可能导致较大的非线性影响。而且，掺铒光纤过长时会导致 EDFA 的增益向长波长漂移。研究发现，不同的平均粒子反转率将导致不同的增益谱形状，当平均粒子反转率高于 70% 的时候，将获得 C-band（1 528～1 562 mm）增益；而当反转率在 40% 左右的时候，将获得较为平坦的 L-band（1 570～1 610 nm）增益。在输入信号给定的情况下降低 EDFA 的平均反转率主要有两种方法，即增加掺铒光纤长度或降低泵浦功率，后者显然不利于提高增益，因此实现 L-band 放大都是通过增加掺铒光纤长度的方法。

提高稀土元素的浓度 ρ 也有一定的限制，主要是由于协同上转换引起的浓度淬灭（激活离子浓度较大时，中心间的距离小于临界距离，它们就会产生级联能量传递，发光材料发生非辐射跃迁，从而降低了发光效率的现象）导致了泵浦效率的降低，因此掺杂量要折中考虑，不能太高。解决浓度淬灭的方法主要是依靠改进掺杂工艺，使用新的掺杂组分，如 Er/Yb 共掺等。

理想情况下，EDFA 的输入功率、输出功率可以使用能量守恒原理表示

$$P_{s,out} = P_{s,in} + \frac{\lambda_p}{\lambda_s} P_{p,in} \qquad (9-3-7)$$

式（9-3-7）中，$P_{s,in}$ 是输入泵浦功率，λ_p 和 λ_s 分别是泵浦波长和信号波长。式（9-3-7）的基本物理意义是从 EDFA 输出的信号能量总和不能超过注入的泵浦能量。从式（9-3-7）中可以看出，最大输出信号功率与比率 λ_p / λ_s 有关。为使泵浦系统能够工作，必须有 $\lambda_p < \lambda_s$，而为了得到适当的增益，又必须满足 $P_{s,in} < P_{p,in}$。因此功率转换效率（PCE）可以定义为

$$PCE = \frac{P_{s,out} - P_{s,in}}{P_{p,in}} \approx \frac{P_{s,out}}{P_{p,in}} \leqslant \frac{\lambda_p}{\lambda_s} \leqslant 1 \qquad (9-3-8)$$

显然，PCE 小于 1。PCE 的理论最大值是 λ_p / λ_s。式（9-3-8）中的不等式说明泵浦系统可能会受到影响，不同原因（如杂质间相互作用）造成的泵浦光子损失或由自发辐射导致

的泵浦能量损失，都可以使系统受到影响。

　　泵浦光将 Er³⁺ 离子从基态激发至激发态，实现粒子数反转，通过受激辐射对信号光提供光增益作用的同时也会发生放大器介质中电子空穴对的自发复合，即自发辐射。EDFA 中的噪声可以分为差拍噪声和反射噪声，其中，差拍噪声起主导作用。差拍噪声是在自发辐射光相互之间，以及被放大的光信号与自发辐射光之间产生的。当输出光功率在 20 dBm 以下时，自发辐射光相互之间产生的差拍噪声起主导作用；当输出光功率超过 20 dBm 时，被放大的光信号与自发辐射光之间产生的差拍噪声起主导作用。由此可见，放大的自发辐射噪声是 EDFA 最基本的噪声源。噪声谱的特性直接反映了 EDFA 的增益谱特性的线型，它可给出不同泵浦功率和不同信号功率条件下 EDFA 的增益谱特性的有用信息。图 9−3−5 中为 980 nm 泵浦 EDFA 的实测噪声功率谱，一般把它叫作 EDFA 的自发辐射谱。它与 EDFA 的实测增益谱特性的线型是完全一致的。$\lambda_s = 1\,530$ nm 附近出现增益峰；$\lambda_s = 1\,550$ nm 为中心处，出现增益平坦区。

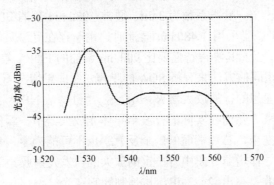

图 9−3−5　典型的 EDFA 的自发辐射谱

　　自发辐射噪声可以使用分布在放大器介质中无数个短脉冲的随机脉冲串来模拟，这个随机过程通过频率平坦的噪声功率谱来表征。ASE 噪声直接导致信号通过 EDFA 后信噪比（SNR）降低。放大器的噪声特性可用光信噪比（optical signal to noise ratio，OSNR）进行描述，其定义为信号光功率与进入信号内的噪声功率之比。在除 ASE 以外的其他噪声可忽略的情况下有

$$\text{OSNR} = \frac{P_s}{P_{\text{ASE}}} = \frac{P_s}{P_{\text{ASE}}^+(L, \nu)B_0} \tag{9−3−9}$$

　　在工程实际当中，更为常用的光放大器噪声特性参数是噪声系数（noise figure，NF），其定义为将采用散弹噪声极限的理想接收机（暗电流和热噪声可忽略）在放大器输入端进行检测所得的信噪比与在放大器输出端进行检测所得的信噪比之比值

$$\text{NF} = \frac{\text{SNR}_{\text{in}}}{\text{SNR}_{\text{out}}} \tag{9−3−10}$$

　　假定信号本身无额外噪声，则对于量子效率为 1 的散弹噪声极限理想接收机，放大器输入端检测到的信噪比为

$$\text{SNR}_{\text{in}} = \frac{P_s^2}{2 P_s h \nu B_e} \tag{9−3−11}$$

其中，P_s 为输入信号功率，B_e 为接收机带宽。

在放大器输出端由于自发辐射噪声与信号光场的叠加，将在自发辐射光场之间及自发辐射与信号光场之间产生拍频噪声。由于进入信号带宽内的噪声功率远小于信号功率，自发辐射光场之间的拍频噪声可以忽略。

$$P_{ASE}^+(\nu) = 2n_{sp}h\nu[G(\nu)-1] \qquad\qquad (9-3-12)$$

代入式（9-3-11）得到

$$NF = \frac{1}{G} + \frac{2n_{sp}(G-1)}{G} \qquad\qquad (9-3-13)$$

在 $G \gg 1$ 的情况下

$$NF = 2n_{sp} \qquad\qquad (9-3-14)$$

在理想的强泵浦情形下 $n_{sp} \approx 1$，放大器的噪声系数达到最小值 $NF \approx 2$，即在理想情况下，放大器将使信噪比下降一倍，噪声系数为 3 dB。通常，980 nm 泵浦 EDFA 的噪声系数可以无限接近 3 dB 的理想水平。当采用 1 480 nm 泵浦时，由于存在受激吸收使得放大器的粒子数反转因子不可能达到 1，因此其噪声特性要比 980 nm 泵浦的 EDFA 差。

另外，还可以使用相同的方法来分析 SOA 的噪声。在理想情况下，放大器有完全的粒子数反转，即 $n_{sp} \approx 1$。对理想的行波放大器 $R_1 \approx 0$，则 $\chi \approx 1$，故 NF 为 3 dB，是散粒噪声所限定的极限或称为量子极限。然而在实际的行波半导体光放大器中，即使采用低维量子增益介质，粒子数反转也并不完全，芯片端面的剩余反射率也不可能为零，相合光纤端面不可避免地存在菲涅耳反射，半导体增益介质中有严重的放大的自发发射噪声等，因此半导体光放大器比光纤放大器噪声系数要高出 2～3 dB，这是制约它在光纤通信传输系统中应用的一个重要因素。

例 9.1 某光放大器的噪声系数为 3.2 dB，假设输入信号的信噪比为 50 dB，计算该放大器的输出信噪比。

解: 将上述数据转换为十进制数，可以得到输入信噪比 $S/N = (10)^5$，而噪声系数则为 2.089。所以输出信噪比 $(S/N)_{out} = 10^5/2.089 = 0.478\ 6 \times (10)^5$。转换为分贝，就可以得到输出信噪比为 46.8 dB。

注意，在这个例子中如果仍然用分贝来表示，则输出信噪比就是简单地用输入信噪比减去放大器的噪声系数，这是通常的表示方法。用方程来表示，也就是 50 dB - 3.2 dB = 46.8 dB。

9.3.5　级联放大器

在光纤系统中有很多地方需要用到光放大器。由图 9-3-6 可知，光放大器按应用可分为在线放大器、功率放大器和前置放大器。光放大器的一种应用是把它插在光发射机之后，来增强光发射机功率，称这样的光放大器为功率放大器或功率增强器。使用功率放大器可增加传输距离（其长短与放大器的增益和光纤损耗有关）。为了提高接收机的灵敏度，也可以在接收机之前插入一个光放大器，对微弱光信号进行预放大，这样的放大器称为前置放大器。它也可以用来提高系统的噪声性能，增加传输距离。

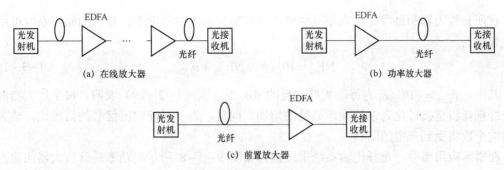

(a) 在线放大器　　　　　　　　　　　(b) 功率放大器

(c) 前置放大器

图 9-3-6　光放大器的应用

在长距离通信系统中，光放大器的一个重要应用就是取代电中继器。只要系统性能没被色散效应和自发辐射噪声所限制，这种取代就可以进行。在多信道光波系统中，使用光放大器特别具有吸引力，因为光—电—光中继器要求在每个信道上使用各自的接收机和发射机，对复用信道进行解复用，这是一个相当昂贵、复杂的变换过程，而光放大器可以同时放大所有的信道，可省去信道解复用过程。取代光—电—光中继器的光放大器称为在线放大器。

由上面的例 9.1 可以知道，在系统中每引入一个 EDFA 都会造成光信噪比的降低。当经过多个 EDFA 之后，系统的信噪比降低到一定程度，传输就会产生误码。因此，虽然 EDFA能够补偿系统的损耗，但对于仅基于 EDFA 中继的系统，噪声的积累会限制系统的传输距离，即噪声限制传输距离。现在考虑如图 9-3-7 所示的光纤传输系统。

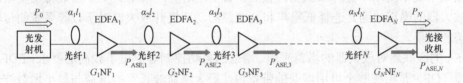

图 9-3-7　包含 N 个放大器的光纤传输系统（无功率提升放大器）

假定第 i 个与第 $i-1$ 个放大器间的光纤长度为 L_i，损耗系数为 α_i，总损耗为$\delta_i = \exp(-\alpha_i L_i)$，则在第 N 个放大器输出端，系统的净增益为

$$G_t = \prod_{i=1}^{N} \delta_i G_i \qquad (9-3-15)$$

系统总的输出 ASE 功率谱密度为

$$P_{\text{ASE}}(v) = \sum_{i=1}^{N} P_{\text{ASE},i} \delta_{i+1} G_{i+1} \delta_{i+2} G_{i+2} \cdots \delta_N G_N + P_{\text{ASE},N} \qquad (9-3-16)$$

整个传输系统总的噪声系数为

$$\text{NF} = \frac{P_{\text{ASE}}(v)}{G_t hv} = \frac{\text{NF}_1}{\delta_1} + \frac{\text{NF}_2}{\delta_1 G_1 \delta_2} + \frac{\text{NF}_3}{\delta_1 G_1 \delta_2 G_2 \delta_3} + \ldots + \frac{\text{NF}_N}{\delta_1 G_1 \delta_1 G_2 \cdots \delta_{N-1} G_{N-1} \delta_N} \qquad (9-3-17)$$

如果每个放大器的增益正好补偿其前面一段光纤的损耗，即 $\delta_i G_i = 1$，再考虑到散弹噪声对噪声系数的贡献，则整个系统的噪声系数为

$$\text{NF} = 1 + \frac{\text{NF}_1}{\delta_1} + \frac{\text{NF}_2}{\delta_2} + \frac{\text{NF}_3}{\delta_3} + \cdots + \frac{\text{NF}_N}{\delta_N} \qquad (9-3-18)$$

在所有放大器和每段光纤均相同并略去散弹噪声影响的情况下，系统的噪声系数可用分贝值表示为

$$\mathrm{NF}_{dB} = 10\lg N + \mathrm{NF}_{1,dB} + \delta_{1,dB} \qquad (9-3-19)$$

其中，$\delta_{1,dB} = -10\lg\delta_1$ 为每段光纤损耗的 dB 数。式（9-3-19）表明，每个放大器前面的光纤损耗将直接转化为系统噪声系数的增加。同时，为了保证输出信号的信噪比，放大器级联的个数将受到一定的限制。

在实际应用当中，光纤传输系统常设置为如图 9-3-8 所示的功率提升放大器加前置放大器的形式。其中，EDFA_1 为功率提升放大器，EDFA_N 为前置放大器。此时系统总的 ASE 噪声系数为

$$\mathrm{NF} = \frac{P_{\mathrm{ASE}}(\nu)}{G_t h\nu} = \mathrm{NF}_1 + \frac{\mathrm{NF}_2}{\delta_1 G_1} + \frac{\mathrm{NF}_3}{\delta_1 G_1 \delta_2 G_2} + \cdots + \frac{\mathrm{NF}_N}{\delta_1 G_1 \delta_2 G_2 \cdots \delta_{N-1} G_{N-1}} \qquad (9-3-20)$$

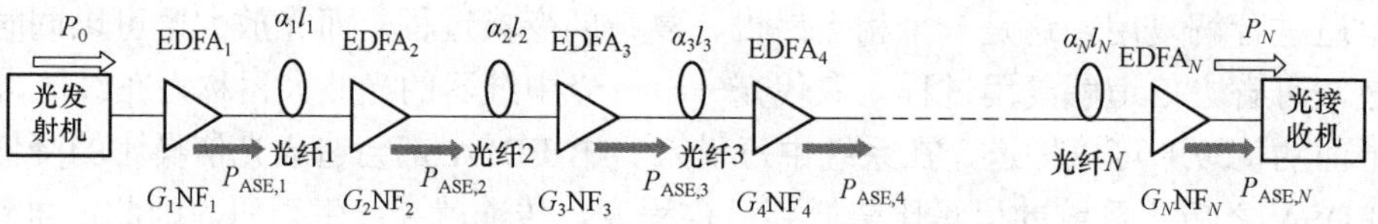

图 9-3-8　包含 N 个放大器的光纤传输系统（有功率提升放大器）

如果采用高增益功率提升放大器，使 $\delta_1 G_1 \gg 1$，则整个系统的噪声系数将主要取决于功率提升放大器的噪声。因此选择低噪声和高增益的功率提升放大器对于改善系统的传输特性具有显著的效果。

EDFA 的级联还对放大器的增益平坦、增益的自动控制等提出了较高的要求。EDFA 的增益平坦度（GF）是指在整个可用增益的带宽内，最大增益波长点的增益与最小增益波长点的增益之差。在 WDM 系统中，要求 EDFA 的 GF 越小越好。一般 EDFA 在它的工作波段内存在一定的增益起伏，即不同波长所得到的增益不同。虽然增益差值不大，但当多个 EDFA 级联应用时，这种增益差值会线性积累。严重时，当信号到达接收端后，某些高增益信道的接收光功率过大使接收机过载，而某些低增益信道的接收光功率过小而达不到接收机灵敏度。因此，要使各信道上的增益偏差处于允许范围内，放大器的增益就必须平坦。使光纤放大器增益平坦的技术有两种：一是增益均衡技术；二是光纤技术。

9.3.5.1　增益均衡技术

增益均衡技术是利用损耗特性与放大器的增益波长特性相反的增益均衡器来抵消增益的不均匀性，这种技术的关键在于放大器的增益曲线和均衡器的损耗特性精密吻合，使综合特性平坦。增益均衡技术可以分为固定式的和动态的。

现阶段实用化的固定式增益均衡技术主要有光纤光栅技术和介质多层薄膜滤波器技术等。增益均衡用的光纤光栅是一种长周期光纤光栅，其光栅周期一般为数百微米。通过多个长周期的光栅组合，可以构成具有与 EDFA 增益波长特性相反的增益均衡器。使用该技术，在 1 528～1 568 nm 的 40 nm 带宽内，可以实现增益偏差在 5% 以内的带宽增益平坦的 EDFA。动态的增益均衡技术是指动态增益可调的增益平坦滤波器技术，主要有法拉第旋转体型增益

可调滤波器技术、波导 M–Z 型增益可调滤波器技术、阵列波导型动态增益可调滤波器技术和声光型动态增益可调滤波器技术等。

9.3.5.2　光纤技术

所谓光纤技术是指通过改变光纤材料或者利用不同光纤的组合来改变 EDF 的特性，从而改善 EDFA 的增益平坦性。增益均衡技术可分为滤波器型和本征型两类。滤波器型是在 EDFA 中内插无源滤波器，将 1 530 nm 的增益峰降低，或专门设计透射谱与 EDFA 增益谱相反的光滤波器，从而将增益谱削平。但滤波器型结构工艺都较复杂，附加损耗大，会降低输出功率。本征型是在 EDF 中掺入别的杂质（如掺铝 EDFA、掺钇 EDFA）或改变 EDF 基质（如氟化物 EDFA、碲化物 EDFA），其最大优点是无须制作和引入附加元件。

泵浦源输出功率的波动也将引起 EDFA 增益的起伏，因此泵浦源驱动电路必须具有良好的自动功率控制（automatic power control，APC）功能。可以在信号输入端和输出端采用大耦合比（如 95:5）的光纤耦合器将光功率的一小部分用于对 EDFA 增益进行实时监测，并将增益波动反馈至泵浦源驱动电路，根据增益的波动情况实时调整泵浦源驱动电流，以实现对 EDFA 的自动增益控制（automatic gain control，AGC）。

9.4　拉曼光纤放大器

9.4.1　拉曼光纤放大器的发明和特点

自从 1973 年 R.H.Stolen 和 E.P.Ippen 首次在光纤中发现拉曼放大现象以来，将受激拉曼散射（SRS）效应应用于光通信系统，利用高功率的泵浦光实现对长波长信号光的放大就一直是人们努力研究的方向。随着光纤通信技术的进一步发展，光纤通信系统传输距离和传输容量的不断增加，特别是 DWDM 技术的飞速发展和对系统容量的迫切需求，使得传统 C–band EDFA 的固有缺陷日益突出：① 可用增益带宽小，平坦后只有大约 35 nm，要提高系统容量只能通过提高信道速率和信道数量，同时减小信道间隔；② 通信波段由 C–band 向 L–band 和 S–band 扩展，EDFA，无法满足这样的波长范围；③ 当信道间隔较小时，为抑制非线性串扰 （XPM，FWM）必须降低信号入纤功率，这导致信道 OSNR 下降。由于集总式 EDFA 受 3 dB 量子噪声限制，因此为保证 OSNR 只能缩短放大器间距，这就必须增加成本。此时高功率半导体激光器及包层泵浦的层叠式拉曼光纤激光器的研究取得了很大的进展，已经可以满足拉曼光纤放大器泵浦源的要求，加之拉曼光纤放大器本身所具备的优势，使拉曼光纤放大器重新获得了人们的重视。

相比稀土掺杂类集总放大器，拉曼光纤放大器具有以下优点：① 由于 SRS 效应在任何光纤中都存在，因此拉曼光纤放大器无须特殊的增益介质就可以在传输光纤中实现，便于系统的直接扩容升级；② 对于拉曼光纤放大器，只要有合适的泵浦波长，就可以对任意的信号波段进行放大，而多个波长泵浦同时使用，可以获得 100 nm 的平坦增益带宽，因此拉曼光纤放大器可以充分利用光纤的带宽资源；③ 采用分布式拉曼光纤放大器可以在相同的非线性影响下获得更好的 OSNR 性能，或在相同的 OSNR 性能下有效抑制非线性效应，因此可以有效增加放大器间距而不牺牲传输性能，从而降低成本；④ 拉曼光纤放大器的使用非常灵活，可以采用分布式或集总式放大以满足不同的系统需要，并且还可以通过不同的泵浦方式来提高性能，既可以采用全拉曼放大，也可以与其他放大器混合使用。

当然拉曼放大器也存在一些缺点，比如增益效率低，由于泵浦功率过大很容易导致光纤端面的损坏，还可能产生安全问题等。由于采用非线性效应作为放大机理，拉曼光纤放大器的增益、噪声特性都与传统掺杂光纤放大器有很大的不同。

9.4.2　拉曼光纤放大器的原理

在前面章节讨论光纤损耗时讲的瑞利散射是一种线性弹性散射，光和物质间没有能量交换，光波的频率不会发生改变。受激非弹性散射是一种非弹性散射，介质分子或原子在电磁场的策动下做受迫共振，由于介质分子具有固有的振荡频率，所以在受迫共振下界将出现频率为策动频率与固有频率的和频与差频振荡，分别对应着反斯托克斯分量和斯托克斯分量。如图 9-4-1 所示，其中 ν_0 是电磁场的振荡频率，$\Delta\nu$ 是介质分子固有的振荡频率。经典理论无法解释反斯托克斯线比斯托克斯线的强度弱几个数量级且总是先于反斯托克斯线出现的实验结果。

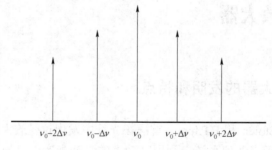

$$\nu_0-2\Delta\nu \qquad \nu_0-\Delta\nu \qquad \nu_0 \qquad \nu_0+\Delta\nu \qquad \nu_0+2\Delta\nu$$

图 9-4-1　经典拉曼振动谱

从量子力学的角度能够解释受激拉曼散射。介质中的分子和原子在其平衡位置附近振动，将量子化的分子振动称为声子，自发拉曼散射是入射光子与热声子相碰撞的结果。受激声子是在自发拉曼散射过程中产生的，当入射光子与这个新添的受激声子再次发生碰撞时，则在产生一个斯托克斯光子的同时又增添一个受激声子，如此继续下去，便形成一个产生受激声子的雪崩过程。产生受激声子过程的关键在于要有足够多的入射光子。由于受激声子所形成的声波是相干的，而其入射光也是相干的，所以受激散射产生的斯托克斯光也是相干的。若产生斯托克斯光与信号光状态相同，便实现了对信号光的放大。拉曼散射的过程需要满足能量守恒和动量守恒（相位匹配）条件

$$\nu_1 = \nu_0 + \Delta\nu，\quad \boldsymbol{k}_p = \boldsymbol{k}_s + \boldsymbol{k}_a$$
$$\nu_1' = \nu_0 - \Delta\nu，\quad \boldsymbol{k}_p + \boldsymbol{k}_a = \boldsymbol{k}_s \tag{9-4-1}$$

其中，ν_0、ν_1'、ν_1 和 $\Delta\nu$ 分别为泵浦光、反斯托克斯光、斯托克斯光和光学声子的频率，$\boldsymbol{k}_p$，$\boldsymbol{k}_s$，$\boldsymbol{k}_a$ 分别为泵浦光、斯托克斯光、反斯托克斯光的波矢量。

受激拉曼散射是强激光的光电场与原子中的电子激发，与分子中的振动相耦合或与晶体

中的晶格相耦合产生的，具有很强的受激特性。与激光器中的受激光发射有类似特性，受激拉曼散射方向性强，散射强度高。拉曼增益取决于泵浦光功率、泵浦光波长和信号光波长之间的波长差值。拉曼增益与泵浦光波长和信号光波长之间的波长差值近似成线性关系。如图 9-4-2 所示，1 455 nm 泵浦源在 1 555 nm 产生的拉曼增益最高，因此要放大 C+L 波段 1 530~1 605 nm 的工作波长，最佳泵浦源波长在 1 420~1 500 nm 波段。从理论上讲，采用拉曼光纤放大器可以放大任何波长的工作信号。通常情况下，在泵浦光和信号光的波长相差 100 nm 以内，拉曼增益与该差值基本成线性关系。

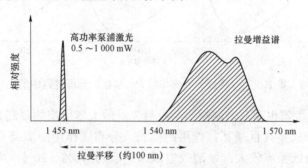

图 9-4-2　拉曼光纤放大器的泵浦光源与增益的光谱

　　如果弱信号光与强泵浦光同时在光纤中传输，且信号光波长在泵浦光的拉曼增益谱内，那么一部分能量就会从泵浦光转移到信号光，实现信号光的放大。这种基于受激拉曼散射机制的光放大器即称为拉曼光纤放大器。

9.4.3　拉曼光纤放大器的主要特性

　　当没有斯托克斯光的激励时，也会产生拉曼散射效应，即自发拉曼散射效应，这是拉曼光纤放大器中重要的噪声来源。拉曼散射效应是一种超快的非线性效应，作用时间在飞秒量级，并且由于泵浦光与信号光之间的相位匹配条件非常容易满足，因此拉曼放大可以在任何泵浦方向上产生，这一点与受激布里渊散射不同，这也使得拉曼光纤放大器可以采用灵活的泵浦方式。受激拉曼散射效应与偏振态密切相关，当泵浦光与信号光偏振一致时，拉曼增益大，而当两者正交时，拉曼增益很小，这导致了拉曼光纤放大器的偏振依赖增益现象。

　　（1）增益波长由泵浦光波长决定。理论上可对光纤窗口内任一波长的信号光进行放大，这使得拉曼光纤放大器可以放大 EDFA 所不能放大的波段。使用过个泵浦源还可得到比 EDFA 宽得多的增益带宽（EDFA 由于能级跃迁机制所限，增益带宽只有 80 nm），因此，拉曼光纤放大器对于开发光纤的整个低损耗区（1 270~1 670 nm）具有无可替代的作用。

　　（2）增益频谱较宽。单波长泵浦可实现 40 nm 范围的有效增益，如果采用多个泵浦源，则可以容易地实现带宽放大。另外，还可以通过调整各个泵浦的功率来动态调整信号增益平坦度。

　　（3）增益介质为传输光纤本身。因为光放大是在很长距离上沿光纤分布而不是集中作用，如图 9-4-3 所示，光纤中各处的信号光功率变化比较小。拉曼光纤放大器使光纤链路中的最高功率降低，从而可降低非线性效应尤其是四波混频效应的干扰，同时又能使光纤链路中的最小功率增大，减小放大器引入的噪声，与 EDFA 相比优势相当明显。此特点使拉曼光纤放大器可以对光信号的放大构成分布式放大，实现长距离的无中继传输和远程泵浦，尤其适用于海底光缆通信等不方便建立中继站的场合。

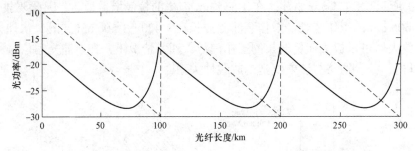

图 9-4-3　集中放大（虚线）和分布放大（实线）光纤链路中的光功率分布

（4）拉曼光纤放大器也存在一些缺点。拉曼光纤放大器所需的泵浦光功率高，分立式要几瓦到几十瓦，分布式要几百毫瓦；作用距离长，分布式作用距离要几十至上百千米，只适合于长途干线网的低噪声放大；泵浦效率低，一般为 10%～20%；增益不高，一般低于 15 dB；高功率泵浦输出很难精确控制；增益具有偏振相关特性；信道之间发生能量交换，会引起串音。

（5）拉曼光纤放大器的噪声指数比 EDFA 要低。拉曼光纤放大器和 EDFA 配合使用，可以有效降低系统总噪声，提高系统信噪比，从而延长无中继传输距离及总传输距离。拉曼光纤放大器中的噪声与 EDFA 有很大不同，它主要由以下几个部分组成。

① ASE 噪声。拉曼散射过程除了常见的受激拉曼散射外，还可能会产生自发拉曼散射。和其他方式一样，通过自发拉曼散射产生并经过放大的噪声，是放大器中最基本的噪声。自发拉曼散射是指在只有泵浦光子入射的情况下发生的拉曼散射过程，它可以认为是真空态的随机涨落光子所引起的受激散射过程，因此，自发拉曼散射过程所产生的 Stokes 光子在传输方向和相位等方面都是随机的。自发拉曼散射与温度和泵浦信号波长隔都有关，随温度的升高而增大，随泵浦信号波长间隔的减小而增大。据报道在 80 nm 宽的频带范围内，短波长信道的 ASE 功率水平比长波长要高出 2 dB。

② 瑞利散射噪声。

③ 光纤的瑞利散射引起的噪声。光纤的瑞利散射引起的噪声进一步可以细分为信号光的二次瑞利散射形成的噪声、反射信号的背向瑞利散射和反向传播 ASE 的背向瑞利散射形成的噪声。光纤对信号的所有二次瑞利散射不断叠加，并与信号光同频率、同方向，从而构成了对信号的干扰。这些散射光经历的路程比正常信号的要长，如果在多走的这段路程上经历较大的增益（靠近泵浦附近），则总的散射噪声将非常可观，这限制了拉曼光纤放大器增益。另外，如果两次散射的光程差小于激光的相干长度，还会构成多径干涉，对原信号造成频率选择性衰落，这比非相干的噪声功率叠加干扰还要严重。瑞利散射系数大约是 10^{-4}/km，相当于 1 km 光纤具有 10^{-4} 的反射率。若考虑反射率为 10^{-3} 的不良连接或熔接，则危害更大。实验研究表明，当 100 km 的 NZ-DSF 端面具有 1.4%（-18.6 dB）的反射时，如果拉曼开关增益为 25 dB，则多径干涉噪声造成的光信噪比恶化达到 36 dB，即使开关增益降到 15 dB，光信噪比的恶化也有 20 dB，而此条件下二次瑞利散射噪声引起的光信噪比恶化只有不到

10 dB。所以在实际系统中，需要特别注意连接点的反射，轻者会恶化系统性能，重者还会导致光纤烧毁。此外反向 ASE 噪声的瑞利散射噪声在较大的拉曼开关增益时也会表现出较大的危害。

④ 泵浦相对强度噪声。作为连续光输出的泵浦光功率并不是恒定不变的，其强度存在随机起伏，形成了强度噪声。强度噪声来源于光源内部的一些随机变化因素，如光腔长度、载流子密度、折射率、电子散粒性等。由于拉曼散射具有快速的响应时间，所以泵浦强度噪声会借此影响到信号。但由于泵浦光和信号光在光纤中要作用很长一段距离，而且色散导致走离（不同步），使得从信号光的角度来看，转移到信号的强度噪声是泵浦光不同位置和不同时间的平均值，所以强度噪声得到了平滑，影响被减小了。强度噪声的影响与泵浦信号光的相对传播速度有关，反向传播的相对速度大于同向传播，大色散条件下的相对速度也较大。采用反向泵浦方式是减小泵浦强度噪声影响的有效方法。一般来说，为了保证 Q 值恶化不到 1 dB，对于同向泵浦要求其相对强度噪声低于 -120 dB/Hz，反向泵浦要求其相对强度噪声低于 -90 dB/Hz。目前已经能够开发出 -145 dB/Hz 的大功率、窄带半导体泵浦激光器。

⑤ 泵浦 FWM 噪声。当泵浦位于零色散波长附近时，很容易满足产生 FWM 的相位匹配条件。如果产生的 FWM 分量恰好与信号波长重合，将对信号产生干扰。在对 C+L 波段信号进行反向放大的泵浦功率谱中可看出，由于长波长泵浦（1 495 nm）非常靠近光纤零色散波长，所以其他泵浦以靠近零色散波长的泵浦为对称轴产生的镜像将落入信号的频带范围内，虽然该分量与信号反向，但由于强度很大，即使经过瑞利散射后也能对信号产生影响。解决该问题需要合理地安排泵浦波长和信号波带。

9.4.4　拉曼光纤放大器的现状

很多分布式拉曼光纤放大器都采用后向泵浦方式，与前向及双向泵浦方式相比，这种泵浦方式存在等效噪声指数大的缺点。如果同时采用单一方向的泵浦结构就不能同时实现增益与噪声指数的优化。通过双向泵浦结构或合理的泵浦波长的选择，在 1 528～1 605 nm 范围内可以同时实现增益与噪声指数的平坦化。图 9-4-4（a）给出了一种实现增益和噪声指数平坦的泵浦结构，其原理如图 9-4-4（b）所示。

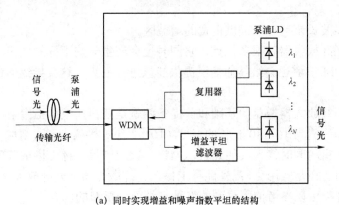

(a) 同时实现增益和噪声指数平坦的结构

图 9-4-4　增益和噪声指数平坦的泵浦结构

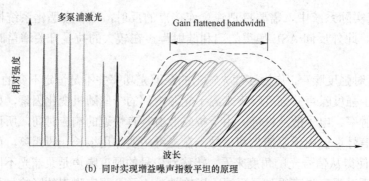

(b) 同时实现增益噪声指数平坦的原理

图 9-4-4　增益和噪声指数平坦的泵浦结构（续）

在设计 RFA 的过程中，泵浦源的选择与配置、噪声的控制等都是非常重要的问题。受激拉曼效应泵浦阈值较高，其研制的关键是开发高功率、低成本泵浦源。

除了复杂的、高难度的工程设计以外，为了得到理想的增益效果，分布式拉曼光纤放大器经常会使用超过 1 W（>30 dBm）的光放大器。因此，光传输系统对拉曼光纤放大器附近的光纤连接头与光纤熔接点的质量有很高的要求，以尽量减小反射与损耗对拉曼增益机制的副作用。同时需要防止高能量激光对工程维护人员可能造成的伤害。

9.5　总结和展望

9.5.1　光放大器的问题与发展

与 EDFA 相比，拉曼光纤放大器具有很多优点：

（1）噪声小；

（2）设计简单，因为信号的放大在光纤内进行，不需要额外的传输介质；

（3）灵活的信号频率安排，因为拉曼增益依赖于泵浦波长，而不是介质中的波长敏感物质；

（4）仔细设计的多波长泵浦可以提供很宽的增益区。

然而，尽管拉曼光纤放大器有很多优点，它同时也会产生一些不好的效应。例如，不仅仅是泵浦光，有些 WDM 信道也会给其他信道提供能量进行放大，这会导致信道间的串音而降低信号质量。

要获得不同波段光纤放大器增益的基础和前提条件就是获得新型稀土掺杂源光纤，光纤放大器的激活介质由标称值为 10～30 m 长的轻度（10^{-3} 以下）掺稀土元素组成，例如在光纤预制棒制作的过程中掺铒的同时掺入其他元素，如镱、钕或镨等。稀土掺杂玻璃及新型稀土掺杂源光纤基质材料的选择是实用化、高性能稀土掺杂光纤激光器和光纤放大器研究的基础。常见的掺稀土光纤的种类可以参考前面讲到的特种光纤部分章节的内容。

表 9-5-1 比较了不同种类放大器的主要特性。

表 9 – 5 – 1　不同种类放大器的比较

放大器类型	原理	激励方式	工作长度	噪声特性	与光纤耦合	偏振特性	稳定性
掺稀土光纤放大器	粒子数反转	光	数米到数十米	好	容易	无	好
半导体光放大器	粒子数反转	电	0.1～1 mm	差	很难	大	差
拉曼光纤放大器	光学非线性散射	光	数千米	好	容易	大	好

9.5.2　全光再生的进展

新的以移动和视频为中心的应用及云计算的出现，以及不断增加的互联网/移动用户，都在驱动着全球光网络的数据流量以每年 30%～40%的速度增加。鉴于整个通信网数据传输总量成指数增长，能源消耗及不断增长的信息容量需求已经成为部署新的技术的重要推动力量。伴随着带宽增加的利好，以及随之而来的资源共享，除了光网络终端的转发器，一定的信号处理功能，如再生、格式转换、波长转换及任意波形的产生也经常被提出。

光纤通信自问世以来，一直向着两个目标不断发展，一是延长中继距离，二是提高传输速率。光纤的吸收和散射导致光信号的衰减，光纤的色散将使光脉冲发生畸变，导致误码率增高，使通信距离受到限制。为了延长光信号的传输距离，必须在光纤线路上加入中继器，以补偿光信号的衰减，对畸变信号进行整形。传统的中继器采用的是光—电—光的工作方式，由于电信号的响应速度有限，中继站的电子设备便成了高速传输的"瓶颈"。电再生设备使得整个系统结构复杂，成本昂贵。在超长距离传输系统中，再生中继是成本增大的主要因素之一。因此，人们希望无电中继的传输距离能够无限地延长。首先引入的光中继器是掺铒光纤放大器，它的应用大大增加了光信号的无电中继的传输距离。解决了光信号的衰减问题之后，色散成为限制光传输距离的主要因素，人们发明了多种色散补偿方式来补偿光纤的色散。DWDM 是提高光纤传输速率的有效途径，但随着波分复用信道数的增加，光纤的非线性效应成为限制系统性能的重要因素，长距离传输必须克服色散和非线性效应的影响。而为了克服光纤及各种器件的损耗，必须使用大量的 EDFA，这样就必然带来 ASE 的积累。此外，由于各类串话、上下路装置、色散和偏振模色散补偿等器件的性能不完善，造成信号传输一段距离以后，光脉冲总会发生不同程度的劣化，必须要对光信号进行再生。

除了信号的衰减之外，信号的劣化主要表现在信号幅度上噪声的累积和时间上脉冲的抖动。信号的再生（reamplification，reshaping and retiming；3R）分别对应着三个问题，包括再放大、再整形和再定时三个主要的功能。再整形的主要作用是增加信号消光比，减小噪声；再定时是为了解决光信号的抖动问题，需要对光信号进行时钟恢复。在 3R 中，除了光放大器已经投入实际应用中以外，在目前的光纤通信系统中，整形和定时目前都要依靠光电再生。通过光检测器把光信号转化为电信号，然后在电域对信号进行判决、再生，最后由光发射机把再生的光信号发送出去。但在高速系统中，这种方法成本高并受到电子器件处理速度的限制。

为了克服电子瓶颈的束缚，进一步提高光通信的容量和传输距离，全光再生技术逐渐提上了历史日程。此外，在一个具有交叉连接和上下话路功能的大型光网络中，由于各路信号经过的路径不同，其特性差异较大，也需要进行整形再生，因此全光再生技术在未来的光网络中也显得尤为重要。一个典型的全光再生的结构如图 9-5-1 所示。

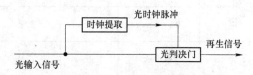

图 9-5-1　全光再生的结构示意图

图 9-5-1 中，两个最为重要的模块是时钟提取模块和光判决门，它们是完成光整形和再定时功能的主要器件。光整形（optical reshaping）的关键组成部分是光判决门，即一个由数据驱动的非线性光开关（NLOG）。再定时功能是通过时钟提取模块产生的光时钟脉冲来控制光判决门实现的。目前 NLOG 的实现方法包括基于光纤的 NLOG、基于 SOA 的 NLOG、基于电吸收调制器的 NLOG、基于同步调制的 NLOG 和基于 DFB 激光器的 NLOG 等。

基于光纤自相位调制频率展宽的光开关是比较常见的一种光整形的方法。自相位调制的原理见 3.3.2 节。基于光纤自相位调制效应的全光整形器，具有对偏振态不敏感，稳定性较高的特点。SPM 致频率啁啾有两个特点：（1）频率啁啾在前沿附近是负的（红移），在后沿附近是正的（蓝移）；（2）在脉冲越陡峭的地方，SPM 致频率啁啾越大。对使用归零码的系统来说，高斯脉冲的频谱展宽主要分布在脉冲的前沿或后沿。因此，由于自相位调制效应，光脉冲的频谱被展宽，经过滤波后，每个脉冲都会产生一个相应的新的脉冲，只是这个新脉冲的频率与原始脉冲相比产生了一定的频移。由于频移量与光脉冲的功率成正比，光信号中"1"码产生的频移量会大于"0"码产生的频移量，选取适当的带通滤波器，就可以把"0"码的噪声滤除，而仅有"1"码通过，从而有效地提高光信号的信噪比，起到脉冲整形的作用，如图 9-5-2 所示。

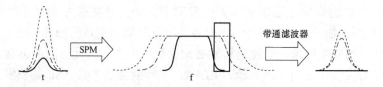

图 9-5-2　基于自相位调制光再生的原理

习　题

1. 一个常见的光纤放大器结构如题 9-1 图所示。

（1）请问其中的 2 个隔离器的作用是什么？

（2）从泵浦光源到 WDM 耦合器之间能使用普通单模光纤连接吗？为什么？

（3）简述要将其改造成光纤激光器，主要需要做哪方面的改进？

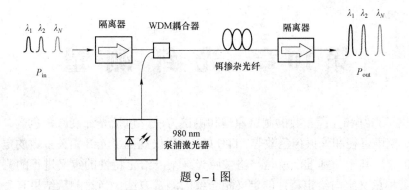

题 9-1 图

2. 某个光放大器的噪声系数为 5 dB，假设输入信号的信噪比为 60 dB，计算该放大器的输出信噪比。

3. 有一个 EDFA，波长为 1 550 nm 的输入功率为 1 dBm，输出功率 P_{out}=25 dBm。

（1）求放大器的增益。

（2）所需要的最小泵浦功率是多少？

4. 拉曼光纤放大器的主要优点是什么？

5. 考虑一个增益为 26 dBm，最大输出功率为 0 dBm 的 EDFA。

（1）比较分别具有 1/2/4/8 个波长信道时每一个信道的输出功率，其中，每个信道的输入功率为 1 μW。

（2）如果泵浦功率加倍，每个信道的输出功率可能是多少？

6. 为什么半导体光放大器 SOA 噪声较大？如何减小它的噪声？

7. 为什么需要进行光再生？全光再生包括哪几个主要功能？

8. 输出饱和功率 $P_{out,sat}$ 的定义是，当放大器增益 G 从未达到饱和时，G_0 值降低 3 dB 时放大器的输出功率。假设 $G_0 \gg 1$，证明放大器饱和功率 $P_{amp,sat}$ 表示的输出饱和功率为

$$P_{out,sat} = \frac{G_0 \ln 2}{G_0 - 2} P_{amp,sat}$$

9. 一个光放大器能将 1 μW 的信号放大到 1 mW，当 1 mW 的信号输入到该放大器时，输出功率是多少？（假设小信号增益的饱和功率是 10 mW）

10. 简述光放大器对于光纤通信技术发展的重要意义。

第10章 光纤测量

本章给出了光纤和光缆参数的测试原理和测试方法，包括光纤衰减、色散、截止波长、折射率分布、模场直径和偏振模色散等。ITU G650 建议规范了光纤相关参数的定义和测量方法，见表 10-1。其中，基准法就是严格按照光纤某一给定特性的定义进行的测量方法，替代法则是在某种意义上与给定特性的定义相一致的测量方法。当对测量结果有争议时，应以基准法为准。

表 10-1   ITU-T 建议的光纤参数的测量方法

项目	测量方法		应用范围
	基准法	替代法	
衰减（损耗）	剪断法	插入法、背向散射法	多模、单模光纤
色散	相移法	干涉法、脉冲时延法	单模光纤
截止波长	传输功率法、分离轴心法		单模光纤
折射率分布	折射近场法		多模、单模光纤
模场直径	远场扫描法、可变孔径法	近场扫描法	单模光纤
偏振模色散	斯托克斯参数评价法	偏振态法，干涉法，固定分析法	单模光纤
非线性属性	ITU 还在研究	ITU 还在研究	单模光纤

10.1 光纤损耗测量

光纤损耗是对光信号在光纤中传输时能量损失的一种度量，单位为 dB，在工作波长为 λ 时的损耗 $A(\lambda)$ 定义为

$$A(\lambda) = 10\lg\frac{P_1(\lambda)}{P_2(\lambda)}\,(\text{dB}) \qquad (10-1-1)$$

式（10-1-1）中，$P_1(\lambda)$、$P_2(\lambda)$ 分别为光纤注入端和输出端的光功率。

若光纤是均匀的，则还可以用单位长度的衰减即损耗系数 $\alpha(\lambda)$ 来表示

$$\alpha(\lambda) = \frac{A(\lambda)}{L}\,(\text{dB/km}) \qquad (10-1-2)$$

光纤的损耗是与波长密切相关的，图 10-1-1 所示为一个典型的光纤损耗谱图，从图中我们可以看出，一般光纤具有三个低损耗窗口，分别位于 0.85 μm、1.31 μm 和 1.55 μm 波段。这三个窗口也是光纤通信和光纤传感的常用工作波长区段。

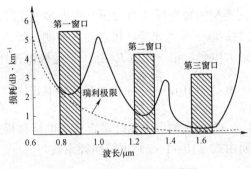

图 10-1-1　光纤损耗谱图

如 3.1.2 和 3.1.3 节所述，光纤损耗可分为三大类：光纤对光的吸收损耗、散射损耗和弯曲损耗。吸收损耗主要由光纤材料决定，散射损耗则与光纤材料和结构不完善性有关，而弯曲损耗主要是由光纤的外观形状导致的。

光纤损耗的基准测量法是剪断法，替代测量法是插入法和背向散射法。

10.1.1　剪断法

剪断法是 ITU 建议的光纤损耗测量的基准测量法。它能给出严格按照定义的最精确的损耗测试结果。然而此法也有缺点，即具有破坏性。剪断法测试系统如图 10-1-2 所示。

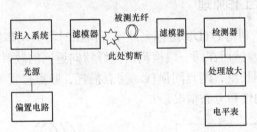

图 10-1-2　剪断法测量光纤损耗示意图

首先测出不同波长 λ 情况下被测光纤的输出光功率 $P_2(\lambda)$，然后在离注入端 2 m 处截断光纤，再测出不同波长 λ 下的注入光功率 $P_1(\lambda)$。通过计算即可得到光纤损耗系数 $\alpha(\lambda)$。

10.1.2　插入法

插入法是 ITU 建议的光纤损耗替代测量方法，其测试系统如图 10-1-3 所示。

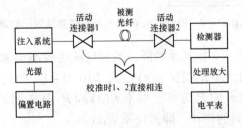

图 10-1-3　插入法测量光纤损耗示意图

首先采用与被测光纤同类型的短光纤（约 2 m）作为参考光纤，对测量系统进行初始校准，获得基准电平 $P_1(\lambda)$，然后取下参考光纤，代之插入被测光纤，调整耦合接头，以使耦合最佳，即在功率计上获得最大电平，记下此值 $P_2(\lambda)$，于是被测光纤的总衰减 $A(\lambda)$ 为

$$A(\lambda) = \left[10\lg \frac{P_1(\lambda)}{P_2(\lambda)} + C_r - C_1 - C_2 \right] (\mathrm{dB}) \qquad (10-1-3)$$

式（10-1-3）中：C_r，C_1，C_2 分别为参考光纤耦合接头的标称损耗值，以及两被测光纤耦合接头的标称损耗值，进而由式（10-1-2）可得损耗系数。

10.1.3　背向散射法

背向散射法是 ITU-T 建议的光纤损耗替代测量方法，该方法所采用的测试技术也常称为背向散射测试技术。利用光时域反射仪（OTDR）测量光纤衰减时，单模光纤要求 OTDR 的光源是单模的，多模光纤要求 OTDR 的光源是多模的。这种方法对于均匀、连续、无接头和无缺陷的光纤来说，测得的结果较精确，对于均匀性差、有熔接头的光纤应取两个测量方向测量并取结果的平均值。

OTDR 具有单端测量和非破坏性的优点，是光纤通信工程施工和维修中的常用仪表，被广泛应用于实验室和现场光纤链路损耗的测试与故障诊断。

10.1.3.1　OTDR 的基本工作原理

如图 10-1-4 所示，利用 OTDR 进行光纤损耗测试时将大功率的激光脉冲注入光纤（在不产生非线性的条件下），然后在同一端检测沿光纤背向返回的散射光功率；通过分析计算，可以获取光纤衰减、光纤长度、两点间损耗、接点损耗、断点位置等信息，可以观察到光纤在整个长度范围内的均匀性和分布情况。

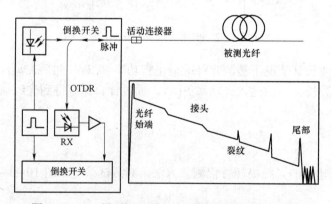

图 10-1-4　用 OTDR 进行光纤损耗测试的一般原理

光纤损耗和波长密切相关，损耗系数随波长变化的函数 $\alpha(\lambda)$ 被称之为损耗谱。在光纤上 z_1 和 z_2 点之间，波长为 λ 处光纤的损耗 $A(\lambda)$ 由式（10-1-1）给出，其中 $P_1(\lambda)$ 和 $P_2(\lambda)$ 分别表示通过光纤截面点 z_1 和 z_2 的光功率。如果 $P_1(\lambda)$ 和 $P_2(\lambda)$ 之间的距离 $L = z_2 - z_1$，可用式（10-1-2）计算出单位距离的损耗，即损耗系数 $\alpha(\lambda)$。

入射到光纤的光脉冲随着在光纤中传播时被吸收和散射而衰减。一部分散射光返回入射端，通过分析背向散射光的强度及其返回入射端的时间，可以算得光纤损耗。假设入射光脉冲宽度为 T、功率为 $P(0)$，光脉冲以群速度 v_g 在光纤中传播，考虑沿光纤轴线上任一点 z，设该点距入射端的距离为 Z，那么，该点的光功率为

$$P(z) = P(0)\exp\left[-\int_0^z \alpha_f(x)\mathrm{d}x\right] \qquad (10-1-4)$$

式（10-1-4）中，$\alpha_f(x)$ 是光纤前向衰减系数。若光在 z 点被散射，那么该点的背向散射光返回到达入射端时的光功率为

$$P_s(z) = s(z)P(0)\exp\left[-\int_0^z \alpha_b(x)\mathrm{d}x\right] \qquad (10-1-5)$$

式（10-1-5）中，$s(z)$ 是光纤在 z 点的背向散射系数，$s(z)$ 具有方向性；$\alpha_b(x)$ 是光纤背向衰减系数。将式（10-1-4）代入式（10-1-5）可得

$$P_s(z) = s(z)P(0)\exp\left[-\int_0^z \left(\alpha_f(x)+\alpha_b(x)\right)\mathrm{d}x\right] \qquad (10-1-6)$$

考虑光纤中 z_1 和 z_2 点，其距入射端的距离分别为 Z_1 和 Z_2（$Z_2>Z_1$），这两点的背向散射光到达输入端时光功率分别为 $P_s(z_1)$ 和 $P_s(z_2)$，则由式（10-1-6）得

$$\frac{P_s(z_1)}{P_s(z_2)} = \frac{s(z_1)}{s(z_2)}\exp\left[\int_{z_1}^{z_2}\left(\alpha_f(x)+\alpha_b(x)\right)\mathrm{d}x\right] \qquad (10-1-7)$$

对式（10-1-7）两边取对数得

$$\ln\frac{P_s(z_1)}{P_s(z_2)} - \ln\frac{s(z_1)}{s(z_2)} = \left[\int_{z_1}^{z_2}\left(\alpha_f(x)+\alpha_b(x)\right)\mathrm{d}x\right] \qquad (10-1-8)$$

一般认为光纤的损耗和光纤的结构参数沿轴向近似均匀，即认为前向衰减系数和背向衰减系数不随长度 Z 而变，分别为 $\alpha_f(z)$ 和 $\alpha_b(z)$，且背向散射系数也不随长度而变（$s(z_1)\approx s(z_2)$），则 z_1 和 z_2 两点的损耗系数为

$$\alpha_f(x)+\alpha_b(x) = \frac{1}{z_2-z_1}\ln\frac{P_s(z_1)}{P_s(z_2)} \qquad (10-1-9)$$

由于损耗为正向和反向之和，因此可用 $\alpha = 1/2\left[\alpha_f(z)+\alpha_b(z)\right]$ 表示 z_1 点到 z_2 点这段光纤的平均损耗系数，由式（10-1-9）有

$$\alpha = \frac{1}{2(z_2-z_1)}[\ln P_s(z_1)-\ln P_s(z_2)] \qquad (10-1-10)$$

由式（10-1-10）可知，通过 OTDR 可测试一段光纤的平均损耗系数。式（10-1-10）中 $P_s(z_1)$ 和 $P_s(z_2)$ 的值可以由 OTDR 显示屏上的连续背向散射轨迹的幅度得到。

与距离有关的信息是通过时间信息而得到的（此即 OTDR 中时域的由来），OTDR 测量发出脉冲与接收背向散射光脉冲的时间差，利用折射率 n 值将这一时域信息转换成距离

$$Z = \frac{ct}{2n_g} \qquad (10-1-11)$$

其中，c 为光在真空中的速度。

10.1.3.2 OTDR 的特性参数

1. 动态范围

动态范围是 OTDR 主要性能指标之一，它决定光纤的最大可测量长度。OTDR 的动态范围定义为：始端背向散射电平与噪声之间的 dB 差。动态范围越大，曲线线型越好，可测距离也越长。

2. 死区

死区决定了 OTDR 所能测到的最短距离。死区也称为"盲点"，它是由活动接头的反射引起 OTDR 接收机饱和所致。死区通常发生在 OTDR 面板前的活动接头反射上，但也可在光纤的其他地方发生。

3. 分辨率

OTDR 有四个主要分辨率指标：取样分辨率、显示分辨率（又叫读出分辨率）、事件分辨率和距离分辨率。

取样分辨率是两取样点之间最小距离，此指标决定了 OTDR 定位事件的能力。取样分辨率与脉宽和距离范围大小的选取有关。

显示分辨率是仪器可显示的最小值。OTDR 通过微处理系统将每个取样间隔细分，使光标可在取样间隔内移动，光标移动的最短距离为水平显示分辨率，所显示的最小衰减量为垂直显示分辨率。

事件分辨率是指 OTDR 对被测链路中事件点的分辨门限，也就是事件域值（探测阈）。OTDR 把小于这个阈值的事件变化当作曲线中斜率均匀变化点来处理。事件分辨率由光电二极管的分辨阈决定，根据两相邻事件点的功率电平指定可被测量的最小衰减。

距离分辨率指仪器所能分辨的两个相邻事件点间的最短距离，此指标类似于事件盲区，与脉宽、折射率参数有关。

4. 精度

精度是 OTDR 的测量值与参考值的接近程度，包括衰减精度和距离精度。衰减精度主要是由光电二极管的线性度决定的，目前大多数 OTDR 的线性度可达 0.02 dB/dB。距离精度依赖于折射率误差、时基误差（范围内变动）及取样分辨率，在不考虑折射率误差时，距离精度可表示为

$$距离精度 = \pm 1\,\text{m} \pm 5 \times 10^{-5} \times 距离 \pm 取样分辨率$$

10.2 光纤色散测量

不同频率的电磁波在同一介质中传输的速度不同，这种现象称之为色散，对应的传输介质称之为色散介质。色散可造成脉冲展宽、信号衰落等。色散由于具有频率依赖特性一般也称为色度色散。

光纤色散的测量方法可分为相移法、干涉法和脉冲时延法三种。光纤色散的基准测量法是相移法；替代测量法是干涉法和脉冲时延法。

10.2.1　相移法

相移法是测量不同波长下同一正弦调制信号的相移来得出群时延与波长的关系，进而导出色散系数的一种方法。相移法的本质是通过比较光纤基带调制信号在不同波长下的相位来确定色散特性。假设光源的调制频率 f（单位 MHz，其值应小于基带带宽）经过长度为 L 的光纤传输后，波长为 λ 的光相对于波长为 λ_0 的光传输时延差为 $\Delta\tau$，则从光纤出射端接收到的光的调制波形相位差 $\Delta\varphi(\lambda)$ 应满足 $\Delta\varphi(\lambda)=2\pi f\Delta\tau$，其中，$\Delta\tau=\dfrac{\Delta\varphi(\lambda)}{2\pi f}$。每千米的平均时延差可表示为

$$\tau=\frac{\Delta\varphi(\lambda)}{2\pi f}\cdot\frac{1}{L} \tag{10-2-1}$$

其中，L 为光纤长度。在实际测量中，须测出一组不同波长 λ_i 下的 $\Delta\varphi_i$，计算出 $\tau_i(\lambda_i)$，这是一组离散值，再按 ITU 规定的不同光纤的群时延公式进行曲线拟合，最后再通过计算求出被测光纤的色散系数 $D=\dfrac{\Delta\varphi(\lambda)\cdot 10^6}{2\pi f(\lambda-\lambda_0)}\cdot\dfrac{1}{L}$。

色散测量装置因采用的光源不同而稍有差异，主要类型包括 LED 型、LD 型和可调谐激光器型。对于相位差 $\Delta\varphi_i$，用一台分辨率较高的高频相位仪便可测得，测试装置原理如图 10-2-1 所示。

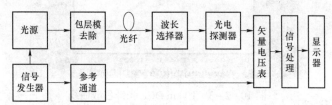

图 10-2-1　相移法测量光纤色散原理示意图

对 G.652 光纤，用式（10-2-2）拟合

$$\tau(\lambda)=\tau_0+\frac{S_0}{8}\left(\lambda-\frac{\lambda_0^2}{\lambda}\right)^2 \tag{10-2-2}$$

式（10-2-2）中 τ_0 是在零色散波长 λ_0 处的最小相对时延，色散系数为

$$D(\lambda)=\frac{\mathrm{d}\tau}{\mathrm{d}\lambda}=\frac{S_0}{4}\left(\lambda-\frac{\lambda_0^4}{\lambda^3}\right) \tag{10-2-3}$$

式（10-2-3）中 S_0 是零色散点斜率，在零色散波长 λ_0 处的 $S(\lambda)=\dfrac{\mathrm{d}D}{\mathrm{d}\lambda}$。

对 G.653 光纤，用式（10-2-4）拟合

$$\tau(\lambda)=\tau_0+\frac{S_0}{2}(\lambda-\lambda_0)^2 \tag{10-2-4}$$

对 G.654 光纤，用式（10-2-5）拟合

$$\tau(\lambda) = \tau_{1\,550} + \frac{S_{1\,550}}{2}(\lambda - 1\,550)^2 + D_{1\,550}(\lambda - 1\,550) \qquad (10-2-5)$$

图 10-2-2 和图 10-2-3 是两种不同光纤利用相移法测量得到的光纤色散曲线。

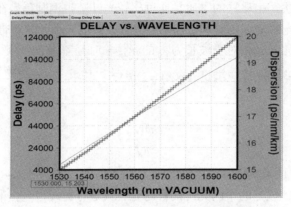

图 10-2-2　90 km G.652 光纤色散曲线

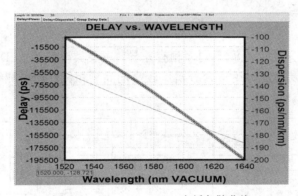

图 10-2-3　10 km DCF 光纤色散曲线

10.2.2　干涉法

对纵向均匀光纤，允许用短光纤（几米）测量色散；而且它能够测量光纤整体或局部色散的变化（如温度变化、微弯损耗造成的色散改变），测试装置如图 10-2-4 所示。

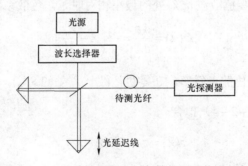

图 10-2-4　干涉法测量光纤色散的测试装置示意图

用上述装置测量出一组不同波长 λ_i 下的 $\Delta\varphi_i$，计算出 $\tau_i(\lambda_i)$。按 ITU－T 规定的不同光纤的群时延公式进行曲线拟合，通过计算，得出被测光纤的波长色散系数。

10.2.3　脉冲时延法

脉冲时延法属于时域测量法，通过测定不同波长的窄脉冲经光纤传输后的时延差，按定义式 $D = \dfrac{\mathrm{d}\tau(\lambda)}{\mathrm{d}\lambda}$ 计算出被测光纤的色散系数，其原理如图 10－2－5 所示。

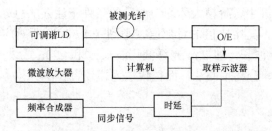

图 10－2－5　脉冲时延法测量光纤色散原理示意图

目前光纤色散测量仪器以相移法为主。脉冲时延法准确性欠佳，不用作光纤出厂检测方法。在实验室往往用脉冲时延法粗略估计光纤通信系统受到的色散影响。图 10－2－6 和图 10－2－7 是实验室利用示波器观测到的色散现象。

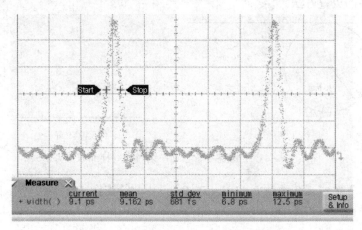

图 10－2－6　脉冲时延法背靠背测量结果

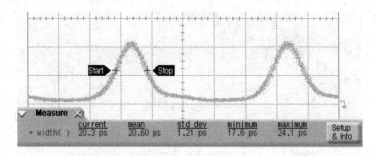

图 10－2－7　脉冲时延法测量 18.7 km 光纤的色散

10.3　光纤截止波长测量

单模光纤的截止波长与归一化截止频率相对应，假设光纤的结构参数确定，根据归一化频率的定义和截止条件，可以给出该光纤单模工作的波长范围（见式（2-4-6））。式（2-4-6）中，λ_c 即为单模光纤的理论截止波长，当光波波长大于 λ_c 时，光纤工作在单模状态，反之，光纤工作在多模状态。

ITU-T 建议，在光纤中各阶模大体均匀激励的条件下注入的总光功率与基模光功率的比值会随波长变化而变化，其中比值的对数值减小到 0.1 dB 时所对应的波长即为截止波长。ITU-T 建议了两种截止波长，即 2 m 光纤截止波长 λ_c 和 22 m 成缆光纤截止波长 λ_{cc}，其基准测量法为传输功率法、分离轴心法，而替代法为模场直径法。

10.3.1　传输功率法

1. 2 m 光纤截止波长 λ_c 的测量方法

该方法的第一步是测出被测光纤的实际传输功率谱 P_1，第二步是获得参考传输功率谱 P_2。图 10-3-1（a）和（b）分别表示参考光纤为单模光纤和多模光纤时，参考传输功率谱测量中光纤样品的放置方法。

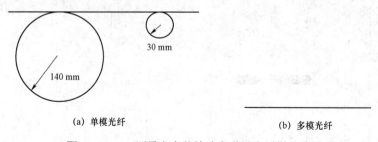

（a）单模光纤　　　　　　　　　　　　（b）多模光纤

图 10-3-1　测量参考传输功率谱时光纤样品放置方法

第三步是计算弯曲衰减函数 $R = 10\lg(P_1/P_2)$，由此绘出图 10-3-2 所示曲线图，并从中求出 2 m 光纤的截止波长 λ_c。

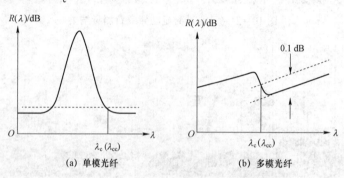

（a）单模光纤　　　　　　　　　　　　（b）多模光纤

图 10-3-2　弯曲衰减函数与截止波长关系

2. 22 m 成缆光纤截止波长 λ_{cc} 的测量方法

该方法与 λ_c 的测量方法类似，二者的差别在于测试样品的处理方法不同。制备样品时，先取 22 m 长的光缆，在其两端各剥开 1 m，并将露出的光纤各打一个半径为 45 mm 的圆环，其余 20 m 长的光缆段松弛放置。测量时，先将样品接入测量系统，测得 P_1，然后，在与光源连接的光缆端将光纤改打成一个直径 $\phi = 60$ mm 的小圆环，测出 P_2。于是，用与测量 λ_c 类似的方法可确定 λ_{cc} 的值。

10.3.2　模场直径法

该方法利用模场直径随波长变化的曲线来确定截止波长。由于在工作波长大于截止波长的一定区域内，基模的模场直径会随波长的减小而线性减小。在工作波长接近截止波长时，LP_{11} 模的出现会使模场直径突然增大，利用这种突变的特性可准确地确定 λ_c 值。

10.4　光纤模场直径测量

模场直径 MFD（mode field diameter）是描述单模光纤所特有的一个重要参数，它的标称值和容差与光纤的接续损耗、弯曲衰减及单模光纤有效横截面积有密切关系。而且从单模光纤模场直径随波长的变化谱可估算单模光纤的色散值，故模场直径是单模光纤设计和生产时的一个重要性能控制参数。

单模光纤在大于截止波长时只传输基模 LP_{01} 模，所谓模场就是指光纤中的基模的电场强度随空间的分布。单模光纤中的场并不完全集中在纤芯区，而有相当部分的能量在包层中传输。包层中传输的光能的比例与光纤的折射率分布有关，不同的光纤尽管纤芯直径相同，但如果折射率不同也会引起光能分布不同。所以单模光纤不用纤芯的几何尺寸作为其特性参数，而是用模场直径作为描述单模光纤传输光能集中程度的参量。图 10-4-1 所示为单模光纤模场近场功率分布，从图中可以看出，由于基模场的分布在芯区取零阶贝塞尔函数 $J_0\left(\dfrac{u}{a}r\right)$ 和在

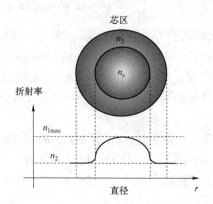

图 10-4-1　单模光纤模场近场功率分布图

包层取零阶修正的贝塞尔函数 $K_0\left(\dfrac{w}{a}r\right)$ 的形式，因此它并没有明显的边界，故模场直径的定义比较复杂。

ITU-T 建议了下面两种光纤模场直径的定义方法。

1. 高斯分布的单模光纤模场直径定义

一般来说，当工作波长并非远离截止波长时，单模光纤中基模场的分布近似于高斯分布，即

$$E(r) = E(0)\exp[-(r/w)^2] \qquad (10-4-1)$$

式（10-4-1）中，r 是在光纤端面上的一点到纤芯中心的径向距离，$E(0)$ 是 $r=0$ 处的电场强度，W 是电场强度降至中心处的 $1/e$ 的半宽度，于是可以定义式（10-4-1）中的全宽为 MFD，即将纤芯中场分布曲线最大值的 $1/e$ 所对应的直径定义为模场直径。

实际上单模光纤的模场分布形状与光纤的折射率分布有关，只有呈平方律形折射率分布的单模光纤的径向场分布才具有严格的高斯分布，对于其他折射率分布，光线要向折射率大的区域偏折，不再符合高斯分布。采用高斯拟合会影响 MFD 计算的精度。在其他拟合方法中，二重积分拟合最为精确，曾经受到 ITU-T 推荐作为模场直径的定义。

2. 模场直径的 Petermann 定义

德国光电子专家 Petermann 以近场功率的矩量比值为基础，提出了著名的 Petermann 第一定义（近场定义，见式（2-4-17））和第二定义（远场定义，见式（2-4-24））。

经分析，利用远场定义的模场直径可表示为

$$\mathrm{MFD_f} = \frac{2}{\pi w_{p2}} = \frac{2}{\pi}\left[\frac{2\int_0^\infty q^3 F^2(q)\mathrm{d}q}{\int_0^\infty q F^2(q)\mathrm{d}q}\right]^{-1/2} \qquad (10-4-2)$$

若把变量 q 替换为 $\dfrac{\sin\theta}{\lambda}$，则式（10-4-2）变为

$$\mathrm{MFD_f} = \frac{\lambda}{\pi}\left[\frac{2\int_0^{\pi/2} F^2(\theta)\sin\theta\cos\theta\mathrm{d}\theta}{\int_0^{\pi/2} F^2(\theta)\sin^3\theta\cos\theta\mathrm{d}\theta}\right]^{1/2} \qquad (10-4-3)$$

式（10-4-3）即为《光纤试验方法规范　第45部分：传输特性和光学特性的测量方法和试验程序　模场直径》（GB/T 15972.45—2008）中远场扫描法模场直径的计算公式。单模光纤的芯层直径只有微米数量级，直接精确测量光纤端面衍射光束的近场分布参数比较困难，但光纤衍射场的空间频谱分布可以被精确测量，所以 Petermann Ⅱ 模场半径被人们广泛采用。

由于模场直径的定义和测试的复杂性，早期 MFD 的定义相当混乱。由不同定义确定的 MFD 值之间差异也较大，给测试带来诸多不便。世界各国对于模场直径的定义和测试方法进行了长时间大量的研究后，认识也逐渐统一。1988 年 ITU-T 将 Petermarnn Ⅱ 规定为单模光纤模场直径的正式定义。

直接远场扫描法和远场可变孔径法之间是可通过积分变换进行换算的，远场扫描和近场扫描之间可通过汉克尔变换而相互转换，这种相互转换关系就是这三种模场直径测量方法一

致性的证明。三种试验方法之间的等效关系如图 10-4-2 所示。

图 10-4-2　模场直径三种测量方法之间的等效关系

远场扫描法是模场直径测量的基准法，它是直接按照模场直径的定义由远场光强分布来确定模场直径的方法，其优点是测量精度高，可观察模场直径的不圆度，能实现自动测量，但也存在动态范围大，对系统的要求高，实现的技术难度大，设备投资高等缺点，实际上很少使用。

可变孔径法是单模光纤模场直径测试的第一替代法，它的数学基础仍然是 Petermann 远场定义。远场可变孔径法所用测试装置简单，能实现自动测量，光纤绕轴转动时所测得的模场分布不变，故此方法不能测试模场直径的不圆度。近场扫描法是测试单模光纤模场直径的第二替代法，该方法简单、直观，符合 Petermann 第一定义。同时，该方法可观测模场直径的不圆度，可实现自动测量，但对光学放大系统的标定要求非常高，实际中较少使用。

10.4.1　远场扫描法

远场扫描法是 ITU-T 规定的单模光纤模场直径的基准测试方法，其测试系统构成如图 10-4-3 所示。

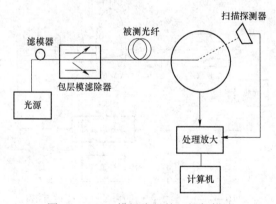

图 10-4-3　模场直径的远场扫描法

该系统由光源、扫描探测器、处理放大和计算机等几个主要部分组成。光源在完成测量的整个过程中保持位置、强度和波长的稳定。为了提高系统的抗干扰能力，改善探测器的信噪比，一般要对光源进行调制。被测光纤样品长约 2 m，光纤端面应清洁、光滑并与光纤轴垂直，不垂直度必须小于 1°。注入条件要足以激励起基模 LP_{01} 模，并要滤除高阶模。对低折射率的涂覆光纤，还应注意用高折射率的匹配油来剥除其包层模。扫描探测器是一个具有针孔或带有尾纤的光电探测器，利用它对光纤远场强度分布进行扫描。测量时，首先要将光纤注入端与入射光束对准，并将光纤输出端对准合适的探测器件；然后，以固定程序操作探测器，特别要保证扫描探测器通过模场中心，测出远场光强度分布 $F^2(q)$；最后，把 $F^2(q)$ 及

相应的角度送入计算机，可以计算出被测光纤的模场直径

$$\text{MFD}_f = \frac{2}{\pi} \left[\frac{2\int_0^\infty q^3 F^2(q)\mathrm{d}q}{\int_0^\infty q F^2(q)\mathrm{d}q} \right]^{-1/2} \quad (10-4-4)$$

式（10-4-4）中的光纤基模远场强度分布为 $F(q)$，$q = \sin\theta/\lambda$，θ 为远场角，λ 为工作波长。该定义严格地与基于远场扫描的基准测试方法相对应。

10.4.2　可变孔径法

可变孔径法是 ITU-T 建议的用来测量单模光纤模场直径的替代法。这一系统对光源、注入条件及探测器的要求与远场扫描法基本一致。与远场扫描法主要差别是，可变孔径法在光纤端面与透镜之间装有一个与光学系统光轴垂直的转盘，转盘上有 12 个以上的直径不同的圆孔，要求这些圆孔半径对应的远场半张角的数值孔径覆盖范围为 0.02～0.25（对 G.653 光纤，要求覆盖范围为 0.02～0.40）。实际操作时，将被测光纤放入测试系统，依次转动转盘，测量通过每一个孔径 r 的光功率 $P(r)$，再进一步通过 $\alpha(r) = 1 - \dfrac{P(r)}{P_{\max}}$ 求出透射互补函数 $\alpha(r)$，将 $\alpha(r)$ 代入式（10-4-10），就可计算出被测光纤的模场直径，相应测试系统如图 10-4-4 所示。

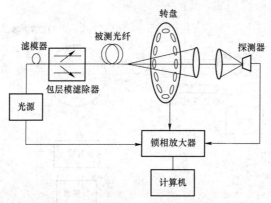

图 10-4-4　模场直径的可变孔径测量方法

其中可变孔径法定义的模场直径 D 为

$$D = \frac{\lambda\sqrt{2}}{\pi} \left[\int_0^\infty \partial(\theta)\sin 2\theta\,\mathrm{d}\theta \right]^{-1/2} \quad (10-4-5)$$

式（10-4-5）中，$\partial(\theta) = 1 - \dfrac{P(\theta)}{P_{\max}}$ 为孔径透射互补函数，若 $r = L\tan\theta$ 为孔径半径（L 为孔径中心到光纤端面之间的距离），$P(\theta)$ 是透过半径为 r 的孔的光功率，$P_{\max}$ 为透过最大的孔的光功率。θ 为孔径边缘到光纤端面之间的光线与光轴的夹角。

若令 $q = \dfrac{\sin\theta}{\lambda}$，$r = L\tan\theta$。式（10-4-5）可以表示为

$$D = \frac{2}{\pi}\left[4\int_0^\infty \alpha(r)q\mathrm{d}q\right]^{-1/2} \tag{10-4-6}$$

由 $r = L\tan\theta$ 得

$$\theta = \arctan\left(\frac{r}{L}\right) \tag{10-4-7}$$

$$\sin(2\theta) = \frac{2\tan\theta}{1+\tan^2\theta} = \frac{2rL}{r^2+L^2} \tag{10-4-8}$$

$$\mathrm{d}\theta = \frac{L}{L^2+r^2}\mathrm{d}r \tag{10-4-9}$$

将式（10-4-8）和式（10-4-9）代入式（10-4-7）可得

$$D = \frac{\lambda}{\pi L}\left[\int_0^\infty \alpha(r)\frac{r}{(r^2+L^2)^2}\mathrm{d}r\right]^{-1/2} \tag{10-4-10}$$

10.4.3　近场扫描法

近场扫描法先获得被测光纤输出的近场图，然后根据横截面参数与近场图的关系，由计算机处理后求得每个横截面参数，测量装置如图 10-4-5 所示。

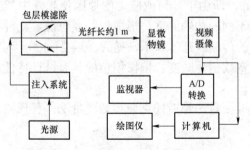

图 10-4-5　模场直径的近场扫描法

系统要求光源特性如下：非相干光，光强可调，且在整个测量过程中保持光源的位置、强度和波长不变。测量时，取 1 m 长的被测光纤作为样品，注入系统采用"满注入"方式。样品输出端的近场图经显微物镜放大，由视频摄像机摄取近场像面。通过计算机对图像进行分析，可得到光纤横截面参数的测量结果。

近场扫描法的典型设备是 NR9200，其工作原理由图 10-4-6 所示。

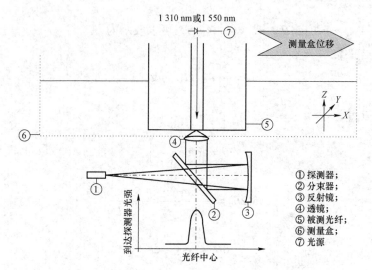

1 310 nm 或 1 550 nm

测量盒位移

① 探测器；
② 分束器；
③ 反射镜；
④ 透镜；
⑤ 被测光纤；
⑥ 测量盒；
⑦ 光源

到达探测器光强

光纤中心

图 10-4-6　NR9200 近场扫描法工作原理示意图

10.5　光纤偏振模色散测量

根据 2.3 节所述内容，单模光纤中的基模（LP_{01}）存在两个相互独立的正交偏振态 LP_{01}^x 和 LP_{01}^y。如果光纤是理想圆对称的，则这两个偏振模是完全简并的，具有相同的特性曲线和传输性质，它们不会对光纤中的信号传输造成任何不良影响。但如果光纤的纤芯具有一定的椭圆度或者由于弯曲、侧压等因素使光纤受到一定的侧向应力，这种简并性即遭到破坏，沿椭圆长轴和短轴或者沿与所受应力方向平行和垂直方向（主偏振轴）的偏振模将具有不同的传输特性常数 $\beta_x(\omega)$ 和 $\beta_y(\omega)$，即由于几何或应力的原因使光纤中产生了双折射现象。这种双折射使得两个偏振模具有不同的传输速度，形成偏振模色散。光纤的偏振模色散可以用两个偏振模在单位光纤长度上的传输时延差表示，见式（3-2-12）。与光纤的其他色散一样，偏振模色散也将造成脉冲展宽或信号畸变。偏振模色散具有统计特性，它与光纤长度的平方根成正比，单位为 $ps/\sqrt{km}$。

光纤偏振模色散的基准测量法是斯托克斯参数评价法，替代测量法是偏振态法、干涉法和固定分析法。

10.5.1　斯托克斯参数评价法

斯托克斯参数评价法是测量单模光纤偏振模色散的基准法，该方法用于测量输出偏振态随波长的变化，这种变化可以通过琼斯矩阵或偏振态矢量对庞加莱球（PS）的旋转来描述。它可以应用于长、短光纤和强、弱偏振模耦合情形。在某些情况下，斯托克斯参数评价法需要重复测量，以达到足够的精度。当测量晃动的光纤和光缆（OPGW 等）时，干涉法取代斯托克斯参数评价法成为基准法和更好的选择。

琼斯矩阵法测量系统如图 10-5-1 所示，其中使用了实时偏振态分析仪和可调谐激光器。

由于光纤中随着波长改变输出光的偏振态会发生改变，偏振态分析仪可绘出偏振态运动轨迹（邦加球）和由于波长改变而产生的相位差。偏振模时延差 τ 可表示为

$$\tau = (\Delta\varphi / 2\pi)(1 / \Delta f) = (\Delta\varphi / 2\pi)(\lambda_1 \cdot \lambda_n / c\Delta\lambda) \tag{10-5-1}$$

其中 $\Delta\varphi$ 是相位差，λ_1、λ_n 为扫描光谱范围两端波长，$\Delta\lambda = |\lambda_1 - \lambda_2|$ 为扫描步长，Δf 为与 $\Delta\lambda$ 相对应的频率范围，c 为光在真空中的速度。

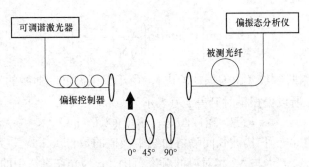

图 10-5-1　琼斯矩阵法测量系统示意图

琼斯矩阵法的典型测量仪器是 Agilent 8509B 偏振态分析仪，图 10-5-2 是利用该仪器测量 6 米长保偏光纤的偏振模色散的结果图。对测量结果进行统计，发现其主要是一阶偏振模色散，且 PMD = 42.89 ps。

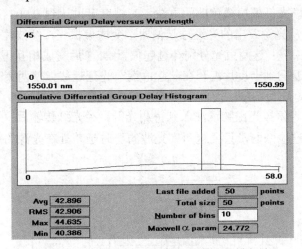

图 10-5-2　利用琼斯矩阵法测量偏振模色散

10.5.2　偏振态法

偏振态法测量系统如图 10-5-3 所示，其中光源为可调谐激光器。使用偏振计和光源，以相同的波长间隔实时跟踪测量偏振波动，偏振波动 SOP 可表示为

$$\text{SOP} = \frac{1 - \eta^2}{1 + \eta^2} \tag{10-5-2}$$

图 10-5-3　偏振态法测量系统示意图

其中 η 是偏振椭圆度

$$\eta = \tan\left[0.5\arctan\left(\frac{S_3}{\sqrt{S_1^2 + S_2^2}}\right)\right] \qquad (10-5-3)$$

S_1, S_2, S_3 是斯托克斯参数（由偏振计给出），由于偏振态波动曲线的峰-峰值间隔等于相位差 π（半个拍长），所以偏振模时延差 τ 可表示为

$$\tau = (N/2)(1/\Delta f) = (N/2)(\lambda_1 \lambda_n / c\Delta\lambda) \qquad (10-5-4)$$

式（10-5-4）中 N 为扫描波长间隔内曲线中极值的数目，λ_1，λ_n 为扫描光谱范围两端波长，$\Delta\lambda = |\lambda_1 - \lambda_2|$，$\Delta f$ 为与 $\Delta\lambda$ 相对应的频率范围，c 为光在真空中的速度。

10.5.3　干涉法

干涉法利用迈克尔逊干涉仪测量，测量精度主要取决于光延迟线的机械移动精度。干涉法是一种直接测量单模光纤偏振模色散的方法，其精度可以达到 0.003 ps 的水平，测量装置如图 10-5-4 所示。从光源发出的光经过起偏器 1 变成偏振光，经波片变成圆偏振光，然后再经过半反片分为两束光；这两束光分别经过起偏器 2、3 后变成相互正交的偏振光，再分别经过两个棱镜反射后返回到半反片汇合在一起；调节光延迟线，使两束光的光程相等；转动半波片改变偏振方向，使得两偏振方向同待测单模光纤的双折射轴（两个正交的主偏振态 a_+ 和 a_-）方向一致，并将偏振光由物镜注入到待测光纤；经光纤传输后，这两个偏振光波在检偏器方向上的分量通过检偏器，只要这两束光波的群时延差处在光源的相干时间以内，它们就会发生干涉。

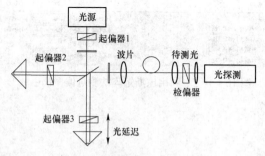

图 10-5-4　干涉法测量系统中的关键部件的示意图

相干的程度由可见度 v 来定义

$$v = \frac{I_{\max} - I_{\min}}{I_{\max} + I_{\min}} \qquad (10-5-5)$$

式（10-5-5）中，$I_{\max}$ 和 $I_{\min}$ 分别表示两光波相差为 π 的偶数倍和奇数倍时，检测器所

接收到的光功率。

当延迟线长度为 z 时，通过在 z 附近一极小范围内微调延迟线就可由检测器信号观测到 I_{max} 和 I_{min} 的值。当装置中无光纤时，通过移动光延迟线能够得到可见度曲线。

设无光纤时，v 的极大值发生在 l_1 处，有待测光纤时，v 的极大值发生在 l_2 处，则可以计算出偏振模时延差

$$\tau = \frac{2\Delta l}{c} \qquad\qquad （10-5-6）$$

式（10-5-6）中，$\Delta l = l_1 - l_2$，c 为光在真空中的速度。

上述测量反复进行后，得出偏振模色散随时间的统计分布曲线。图 10-5-5 为利用干涉法测得的 100 km 光纤的偏振模色散。

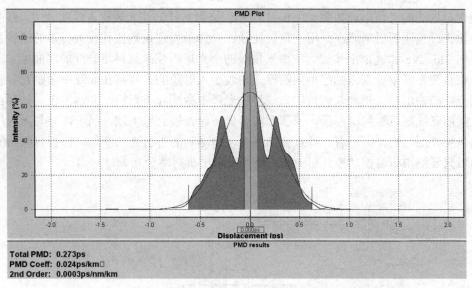

图 10-5-5 干涉法测量 100 km 光纤的一阶和二阶的偏振模色散结果

10.5.4 固定分析法

固定分析法测试光路如图 10-5-6 所示。

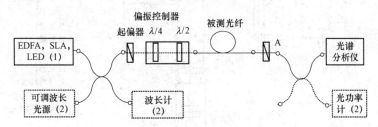

图 10-5-6 固定分析法测量系统中的关键部件的示意图

在光谱分析仪［光路选择（1）］上，或光功率计［光路选择（2）］上，测量得到的峰-峰值间隔等于相位差（一个周期的长度）。偏振模时延差可表示为

$$\tau = N(1/\Delta f) = N(\lambda_1 \lambda_n / c\Delta\lambda) \tag{10-5-7}$$

式（10-5-7）中 N 为扫描波长间隔内曲线中极大值的数目，λ_1、λ_n 为扫描光谱范围两端波长，$\Delta\lambda = |\lambda_1 - \lambda_2|$，$\Delta f$ 为与 $\Delta\lambda$ 相对应的频率范围，c 为光在真空中的速度。

10.6 光纤折射率分布测量

光纤折射率分布测量的方法有干涉法、聚焦法、反射法、传输近场法、折射近场法等。其中的折射近场法既能测多模光纤又能测单模光纤，精度高，重复性好，是 ITU-T 推荐的基准测量法。

折射近场法的工作原理如图 10-6-1 所示。被测光纤的注入端浸入匹配液中，匹配液的折射率比光纤包层折射率略高。用一数值孔径比光纤最大理论数值孔径大得多的透镜系统将扩展了的 He-Ne 激光束汇聚成为一微米量级的小光斑后注入到待测光纤的端面上。于是，入射光束将在光纤中分别激励起不同的模式。较小入射角的光线将在光纤中激励起导模，并传输到光纤的输出端；较大入射角的光线将在光纤中激励起折射模，并逸出包层外面；介于二者之间的光线则可激起泄漏模，一部分随导模一起传输到输出端，另一部分与折射模一起辐射到包层外面。当光斑沿着光纤直径扫描时，检测到的折射光功率与局部折射率 $n(r)$ 成正比，所以只要测得折射模功率分布 $P(r)$，就可以求出折射率分布 $n(r)$。

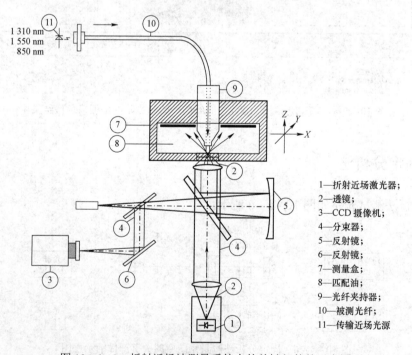

1—折射近场激光器；
2—透镜；
3—CCD 摄像机；
4—分束器；
5—反射镜；
6—反射镜；
7—测量盒；
8—匹配油；
9—光纤夹持器；
10—被测光纤；
11—传输近场光源

图 10-6-1 折射近场法测量系统中的关键部件的示意图

图 10-6-2 是采用 NR9200 折射率分布测试仪测得的 G.652 光纤的折射率分布。

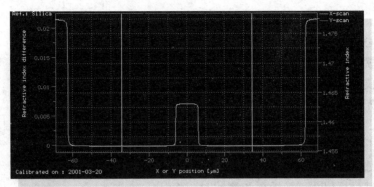

图 10-6-2　折射近场法测量的 G.652 光纤折射率分布图

10.7　实验报告

10.7.1　OTDR 测量光纤损耗实验报告

实验目的

（1）掌握 OTDR 工作原理。

（2）熟悉 OTDR 测试方法。

实验内容

（1）利用 OTDR 仿真软件，测量一盘光纤的衰减系数和光纤总长度。

（2）测量两盘光纤连接处的接头损耗。

实验步骤

（1）把两盘单模光纤用活动连接器连接在一起，再接到 OTDR 仪器上。打开仪器开关，激光脉冲耦合进光纤。

（2）调整光源，使之发出中心波长为 1.31 μm，脉冲宽度为 200 ns 的激光脉冲，记下当前的损耗图。

（3）改变光源参数，使之发出中心波长为 1.551 μm，脉冲宽度为 200 ns 的激光脉冲，再记下损耗图。

（4）分析结果，并比较。

10.7.2　光纤通信软件仿真实验报告

实验目的

（1）掌握光纤通信仿真软件的编程原理。

（2）熟悉光纤通信仿真软件的使用方法。

实验内容

利用 OptiSystem 光纤通信仿真软件，测量光纤光栅的光谱。

实验步骤

（1）安装 OptiSystem 9.0 光纤通信仿真软件（3 天试用版）。

（2）打开软件器件库，找到光纤和光纤光栅等器件。

（3）打开仪表库，找到光谱分析仪等仪器。

（4）打开光源库，找到所需光源。

（5）按课上老师的要求把光源、光纤、光纤光栅和光谱分析仪连接在一起。

（6）按课上老师的要求设置光源、光纤、光纤光栅和光谱分析仪。

（7）运行测试程序。

（8）在光谱分析仪上读取数据和测试图，并保存。

（9）分析结果并比较。

习　　题

1. 简述 OTDR 的工作原理。

2. 什么是衰减死区？什么是事件死区？

3. OTDR 测量曲线上的鬼影是怎么回事？

4. OTDR 的动态范围是怎么定义的？与哪些因素有关？

5. 简述光纤光栅的工作原理。

6. 简述 OptiSystem 光纤通信仿真软件的主要用途。

附录 A　模式正交性的证明

设 (E, H) 代表光纤的任意一个模式，它满足

$$\begin{cases} \nabla \times E = -\mathrm{j}\omega\mu_0 H \\ \nabla \times H = \mathrm{j}\omega\varepsilon E \end{cases} \tag{A-1}$$

设 (E', H') 是另一个模式，它满足

$$\begin{cases} \nabla \times E' = -\mathrm{j}\omega\mu_0 H' \\ \nabla \times H' = \mathrm{j}\omega\varepsilon E' \end{cases} \tag{A-2}$$

对式（A-2）取共轭（对所有的项均取共轭）得

$$\begin{cases} \nabla \times E'^* = \mathrm{j}\omega\mu_0 H'^* \\ \nabla \times H'^* = -\mathrm{j}\omega\varepsilon^* E'^* \end{cases} \tag{A-3}$$

通常 $\varepsilon = \varepsilon_r + \mathrm{j}\varepsilon_i$，其中 ε_r 代表实部，是波导的介电常数；ε_i 代表虚部，是波导的吸收损耗。

假定波导是无吸收损耗的，从而 $\varepsilon_i = 0$，$\varepsilon^* = \varepsilon$，于是

$$\begin{cases} \nabla \times E'^* = \mathrm{j}\omega\mu_0 H'^* \\ \nabla \times H'^* = -\mathrm{j}\omega\varepsilon E'^* \end{cases} \tag{A-4}$$

定义一个新矢量

$$F = E \times H'^* + E'^* \times H \tag{A-5}$$

在二维情况下 [参见式（A-1）]，利用 F 之散度定理可得

$$\iint_A (\nabla \cdot F)\mathrm{d}A = \frac{\partial}{\partial z}\iint_A F \cdot \mathrm{d}A + \oint_l F \cdot \mathrm{d}l \tag{A-6}$$

式（A-6）中，A 为所考虑的横截面，如 xOy 面；$\mathrm{d}A$ 为面积元，$\mathrm{d}A = \hat{z}\,\mathrm{d}A$；$l$ 为所考虑横截面的周边曲线。

对于式（A-6）的左端，有

$$\begin{aligned} \nabla \cdot F &= \nabla \cdot (E \times H'^*) + \nabla \cdot (E'^* \times H) \\ &= (\nabla \times E) \cdot H'^* - E \cdot (\nabla \times H'^*) + (\nabla \times E'^*) \cdot H - E'^* \cdot (\nabla \times H) \\ &= -\mathrm{j}\omega\mu_0 H \cdot H'^* + E \cdot \mathrm{j}\omega\varepsilon E'^* + (\mathrm{j}\omega\mu_0 H'^*) \cdot H - E'^* \cdot (\mathrm{j}\omega\varepsilon E) \\ &= 0 \end{aligned}$$

对于式（A-6）的右端，由于当 $A \to \infty$ 时，光波导的场 $(E, H) \to 0$，于是

$$\iint_\infty \left(\frac{\partial}{\partial z}F\right) \cdot \mathrm{d}A = 0 \tag{A-7}$$

令 (E, H) 为第 i 次模，即

$$\begin{pmatrix} E \\ H \end{pmatrix} = \begin{pmatrix} E_i \\ H_i \end{pmatrix}(x,y)\mathrm{e}^{-\mathrm{j}\beta_i z}$$

令 (E', H') 为第 k 次模，即

$$\begin{pmatrix} E' \\ H' \end{pmatrix} = \begin{pmatrix} E_k \\ H_k \end{pmatrix}(x,y)\mathrm{e}^{-\mathrm{j}\beta_k z}$$

从而

$$F = (E_i \times H_k^* + E_k^* \times H_i)\mathrm{e}^{-\mathrm{j}(\beta_i - \beta_k)z}$$

于是

$$\frac{\partial F}{\partial z} = -\mathrm{j}(\beta_i - \beta_k)(E_i \times H_k^* + E_k^* \times H_i)\mathrm{e}^{-\mathrm{j}(\beta_i - \beta_k)z}$$

若 $\beta_i \neq \beta_k$，则

$$\iint_\infty (E_i \times H_k^* + E_k^* \times H_i) \cdot \mathrm{d}A = 0 \tag{A-8}$$

同理，考虑另一对模式，式中 $(E,\ H)$ 为 $-k$ 次模，即

$$\begin{cases} \begin{pmatrix} E \\ H \end{pmatrix} = \begin{pmatrix} E_i \\ H_i \end{pmatrix}(x,y)\mathrm{e}^{-\mathrm{j}\beta_i z} \\ \begin{pmatrix} E' \\ H' \end{pmatrix} = \begin{pmatrix} E_{-k} \\ H_{-k} \end{pmatrix}(x,y)\mathrm{e}^{-\mathrm{j}\beta_{-k} z} \end{cases} \tag{A-9}$$

重复前面的过程，并考虑正向模与反向模的关系，有

$$\iint_\infty (E_i \times H_k - E_k \times H_i) \cdot \mathrm{d}A = 0 \tag{A-10}$$

由于 $\mathrm{d}A = \hat{z}\mathrm{d}A$，所以式（A-8）和式（A-10）的积分都只涉及横向分量，即

$$(E_i \times H_k^* + E_k^* \times H_i) \cdot \mathrm{d}A = (E_{it} \times H_{kt}^* + E_{kt}^* \times H_{it}^*) \cdot \hat{z}\mathrm{d}A$$

和

$$(E_i \times H_k - E_k \times H_i) \cdot \mathrm{d}A = (E_{it} \times H_{kt}^* - E_{kt}^* \times H_{it}^*) \cdot \hat{z}\mathrm{d}A$$

利用模式场的纵向分量与横向分量的关系，对横向分量相位进行分析，式（A-10）可变为

$$\iint_\infty (E_i \times H_k^* - E_k^* \times H_i) \cdot \mathrm{d}A = 0 \tag{A-11}$$

式（A-8）和式（A-11）相加后，可得

$$\iint_\infty (E_i \times H_k^*) \cdot \mathrm{d}A = \iint_\infty (E_k^* \times H_i) \cdot \mathrm{d}A = 0 \tag{A-12}$$

这就是模式的正交性。

附录 B　正向模与反向模关系的证明

对模式场所满足的亥姆霍兹方程式（2-2-15）取共轭，并假定光波导无损（ε 为实数）得

$$\left.\begin{aligned}
[\nabla_t^2 + (k^2 n^2 - \beta^2)]\boldsymbol{E}^* + \nabla_t\left(\boldsymbol{E}^* \cdot \frac{\nabla \varepsilon}{\varepsilon}\right) - j\beta\hat{z}\left(\boldsymbol{E}^* \cdot \frac{\nabla_t \varepsilon}{\varepsilon}\right) = 0 \\
[\nabla_t^2 + (k^2 n^2 - \beta^2)]\boldsymbol{H}^* + \frac{\nabla_t \varepsilon}{\varepsilon} \times (\nabla_t \times \boldsymbol{H}^*) + j\beta\hat{z}\left(\boldsymbol{H}^* \cdot \frac{\nabla_t \varepsilon}{\varepsilon}\right) = 0
\end{aligned}\right\} \qquad (\text{B}-1)$$

可知存在一个与该模式传输方向相反的模式，用 $(\boldsymbol{E}_-, \boldsymbol{H}_-)$ 表示（相应的，原先的正向传输模式用 $(\boldsymbol{E}_+, \boldsymbol{H}_+)$ 表示），有

$$\beta_- = -\beta \qquad (\text{B}-2)$$

而且反向模的模场分布形式与正向模相同，但相位不同（或在同一个时刻的方向不同）。从式（B-1）可进一步看出

$$\boldsymbol{E}_- = a\boldsymbol{E}_+^* \text{ 和 } \boldsymbol{H}_- = a\boldsymbol{H}_+^*$$

上式中，a 与 b 为待定系数。

下面探讨系数 a 与 b 的取值。可以看出它们的绝对值对于方程的解没有影响，所以不妨设 $|a| = |b| = 1$，剩下的就是相位关系问题，不妨设 $a = e^{j\theta}$，式中 θ 是一个与空间坐标和时间都无关的数，从而 $\boldsymbol{E}_- = e^{j\theta}$。另外，由麦克斯韦方程 $\nabla \times \boldsymbol{E} = -j\omega\mu_0\boldsymbol{H}$，可以得到正向模满足

$$\nabla \times [\boldsymbol{E}_+ \exp(-j\beta z)] = -j\omega\mu_0[\boldsymbol{H}_+ \exp(-j\beta z)] \qquad (\text{B}-3)$$

先将式（B-3）取共轭，后乘以 $\exp(j\theta)$ 得到

$$\nabla \times [\exp(j\theta)\boldsymbol{E}_+^* \exp(j\beta z)] = j\omega\mu_0[\exp(j\theta)\boldsymbol{H}_+^* \exp(j\beta z)] \qquad (\text{B}-4)$$

由此，可以看出反向模的模式场 $\boldsymbol{H}_- = -e^{j\theta}\boldsymbol{H}_+^*$。这样，就可以得出，当 $\theta = 0$ 时，有

$$\begin{cases} \boldsymbol{E}_- = \boldsymbol{E}_+^* \\ \boldsymbol{H}_- = -\boldsymbol{H}_+^* \end{cases} \qquad (\text{B}-5)$$

或者，当 $\theta = \pi$ 时，有

$$\begin{cases} \boldsymbol{E}_- = -\boldsymbol{E}_+^* \\ \boldsymbol{H}_- = \boldsymbol{H}_+^* \end{cases} \qquad (\text{B}-6)$$

显然，式（B-5）和式（B-6）是等价的。

附录 C　矢量模场求解过程

式（2-3-15）在柱坐标系下的形式为

$$\frac{1}{r}\frac{\partial}{\partial r}\left(r\frac{\partial \boldsymbol{E}}{\partial r}\right)+\frac{1}{r^2}\frac{\partial^2 \boldsymbol{E}}{\partial \varphi^2}+(k_0^2 n_i^2-\beta^2)\boldsymbol{E}=0 \quad (i=1,2) \tag{C-1}$$

将电场的分量表达式 $\boldsymbol{E}=\boldsymbol{e}_r E_r+\boldsymbol{e}_\varphi E_\varphi+\boldsymbol{e}_z E_z$ 代入到式（C-1）得到柱坐标系下电磁场波动方程的分量形式

$$\frac{1}{r}\frac{\partial}{\partial r}\left(r\frac{\partial E_z}{\partial r}\right)+\frac{1}{r^2}\frac{\partial^2 E_z}{\partial \varphi^2}+(k_0^2 n_i^2-\beta^2)E_z=0 \quad (i=1,2) \tag{C-2}$$

$$\frac{1}{r}\frac{\partial}{\partial r}\left(r\frac{\partial E_r}{\partial r}\right)+\frac{1}{r^2}\left(\frac{\partial^2 E_r}{\partial \varphi^2}-2\frac{\partial E_\varphi}{\partial \varphi}-E_r\right)+(k_0^2 n_i^2-\beta^2)E_r=0 \quad (i=1,2) \tag{C-3}$$

$$\frac{1}{r}\frac{\partial}{\partial r}\left(r\frac{E_\varphi}{\partial r}\right)+\frac{1}{r^2}\left(\frac{\partial^2 E_\varphi}{\partial \varphi^2}+2\frac{\partial E_r}{\partial \varphi}-E_\varphi\right)+(k_0^2 n_i^2-\beta^2)E_\varphi=0 \quad (i=1,2) \tag{C-4}$$

由式（C-3）和式（C-4）可以看出，在柱坐标系下 E_r 和 E_φ 的方程具有非常复杂的形式，且互相耦合，难以直接进行分析和求解，而电磁场的纵向分量 E_z 和 H_z 则满足较为简单且独立的方程，易于求解。在得到电磁场的纵向分量之后，电磁场的其余四个横向分量可以由场的纵横关系式得出。

将式（C-2）化简可得

$$\frac{\partial^2 E_z}{\partial r^2}+\frac{1}{r}\frac{\partial E_z}{\partial r}+\frac{1}{r^2}\frac{\partial^2 E_z}{\partial \varphi^2}+(k_0^2 n_i^2-\beta^2)E_z=0 \quad (i=1,2) \tag{C-5}$$

同理，对于 H_z 可以得到

$$\frac{\partial^2 H_z}{\partial r^2}+\frac{1}{r}\frac{\partial H_z}{\partial r}+\frac{1}{r^2}\frac{\partial^2 H_z}{\partial \varphi^2}+(k_0^2 n_i^2-\beta)H_z=0 \quad (i=1,2) \tag{C-6}$$

通过分离变量法求解上述两个方程，先求解 E_z 分量，令

$$E_z=R(r)\Phi(\varphi)\mathrm{e}^{-\mathrm{j}\beta z} \tag{C-7}$$

代入式（C-5）并在方程两端同时除以 E_z/r^2 得到

$$\frac{r}{R}\frac{\partial}{\partial r}\left(r\frac{\partial R}{\partial r}\right)+r^2(k_0^2 n_i^2-\beta^2)=-\frac{1}{\Phi}\frac{\partial^2 \Phi}{\partial \varphi^2} \quad (i=1,2) \tag{C-8}$$

式（C-8）等号左端仅为 r 的函数，而右端仅为 φ 的函数，只有当二者为同一个常数时，该式才能对任意 r、φ 成立。当一个常数为 m^2 时，R 和 Φ 所满足的方程式分别为

$$r^2\frac{\partial^2 R}{\partial r^2}+r\frac{\partial R}{\partial r}+[(k_0^2 n_i^2-\beta^2)r^2-m^2]R=0 \quad (i=1,2) \tag{C-9}$$

$$\frac{\partial^2 \Phi}{\partial \varphi^2} + m^2 \Phi = 0 \tag{C-10}$$

式（C-9）为 m 阶 Bessel 方程，其解为 Bessel 函数 $J_m(z)$，$N_m(z)$，或虚宗量 Bessel 函数 $I_m(z)$，$K_m(z)$ 的不同组合。4 个 Bessel 函数的图像如图 C-1 所示。m 阶 Bessel 方程和 m 阶虚纵量 Bessel 方程的标准形式如下

$$X^2 \frac{\partial^2 R}{\partial X^2} + X \frac{\partial R}{\partial X} + (X^2 - m^2)R^2 = 0, X = r\sqrt{k_0^2 n_1^2 - \beta^2} = \frac{Ur}{a} \quad (r \leqslant a) \tag{C-11}$$

$$Y^2 \frac{\partial^2 R}{\partial Y^2} + Y \frac{\partial R}{\partial Y} - (Y^2 + m^2)R^2 = 0, Y = r\sqrt{\beta^2 - k_0^2 n_2^2} = \frac{Wr}{a} \quad (r \geqslant a) \tag{C-12}$$

其中参数 U 和 W 的定义为

$$U^2 = a^2(k_0^2 n_1^2 - \beta^2)$$
$$W^2 = a^2(\beta^2 - k_0^2 n_2^2) \tag{C-13}$$

满足

$$V^2 = U^2 + W^2 \tag{C-14}$$

这也是光纤模式的横向归一化参数 U，W 的来源。

将芯层和包层的方程写为不同形式的原因是：能够被光纤约束的电磁场必须满足 $R|_{r \to \infty} = 0$ 的束缚态条件，只有虚纵量 Bessel 方程能够给出符合这一条件的解，因此光纤内的传导模在包层所满足的方程必须为虚纵量 Bessel 方程。根据式（C-13），导模的传输常数满足

$$k_0 n_2 \leqslant \beta \leqslant k_0 n_1 \tag{C-15}$$

在光纤芯层中，式（A-1）（$r \leqslant a$）的两个线性独立解为 m 阶的 Bessel 函数 $J_m(\xi)$ 和 m 阶的 Neumann 函数 $N_m(\xi)$，方程式的通解可以写为

$$R(\xi) = A_1 J_m(\xi) + A_2 N_m(\xi) \tag{C-16}$$

其中 A_1 和 A_2 为积分常数。Bessel 函数 $J_m(\xi)$ 和 Neumann 函数 $N_m(\xi)$ 也常称为第一类和第二类的 Bessel 函数。由图 C-1（a）和图 C-1（c）可以看出，$J_m(\xi)$ 和 $N_m(\xi)$ 均为振荡解。在零点处，$N_m(\xi)$ 发散。而对于 Bessel 函数则有

$$J_0(0) = 1; J_m(0) = 0 \quad (m \neq 0)$$

因此，在考虑圆柱体内部的物理问题时，$N_m(\xi)$ 不具有任何的物理意义，Bessel 方程的解应当仅取 $J_m(\xi)$。

在光纤包层中，式（C-12）（$r > a$）称为 m 阶的虚纵量 Bessel 方程或变形 Bessel 方程。如果 m 为整数，则称为整数阶的虚纵量 Bessel 方程，这里只考虑 m 为整数的情况。式（C-12）的两个线性独立解为 m 阶的虚纵量 Bessel 函数 $I_m(\xi)$ 和 m 阶的虚纵量 Hankel 函数 $H_m(\xi)$，方程式的通解可以写为

$$R(\xi) = B_1 I_m(\xi) + B_2 K_m(\xi) \tag{C-17}$$

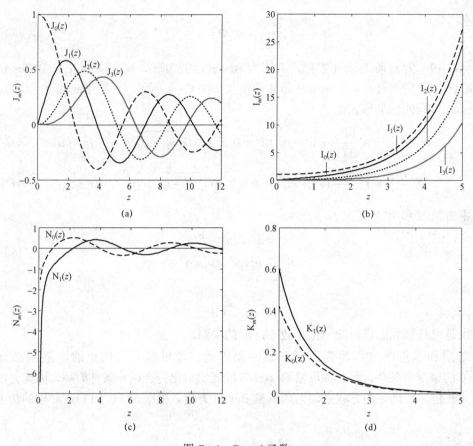

图 C-1　Bessel 函数

其中 B_1 和 B_2 为积分常数。虚纵量 Bessel 函数 $I_m(\xi)$ 和虚纵量 Hankel 函数 $H_m(\xi)$ 也常称为第一类和第二类的变形 Bessel 函数。由图 C-1（b）和图 C-1（d）可以看出，$I_m(\xi)$ 和 $K_m(\xi)$ 为增长或衰减的函数。在无穷远处，$I_m(\xi)$ 函数是发散的，$K_m(\xi)$ 函数是收敛于 0 的。因为要求解的是阶跃折射率光纤的包层，所以虚纵量 Bessel 方程的解仅取 $K_m(\xi)$。

附录 D　　矢量模表达式

将 Bessel 函数的递推公式

$$J'_m(z) = \frac{1}{2}[J_{m-1}(z) - J_{m+1}(z)]$$

$$\frac{m}{z}J_m(z) = \frac{1}{2}[J_{m-1}(z) + J_{m+1}(z)]$$

$$K'_m(z) = -\frac{1}{2}[K_{m-1}(z) + K_{m+1}(z)] \qquad (D-1)$$

$$\frac{m}{z}K_m(z) = -\frac{1}{2}[K_{m-1}(z) - K_{m+1}(z)]$$

应用到式（2-3-46）和式（2-3-47）中，得到
在芯层（$0 \leqslant r \leqslant a$）

$$
\begin{cases}
E_r = -\mathrm{j}A\beta\dfrac{a}{U}\left[\dfrac{1-s}{2}J_{m-1}\left(\dfrac{U}{a}r\right) - \dfrac{1+s}{2}J_{m+1}\left(\dfrac{U}{a}r\right)\right]\cos m\varphi \\[2mm]
E_\varphi = \mathrm{j}A\beta\dfrac{a}{U}\left[\dfrac{1-s}{2}J_{m-1}\left(\dfrac{U}{a}r\right) + \dfrac{1+s}{2}J_{m+1}\left(\dfrac{U}{a}r\right)\right]\sin m\varphi \\[2mm]
E_z = AJ_m\left(\dfrac{U}{a}r\right)\cos m\varphi \\[2mm]
H_r = -\mathrm{j}A\omega\varepsilon_0 n_1^2\dfrac{a}{U}\left[\dfrac{1-s_1}{2}J_{m-1}\left(\dfrac{U}{a}r\right) + \dfrac{1+s_1}{2}J_{m+1}\left(\dfrac{U}{a}r\right)\right]\sin m\varphi \\[2mm]
H_\varphi = -\mathrm{j}A\omega\varepsilon_0 n_1^2\dfrac{a}{U}\left[\dfrac{1-s_1}{2}J_{m-1}\left(\dfrac{U}{a}r\right) - \dfrac{1+s_1}{2}J_{m+1}\left(\dfrac{U}{a}r\right)\right]\cos m\varphi \\[2mm]
H_z = -A\dfrac{\beta}{\omega u_0}sJ_m\left(\dfrac{U}{a}r\right)\sin m\varphi
\end{cases}
\qquad (D-2)
$$

在包层（$r \geqslant a$）

$$
\begin{cases}
E_r = -\mathrm{j}A\beta\dfrac{a}{W}\dfrac{J_m(U)}{K_m(W)}\left[\dfrac{1-s}{2}K_{m-1}\left(\dfrac{W}{a}r\right) + \dfrac{1+s}{2}K_{m+1}\left(\dfrac{W}{a}r\right)\right]\cos m\varphi \\[2mm]
E_\varphi = \mathrm{j}A\beta\dfrac{a}{W}\dfrac{J_m(U)}{K_m(W)}\left[\dfrac{1-s}{2}K_{m-1}\left(\dfrac{W}{a}r\right) - \dfrac{1+s}{2}K_{m+1}\left(\dfrac{W}{a}r\right)\right]\sin m\varphi \\[2mm]
E_z = A\dfrac{J_m(U)}{K_m(W)}K_m(W)\cos m\varphi
\end{cases}
\qquad (D-3)
$$

$$\begin{cases} H_r = -\mathrm{j}A\omega\varepsilon_0 n_2^2 \dfrac{a}{W}\dfrac{\mathrm{J}_m(U)}{\mathrm{K}_m(W)}\left[\dfrac{1-s_2}{2}\mathrm{K}_{m-1}\left(\dfrac{W}{a}r\right)-\dfrac{1+s_2}{2}\mathrm{K}_{m+1}\left(\dfrac{W}{a}r\right)\right]\sin m\varphi \\[3mm] H_\varphi = -\mathrm{j}A\omega\varepsilon_0 n_2^2 \dfrac{a}{W}\dfrac{\mathrm{J}_m(U)}{\mathrm{K}_m(W)}\left[\dfrac{1-s_2}{2}\mathrm{K}_{m-1}\left(\dfrac{W}{a}r\right)+\dfrac{1+s_2}{2}\mathrm{K}_{m+1}\left(\dfrac{W}{a}r\right)\right]\cos m\varphi \\[3mm] H_z = -A\dfrac{\beta}{\omega u_0}s\dfrac{\mathrm{J}_m(U)}{\mathrm{K}_m(W)}\mathrm{K}_m\left(\dfrac{W}{a}r\right)\sin m\varphi \end{cases}$$

式（D-3）中

$$\begin{cases} s_1 = \dfrac{\beta^2}{k_0^2 n_1^2}s \\[3mm] s_2 = \dfrac{\beta^2}{k_0^2 n_2^2}s \end{cases} \tag{D-4}$$

由于 $k_0 n_2 \leqslant \beta \leqslant k_0 n_1$，因此 s_1 略小于 s，而 s_2 略大于 s。

这里要注意上述模式电磁场表达式中 m 的取值问题，上述表达式适用于 $m \neq 0$ 的情况，即混合模式（EH 模或 HE 模）。

下面讨论 $m=0$ 时的情况，分两种情况，即 TM 模和 TE 模。

对于 $m=0$ 的情况，由 2.3.2 节中的讨论可知，由于 E_z 和 H_z 的角度依赖项分别为 $\cos m\varphi$ 与 $\sin m\varphi$（当 $m=0$ 时代表 TM 模），因此上述模式电磁场的表达式中取 $m=0$ 即对应 TM 模。将 $m=0$ 和 $s=0$ 代入式（D-3）中，此时 TM 模电磁场表示为

$$\begin{cases} E_r = \mathrm{j}A\beta\dfrac{a}{U}\mathrm{J}_1\left(\dfrac{U}{a}r\right) \\[3mm] E_z = A\mathrm{J}_0\left(\dfrac{U}{a}r\right) \qquad (0\leqslant r\leqslant a) \\[3mm] H_\varphi = \mathrm{j}A\omega\varepsilon_0 n_1^2\dfrac{a}{U}\mathrm{J}_1\left(\dfrac{U}{a}r\right) \end{cases} \tag{D-5}$$

$$\begin{cases} E_r = \mathrm{j}A\beta\dfrac{a}{W}\dfrac{\mathrm{J}_0(U)}{\mathrm{K}_0(W)}\mathrm{K}_1\left(\dfrac{W}{a}r\right) \\[3mm] E_z = A\dfrac{\mathrm{J}_0(U)}{\mathrm{K}_0(W)}\mathrm{K}_0\left(\dfrac{W}{a}r\right) \qquad (r>a) \\[3mm] H_\varphi = -\mathrm{j}A\omega\varepsilon_0 n_2^2\dfrac{a}{W}\dfrac{\mathrm{J}_0(U)}{\mathrm{K}_0(W)}\mathrm{K}_1\left(\dfrac{W}{a}r\right) \end{cases} \tag{D-6}$$

而对于 TE 模，E_z 和 H_z 的角度依赖项分别为 $\sin m\varphi$ 与 $\cos m\varphi$。由式（D-5）和式（D-6）无法得到 TE 模的电磁场表达式。此时可以从式（2-3-46）和式（2-3-47）出发，由于 E_z 和 H_z 的角度依赖项应该分别选取 $\sin m\varphi$ 与 $\cos m\varphi$，将式（2-3-46）和式（2-3-47）中的 $\sin m\varphi$ 项与 $\cos m\varphi$ 项互换，并令 $m=0$，此时 TE 模的电磁场表示为

$$\begin{cases} E_{\varphi} = -\mathrm{j}C\omega u_0 \dfrac{a}{U}\mathrm{J}_1\left(\dfrac{U}{a}r\right) \\[3mm] H_r = \mathrm{j}C\beta\dfrac{a}{U}\mathrm{J}_1\left(\dfrac{U}{a}r\right) \qquad (0\leqslant r\leqslant a) \\[3mm] H_z = C\mathrm{J}_0\left(\dfrac{U}{a}r\right) \end{cases} \qquad (\text{D}-7)$$

$$\begin{cases} E_{\varphi} = \mathrm{j}C\omega u_0 \dfrac{a}{W}\dfrac{\mathrm{J}_0(U)}{\mathrm{K}_0(W)}\mathrm{K}_1\left(\dfrac{W}{a}r\right) \\[3mm] H_r = -\mathrm{j}C\beta\dfrac{a}{W}\dfrac{\mathrm{J}_0(U)}{\mathrm{K}_0(W)}\mathrm{K}_1\left(\dfrac{W}{a}r\right) \qquad (r>a) \\[3mm] H_z = C\dfrac{\mathrm{J}_0(U)}{\mathrm{K}_0(W)}\mathrm{K}_0\left(\dfrac{W}{a}r\right) \end{cases} \qquad (\text{D}-8)$$

参 考 文 献

［1］周炳琨，高以智，陈倜嵘，等. 激光原理［M］. 7 版. 北京：国防工业出版社，2000.

［2］陈家璧. 激光原理及应用［M］. 北京：电子工业出版社，2004.

［3］陈根祥，路慧敏，陈勇，等. 光纤通信技术基础［M］. 北京：高等教育出版社，2010.

［4］AGRAWAL G P. Fiber-optic communications systems［M］. 3rd ed. Hoboken，N J: John Wiley & Sons，2002.

［5］王辉，王平，于虹. 光纤通信［M］. 北京：电子工业出版社，2004.

［6］刘增基，周洋溢，胡辽林，等. 光纤通信［M］. 2 版. 西安：西安电子科技大学出版社，2001.

［7］杨祥林. 光纤通信系统［M］. 北京：国防工业出版社，2000.

［8］BASS M，胡先志，胡佳妮，等. 光纤通信 – 通信用光纤、器件和系统［M］. 北京：人民邮电出版社，2004.

［9］马声全. 高速光纤通信 ITU – T 规范与系统设计［M］. 北京：北京邮电大学出版社，2002.

［10］方志豪，朱秋萍. 光纤通信：原理、设备和网络应用［M］. 武汉：武汉大学出版社，2004.

［11］赵梓森. 光纤通信工程［M］. 2 版. 北京：人民邮电出版社，1994.

［12］AGRAWAL G P，贾东方，余震虹，等. 非线性光纤光学原理及应用［M］. 北京：电子工业出版，2002.

［13］吴健学，李文耀. 自动交换光网络［M］. 北京：北京邮电大学出版社，2003.

［14］林达权. 数字光通信设备 PDH 部分［M］. 西安：西安电子科技大学出版社，1998.

［15］吴德明. 光纤通信原理与技术［M］. 北京：科学出版社，2004.

［16］龚倩，徐荣，叶小华，等. 高速超长距离光传输技术［M］. 北京：人民邮电出版社，2005.

［17］延凤平，裴丽，宁提纲. 光纤通信系统［M］. 北京：科学出版社，2006.

［18］廖延彪，黎敏. 光纤光学［M］. 2 版. 北京：清华大学出版社，2013.

［19］OKAMOTO K. Fundamentals of optical waveguides［M］. 2nd ed. Japan: Elsevier Academic Press Publications，2006.

［20］PALAIS J C. Fiber-optic communication［M］. 5th ed. 北京：电子工业出版社，2005.

［21］KEISER G. Optical fiber communications［M］. 3rd ed. 北京：高等教育出版社，2002.

［22］末松安晴，伊贺健一. 光纤通信［M］. 金轸裕，译. 北京：科学出版社，2004.

［23］毕德显. 电磁场理论［M］. 北京：电子工业出版社，1985.

［24］张歆东. 基于聚合物液晶材料的可变光衰减器的研究［D］. 长春：吉林大学，2007.

［25］娄丽芳，盛钟延. 光通信中波分复用器件的实现技术［J］. 半导体光电，2003，24（1）：12 – 18.

［26］陈振宜. 光纤熔锥耦合系统理论新方法及其在光纤器件和传感中的应用［D］. 上海：上

海大学，2007.

[27] 章宝歌. 新型熔融拉锥型全光纤波长交错滤波器的研究[D]. 兰州：兰州交通大学，2011.

[28] 肖悦娱. 平面波导光耦合器及基于耦合器的光器件的研制 [D]. 杭州：浙江大学，2005.

[29] TAKAHASH H，HIBINO Y，NISHI I. Polarization-insensitive arrayed-waveguide grating wavelength multiplexer on silicon [J]. Optics letters，1992，17（7）：499－501.

[30] 郎婷婷. 基于新型阵列波导光栅的波分复用和接入网平面波导器件 [D]. 杭州：浙江大学，2009.

[31] 李淳飞. 全光开关原理 [M]. 北京：科学出版社，2010.

[32] 胡剑，李刚炎. 基于 MEMS 的光开关技术研究 [J]. 半导体技术，2007，32（4）：342－344.

[33] 王健. 导波光学 [M]. 北京：清华大学出版社，2010.

[34] HILL K O，FUJII Y，JOHNSON D C，et al. Photosensitivity in optical fiber waveguides：application to reflection filter fabrication [J]. Applied physics letters，1978，32（10）：647－649.

[35] MELTZ G，MOREY W W，GLENN W H. Formation of Bragg gratings in optical fibers by a transverse holographic method [J]. Optics letters，1989，14（15）：823－825.

[36] LEMAIRE P J，ATKINS R M，MIZRAHI V，et al. High pressure H_2 loading as a technique for achieving ultrahigh UV photosensitivity and thermal sensitivity in GeO_2 doped optical fibers [J]. Electronics letters，1993，29（13）：1191－1193.

[37] HILL K O，MALO B，BILODEAU F，et al. Bragg gratings fabricated in monomode photosensitive optical fiber by UV exposure through a phase mask [J]. Applied physics letters，1993，62（10）：1035－1037.

[38] ANDERSON D Z，MIZRAHI V，ERDOGAN T，et al. Production of in-fibre gratings using a diffractive optical element [J]. Electronics letters，1993，29（6）：566－568.

[39] VENGSARKAR A M，LEMAIRE P J，JUDKINS J B，et al. Long-period fiber gratings as band-rejection filters [J]. Journal of lightwave technology，1996，14（1）：58－65.

[40] VENGSARKAR A M，BERGANO N S，DAVIDSON C R，et al. Long-period fiber-grating-based gain equalizers [J]. Optics letters，1996，21（5）：336－338.

[41] BHATIA V，VENGSARKAR A M. Optical fiber long-period grating sensors [J]. Optics letters，1996，21（9）：692－694.

[42] DAVIS D D，GAYLORD T K，GLYTSIS E N，et al. Long-period fibre grating fabrication with focused CO_2 laser pulses [J]. Electronics letters，1998，34（3）：302－303.

[43] 李栩辉，夏历. 一种新的长周期光纤光栅制作技术[J]. 光学学报，2003，23（3）：310－312.

[44] LIU S Y，TAM H Y，DEMOKAN M S. Low-cost microlens array for long-period grating fabrication [J]. Electronics letters，1999，35（1）：79－81.

[45] 杜卫冲. 用微透镜阵列在单模光纤中写入长周期光纤光栅的新方法 [J]. 光学学报，1998，18（11）：1659－1600.

[46] REGO G，OKHOTNIKOV O，DIANOV E，et al. High-temperature stability of long-period fiber gratings produced using an electric arc [J]. Journal of lightwave technology，2001，

19（10）：1574－1579.

[47] HUMBERT G，MALKI A. Annealing time dependence at very high temperature of electric arc-induced long-period fiber gratings [J]. Electronics letters，2002，38（10）：449－450.

[48] LIN C Y，WANG L A. A wavelength-and loss-tunable band-rejection filter based on corrugated long-period fiber grating [J]. IEEE photonics technology letters，2001，13（4）：332－334.

[49] OUELLETTE F. Dispersion cancellation using linearly chirped Bragg grating filters in optical waveguides [J]. Optics letters，1987，12（10）：847－849.

[50] ERDOGAN T. Fiber grating spectra [J]. Journal of lightwave technology，1997，15（8）：1277－1294.

[51] ERDOGAN T. Cladding-mode resonances in short-and long-period fiber grating filters [J]. Journal of the optical society of America A，1997，14（8）：1760－1773.

[52] MIZRAHI V，LEMAIRE P J，ERDOGAN T，et al. Ultraviolet laser fabrication of ultra-strong optical fiber gratings and of Germania-doped channel waveguides [J]. Applied physics letters，1993，63（13）：1727－1729.

[53] 李川，张以模，赵永贵，等. 光纤光栅 [M]. 北京：科学出版社，2005.

[54] HWANG I K，YUN S H，KIM B Y. Long-period fiber gratings based on periodic microbends [J]. Optics letters，1999，24（18）：1263－1265.

[55] 张自嘉. 光纤光栅理论基础与传感技术 [M]. 北京：科学出版社，2009.

[56] 鲁韶华. 特殊结构光纤光栅的研究和应用 [D]. 北京：北京交通大学，2009.

[57] 吴重庆. 光波导理论 [M]. 2版. 北京：清华大学出版社，2005.

[58] 庞丹丹. 新型光纤光栅传感技术研究 [D]. 济南：山东大学，2014.

[59] YU H，MAHGEREFTEH D，CHO P S. Improved transmission of chirped signals from semiconductor optical devices by pulse reshaping using a fiber Bragg grating filter [J]. Journal of lightwave technology，1999，17（5）：898－903.

[60] WEDDING B，FRANZ B，JUNGINGER B. 10 Gbit/s optical transmission up to 253km via standard single-mode fiber using the method of dispersion-supported transmission [J]. Journal of lightwave technology，1994，12（10）：1720－1727.

[61] MERKER T，MEISSNER P，FEISTE U. High bit-rate OTDM transmission over standard fiber using mid-span spectral inversion and its limitations [J]. Journal of selected topics in quantum electronics，2000，6（2）：258－262.

[62] 张树强. 新型非零色散位移光纤设计与实验研究 [D]. 武汉：华中科技大学，2010.

[63] GRÜNER-NIELSEN L，KNUDSEN S N，EDVOLD B，et al. Design and manufacture of dispersion compensating fibre for simultaneous compensation of dispersion and dispersion slope[C]. Wavelength division multiplexing components，optical society of America，1999：134.

[64] TAGA H，SUZUKI M，EDAGAWA N，et al. Long-distance WDM transmission experiments using the dispersion slope compensator [J]. IEEE journal of quantum electron，1998，34（11）：2055－2063.

［65］ REYES P I，LITCHINISTER N，SUMETSKY M，et al. 160-Gbit/s tunable dispersion slope compensator using a chirped fiber Bragg grating and a quadratic heater ［J］. IEEE photonic technology letters，2005，17（4）：831－833.

［66］ GILES C R. Lightwave applications of fiber Bragg gratings ［J］. Journal of lightwave technology，1997，15（8）：1391－1404.

［67］ SHU X，ZHANG L，BENNION I. Sensitivity characteristics of long-period fiber gratings ［J］. Journal of lightwave technology，2002，20（2）：255－266.

［68］ BYRON K C，SUGDEN K，BRICHENO T，et al，Fabrication of chirped Bragg gratings in photosensitive fibers ［J］. Electronics letters，1993，29：1659－1660.

［69］ ZHU Y N，SHUM P，CHOND H J，et al. Strong resonance and a highly compact long period grating in a large-mode-area photonic crystal fiber ［J］. Optics express，2003，11（16）：1900－1905.

［70］ HUMBERT G，MALKI A，FÉVRIER S，et al. Characterizations at high temperatures of long-period gratings written in germanium-free air-silica microstructure fiber ［J］. Optics letters，2004，29（1）：38－40.

［71］ ZHU Y N，SHUM P，BAY H W，et al. Strain-insensitive and high-temperature long-period gratings inscribed in photonic crystal fiber ［J］. Optics letters. 2005，30（4）：367－369.

［72］ TAYLOR M G. Coherent detection method using DSP for demodulation of signal and subsequent equalization of propagation impairments ［J］. IEEE photonics technology letters. 2004，16（12）：674－676.

［73］ KAHN J M，HO K P. Spectral efficiency limits and modulation/detection techniques for DWDM systems［J］. Journal of selected topics in quantum electronics，2004，10：257－271.

［74］ MILIVOJEVIC B，ABAS A F，HIDAYAT A，et al. 1.6-bit/s/Hz 160-Gbit/s 230-km RZ-DQPSK polarization multiplex transmission with tunable dispersion compensation ［J］. IEEE photonics technology letters，2005，17（2）：495－497.

［75］ LEE B H，NISHII J. Dependence of fringe spacing on the grating separation in a long-period fiber grating pair ［J］. Applied optics，1999，38（16）：3450－3459.

［76］ 黄丽娟. 分布式光纤光栅应变传感网络的研究 ［D］. 秦皇岛：燕山大学，2003.

［77］ LAN X，HAN Q，WEI T，et al. Turn-around point long-period fiber gratings fabricated by CO_2 laser point-by-point irradiations ［J］. IEEE photonic technology letter，2011，23（22）：1664－1666.

［78］ WONG R Y N，CHEHURA E，STAINES S E，et al. Fabrication of fiber optic long period gratings operating at the phase matching turning point using an ultraviolet laser ［J］. Applied optics，2014，53（21）：4669－4674.

［79］ DONG J L，CHIANG K S. Temperature-insensitive mode converters with CO_2－laser written long-period fiber gratings［J］. IEEE photonics technology letters，2015，27（9）：1006－1009.

［80］ MALO B，HILL K O，BILODEAU F，et al. Point-by-point fabrication of micro-bragg gratings in photosensitive fibre using single excimer pulse refractive index modification techniques ［J］. Electronics letters. 1993，29 （18）：1668－1669.

［81］ KONDO Y，NOUCHI K，MITSUYU T，et al. Fabrication of long-period fiber gratings by focused irradiation of infrared femtosecond pulses ［J］. Optics letter，1999，24（10）：646－648.

［82］ KALACHEV A I，NIKOGOSYAN D N，BRAMBILLA G. Long period fiber grating fabrication by high-intensity femtosecond pulses at 211 nm ［J］. Journal of lightwave technology，2005，23（8）：2568－2578.

［83］ LI Y J，WEI T，JOHN A，et al. Measurement of CO_2-laser-irradiation-induced refractive index modulation in single-mode fiber toward long-period fiber grating design and fabrication ［J］. Applied optics，2008，47（29）：5296－5304.

［84］ HIROSE T，SAITO K，KOJIMA S，et al. Fabrication of long-period fibre grating by CO_2 laser-annealing in fiber-drawing process ［J］. Electronics letters，2007，43（8）：443－445.

［85］ DONG L，ARCHAMBAULT J L，REEKIE L，et al. Single pulse Bragg gratings written during fiber drawing ［J］. Electronics letters，1993，29（17）：1577－1578.

［86］ HWANG I K，YUN S H，KIM B Y. Long-period fiber gratings based on periodic microbends ［J］. Optics letters，1999，24（18）：1263－1265.

［87］ 住村和彦，西浦匡则. 图解光纤激光器入门 ［M］. 北京：机械工业出版社，2013.

［88］ 顾晓清. 半导体器件物理 ［M］. 北京：机械工业出版社，2006.

［89］ 曾树荣. 半导体器件物理基础 ［M］. 2 版. 北京：北京大学出版社，2007.

［90］ 黄均鼐，汤庭鳌，胡光喜. 半导体器件原理 ［M］. 上海：复旦大学出版社，2011.

［91］ 傅竹西. 固体光电子学 ［M］. 2 版. 合肥：中国科学技术大学出版社，2012.

［92］ 王海晏. 激光辐射及应用 ［M］. 西安：西安电子科技大学出版社，2014.

［93］ 栖原敏明. 半导体激光器基础 ［M］. 北京：科学出版社，2002.

［94］ 江剑平. 半导体激光器 ［M］. 北京：电子工业出版社，2000.

［95］ 钱显毅，张立臣. 光纤通信 ［M］. 南京：东南大学出版社，2008.

［96］ 郭玉斌. 光纤通信技术 ［M］. 西安：西安电子科技大学出版社，2008.

［97］ 王玉田. 光纤传感技术及应用 ［M］. 北京：北京航空航天大学出版社，2009.

［98］ 亢俊健. 光电子技术及应用 ［M］. 天津：天津大学出版社，2007.

［99］ 李唐军，王目光，张建勇，等. 光纤通信原理 ［M］. 北京：清华大学出版社，2015.

［100］ CHEN A，MURPHY E J. Broadband optical modulators：science，technology，and applications edited ［M］. Florida：CRC Press，2012.

［101］ 王忠敏. 铌酸锂晶体的发展简况 ［J］. 人工晶体学报，2002，31（2）：173－175.

［102］ ALFERNESS R C，SCHMIDT R V，TURNER E H. Characteristics of Ti-diffused $LiNbO_3$ optical directional couplers ［J］. Applied optics，1979，18（23）：4012－4016.

［103］ TENCH R，DELAVAUX J M，TZENG L，et al. Performance evaluation of waveguide phase modulators for coherent systems at 1.3 and 1.5 μm ［J］. Journal of lightwave technology，1987，5（4）：492－501.

［104］ IZUTSU M，YAMANE Y，SUETA T. Broad-band traveling-wave modulator using a $LiNbO_3$ optical waveguide ［J］. IEEE journal of quantum electronics，2003，13（4）：287－290.

［105］KAMINOW I P，RAMASWAMY V，SCHMIDT R V，et al. Lithium niobate ridge waveguide modulator ［J］. Applied physics letters，1974，24（12）：622－624.

［106］LEONBERGER F J. High-speed operation of LiNbO$_3$ electro-optic interferometric waveguide modulators ［J］. Optics letters，1980，5（7）：312－314.

［107］MIKAMI O，NODA J，FUKUMA M. Directional coupler type light modulator using LiNbO$_3$ waveguides ［J］. IEICE transactions，1978，61（3）：144－147.

［108］MINAKATA M，SAITO S，SHIBATA M，et al. Precise determination of refractive-index changes in Ti-diffused LiNbO$_3$ optical waveguides ［J］. Journal of applied physics，1978，49（9）：4677－4682.

［109］RANGANATH T R，WANG S. Suppression of Li$_2$O out-diffusion from Ti-diffused LiNbO$_3$ optical waveguides ［J］. Applied physics letters，1977，30（8）：376－379.

［110］SASAKI H. Efficient intensity modulation in a Ti-diffused LiNbO$_3$ branched optical waveguide device ［J］. Electronics letters，2007，13（23）：693－694.

［111］KAMINOW I P，RAMASWAMY V，SCHMIDT R V，et al. Lithium niobate ridge waveguide modulator ［J］. Applied physics letters，1974，24（12）：622－624.

［112］陈福深. 集成电光调制理论与技术 ［M］. 北京：国防工业出版社，1995.

［113］KAMINOW I P. An introduction to electrooptic devices［M］. New York：Academic Press，1974.

［114］李建强. 基于铌酸锂调制器的微波光子信号处理技术与毫米波频段 ROF 系统设计 ［D］. 北京：北京邮电大学，2009.

［115］徐坤，李建强. 面向宽带无线接入的光载无线系统［M］. 北京：电子工业出版社，2009.

［116］SCHIESS M，CARLDEN H. Evaluation of the chirp parameter of a mach-zehnder intensity modulator ［J］. Electronics letters，1994，30（18）：1524－1525.

［117］DEVAUX F，SOREL Y，KERDILES J F. Simple measurement of fiber dispersion and of chirp parameter of intensity modulated light emitter ［J］. Journal of lightwave technology，1993，11（12）：1937－1940.

［118］SMITH G H，NOVAK D，AHMED Z. Overcoming chromatic-dispersion effects in fiber-wireless systems incorporating external modulators ［J］. IEEE transactions on microwave theory and techniques，1997，45（8）：1410－1415.

［119］THYLEN L，HOLMSTROM U. Recent developments in high-speed optical modulator ［M］. San Diego：Academic Press，2008.

［120］王安斌. 光通信中的电吸收调制器 ［D］. 北京：北京邮电大学，2003.

［121］徐宝玉. 聚合物电光调制器的研究 ［D］. 大连：大连理工大学，2008.

［122］VENGHAUS H，GROTE N. Fibre optics communication：key devices ［M］. New York：Springer Press，2012.

［123］WEBER H G，NAKAZAWA M. Ultrahigh-speed optical transmission technology ［M］. New York：Springer Science & Business Media，2007.

［124］KASAP S O. 光电子学与光子学 ［M］. 2 版. 北京：电子工业出版社，2013.

［125］AMNON Y，POCHI Y. 光子学：现代通信光电子学 ［M］. 陈鹤鸣，施伟华，汪静丽，

等译. 6 版. 北京：电子工业出版社，2009.

[126] 张中华，林殿阳，于欣，等. 光电子学原理与技术 [M]. 北京：北京航空航天大学出版社，2009.

[127] 朱京平. 光纤通信器件及系统 [M]. 西安：西安交通大学出版社，2011.

[128] 胡服全. 基于微纳结构高性能光探测器的研究 [D]. 北京：北京邮电大学，2013.

[129] BELING A，CROSS A S，PIELS M，et al. InP-based waveguide photodiodes heterogeneously integrated on silicon-on-insulator for photonic microwave generation [J]. Optics express，2013，21（22）：25901－25906.

[130] DROGE E，BOTTCHER E H，BIMBERG D，et al. 70 GHz InGaAs metal-semiconductor-metal photodetectors for polarisation-insensitive operation [J]. Electronics letters，1998，34（14）：1421－1422.

[131] TAKEUCHI T，NAKATA T，MAKITA K，et al. High-power and high-efficiency photodiode with an evanescently coupled graded-index waveguide for 40 Gbit/s applications [C]. Optical fiber communication conference and exhibit，2001：WQ2.

[132] SHI J W，CHIU P H，WU Y S. High-speed and high-power performance of a dual-step evanescently-coupled uni-traveling-carrier photodiode at a 1.55μm wavelength[C]. Optical fiber communication and the national fiber optic engineers conference，2007：1－3.

[133] RENAUD C C，MOODIE D，ROBERTSON M，et al. High output power at 110 GHz with a waveguide uni-travelling carrier photodiode[C]. Lasers and electro-optics society，2007：782－783.

[134] KINSEY G S，CAMPBELL J C，DENTAI A G. Waveguide avalanche photodiode operating at 1.55 μm with a gain-bandwidth product of 320 GHz [J]. IEEE photonics technology letters，2001，13（8）：842－844.

[135] WEI J，XIA F，FORREST S R. A high-responsivity high-bandwidth asymmetric twin-waveguide coupled InGaAs-InP-InAlAs avalanche photodiode [J]. IEEE photonics technology letters，2002，14（11）：1590－1592.

[136] UMBACH A，TROMMER D，STEINGRUBER R，et al. High-speed，high-power 1.55 μm photodetectors [J]，Optical and quantum electronics，2001，33（1）：1101－1112.

[137] WAKE D，SPOONER T P，PERRIN S D，et al. 50 GHz InGaAs edge-coupled pin photodetector [J]. Electronics letters，1991，27（12）：1073－1075.

[138] KATO K，HATA S，KOZEN A，et al. High-efficiency waveguide InGaAs pin photodiode with bandwidth of over 40 GHz [J]. IEEE photonics technology letters，2002，3（5）：473－474.

[139] WAKE D，SPOONER T P，PERRIN S D，et al. 50 GHz InGaAs edge-coupled pin photodetector [J]. Electronics letters，1991，27（12）：1073－1075.

[140] BACH H G，BELING A，MEKONNEN G G，et al. InP-based waveguide-integrated photodetector with 100-GHz bandwidth [J]. IEEE journal of selected topics in quantum electronics，2004，10（4）：668－672.

[141] GIBONEY K S，NAGARAJAN R L，REYNOLDS T E，et al. Travelling-wave

photodetectors with 172-GHz bandwidth and 76-GHz bandwidth-efficiency [J]. IEEE photonics technology letters, 1995, 7 (4): 412−414.

[142] FURCHI M, URICH A, POSPISCHIL A, et al. Microcavity-integrated graph photodetector [J]. Nano letters, 2012, 12 (6): 2773−2777.

[143] ZHAO B, ZHAO J M, ZHANG Z M. Enhancement of near-infrared absorption in graphene with metal gratings [J]. Applied physics letters, 2014, 105 (3): 666.

[144] GAN X, SHIUE R J, GAO Y, et al. Chip- integrated ultrafast graphene photodetector with high responsivity [J]. Nature photonics, 2013, 7 (11): 883−887.

[145] MUELLER T, XIA F, AVOURIS P. Graphene photodetectors for high-speed optical communications [J]. Nature photonics, 2010, 4 (5): 297−301.

[146] QIAO H, YUAN J, XU Z, et al. Broadband photodetectors based on graphene-Bi_2Te_3 heterostructure. [J]. Acs nano, 2015, 9 (2): 1886−1894.

[147] YAO Y, SHANKAR R, RAUTER P, et al. High-responsivity mid-infrared graphene detectors with antenna-enhanced photocarrier generation and collection [J]. Nano letters, 2014, 14 (7): 3749−3754.

[148] 余建军，迟楠，陈林. 基于数字信号处理的相干光通信技术 [M]. 北京：人民邮电出版社，2013.

[149] 黄德修. 半导体光放大器及其应用 [M]. 北京：科学出版社，2012.

[150] 程成，程潇羽. 光纤放大原理及器件优化设计 [M]. 北京：科学出版社，2011.

[151] DIGONNET M J F. Rare-earth-doped fiber lasers and amplifiers [M]. New York: Marcel Dekker, 1993.

[152] 童治. 宽带光纤放大器及其在超长距离 DWDM 传输系统中的应用 [D]. 北京：北京交通大学，2004.

[153] MAREK S, WARTAK. 计算光子学 MATLAB 导论 [M]. 吴宗森，吴小山，译. 北京：科学出版社，2015.

[154] WABNITZ S, EGGLETON B J. All-optical signal processing：data communication and storage applications [J]. Springer, 2015, 194.

[155] MATSUMOTO M. Fiber-based all-optical signal regeneration [J]. IEEE journal of selected topics in quantum electronics, 2012, 18 (2): 738−752.

[156] PASCHOTTA R, NILSSON J, TROPPER A C, et al. Ytterbium-doped fiber amplifiers [J]. IEEE journal of quantum electronics, 2001, 33 (7): 1049−1056.

[157] PIZZINAT A, SANTAGIUSTINA M, SCHIVO C. Impact of hybrid EDFA-distributed Raman amplification on a 4 × 40-Gbit/s WDM optical communication system [J]. Photonics technology letters IEEE, 2003, 15 (2): 341−343.

[158] DELISLE C, CONRADI J. Model for bidirectional transmission in an open cascade of optical amplifiers [J]. Journal of lightwave technology, 1997, 15 (5): 749−757.

[159] GILES C R, DESURVIRE E. Modeling erbium-doped fiber amplifiers [J]. Journal of lightwave technology, 1991, 9 (2): 271−283.

[160] ISLAM M N. Raman amplifiers for telecommunications [J]. IEEE journal of selected

光波技 quantum electronics，2004，8（3）：548－559.

小林，李正佳. 激光光学技术与应用［M］. 南昌：江西科学技术出版社，2014.

娄祺洪. 高功率光纤激光器及其应用［M］. 合肥：中国科学技术大学出版社，2010.

赵尚弘. 高功率光纤激光技术［M］. 北京：科学出版社，2010.

［164］ 陈鹤鸣. 激光原理及应用［M］. 北京：电子工业出版社，2013.

［165］ 阎吉祥. 激光原理与技术［M］. 武汉：武汉大学出版社，2011.

［166］ 胡旭东. 高功率连续光纤激光器全局优化的研究［D］. 北京：北京交通大学，2015.

［167］ SNITZER E. Neodymium glass laser［J］. Quantum electronics，1964：999.

［168］ KOESTER C J，SNITZER E. Amplification in a fiber laser［J］. Applied optics，1964，3（3）：1182－1186.

［169］ DUSSARDIER B，BLANC W. Novel dopants for silica-based fiber amplifiers［C］. Optical fiber communication and the national fiber optic engineers conference，2007：1－3.

［170］ PETERKA P，FAURE B，BLANC W，et al. Theoretical modelling of S-band thulium-doped silica fibre amplifiers［J］. Optical & quantum electronics，2004，36（1－3）：201－212.

［171］ LUBATSCHOWSKI H，FIEBIG M，FUHRBERG P，et al. Characterization of tissue processing with a continuous-wave Tm: YAG laser at 2.06-μm wavelength［J］. The international society for optics and photonics，1998：249－253.

［172］ 刘泽金，周朴，许晓军，等. 高功率光纤激光相干合成的研究进展与发展分析［J］. 中国科学：技术科学，2013（9）：23－34.

［173］ 孙将. 基于强耦合波双芯光纤的多波长激光器和强激光少模光纤的研究［D］. 北京：北京交通大学，2016.

［174］ 张晨芳. 多波长掺铒光纤激光器和稀土掺杂光纤的研究［D］. 北京：北京交通大学，2014.

［175］ 刘硕. 面向 2μm 波段大功率光纤激光系统的高质量多波长及脉冲激光种子源研究［D］. 北京：北京交通大学，2017.

［176］ 尹彬. 新型窄线宽光纤激光器与光纤传感器的研究［D］. 北京：北京交通大学，2016.

［177］ 侯蓝田，韩颖. 光纤激光器的发展与应用［J］. 燕山大学学报，2011，35（2）：095－101.

［178］ 陈根祥. 光波技术基础［M］. 北京：中国铁道出版社，2000.

［179］ 邱昆，王晟，邱琪. 光纤通信系统［M］. 北京：电子科技大学出版社，2005.